民族文字出版专项资金资助项目
青藏高原农牧区温室大棚果蔬栽培技术指导丛书

ལོ་མའི་ཚལ་རིགས་ཀྱི་སྔོ་ཚལ་འདེབས་འཛུགས་དངོས་སྤྱོད་ལག་རྩལ།

叶菜类蔬菜
栽培实用技术

（汉藏对照）

《叶菜类蔬菜栽培实用技术》编委会　编

《ལོ་མའི་ཚལ་རིགས་ཀྱི་སྔོ་ཚལ་འདེབས་འཛུགས་དངོས་སྤྱོད་ལག་རྩལ》རྩོམ་སྒྲིག་ཨུ་ཡོན་ལྷན་ཁང་གིས་བསྒྲིགས།

扎西才让　译

བཀྲ་ཤིས་ཚེ་རིང་གིས་བསྒྱུར།

青海人民出版社

图书在版编目（CIP）数据

叶菜类蔬菜栽培实用技术：汉藏对照 / 《叶菜类蔬菜栽培实用技术》编委会编 ; 扎西才让译. -- 西宁：青海人民出版社，2021.6（2023.8 重印）
（青藏高原农牧区温室大棚果蔬栽培技术指导丛书 / 胡小朋主编）
ISBN 978-7-225-06174-0

Ⅰ. ①叶… Ⅱ. ①叶… ②扎… Ⅲ. ①绿叶蔬菜一蔬菜园艺一问答一汉、藏 Ⅳ. ① S636

中国版本图书馆CIP数据核字(2021)第111923号

青藏高原农牧区温室大棚果蔬栽培技术指导丛书
胡小朋　主编
叶菜类蔬菜栽培实用技术（汉藏对照）
《叶菜类蔬菜栽培实用技术》编委会　编
扎西才让　译

出 版 人　樊原成
出版发行　青海人民出版社有限责任公司
西宁市五四西路 71 号　邮政编码：810023　电话：（0971）6143426（总编室）
发行热线　（0971）6143516/6137730
网　　址　http://www.qhrmcbs.com
印　　刷　青海新华民族印务有限公司
经　　销　新华书店
开　　本　890mm × 1240mm　1/32
印　　张　8.75
字　　数　260 千
版　　次　2021 年 8 月第 1 版　2023 年 8 月第 3 次印刷
书　　号　ISBN 978-7-225-06174-0
定　　价　38.00 元

《叶菜类蔬菜栽培实用技术》编委会

主　　编：胡小朋

副 主 编：马桂花　张迎春

编写人员：周红伟　牛青松　申智清

《ལོ་མའི་ཚལ་རིགས་ཀྱི་སྔོ་ཚལ་འདེབས་འཛུགས་དངོས་སྤྱོད་ལག་རྩལ》

རྩོམ་སྒྲིག་ཨུ་ཡོན་ལྷན་ཁང་།

གཙོ་སྒྲིག་པ། ཧུའུ་ཞའོ་ཕུན།

གཙོ་སྒྲིག་གཞོན་པ། མ་ཀུའེ་ཧྭ། ཀྲང་དབྱིན་ཁྲུན།

རྩོམ་འབྲི་མི་སྣ། ཀྲོའུ་ཧུང་ཕེ། ཉིའུ་ཆེན་སུང་། ཧྲེན་ཀྲི་ཆེན།

目　录

MU　LU

དཀར་ཆག

第一章　大白菜设施栽培

第一节　大白菜的生物学特性

大白菜原产于我国，为十字花科芸薹属芸薹种中能形成叶球的亚种，一年或二年生草本植物，别名结球白菜、黄芽菜、包心白菜等。叶球品质柔软，每 100 克产品含水分 94 ~ 96 克、碳水化合物 1.7 克、蛋白质 0.9 克，还含有矿物盐、维生素及纤维素等多种营养物质。可供炒食、煮食、凉拌、做馅或加工腌制等，是中国特产蔬菜之一。各地普遍栽培，在海拔 3600 米（青海玉树、格尔木）地区也有设施种植，种植面积占青海省秋播蔬菜面积的 30% ~ 50%。

一、植物学特征

（一）根

大白菜属于直根系植物，主根较发达。在主根上部由胚根形成肥大的直根。主根纤细，长 60 ~ 80 厘米。主根上生有两列侧根，侧根发达。子叶期从主根上开始发生第 1 级侧根，当长出第 1、2 片真叶时可发生第 2、3 级侧根，到莲座期可发生第 4、5 级侧根。根系分布范围广而深，在进入结球期时，产生第 6、7 级侧根，根系的吸收面积最大，地上部的增长量也达到了高峰值，由主根和侧根形成一个上部大、下部小的圆锥形根系。大白菜的主根虽然深度可达 1 米以上，但主要的吸收根系在距地表 7 ~ 30 厘米处最为旺盛，因此，在栽培上需要采取促根、壮根等措施，才易获得强大根系。根系发育好，植株产量高，反之则低。

（二）茎

大白菜的茎分为营养茎和花茎。营养茎可分为幼茎和短缩茎。幼茎为子叶出土后的上胚轴。当种子发芽后，展开一对子叶后就有了幼茎，但由于茎的居间生长极不发达，所以从外观上几乎看不出茎的形态。当幼苗继续生长，发生 8 ~ 10 片真叶时，形成一个小的圆盘状叶丛，幼茎短缩，易于分辨。当莲座期结束，外叶已全部形成，此时茎的顶部开始形成球叶顶芽，在短缩茎上密排着多个叶片。当进入结球期后，可明显看到粗壮而短的短缩茎。短缩茎直径 4 ~ 8 厘米，茎顶平坦，越近顶端节间越短，其形态因品种不同而异，每节生“根生叶”1 枚，腋芽不发达。横断面的韧皮部、木质部都较发达，特别是中心髓部发育明显。

在生殖生长时期，花茎从短缩茎开始延长生长，逐渐形成花茎。一般高 60 ~ 100 厘米，并可发生分枝 2 ~ 3 次，基部分枝较长，上部分枝较短，使植株呈圆锥状。花茎淡绿至绿色，表面有蜡粉。一般主枝及第 3 级侧枝的生长势往往弱于 1、2 级侧枝，结荚果数亦少。

（三）叶

大白菜的叶片因在植株上生长的位置和生理功能的不同，表现出多种形态。

1. 子叶

两枚，对生，大小略有不同，肾形或倒心脏形，叶面较光滑，有明显的叶柄。一般播后 8 ~ 10 天，叶面积达最大值。在苗期快结束时趋于生理衰老，逐渐脱落，苗越健壮脱落时间越晚。子叶的健壮与否对幼苗以至于成株的生长和产量都有一定影响。

2. 初生叶

初生叶又称基生叶，两枚，长椭圆形，具羽状网状脉，表面有毛或无毛，叶缘锯齿状，有明显的叶柄，无叶翅，无托叶。对生于茎基部子叶节以上，与子叶垂直排列成“十”字形。

3. 莲座叶

莲座叶又称中生叶，从初生叶之后到球叶出现之前的叶子称为莲座叶，是叶球形成期的主要同化器官。着生于短缩茎中部，互生。叶片肥大，深绿色。叶形为倒披针形至阔倒卵圆形，无明显叶柄，叶翅明显，边缘锯齿状，羽状网状脉发达。一般有 18 ~ 24 片，它为大白菜的生长和结球制造大量的养分，并起到保护叶球的作用。莲座叶的健壮与否，决定着叶球的大小及紧实程度。

4. 球叶

球叶又称顶生叶，着生于短缩茎的顶端，互生。先长的球外叶能见到部分阳光，叶色呈绿色至淡绿色。内叶见不到阳光，叶片呈白色或淡黄色。叶片大而柔嫩，叶柄肥厚。叶片上部向内弯曲，以褶抱、叠抱、拧抱等多种抱合方式构成硕大的叶球。球叶数目随品种而异，一般叶片数在 40 ~ 80 片，叶数型较多，叶重型较少。球叶既是大白菜贮藏营养的器官，又能起到保护生长点的作用。

5. 茎生叶

当大白菜进入生殖生长期，随着抽薹开始出现茎生叶，它着生于花茎和花枝上。叶片互生，叶腋间发生分枝。叶片较小，没有叶柄，叶片基部直接抱茎互生。叶片表面较光滑，平展，有蜡粉，叶缘锯齿少。

（四）花

大白菜转向生殖生长后，在主枝和侧枝的生长点开始分化花芽，并进一步发育形成花。大白菜的花由花梗、花托、花萼、花冠、雄蕊群和雌蕊组成。花梗是花与花轴相连的中间部分，花梗的上部逐渐膨大而形成花托，其上着生花萼、花冠、雄蕊和雌蕊。花萼是包被在花最外面的叶状体，呈绿色，属“十”字形花冠。花瓣托上有蜜腺。雄蕊 6 枚，4 枚较长，2 枚较短。花药 2 室，花成熟时纵裂以释放花粉，花粉主要靠昆虫传播，也可靠风力传播。雌蕊 1 枚，子房上位 2 室，有假隔膜。柱头为头状。花序为总状花序，顶生或腋生。在这个花群轴的顶端可无限生长，生有互生的多数总状单轴花组，每个花组下方生有 1 片顶生叶。开花的顺序是由基部向顶部开放。单株一般有 1000 ~ 2000 朵花，花期 20 ~ 30 天，主枝上的花先开，然后按 1 级侧枝、2 级侧枝顺序开放。

（五）果实

授粉、受精后胚珠逐渐发育成果实，由果皮和种子组成。果皮又分为外果皮、内果皮和中果皮。果实为长角果，细长圆筒形，长 3 ~ 6 厘米，一枝花序可着生荚果 50 ~ 60 个。从授粉到种子成熟需 30 ~ 40 天，过期容易裂果。一个果荚中有种子 30 粒左右，着生于侧膜胎座上。果实先端陡缩成“果喙”，其中无种子。

（六）种子

呈圆球形，微扁，红褐色至褐色，或黄色，无胚乳。直径 1.3 ~ 1.5 毫米，千粒重 2.5 ~ 4 克。种皮内有成熟的胚，其中包括有子叶、胚芽、子叶下轴或胚轴和胚根。胚芽被严密地包裹在子叶之中，它受到种皮和子叶的双重保护。种子寿命一般可维持 5 ~ 6 年，但年代久、发芽率低，生产上多利用 1 ~ 2 年的新种子。

二、对环境条件的要求

（一）温度

大白菜属半耐寒性蔬菜，生长适温为 12 ~ 20℃，高于 30℃时则不能适应。在 10℃以下生长缓慢，5℃以下停止生长。短期 –2 ~ 0℃受冻后能恢复，–5 ~ 2℃以下则易受冻害，能耐轻霜而不耐严霜。

大白菜的不同生长期对温度要求有一定差异。发芽期要求较高的温度，在 20 ~ 25℃发芽迅速，出土快，幼芽健壮，8 ~ 10℃时发芽势很弱，高于 40℃发芽率明显下降且虚弱。幼苗期适宜温度为 22 ~ 25℃，也可适应 26 ~ 28℃的高温。它还可忍耐一定的低温，但必须在 15℃以上时，才能防止苗期通过春化阶段。莲座期在 17 ~ 22℃的温度范围内，叶片生长迅速强健。温度过高，莲座叶徒长，易发生病害；温度过低则生长缓慢，延迟结球。结球期对温度要求严格，适宜温度为 12 ~ 22℃，白天 16 ~ 25℃利于光合作用，夜间 5 ~ 15℃利于养分积累，同时又可抑制已分化的花器生长，使之处于潜伏状态。当夜间温度降至 –2 ~ –1℃时，应及时收获。休眠期要求 0 ~ 2℃的低温，低于 0℃易发生冻害，高于 5℃则增加养分消耗并易引起腐烂。抽薹期以 12 ~ 18℃为宜，可避免花薹徒长而发根缓慢造成的生长不平衡。开花期和结荚期要求月均温 17 ~ 22℃，日温低于 15℃开花不正常，25 ~ 30℃植株迅速衰老，种子不能充分成熟。高温下形成的花蕾易出现畸形，不能结实。

大白菜的生长期还要求一定的积温。积温与大白菜的品种、熟性以及原产地的条件密切相关。一般早熟品种为 1200 ~ 1400℃，中热品种为 1500 ~ 1700℃，晚熟品种为 1800 ~ 2000℃。从温度条件来看，月均温在（16 ± 1）℃的季节都可进行大白菜栽培。当旬平均温度在 7℃以上、25℃以下，生长季节达到 70 ~ 80 天以上的地区，都可进行大白菜的栽培。

（二）水分

大白菜地上部分的含水量为 90% ~ 96%，根部含水量为 80%。大白菜叶面积大，叶面角质层薄，因此蒸腾量很大。大白菜的蒸腾作用随着生育进程逐渐增强，需水量也表现逐期增加的趋势。发芽期与幼苗期的蒸腾作用不大，根群亦不发达，吸水能力很弱，但由于浅土层的温度变化剧烈，地面蒸发量大，所以要求土壤的相对湿度达到 85% ~ 95%，才能防止“芽干”死苗，促进幼苗的正常生长。莲座期随莲座叶面积的迅速扩大，蒸腾作用随之加强，需水量也大大增加。此期土壤相对湿度要求在 75% ~ 85%，以调整大白菜地上部和地下部的矛盾。结球期是大白菜需水量最多的时期，必须保证土壤有充足的水分，此期要求土壤湿度为 85% ~ 94%。在结球后期要节制用水，以免造成叶片提早衰老，降低叶球的耐贮藏性及病害的发生。

（三）光照

1. 光照强度

大白菜为中等光照强度的蔬菜作物。种子在黑暗和光照条件下都可以发芽，并能正常出苗。光照强度对叶片发育影响很大，在光照充足时，促进叶片宽向生长，叶面积较大；弱光条件下，叶片发育受阻，促进纵向生长，叶片变小，叶面积较小。莲座期、结球期光合强度最强，只有供应充足的水分和养分，才能促进叶球的生长和发育。

2. 光照时间

大白菜生长发育与日照时数关系密切，对产量影响较大。在大白菜营养生长期内，平均每天日照时数不少于 7 ~ 8 小时，生长良好。一般早熟品种全生长期需 500 ~ 600 小时，中熟品种不应少于 650 ~ 700 小时，晚熟品种需在 800 小时以上，才能正常生长。尤其在莲座期需要较长的光照时间，若光照不足 8 小时 / 天会影响莲座叶的健壮发育。大白菜属于长日照植物，在较长日照条件下通过光照阶段，进而抽薹、开花、结果，完成世代交替。长日照处理对花芽分化、抽薹、开花、结果等都有促进效果。

3. 光能利用

大白菜是光能利用率较高的蔬菜之一，最高可达 2.42%。前期迅速扩大叶面积，及早形成较强的光合势，后期有效阻止净同化率的降低是提高大白菜光能利用率的关键。大白菜的光合作用受温度、水分和营养的影响，特别是温度条件影响最大。大白菜不同品种的光合强度有较大差异，这与不同品种的叶绿素含量有关。深绿品种较能适应低温弱光条件，淡绿品种较能适应高温强光条件。

（四）土壤

大白菜对土壤的理化性质要求较高，它要求地下水位深浅适宜，耕层较厚，土壤肥沃、疏松、保水、保肥，以透气的沙壤土、壤土及轻黏土为宜。栽培大白菜最好的土壤是底层有较黏重的土质，上有厚达 50 厘米的肥沃而物理性状良好的轻壤土，沙黏比为 2 ∶ 3，空气孔隙度为 21%。大白菜要求土壤酸碱度是弱酸性到中性，即 pH 值在 6.5 ~ 7.0 之间较好。土壤肥力与大白菜高产、优质关系密切，肥力高的土壤中有机质含量大于 2%，能提供充足的水分、氧气和营养，土壤微生物活动旺盛，有利于优质高产。

（五）矿质营养

大白菜以营养器官为产品，单位面积产量很高，因此，对矿质营养的成分和数量的要求都很高，不仅要求有充足的氮素，而且还要求氮、磷、钾的比例平衡。

大白菜对氮素要求最为敏感，它可以增加叶绿素的含量，提高光合作用能力，促进叶片肥厚和叶面积的增长，有利于外叶的扩大和叶球的充实。氮素缺乏时，生长缓慢，颜色变浅，叶球不充实，但氮素过多而磷、钾不足时，叶原基分化受到抑制，养分运输和转化缓慢，叶大而薄，结球迟缓，风味、品质、抗病性及耐藏性有下降的倾向，而且开花结实也受到抑制。磷能促进细胞的分裂和叶原基的分化，促进根系发育，加快叶球的形成。氮、磷配比适当可提高大白菜的紧实度和净球率。在生殖生长期施用磷肥可明显增加种子产量。缺磷时，植株矮小，叶片暗绿，结球迟缓；而钾能增强大白菜的光合作用，促进叶内有机物质的制造和运转，增加大白菜的含糖量，提高糖与氮的比例，加快结球速度。缺钾时，外层叶片边缘枯黄变脆，而呈带状干边，严重时向内部叶片发展。大白菜是喜钙作物，钙是大白菜细胞壁的重要成分之一，当不良环境条件造成生理缺钙时，易形成干烧心病害，严重影响大白菜的结球质量。

第二节　大白菜的主要类型和品种

一、主要类型

根据植物学和园艺学的研究，大白菜被列为芸薹种中大白菜亚种。在大白菜亚种中分为散叶、半结球、花心和结球 4 个变种。它们是在长期栽培和选育过程中，由顶芽不发达的低级类型进化到顶芽发达的高级类型而形成的园艺变种。

（一）散叶大白菜

大白菜的原始类型。叶片披张，顶芽不发达，不形成叶球。适应性广，抗热性和耐寒性较强。主要分布在山东中南部至江苏北部，于春末或夏季栽培。在西北边缘的一季作地区亦有作为秋冬季供应的鲜食或盐渍用蔬菜。如山东莱芜劈白菜，甘肃武威、青海民和大根白菜等。

（二）半结球大白菜

植株高大直立，有外层顶生叶抱合成球，但球内空虚，球顶完全开放，呈半结球状。耐寒性较强，多分布于东北、河北北部、山西北部、西北高寒地区及云南等地。生长期 69 ~ 80 天。

（三）花心大白菜

由半结球变种的顶生叶抱合进一步加强而成，但叶球顶端向外翻卷，形成白色或淡黄色的“花心”。植株较矮小，耐热性较强，一般具有早熟性，生长期 60 ~ 80 天。大多分布于长江中下游地区，称为“黄芽菜”。北方多作秋季早熟栽培或春季栽培，例如北京翻心黄、济南小白心等品种。

（四）结球大白菜

顶芽发达，形成紧实的叶球，顶生叶完全抱合或近于闭合。生长期 100 天左右，也有 60 ~ 80 天的早、中熟品种。它是大白菜亚种中的高级变种，栽培最为普遍。此变种因其起源地及栽培中心地区的气候条件不同而产生 3 个基本生态型（卵圆型、平头型和直筒型）。

大白菜品种还可按栽培季节分为春型、夏秋型和秋冬型 3 个季节型。春型，冬性和耐寒力强，不易抽薹，在二季作地区为春季栽培，多属早熟品种，如小杂 55、春夏王等。夏秋型，耐热和抗病能力强，多在夏季至早秋栽培，如夏阳、青夏 1 号、青夏 3 号等。秋冬型，在秋季至初冬大量栽培、贮藏供冬季及早春食用，多属结球白菜中的中、晚熟品种，品种甚多。

大白菜品种还可按叶球结构分为叶数型、叶重型和中间型。叶数型，指长度在 1 厘米以上的球叶数超过 60 片，球叶数较多而单叶较轻，叶片的中肋较薄，主要靠叶片数增加球重，卵圆型品种多属此类。叶重型，指长度在 1 厘米以上的球叶不超过 45 片，球叶数目较少而单叶较重，叶片的中肋肥厚，直筒型和部分平头型品种多属此类。中间型，介于叶数型和叶重型之间，如某些直筒型、叠抱型品种属于此类。

大白菜品种也可按叶色分为青帮型、白帮型和青白帮型，主要以叶柄的叶绿素含量多少分类。一般来说，青帮品种比白帮品种的抗逆性强，水分少，干物质含量较多。

此外，微型大白菜（俗称娃娃菜）商品叶球净重仅 100 ~ 200 克。

二、常见品种

高寒地区温差大，生长期短，以直筒舒心类型品种多；气候温和的低海拔平原地区，温差较小，生长期较长，多属直筒包头或矮桩叠抱平头类型居多。现介绍近年来推广面积较大的部分优良品种。

（一）夏阳

台湾地区育成品种。植株直立，外叶少，叶球长球形，坚实，球重800克左右，品质优良。宜密植，早熟，定植后50～55天采收。耐热、耐贮运，商品性好。适宜在长江流域栽培。

（二）鲁白6号

山东省农业科学院于1988年育成的一代杂种。叶色淡绿、白帮，叶球叠抱、白色，平头倒卵形，净菜率为76%。生长期65天左右。耐热，抗三大病害，品质中上。适合全国大多数地区的早秋栽培。

（三）翻心黄

北京地方品种。植株较直立，生长势稍强。叶面多皱纹，叶柄白色。叶球长筒形，球顶部略平，心叶外翻，呈浅黄色，叶球基部较细。含纤维较多，品质中等。生长期70～80天。耐热，贮藏性较差，抗病性中等。

（四）鲁白8号

山东省莱州市西由种子公司于1989年育成的一代杂种。植株生长势强，叶球叠抱，球心闭合，叶球平头倒卵形，净菜率为75%～78%。中熟，生长期75天。耐热、耐肥，高抗霜霉病，耐贮。适宜在长江以南各地种植。

（五）晋菜3号

山西省农业科学院蔬菜研究所于1987年育成的一代杂种。叶球为直筒拧心型，外叶深绿，叶柄浅绿色，叶片直立，净菜率高。中熟，生长期80天左右。抗病性强，适应性广，丰产，耐运。适宜在华北、西北和云贵地区种植。

（六）北京新 3 号

北京市农林科学院蔬菜研究中心于 1997 年育成的一代杂种。株型半直立，生长势较旺，外叶色较深，叶面稍皱，叶柄绿色，叶球中桩叠抱。结球速度快、紧实。中熟，生长期 80 ～ 85 天。抗病毒病、耐霜霉病和软腐病，品质好，耐贮存。适宜在北京、河北、山东、辽宁、贵州等地种植。

（七）津秋 1 号

天津市蔬菜研究所育成的一代杂种。高桩直筒青麻叶类型。株型直立、紧凑。外叶少，叶色深绿，中肋浅绿，球顶花心，叶纹适中，品质佳。抗霜霉病、软腐病和病毒病。中熟，生长期 78 ～ 80 天。适宜在京、津地区及习惯种植青麻叶的地区栽培。

（八）东农 903

东北农业大学园艺系育成的一代杂种。叶球直筒型，顶部尖开。外叶少，叶深绿，帮白绿。风味品质优良。高抗病毒病和软腐病，兼抗霜霉病和白斑病。生长期 85 天。适宜在黑龙江及内蒙古自治区、天津、北京等地区栽培。

（九）青杂中丰

青岛市农业科学研究所于 1982 年育成的一代杂种。莲座叶深绿色，叶柄淡绿色。球叶合抱，叶球呈炮弹形，球顶略舒心。抗霜霉病，对软腐病和病毒病抗性较差。生长期 85 ～ 90 天。

此外，还有北京地方品种小青口、抱头青，天津地方品种青麻叶核桃纹，河北玉田二包尖，山东烟台福山包头，山东胶县大白菜等。微型大白菜品种有春月黄、京春娃娃菜等。

露地栽培、高垄覆膜栽培品种有夏白菜、春春王、春秋王、春秋 54、秋白菜、青麻叶、牛腿棒、翻心黄、山东 7 号等。

第三节　大白菜主要栽培季节和方式

大白菜要求温和的气候条件，结球大白菜尤为严格，因此，全国各地栽培主要安排在秋凉季节，其次是春季栽培。随着科学技术的不断发展，根据市场需求，选用不同熟性品种并采用相应的配套技术，适当提早和延后排开播种，提前或延后上市，丰富市民菜篮子。

一、秋季或秋冬季栽培

青海省均以露地栽培，秋季栽培为主，经收藏后供冬春季食用。在夏末秋初栽培早熟的花心或结球白菜供秋末冬初食用。青海以西宁市和海东市为主要栽培地。

秋季或秋冬季栽培的大白菜主要生长期都在月均温 5 ~ 22℃期间。为了争取较长的生长期以达到增产的目的，可适期提早播种或育苗，霜冻前收获。青藏高原高寒地区一季作区，于春季休闲翻晒土地，6 ~ 7 月直播大白菜，或在春季只栽培生长期短的绿叶菜类和小萝卜等速生类蔬菜，然后再种植大白菜。青海省贵德县以冬小麦、春玉米为前作，后作为大白菜。一年二季作地区则以生长期短的绿叶菜类为第一作。青海西宁地区6月底、7月初为最佳播种期。

大白菜不宜连作或与其他十字花科作物轮作，但以大葱、大蒜、洋葱等蔬菜为前作，前作根系的分泌物对土壤有杀菌作用，可减轻大白菜病害的发生。

二、春季和春夏季栽培

春季大白菜栽培遇到的气候条件与秋季相反，前期低温、光弱，易引起未熟抽薹，后期高温、雨多易造成裂球、烂球或结球松软的现象。因此，春季栽培大白菜需要特殊的配套技术。主要措施是选用早熟、耐抽薹的品种，使其在高温季节前商品球成熟。为有足够的生长期，避免早期低温，防止过早完成春化，应采用温室或塑料棚进行种植，较露地直播提前 25 ～ 30 天播种。定植前要施用充足的基肥，及时灌溉，迅速形成莲座叶和叶球，使营养生长器官的生长速度超过花薹的生长速度，形成较紧实的叶球。在栽培期间，既要防止遇水淹苗，及时排水，又要保持畦面湿润，小水勤浇，及早追肥，促进尽早结球。

第四节　大白菜优质高产栽培技术

一、大白菜栽培技术

（一）茬口安排与播种方式

为防止大白菜的连作障碍及病虫害的发生，在有条件地区应实行 3 ～ 4 年的轮作制度。但由于土地面积小，复种指数高，而大白菜的需求量高，种植面积大。因此，在实际生产中实行轮作是困难的。

秋播大白菜的种植方式基本上可分为直播与育苗移栽两大类型。直播的优点：在大白菜生长过程中不移栽伤根，没有缓苗期。它比育苗移栽的大白菜可适当晚播，又没有过多的机械伤害。所以，病害较轻，而且便于机械化操作。其缺点：直播菜播期严格，前茬必须及时腾地，用工量集中。幼苗期占地面积大，易与夏淡季蔬菜供应发生矛盾。移栽大白菜在青海省几乎没有种植。

（二）整地、作畦与施基肥

1. 整地

前茬作物收获后要及时灭茬，将残枝败叶、根系及杂草及时清除，并将其集中到堆沤肥的适宜场所。同时，对前茬残留的破碎地膜，施肥时带入的砖头、瓦块等杂物也要清理。

耕地要及时、细致。高寒地区冬季进行休闲，在夏季播种前再精细耕耙 1 次。如入冬前不进行深耕和施基肥，春季必须栽培收获较早的作物，以便在栽培大白菜前有充足的时间深耙和曝晒土壤。

2. 作畦

大白菜常见的作畦方式有平畦、高垄、高畦及改良小高畦等多种。小型品种畦宽等于 3 行的行距，长度 6 ～ 9 厘米。这种畦式多在地下水位深、土壤沙性强、雨水少，以及盐碱度较高的土壤采用。

3. 施基肥

大白菜根系分布较浅，生长量大，生长速度快，需肥效持久的厩肥、堆肥做基肥。对大白菜丰产田块调查，要获得每亩 10 吨的毛菜，每亩需施用有机肥 4 ～ 6 吨。除施用有机肥外，也可以用有机肥与化肥混合做基肥。用过磷酸钙做基肥时，宜与厩肥一起堆制后施入，每亩 25 ～ 30 千克。

施用基肥的方法有铺施、条施和穴施，有条件的地区可以将铺施、条施和穴施相结合，进行两次基肥的施入，更有利于大白菜对肥料的需求。

（三）播种

1. 品种选择

夏白菜有春夏王、春秋王、春秋 54、春黄白菜等；秋白菜有青麻叶、牛腿棒、翻心黄、山东 7 号等。

2. 适宜播种期的确定

适期播种是秋季大白菜优质、高产、稳产的关键措施之一。提早播种，可以延长大白菜的生长期，但易于早衰和发病，影响其产量、品质和贮藏性能。晚播种虽然发病率低，但产量降低而且包心不良。在适宜的播种期后，每推迟一天播种就要减产 3% 左右。所以，秋季大白菜只能在适期内播种才能达到预期效果。青藏高原地区播期从 6 月底至 7 月 10 日为佳。

3. 保证全苗

在确定选用的优良品种后，要选用籽粒饱满、成熟度高、发芽率高、发芽势强的种子，有利于田间成苗。播前进行种子处理的方法：一是将种子晾晒2 ~ 3天，每天晒3 ~ 4小时后放于阴凉处散热；二是温汤浸种，即先将种子放于冷水中浸泡10分钟，再放于50 ~ 54℃的温水中浸种30分钟，然后捞出，放于通风处晾干后待播；三是药物拌种，可用种子重量的0.3% ~ 0.4%的福美双或瑞毒霉等药剂拌种。

直播方法有条播和穴播2种。条播是按预定的行距或在垄面中央划0.6 ~ 1厘米深的浅沟，将种子均匀播在沟内，然后用细土盖平浅沟、踩实。穴播是按行株距划短浅沟播种。先做长10 ~ 15厘米、宽4 ~ 5厘米的浅沟，或是做直径为15 ~ 20厘米的浅穴，深度均为1 ~ 1.5厘米，将15 ~ 20粒种子播于穴内，然后覆土、踩实。如底墒不足也可先于穴内浇水，待水渗后播种。条播播种量每亩为150 ~ 200克，穴播为100 ~ 150克。使用大白菜起垄播种机，可一次播4行，同时完成起垄、播前镇压、开沟、播种、覆土和播后镇压等工序。此法开沟距离准确，播种均匀，深浅一致，出苗整齐，每亩仅用种100克。

（四）苗期管理

在大白菜播种3 ~ 4天出苗后要及时查苗补苗，防止缺苗断垄的现象发生。为严格筛选健壮幼苗，应采用2次间苗、1次定苗的方法。“拉十字”期间第一次间苗，留苗距离6 ~ 10厘米，当幼苗长到4 ~ 5片叶时，第二次间苗，留苗距离12 ~ 15厘米，留苗2 ~ 3株。苗期结束进行定苗，按株距要求选留1株壮苗。早熟品种2300 ~ 4000株，中熟品种2500 ~ 3000株，晚熟品种2200 ~ 2400株。间苗后要及时浇水，在适耕期内进行中耕除草，特别是第二次间苗后的中耕质量要求浅榜垄背、深榜沟底，同时要修补被损坏的垄背。所以必须通过苗期的各项管理措施，达到苗全、苗齐、苗壮的要求，为下一阶段的生长发育打下良好基础。

（五）施肥

大白菜的施肥要掌握分期施肥和重点追肥相结合的原则，即根据大白菜的生长阶段、吸肥量的高低，选择适宜时期分期施入。重点施肥是将大部分肥料于大白菜生长最需要，又能发挥最大肥效的时候施用。种肥是在播种时与种子一起施于土中，每亩施用硫酸铵 5 ~ 7 千克（或折合同量氮素的其他化肥，下同）。当幼苗展开 2 ~ 3 片叶时，可在幼苗旁施入提苗肥，用量为每亩 5 ~ 8 千克。进入莲座期后应施用发棵肥，一般每亩施用腐熟有机肥 500 ~ 1000 千克，或硫酸铵或磷酸二铵 10 ~ 15 千克，同时施用草木灰 50 ~ 100 千克或含磷、钾的化肥 7 ~ 10 千克，使三要素平衡，以防徒长。此次肥应在距苗 15 ~ 20 厘米处开沟或挖穴后施入，施肥后应立即浇水。结球期是需肥量最大的时期，在结球前 5 ~ 6 天施用结球肥，每亩施入腐熟优质有机肥 1000 ~ 1500 千克或硫酸铵 15 ~ 25 千克、草木灰 50 ~ 100 千克或过磷酸钙及硫酸钾各 10 ~ 15 千克。中、晚熟品种在结球中期还应施入灌心肥，每亩可施入腐熟的液体有机肥 500 ~ 1000 千克或硫酸铵 10 ~ 15 千克，可将肥料溶于水中顺水浇入。

（六）灌溉与排水

浇水应根据大白菜生长发育对水分需要进行。从苗期、莲座期至结球期从少到多逐步增加。

大白菜的苗期需用浇水降低地温、防止病害。所以，苗期浇水量多；结球期生长量最大，需水量亦最多。垄栽的蒸发面较大，需要多次灌溉，而平畦栽培则较少。

在发芽苗期根系较小，水分必须供应充足，特别是在高温干旱时更需浇水降温。幼苗期也要保证有足够的水分，“拉十字”期及团棵期以前都需浇小水，防止土壤龟裂或板结，保护根系发育。莲座期对水分吸收量增加，但为调节地上部与地下部的矛盾，促进根系及叶片的健壮发育，采用中耕保墒等措施，在不造成水分供应不足的条件下，适当减少灌溉次数。特别是遇连续阴雨的年份，在此期要适当蹲苗，控制浇水数量。结球期需大量浇水，6 ~ 8 天浇水一次，保持土壤湿润和大白菜对水分的需求。收获前 8 ~ 10 天停止浇水，以增强大白菜的耐贮运性。

（七）采收

10 月中下旬，待叶球充分包裹紧实后采收。冬贮的白菜，选择晴天采收。

二、春大白菜防止先期抽薹栽培技术

春季栽培历经春夏之交，日均温 10 ~ 22℃的温和季节很短，早春温度偏低，不利于发芽出苗而有利于通过春化；当后期遇到较高的温度和较长的日照时，又易于提早抽薹开花，不易结球，失去商品价值。同时，大白菜结球期正值高温多雨季节，很易发生病虫害和烂球，从而导致春季大白菜栽培的失败。值得注意的是，大白菜在通过了春化和花芽分化之后，也不一定全部都会抽出花薹，如果采取适当措施，使花薹的长度缩短，或不抽薹，则会有一定的经济效益。

（一）导致先期抽薹的原因

1. 品种的冬性太弱，春化临界温度高

大白菜属于种子春化感应型，即在种子萌动时就可以感受低温条件而通过春化过程。研究结果表明，大白菜春化过程对温度要求不是很严格，一般在温度低于 10℃以下时，10 ~ 20 天即可完成；10 ~ 15℃的温度下，也能在一定的时间内完成春化。低温的影响可以累积，并不要求连续的低温。大白菜不同品种对温度的适应性也有所不同，所以耐抽薹的能力各异。

2. 播期过早

播种过早，苗龄长，苗期又处于长时间的低温条件，极易通过春化阶段而抽薹，特别在遇到持续低温和寒流多次侵袭的年份，更不能播种过早。实践证明，在春大白菜栽培中，温度管理的极限是不得低于 13℃，若低于 13℃，易导致抽薹现象。因此，结合当年早春气候状况，正确选择播期和上市时间，是春大白菜栽培中不可忽视的因素。

3. 栽培管理不当

在栽培过程中，没有创造与之适应的生长发育条件而导致抽薹，如有的菜农为了早定植、早上市，很早就播种而育成大苗，然后定植于露地，其实在大苗的生长时间内就已通过春化，定植露地再遇到寒流，刚一见球，薹就抽出来了；有的菜农在育苗期，对苗床经常通风，结果使小苗通过了不完全春化，定植到大田后水肥又跟不上，结果形成球内包薹，严重影响了商品性；有的菜农不进行育苗，而是直接播种，播种时即使上面覆盖地膜，小苗出土后也极易遇到低温通过春化，造成抽薹或球内包薹。

（二）防止先期抽薹栽培技术措施

1. 选择适宜春播的品种

春季适宜大白菜生长的日数要比秋季短，应选择生育期短（一般 70 天左右）、冬性强、抗抽薹、产量高的品种，如北京小杂 55、春夏王、强势、春大将、顶上、鲁春白 1 号、春冠、京春白、胶春王、强者、金春 1 号和金春 2 号等。

2. 采用保护地营养钵育苗移栽

春大白菜播种过早，温度低，易通过春化；播种过晚，夏季温度高，难以形成优质球。因此，可以在温室、温床或防寒设施良好的阳畦内，用营养钵育苗，苗龄 25 ~ 40 天，待天气转暖，夜间温度不低于 10℃，5 厘米地温稳定在 13℃以上定植于大棚或拱棚。

避免低于13℃以下的温度出现，以提早播种而延长白菜的生长期，具体播种时间可根据上市时间进行决定：如要五一前后上市，可在2月下旬播种；五一后陆续上市，可在3月中上旬播种；6月上旬上市，可在3月下旬至4月上旬播种。

3. 加强栽培管理

定植后，棚内一般不通风或少通风，以利于增加棚内温度，加快缓苗。随着气温的逐渐升高，进行通风，通风量应由小到大，大白菜生长到结球初期应及时揭掉薄膜，降低气温，促进结球。春大白菜生长期较短，株形紧凑，可适当密植。栽培中一般不蹲苗，应肥水齐攻，一促到底。要促进营养生长，抑制未熟抽薹，这就要求土壤肥沃，多施速效性基肥和追肥。生长前期要保证营养条件良好，以加速其生长，抑制发育，从而使其在花芽分化前就形成更多的叶片。一般于幼苗期和定植后，每亩施尿素10 ~ 15千克，使迅速形成莲座和叶球。莲座期以后随着气温升高，应酌情增加浇水量，保持土壤湿润，莲座期干旱会影响莲座叶的生长和球叶的分化，而有利于花芽分化，结球期气温高、日照长，有利于花薹生长。因此，必须使营养生长速度超过花薹生长速度，应在莲座期施发棵肥，促进莲座叶和根系生长，结球前期、中期各施一次速效性化肥，一般每亩施尿素15 ~ 20千克，浇水要掌握见湿见干，不能浇水过多以免高温高湿引起软腐病。

4. 及时采收上市

春大白菜成熟后应及时收获上市，收获期不宜拖延太长，以防因后期高温引起叶球腐烂或裂球。

三、娃娃菜高效栽培技术

（一）娃娃菜特点

娃娃菜质地脆嫩，风味独特，极早熟，结球早，包球速度快，生长期短，播种后45 ~ 50天收获，单球重200 ~ 300克。

（二）春播娃娃菜栽培技术

1. 选择耐抽薹的娃娃菜品种

要求春娃娃菜品种除符合上述娃娃菜特点外，还必须具有较强的耐抽薹能力。

2. 适时播种，合理密植

春娃娃菜品种适宜在北方地区春季，高海拔山区夏、秋季播种，播期的选择同普通春大白菜栽培，播种育苗、定植温度为 13 ～ 20℃。既可育苗移栽又可直播。

（1）直播：娃娃菜个体小，生产中看重数量而非单株产量，一般亩定植密度 10000 株，亩用种量 100 ～ 150 克。若育苗则占用空间大，采用直播方式省时、省工。

由于早春气温低，气温回升慢，为了避免白菜播种后通过低温春化，春播不宜过早，否则易导致先期抽薹，一般以气温稳定回升到 13℃以上时播种。西宁地区露地直播在 4 月底至 5 月初播种；温室或大棚由于保温条件好，可适当提早播种，温室 3 月初播种，大棚 3 月底播种。其他地区播种期因气温回升的快慢而异。

（2）合理密植：娃娃菜株型小，适宜密植，密植还有利于形成较小叶球。干旱、半干旱地区露地及温室、大棚均可采用平畦或垄栽。若采用平畦，畦宽 90 厘米，每畦 3 行，行株距 30 厘米 ×20 厘米；若垄栽可采用窄垄双行种植，垄密 60 厘米，垄上播种 2 行，株距约 20 厘米。

3. 温度管理

育苗期间要求最低夜温稳定在 13℃以上。

采用天膜或小拱棚栽培的，随着气温回升，扎破棚膜，逐步加大通风量，待最低气温升至 13℃以上时，全部去膜。去膜后及时中耕除草，提高地温，促进根系发育。

采用温室、大棚栽培，夜间尽可能保温在 13℃以上。前期在保温的基础上，每天小放风除湿，减少霜霉病发生；中后期夜间保温，白天要特别注意通风降温和除湿，待最低气温升至13℃以上时，昼夜通风，夜间不再保温，白天最高气温维持在25℃左右。

4. 肥水管理

适当控制肥水，不宜大肥大水，防止植株徒长，避免因密度过大导致空气湿度过大而滋生病害。为了提高地温，去膜前不宜过多浇水，去膜后要及时中耕，促进根系发育。定植前可少施或不施农家肥，可每亩施复合肥50千克做基肥。追肥分两次进行，缓苗后可每亩追施尿素10千克，撒施或开沟穴施。进入结球期后，每亩再随水追施尿素10千克。

5. 排开播种，及时采收，包装上市

生产上应排开播种，分期采收，均衡上市。娃娃菜成熟时应及时采收，否则叶球过大或过于紧实，失去商品价值。采收时，一般将整棵菜连同外叶运回冷库预冷，包装前再按娃娃菜商品标准大小剥去外叶，每包装入3 ~ 4个小叶球。娃娃菜的包装和运输应在冷藏条件下进行，从而达到保鲜和延长货架寿命的目的。

（三）夏、秋播娃娃菜栽培技术

1. 选择耐热、抗病的娃娃菜品种

娃娃菜栽培的成功取决于品种。夏娃娃菜品种除了必须具备通常的娃娃菜的大小、形状和品质外，还必须具备较强的耐热性和抗病毒病能力。目前，可供选择的品种还很缺乏，适宜的品种有京夏娃娃菜等。京夏娃娃菜品种为超小型品种，不仅抗病毒病、霜霉病和软腐病，而且耐热、耐湿性强，适应性广，尤其适宜低海拔地区夏、秋季露地直播栽培，栽培简易，管理同普通早熟大白菜，要求密植。

秋播娃娃菜在还没有秋播专用品种前，可选用抗病毒病和抗干烧心能力较强的品种，如京春娃娃菜等。

2. 适时播种，合理密植

种植密度因品种而异。京夏娃娃菜品种在5 ~ 8月份均可在露地直播。在干旱、半干旱地区可采用窄垄双行种植，垄宽 60 厘米，株距约 15 厘米；潮湿多雨地区可采用高畦，每畦定植 4 ~ 6 行，行株距 22 厘米 ×22 厘米。每亩种植密度约 13000 株，亩用种量 150 ~ 200 克。

京春娃娃菜品种因抗病毒病和抗干烧心能力较强，可兼做露地秋播，播种期为 8 月初至 8 月底。可采用窄垄双行种植，垄宽 60 厘米，株距约 20 厘米。每亩种植密度约 10000 株，亩用种量 100 ~ 150 克。

3. 肥水管理

适当控制肥水，不宜大肥大水，防止植株徒长，避免因密度过大导致空气湿度过大而滋生病害。可少施或不施农家肥，可每亩施复合肥 50 千克做基肥。追肥分两次进行，缓苗后可每亩追施尿素 10 千克，撒施或开沟穴施。进入结球期后，每亩再随水追施尿素 10 千克。

4. 排开播种，及时采收

生产上应排开播种，分期采收，均衡上市。夏播娃娃菜成熟时应及时采收，否则叶球过大或过于紧实，失去商品价值。夏季栽培，过熟易造成叶球腐烂。

秋播娃娃菜后期遇低温，适宜采收期较夏播娃娃菜相对较长，需防低温冻害。

第五节　大白菜主要病虫害防治技术

一、主要病虫害

大白菜主要病虫害有软腐病、霜霉病、炭疽病、黑斑病、病毒病、菜青虫、小菜蛾、甜菜夜蛾、菜蚜、地蛆等。

二、农业防治

要因地制宜选用优良品种，合理布局。实行轮作倒茬，深翻晒垡，加强中耕除草，清洁田园，降低病虫源数量，培育无病虫害壮苗。

三、物理防治

可采用银灰膜避蚜或黄板诱杀，温汤浸种。

四、药剂防治

合理用药，严格控制农药用量和安全间隔期。防治菜蚜可用10%吡虫啉1500倍液或50%抗蚜威可湿性粉剂2000～3000倍液喷雾；防治甜菜夜蛾可用52.25%农地乐乳油1000～1500倍液喷雾；防治地蛆，成虫期用90%晶体敌百虫800～1000倍液或50%敌敌畏乳油1000倍液喷雾，幼虫期用90%晶体敌百虫1000倍液或50%辛硫磷2000倍液灌根，每株灌药液200克左右；对菜青虫、小菜蛾等可采用白僵菌、苏云金杆菌制剂等，或5%抑太保乳油2500倍液喷雾或5%卡死克1000～2000倍液或50%辛硫磷乳油1000倍液喷雾。

对软腐病采用72%农用链霉素可湿性粉剂4000倍液或新植霉素4000～5000倍液喷雾；防治霜霉病可选用甲霜灵可湿性粉剂750倍液或75%百菌清可湿性粉剂500倍液等喷雾，7～10天一次，连防2～3次；防治炭疽病、黑斑病可选用69%安克锰锌可湿性粉剂500～600倍液或80%炭疽福美双可湿性粉剂800倍液等喷雾；防治病毒病可在定植前后喷一次20%病毒A可湿性粉剂600倍液或1.5%植病灵乳油1000～1500倍液喷雾。

第二章　菠菜优质高产栽培

第一节　菠菜的生物学特性

菠菜为藜科菠菜属，以绿叶为主要产品器官的一年生草本植物，别名波斯菜、赤根菜、鹦鹉菜等，是主要绿叶菜之一。菠菜原产于亚洲西部的伊朗，在中国有1000年以上的栽培历史。菠菜根红叶绿，鲜嫩异常，尤为可口。菠菜中含有丰富的胡萝卜素、维生素C、蛋白质及钙、铁等物质。其味涩，性平，入胃，能滋阴补血，对保持人体健康和延缓衰老有着不可估量的作用。菠菜是春淡供应市场的一种主要蔬菜，又是中国南北各地春、秋、冬三季栽培的重要蔬菜之一。

一、植物学特征

菠菜直根发达，侧根不发达。根红色，味甜可食。主要根群分布在25 ~ 30厘米耕层内。抽薹前叶片簇生于短缩茎。叶互生，叶片绿色，呈箭头状或近卵圆形。多数单性花，也有少数两性花；多数雌雄异株，少数雌雄同株。风媒花，雌花无花瓣，雄蕊1枚，柱头4 ~ 6个，花萼2 ~ 4裂，包被着子房，有刺种菠菜的花萼发育成角状突起。子房1室，内含胚珠1枚，受精后内含种子1粒，播种用的“种子”实为果实。

（一）菠菜植株性型

1. 绝对雄株

植株较矮，基生叶较小，茎生叶不发达或呈鳞片状。花茎上仅生雄花，位于花茎先端，为复总状花序。抽薹最早，花期短，常在雌株未开花前进入谢花期，不能使雌株充分受精，而且授粉后易引起种性退化,应在采种田中及早将其拔除。有刺种菠菜的绝对雄株多。

2. 营养雄株

植株较高大，基生叶较绝对雄株大，雄花簇生于茎生叶的叶腋中，花茎顶部的基生叶发达。抽薹较绝对雄株迟，产品供应期较长，为高产株型。花期较长，并与雌株的花期相近，对授粉有利，采种时应适当加以保留。无刺种菠菜的营养雄株较多。

3. 雌株

植株较高大，生长旺盛，基生叶及茎生叶均较发达。雄花簇生于茎生叶的叶腋中，抽薹较雄株晚。

4. 雌雄同株

在同一植株上着生雌花和雄花，基生叶及茎生叶均较发达。抽薹晚，花期与雌株相近。雌雄花的比率不一，有雄花较多或雌花较多，或早期生雌花后期生少数雄花，或在整个生长期着生同等数量的雌花和雄花等现象。另外，还有在同一朵花内具有雌蕊和雄蕊的两性花。

（二）生长发育特性

菠菜的生长发育过程可分为以下 2 个时期。

1. 营养生长期

从子叶出土到花芽分化。种子开始发芽的温度为 4℃，适温为 15 ～ 20℃，子叶展开至出现 2 片真叶，生长缓慢。随后叶数、叶面积及叶重量迅速增长，叶片在日均温 20 ～ 25℃时增长最快，在经一定时期（因品种、播种期及气候条件等而异）苗端分化花原基后，叶数不再增加，但叶面积及叶重仍继续增加。

2. 生殖生长期

从花芽分化到种子成熟。花芽分化至抽薹的天数，因播期不同而有很大差异，此期的长短将直接关系到菠菜采收期的长短与产量的高低。以采种为目的，要求有较多的雌株及适量的营养雄株。外界条件中凡是能加强光合作用和养分积累的因素，一般都能促使雌性加强；凡是促进养分消耗的，则有加强雄性的倾向，所以营养生长期的环境条件及栽培管理，会影响到种株的发育及性别比例。

二、对环境条件的要求

（一）温度

菠菜种子发芽的最低温度为 4℃，最适温度为 15 ~ 20℃。适温下 4 天发芽，质量高的种子，发芽率达 90% 以上；温度再升高，发芽天数增多，发芽率降低；35℃时，发芽率不到 20%。所以高温季节播种时，种子必须事先放在冷凉环境中浸种催芽。在绿叶蔬菜中，菠菜的耐寒力较强，成株在冬季最低气温为 -10℃左右的地区，可以在露地安全越冬。华北、东北、西北等地区的北部，冬季平均最低气温低于 -10℃的地区，用风障或无纺布覆盖地面，也可在露地越冬。耐寒力强的品种，具有 4 ~ 6 片真叶的植株，可耐短期 -30℃的低温；甚至在 -40℃的低温下，仅外叶受冻枯黄，根系和幼芽不受损伤。仅有 1 ~ 2 片真叶的小苗和将要抽薹的成株，抗寒力差。

（二）光照

菠菜是典型的长日照蔬菜，在日照时间长的栽培季节中，很快分化花芽并抽薹。菠菜花芽分化的主要条件是长日照，在长日照条件下，即使不经受低温，也可分化花芽。但是，当日照时间缩短至 12 小时以下时，种子经过低温（2 ± 1）℃处理的，花芽分化期比种子未经低温处理的显著提早。短日照条件下，低温有促进花芽分化的作用。这一点对菠菜秋播采种时，在日照时间较短的情况下，如何促进花芽分化具有指导意义。花芽分化后，花器的发育、抽薹和开花，均随温度的升高和日照时间的加长而加快。

（三）水分

菠菜根系比较发达，叶面积大，组织柔嫩，蒸腾作用旺盛，生长发育过程需要大量的水分。在土壤相对湿度为 70% ~ 80%、空气相对湿度为 80% ~ 90% 的条件下，营养生长旺盛，叶片肥大，品质好，产量高。特别是在 4 ~ 6 片叶进入生长发育的高峰时期，需水量更大。空气和土壤干燥使叶部生长缓慢，组织老化，纤维增多，品质下降。高温、干旱和长日照的条件，会促进蔬菜器官快速发育，提早抽薹和开花，而且雄株数目超过雌株，对菠菜采种也造成不利影响。但是水分太多，土壤透气性差，土壤容易板结，不利于根系活动，也会使植株生长发育不良。越冬菠菜浇返青水早，并且浇水量大时，会影响返青。春菠菜、秋菠菜生长发育期较短，一般为 45 ~ 55 天，每亩需水量为 164 ~ 220 立方米，平均每亩每天需水 3.0 ~ 4.9 立方米。

（四）土壤

菠菜要求弱酸性至中性的土壤。在酸性土壤中，生长缓慢，严重时叶色变黄，叶片变硬，无光泽，不伸展。所以，酸性太大的土壤应施用石灰或草木灰，使酸性降低。在生产实践中常见到用苦水（含钾、钠、钙等盐类的水）浇菠菜时，菠菜生长良好的现象。菠菜耐碱的能力也比较弱，在碱性土壤中，生长不良，产量降低。菠菜对土壤性质的要求不严格，沙壤土、壤土及黏壤土都可以栽培，可根据不同栽培季节选择适宜的土壤。例如，以春季早上市为目的时，可选择沙壤土种植，这样早春地温升高较快，菠菜越冬后返青快，可以早采收；以高产为目的时，可选择保水、保肥力比较好的壤土或黏质壤土。

（五）矿质营养

为保证菠菜的正常生长，需要施用氮、磷、钾三要素俱全的肥料。在此基础上，要特别重视氮肥的施用。氮肥充足时，叶部生长旺盛，不仅可以提高产量、增进品质，而且可以延长供应期。缺氮时，植株矮小，叶色发黄，叶片小而薄，纤维多，而且容易早抽薹。在缺硼的田块中种植菠菜，导致心叶卷曲失绿，植株矮小，可在施肥时配合施用硼砂，每亩用 0.5 ～ 0.75 千克，或者加水配成溶液喷施叶片表面，可防止缺硼现象发生。

三、产量形成

菠菜的个体和群体产量是由叶子和短缩茎构成，以叶子占绝大部分，而且叶片始终是产量的主要部分，叶柄占次要地位。主要靠叶片加厚和叶柄生长保证产量。菠菜生长前中期主要靠扩大叶面积，生长后期主要靠提高净同化率，通过叶片加厚和叶柄生长增加个体干物质产量，如想提早采收可以密播，主要靠扩大叶面积保证产量，延迟采收可以稀播。在密播时很少发生分蘖，而且分蘖生长量很小，对产量构成不起多大作用，稀播时发生分蘖较多，在肥水充足的条件下有较大生长量，在一定程度上能弥补由于苗稀所减少的群体产量。几片较大的中位叶是构成个体产量的主要叶子。凡是低位叶生长良好者，中位叶都发达，反之，中位叶生长不良，证明低位叶是中位叶生长的基础。为了保证个体和群体产量，播种时不宜播得过密，低位叶生长期间肥水不能亏。从“拉十字”开始，应逐渐加强肥水。

第二节　菠菜的主要类型和品种

一、主要类型

根据菠菜果实上刺的有无，可分为有刺菠菜和无刺菠菜 2 个变种。

（一）有刺种

栽培历史悠久，分布广。叶片狭小而薄，戟形或箭形，先端一般锐尖或钝尖，又称“尖叶菠菜”。但也有叶片先端较圆的有刺种，如广州迟乌叶菠菜、成都圆叶菠菜等。其叶面光滑，叶柄细长，质地柔软，涩味少。一般耐寒性较强，耐热性较弱，对日照长短较敏感，在长日照下抽薹快，适宜作秋季或越冬栽培。春播易抽薹，产量低；夏播因不耐热而生长不良。

（二）无刺种

叶片肥大，多皱褶，卵圆形、椭圆形或不规则形。先端钝圆或稍尖，基部截断形、戟形或箭形，叶柄短，又称“圆叶菠菜”。耐寒性一般，较有刺种菠菜稍弱，但耐热性较强。对日照长短不如有刺菠菜敏感，春季抽薹较晚，多用于春、秋两季栽培，也可夏季栽培。

二、常见品种

（一）日本超能菠菜

该品种植株半直立，叶簇生，叶柄短，叶片大呈阔箭头形，生长迅速，发叶快，叶肉肥厚，纤维少，品质好。抗寒耐热，可作春秋栽培，一般每亩的产量为 2000 ～ 2500 千克。该品种春季栽培于 3 月中下旬播种，5 月上旬供应市场；秋季栽培于 8 月份播种，9 ～ 11 月上市供应。

（二）荷兰菠菜 K4

该品种早熟，耐寒，耐抽薹，叶片大且直立，每亩产量为 2000 ~ 2500 千克。适于春秋和秋季保护地栽培。

（三）华菠 1 号菠菜

植株半直立，株高 25 ~ 30 厘米，叶色浓绿，叶肉较厚，单株重 110 克，叶肉嫩，无涩味，耐高温，早熟性强。适于早秋播种栽培。

（四）春秋大叶菠菜

从日本引进，株高 30 ~ 36 厘米，半直立状，叶长椭圆形、先端钝圆，平均叶长 26 厘米、宽 15 厘米，肥厚，质嫩，风味好，耐热，抽薹晚，但抗寒性较弱。

（五）捷雅

中晚熟品种，株型中等，生长直立，叶片阔三角形或近圆形，叶面平滑，叶片深绿，微锯齿状，抗霜霉病。适于春夏秋露地或保护地栽培。

（六）丹麦王 2 号

早熟品种，植株直立，株型中大，叶片厚、绿色，叶圆形或椭圆形，抽薹晚。适应性广，抗病性强，商品性佳。适于春季、秋季及冬季保护地栽培。

（七）新世纪菠菜

植株半直立性，叶稍宽，有光泽，有缺刻，叶片厚，品质优，叶柄粗，叶数多，抗病，耐热性强，抽薹晚，产量高。

此外，还有捷克、可爱、完美、捷荣、昌盛、南京大叶菠菜、春不老菠菜、广东圆叶菠菜、上海圆叶菠菜、美国大圆叶和绿海大叶菠菜等优良品种。

第三节　菠菜主要栽培季节

一、春菠菜

一般在开春后，气温回升到5℃以上时即可开始播种，可在2月下旬至4月中旬陆续分期播种，3月中旬为播种适期，播后30～50天采收，宜选择抽薹迟、叶片肥大的品种。如日本超能菠菜、捷雅等。

二、夏菠菜

可于5～7月分期排开播种，6月下旬至9月中旬陆续采收，选用耐热性强、生长迅速、不易抽薹的品种。如华菠1号、春秋大叶菠菜等。

三、秋菠菜

秋播为主要播种方式，一般8～9月播种，也可提前至7月或延迟至10月上旬播种，播后30～40天可分批采收，品种选择不严格，但早秋菠菜宜选用较耐热、生长快的早熟品种。如荷兰菠菜K4等。

四、越冬菠菜

10月中下旬至11月上旬播种，春节前后分批采收，选用冬性强、抽薹迟、耐寒性强的中、晚熟品种。如丹麦王2号等。

第四节　菠菜优质高产栽培技术

一、整地作畦

选择背风向阳、疏松肥沃、保水保肥、排灌条件良好、沙质微酸性壤土较好。前茬收获后，及时清除残枝落叶。深翻，整地时每亩施腐熟有机肥 3500 ~ 4000 千克、石灰 100 千克，整平整细，冬、春播种宜做高畦，夏、秋播种做平畦，畦宽 1.2 ~ 1.5 米。

二、播种育苗

一般直播，且以撒播为主。夏、秋播种应催芽，播前一周，用冷水浸种约 12 小时后，将种子放在井中催芽，或将种子放在 4℃左右的冰箱中处理 24 小时，再在 20 ~ 25℃的条件下催芽，经 3 ~ 5 天出芽后播种。秋冬可播干籽或湿籽，无须催芽，每亩播种 5 ~ 10 千克。一般在播前先浇足底水，若土壤湿润也可不浇水。播种时宜采用分层播种法，即将种子撒于畦面后，用齿耙轻轻梳耙表土几遍，使一部分种子播于 5 ~ 6 厘米的深层,使出苗有先后,可以分批采收。种子落入土缝中后，畦面上盖一层草木灰，再浇泼一层腐熟浓粪渣或河泥或细土均可。春播菠菜，不需在播种前浇底水，而选晴天上午在畦土上播种后再浇泼一层腐熟浓粪渣或覆土 2 厘米左右。夏、秋播菠菜，夏秋季高温多雨，播后要用稻草覆盖或利用小拱棚覆盖遮阳网，防止高温和暴雨冲刷。盖籽土被晒干后，再浇水。每次浇水要使土湿透，经常保持土壤湿润，6 ~ 7 天后即可齐苗。若冬播菠菜播种较迟，气温偏低时，则应在播种畦上覆盖塑料薄膜或遮阳网保温促出苗，出苗后撤除。

三、田间管理

1. 春菠菜设施栽培关键技术

前期要覆盖塑料薄膜保温，可直接覆盖到畦面上，也可用小拱棚覆盖。直接覆盖时，在菠菜出苗后即撤除薄膜或改为小拱棚覆盖。注意小拱棚昼揭夜盖，晴揭雨盖，让幼苗多见光、多炼苗。及时间苗，追施肥水，前期以腐熟人畜粪淡施、勤施，收获前 10 ~ 15 天不宜施氨肥。

2. 夏菠菜设施栽培关键技术

夏季生长季节高温多雨，因此其栽培技术应以保证出苗、全苗及促进幼苗生长为重点。一是要进行遮阳避雨栽培。利用大棚或温室等设施上面覆盖遮阳网，可明显降低棚内温度。在晴天的 9 ~ 16 时的高温时段将大棚用遮阳网遮盖防止阳光直射，在阴雨天或晴天 9 时以前和 16 时以后光线弱时，将遮阳网卷起来。二是覆盖防虫网。在大棚或拱棚覆盖 40 目防虫网，这样既不影响透风，又可安全隔离虫等传毒媒介。出苗后，浇水应在早晨或傍晚用小水勤浇。第一次浇水，水流要缓，水量要小，以免泥浆浸泡子叶后引起死苗。2 ~ 3 片真叶以后，追施 2 次浓度为 20% ~ 30% 的腐熟人畜粪肥，或者 2 次共追施尿素 30 千克 / 亩，每次施肥后要连浇清水，促进生长，延迟抽薹。同时，对出苗过密的地方要进行间苗。一般每隔 5 ~ 7 天浇水 1 次，经常保持土壤湿润，以降低地温。收获前 10 ~ 15 天不宜施氨肥，进入旺盛期可喷施生长调节剂及叶面肥，叶面不宜喷施氨肥，以降低菠菜中硝酸盐含量。

3. 秋菠菜设施栽培关键技术

采取遮阳措施是菠菜早秋栽培的关键，前期的遮阳栽培管理同夏菠菜。播种后 4 ~ 5 天出齐苗，2 片真叶后结合间苗除草，注意追肥，施肥要轻施、勤施，先淡后浓，前期多施腐熟粪肥，生长盛期施尿素 2 ~ 3 次。

4. 冬菠菜设施栽培关键技术

青海越冬菠菜常采用 2 种方法进行栽培。一种是秋冬不扣棚，翌年早春扣棚，播种期与露地相同。秋冬露地栽培时，需采取覆土防寒保护措施，即将土块打碎，均匀覆盖在畦面菠菜上，厚 2 ~ 3 厘米，这样不仅能防寒保温，更重要的是减少水分蒸发，保持耕层土壤温度，防止菠菜叶片及生长点死亡。翌春返青成活率基本达到 100%。注意不能覆土过早，以防止因地温、气温偏高造成菠菜叶片与生长点腐烂。其次，整个生育期设施栽培。从播种开始覆盖棚膜，一直到收获，可提早 5 ~ 7 天上市，增产 10% 以上，增收近一倍。

越冬菠菜设施的管理可以分为 3 个阶段来进行管理，即冬前管理、越冬管理和返青管理。冬前管理主要是提高出苗率，保证严冬到来时苗长出 4 ~ 5 片叶。苗期浇水的原则是见湿见干，保持土壤含水量大于 75%。当苗长出 3 ~ 4 片叶时适当控水，间去过密的苗。当幼苗长出 5 ~ 6 天时，拔去畦内杂草，随水追施速效氮肥 3 ~ 4 次，每次施 10 千克 / 亩左右。从幼苗停止生长到第二年早春返青为越冬期，这一时期大约有 120 天。越冬管理主要是浇冻水，起到稳定地温、保持土壤墒情的作用，保证幼苗安全越冬。冻水应该在 11 月下旬，浇水量以浇完后全部渗下为度。返青期当冻土层化冻后选晴天追肥浇水，俗称浇“返青水”，每亩施硫酸铁 15 ~ 20 千克，并配合施一些速效性磷钾肥，抑制或减缓生殖生长的速度，否则肥水跟不上，会导致提早抽薹开花。

第五节 菠菜主要病虫害防治技术

选择地势较高，排灌方便，一年内没有种过菠菜的地块。前茬收获后翻耕 10 ~ 20 厘米，增施有机肥、钾肥和微生物肥做基肥。加强田间管理，及时清除病株和失去功能的病残叶片，改善田间通风透光条件。适时浇水，禁止大水灌，雨后及时排水，控制土壤湿度。菠菜易得霜霉病、炭疽病、斑点病和病毒病，可分别用 64% 杀毒矾可湿性粉剂 500 倍液、6.5% 甲硫·霉威粉尘剂 1 千克 / 亩喷粉、6.5% 甲霜灵粉尘剂喷粉和病毒 A 等，每隔 7 ~ 10 天喷施一次，提前预防。虫害主要有美洲斑潜绳、螨虫、蚜虫等，可用螨虫清 7 天喷一次，也可用菊酯类、阿维菌素、BT 乳剂等生物杀虫剂防治，减少农药残留。

第六节 菠菜采收

菠菜采收期不是很严格，采收时植株可大可小，一般苗高 10 厘米以上即可开始分批采收。采收时间宜在植株上的露珠已干时为宜，早晨采收植株柔嫩、叶脆、易损伤，尽量避免在早晨采收，采收时应去掉枯黄叶，用清水洗净，250 ~ 500 克扎成 1 把，整齐装入菜筐，保持鲜嫩销售。春菠菜在播后 40 ~ 50 天，常一次性采收完毕，夏菠菜一般于播种后 25 ~ 35 天，抢在抽薹前及时采收，以保证品质和商品性。

第三章　芹菜优质高产栽培

第一节　芹菜的生物学特性

芹菜属伞形科二年生草本植物，别名香芹、药芹、旱芹等。原产于地中海地区和中东；古代希腊人和罗马人用于调味，古代中国亦用于医药。18 世纪末期，芹菜经培育形成大而多汁的肉质直立叶柄，可食用部分为其叶柄。芹菜对预防高血压、动脉硬化等都十分有益，并有辅助治疗作用。我国栽培历史悠久，分布广泛，全国大部分地区均有生产。

一、植物学特征

芹菜为浅根系植物，有主根和大量的侧根。茎短缩，短缩茎上着生叶柄，叶为羽状复叶。不同品种，叶柄颜色不同，有绿色、淡绿色、黄绿色和白色等。花小，黄白色，形成复伞状花序。果为双悬果，有 2 个心皮，其内各含 1 粒种子。种子暗褐色，椭圆形，有纵纹，籽粒小，千粒重 0.4 ~ 0.5 克，外有革质保护，不易吸水。

芹菜属于低温绿体春化的长日照作物，需在幼苗期经受低温，而且苗龄比植株大小对通过春化影响更大，故春季栽培播种过早时容易抽薹。幼苗在 2 ~ 5℃低温下，经过 10 ~ 20 天即可完成春化，以后在长日照条件下，通过光周期而抽薹。光照强度对芹菜的生长也有影响。弱光可促进芹菜的纵向生长，即向直立发展，而强光可促进横向发展，抑制纵向伸长。

二、对环境条件的要求

（一）温度

芹菜属于耐寒性蔬菜，要求较冷凉湿润的环境条件，在高温干旱条件下生长不良。芹菜在不同的生长发育时期，对温度条件的要求是不同的。发芽期最适温度为 15 ~ 20℃，低于 15℃或高于 25℃，则会延迟发芽的时间和降低发芽率。适温条件下，7 ~ 10 天就可发芽。芹菜在幼苗期对温度的适应能力较强，能耐 –5 ~ –4℃的低温。幼苗在 2 ~ 5℃的低温条件下，经过 10 ~ 20 天可完成春化。幼苗生长的最适温度在 15 ~ 23℃。芹菜在幼苗期生长缓慢，从播种到长出 1 个叶环大约需要 60 天。定植至收获前这个时期是芹菜营养生长的旺盛时期，此期生长的最适宜温度为 15 ~ 20℃，温度超过 20℃则生长不良，品质下降，容易发病。芹菜成株能耐 –10 ~ –7℃的低温。

（二）光照

芹菜种子发芽时喜光，有光条件下易发芽，黑暗环境发芽迟缓。芹菜的生育初期，要有充足的光照，以使植株开展，充分发育，而营养生长盛期需要中等光照强度，光照强度在 10000 ~ 40000 勒克斯较适宜。因此，冬季可在温室、小拱棚和阳畦中生产，夏季栽培需遮光。长日照可以促进芹菜苗端分化花芽，促进抽薹开花；短日照可以延迟成花过程，而促进营养生长。因此春芹菜适期播种，保持适宜温度和短日照处理，是防止抽薹的重要管理措施。

（三）水分

芹菜为浅根性蔬菜，吸水能力弱，对土壤水分要求较严格，整个生长期要求充足的水分条件。播种后床土要保持湿润，以利幼苗出土；营养生长期间要保持土壤和空气湿润状态，否则叶柄中厚壁组织加厚，纤维增多，甚至植株易空心老化，使产量及品质都降低。栽培中，要根据土壤和天气情况，保证水分供应充足。

（四）土壤

芹菜喜有机质丰富、保水保肥力强的壤土或黏壤土，沙土及沙壤土易缺水缺肥，使芹菜叶柄发生空心。芹菜对土壤酸碱度的适应范围为 pH 值 6.0 ~ 7.6，耐碱性较强。

（五）矿质营养

芹菜要求较全面的营养。在任何时期缺乏氮、磷、钾，都会影响芹菜的生长发育，而以初期和后期影响更大，尤其缺氮影响最大。对氮、磷、钾的吸收比例，本芹为 3∶1∶4，西芹约为 4.7∶1.1∶1。苗期和后期需肥较多。初期需磷最多，因为磷对芹菜第一叶节的伸长有显著的促进作用，芹菜的第一叶节是主要食用部位，如果此时缺磷，会导致第一叶节变短。钾对芹菜后期生长极为重要，可使叶柄粗壮、充实，有光泽，能提高产品质量。在整个生长过程中，氮肥始终占主导地位。氮肥是保证叶片生长良好的最基本条件，对产量影响较大。氮肥不足，显著影响叶的分化及形成，叶数分化较少，叶片生长也较差。此外，芹菜对硼较为敏感，土壤缺硼时，在芹菜叶柄上出现褐色裂纹，下部产生劈裂、横裂和株裂等，或发生心腐病，发育明显受阻。

第二节　芹菜的主要类型和品种

在青海栽培芹菜要选用抗寒，耐热性强，耐弱光，外观和内在品质好的品种。

一、主要类型

（一）本芹

本芹又名中国芹菜，植株高大、直立，叶片繁茂，叶柄细长，纤维较多，香味浓，依叶柄颜色分为青芹和白芹两种。青芹植株较高大，香味较浓，产量高，软化后品质好。白芹植株矮小，质地较细嫩，香味浓，但抗病性差。依叶柄充实程度来分，有空心芹和实心芹之分。实心芹春季耐抽薹，品质好，产量高，耐储藏。空心芹易抽薹，品质差，但抗热性强，适合夏季栽培。

（二）西芹

西芹又名洋芹，从欧美地区引进，株高 60 ~ 80 厘米，生长期较本芹长，叶柄肥厚，短而宽，质地脆嫩，纤维少，品质佳，香味较淡，单株产量高达 2 千克。在北方地区已普遍栽培。

二、常见品种

（一）实杆芹菜

植株高 80 厘米左右，叶柄长 50 厘米、宽约 1 厘米，实心。叶柄及叶均为深绿色，背面棱线细，腹沟较深。纤维少，品质好。生长快，耐寒，耐贮藏，适于秋季露地栽培。

（二）潍坊青苗芹菜

山东潍坊地方品种。植株生长势强，株高 80 ~ 100 厘米。叶柄及叶均为绿色，有光泽，叶柄细长，最大叶柄长 70 厘米、宽 1 ~ 1.2 厘米。实心，质脆较嫩，纤维少，不易抽薹，品质好。耐寒，耐热，耐贮藏，生长期 90 ~ 100 天。一般单株重 0.4 ~ 0.5 千克，每亩产量可达 5000 千克以上。适宜大棚栽培。

（三）津南实芹 1 号

天津地方品种。植株生长势强，株高 85 厘米。实心，叶柄黄绿色，基部白绿色，长而肥大。生长期 100 ~ 110 天，单株重 0.25 千克。纤维少，脆嫩，味浓香，品质优良。该品种耐热，耐寒，适应性强，春播不易抽薹。适宜保护地栽培。

（四）天津黄苗芹菜

天津地方品种。植株生长势较强，叶柄长而肥厚，叶色黄绿或绿，实心或半实心。生长期 90 ~ 100 天，单株重 0.5 ~ 0.6 千克。纤维少，品质好，耐热，耐寒，耐贮藏，一年四季可栽培，不易抽薹，每亩产量 5000 千克以上。

（五）石家庄实心芹菜

河北石家庄地方品种。该品种植株高大，株高 90 厘米，最大叶柄长 55 厘米、宽 1.5 厘米。叶柄绿色实心，纤维含量中等，叶片浅绿色，香味浓。单株重约 0.3 千克，生长期 120 天左右，耐热，可越夏栽培。

（六）开封玻璃脆

河南开封地方品种。该品种植株肥壮，株高 70 ~ 80 厘米，叶片肥大，绿色，叶柄浅绿色，基部宽平、抱合呈四方形，柄基宽 3.3 厘米，背面棱线粗，腹沟绿，实心，纤维少，不易老化，脆嫩，商品性好。适应性强，耐热，耐寒，耐贮藏。一年四季均可栽培，尤其适于秋季和冬季保护地栽培。单株重 0.5 千克以上，每亩产量 5000 千克左右。

（七）北京细皮白

北京地方品种。该品种植株细长直立，株高 70 ~ 80 厘米，生长期 120 天。叶色绿，叶柄长，横径 2.4 厘米。实心，光滑，纤维少，面棱线细，腹沟浅而窄，品质脆嫩。单株重 0.2 ~ 0.3 千克。不耐热，不耐贮藏，抗病力较差。适于秋季露地及保护地栽培。

（八）荷兰西芹

由荷兰引入。株高 60 厘米，植株健壮，叶柄宽厚，叶片及叶柄均呈绿色，有光泽。叶柄实心，质脆，味甜。单株重达 1 千克以上。较耐寒，不耐热，不易抽薹。适于秋季和冬季保护地栽培。

（九）美国百利芹菜

由美国引入。株高 90 厘米，叶色绿，叶较小，叶柄宽厚，白绿色，表面光滑有光泽，实心，纤维少，品质脆嫩。耐寒，抗病性强。单株重达 1 千克以上。适于秋季和冬季保护地栽培。

（十）佛罗里达 683

由美国引入。株高 60 ~ 70 厘米，叶柄绿色，宽厚，实心，脆嫩，纤维少，单株重达 0.9 千克左右，生食或熟食皆宜。适于春、秋露地栽培，冬季保护地栽培。

（十一）文图拉西芹

由美国引入。早熟，定植后 70 ~ 75 天收获，株高 80 厘米以上，腹沟浅，浅绿色，光泽好，纤维少，叶缘深裂，株型紧凑。冬性强，耐抽薹，抗病性好，产量高，商品性佳。适于保护地及春、秋露地栽培。

此外，从国外引进诸多西芹品种，如脆嫩、福特胡克、意大利夏芹、加州西芹、高优它西芹等。

第三节　芹菜主要栽培季节

一、春茬

春芹品种可选用潍坊青苗芹菜、天津黄苗芹菜等耐抽薹品种，于 2 月中旬至 3 月中旬在塑料大棚或小拱棚内播种育苗，4 月上旬至 5 月中旬定植，5 月下旬采收上市，可陆续采收至 6 月中旬。

二、夏茬

夏芹生长中后期处于高温季节，应选用石家庄实心芹菜、开封玻璃脆等耐热品种。4 月下旬至 6 月上中旬播种，6 月上旬至 7 月上旬、苗龄 40 ~ 45 天移栽，于 7 月下旬至 9 月、植株长至 30 ~ 40 厘米时采收上市。

三、秋茬

早秋芹选用津南实芹 1 号等品种。6 月下旬至 7 月中旬播种，7 月下旬至 8 月下旬、苗高 12 ~ 15 厘米时定植，9 月下旬至 10 月上旬始收，可陆续采收至 11 月。

四、冬春茬

晚秋芹选用北京细皮白或美国百利芹菜等品种，8 月上中旬至 9 月中旬播种，9 月中旬至 12 月下旬定植，11 月开始陆续采收至翌年 3 月。

第四节　芹菜优质高产栽培技术

一、温棚高效栽培技术

（一）整地作畦

芹菜应选择富含有机质、保水保肥能力强的壤土或黏壤土地块作栽培地。结合整地科学施肥，一般每亩施入优质腐熟有机肥 5000 千克、磷酸二铵 50 千克、硼砂 0.5 ~ 0.75 千克做底肥，均匀撒施后耕翻细耙整平作畦，畦宽 1 ~ 1.6 米均可，畦长依地而定。

（二）催芽与播种育苗

直播容易造成出苗慢且不整齐，因此，播种前应进行低温浸种催芽。先将种子置于 50℃温水中浸泡 30 分钟，再用清水浸泡 12 ~ 24 小时，搓洗后置于 15 ~ 20℃环境下催芽。如无合适的温度条件，也可将种子置于通风处晾至半干，用湿布包好后置于冰箱中在 5℃下保持 12 小时，白天再取出放在阴凉处，反复几次种子即可出芽。灌水湿润后将种子掺入适量沙子进行均匀撒播，播后立即覆土 0.5 厘米厚，上面再覆盖遮阳网以降温防雨。

（三）育苗与定植

育苗期要特别注意水分的掌握，苗期保持湿润，见干即浇水；及时间苗、除草，最好移苗 1 ～ 2 次；移栽前浇透苗床，避免起苗时损伤植株根系，晴天的下午或者阴天定植以提高植株成活率。本芹定植株行距为 12 厘米 ×15 厘米，西芹定植株行距为 17 厘米 ×20 厘米。定植后 5 ～ 7 天浇缓苗水，及时中耕松土，促进根系生长。可以套种油菜或叶菜类等，叶菜收获后芹菜种子才萌发，可以提高复种指数。

（四）田间管理

1. 春芹菜设施栽培关键技术

大棚栽培定植初期要密闭保温，春季棚内种植芹菜时，一般中午最高温度不可超过25℃。扣棚后，当上午温度接近20℃时开始通风，下午温度降到 15℃以下时停止通风，夜间温度保持在 8 ～ 10℃。气温低时，每隔 2 ～ 3 天，选晴暖天气在棚上扒开小缝放风，以防低温高湿导致病害发生。待天气转暖后，方可逐渐加大通风量。株高 30 厘米时进行追肥，追肥时将薄膜揭开大放风，待叶片上露水散去，撒施硫酸铵 25 千克 / 亩；追肥后浇水 1 次，以后 3 ～ 4 天浇 1 次，保持湿润至收获。

在植株生长中后期，根据植株外部表现，有针对性地合理施用叶面肥。如植株缺镁，叶片会黄化，严重时叶柄变成白色；缺硼，叶柄开裂；缺钙，植株出现干烧心；缺钾，叶片边缘变成黄色。根据以上症状可喷施含镁、硼、钙、钾的叶面肥，以促进植株正常生长，防止生理性病害的发生与为害。在采收前 15 天用 30 ～ 50 毫克 / 升“九二〇”（赤霉素）叶面喷施 1 ～ 2 次。

2. 夏芹菜设施栽培关键技术

苗龄 3 ～ 4 叶时即可定植，一般在 6 月上旬至 7 月上中旬移栽。这时正值高温多雨，实行避雨遮阴栽培，将芹菜定植在大棚内，棚顶用塑料薄膜覆盖再加盖75%遮光率的遮阳网,定植后要立即浇水。由于大棚内温度高，芹菜生长缓慢，因此，在幼苗期和外叶期以浇水降温为主，可在清晨和傍晚用地下水或浇井水降温。生长中期可浇一次稀尿素液，生长中后期重施1次氮肥，并用0.2%磷酸二氢钾叶面肥追肥2 ~ 3次,在收获前半个月用30毫克/升“九二〇”(赤霉素)喷施1次，可有效促进芹菜生长。

3. 秋芹菜设施栽培关键技术

秋季定植后需及时浇水，3 ~ 5天后浇缓苗水。缓苗后,蹲苗10天左右,蹲苗期内停止浇水,如气温过高,可浇小水降温。蹲苗结束后,要保证田间水分的充足供应，随浇水每亩冲施尿素和硫酸钾各10千克，以后每20 ~ 25天追肥一次。采收前10天停止浇水和追肥。缓苗期温度应控制在20 ~ 22℃范围内，生长期温度控制在12 ~ 22℃。秋季当外界气温低于12℃要及时扣棚，以保证芹菜的良好生长，每次浇水后应及时放风排湿。

4. 冬春芹菜设施栽培关键技术

冬春芹菜在塑料大棚中可进行越冬栽培，一般在元旦至春节收获。播种期为8月中下旬。定植后初期气温较高,要保持畦面湿润,利于新根发生，中后期减少浇水，以免降低地温并增加棚内湿度。当外界最低气温降至15℃以下，即10月下旬至11月上旬时应扣棚保温。但要注意白天通风换气，棚温白天控制在20 ~ 22℃，夜间控制在12 ~ 18℃。以后随气温下降逐渐减少通风量，一般不超过20℃时不通风，棚内最低气温低于5℃时开始加盖草苫，必要时在畦面上加扣小拱棚。该茬芹菜的生长要于元旦前完成，因此，要加强肥水管理，以促为主。扣棚后新根和新叶已大量发生，每亩应施入复合肥15 ~ 20千克，约30天后进行第二次追肥，每亩冲施硫酸铵或尿素10 ~ 15千克。整个生长过程中应中耕2 ~ 3次，中后期植株扩展且地上部高大，可停止中耕。

二、日光温室西芹无土高效栽培技术

无土栽培作为设施农业的发展方向之一，是生产优质无公害蔬菜的重要途径。下面将日光温室西芹无土高效栽培技术介绍如下：

（一）栽培设施

栽培设施主要由日光温室、栽培床、分苗床及供液系统组成。

1. 栽培床

用砖或硬质塑料制成长 20 米、宽 1 米、深 10 厘米的槽，槽上盖 2 厘米厚的高密度苯板，板上按 20 厘米 ×20 厘米打直径 2 厘米的定植孔。

2. 分苗床

同栽培床制成长 10 米、宽 1 米、深 5 厘米的槽，苯板上按 50 厘米 ×5 厘米打直径 2.4 厘米的分苗孔。

3. 供液系统

供液系统由贮液池、水泵、输液管、回液管及自动控制系统组成。供液系统和栽培床、分苗床共同构成整个循环系统。

（二）栽培技术

1. 育苗

选用美国进口的文图拉西芹、百利芹菜等西芹品种，苗床用蛭石做成宽 1.5 米、长 20 米、厚 5 厘米的畦或者用育苗盘育苗，催芽播种方法同棚室。

2. 分苗

西芹出苗后加强肥水管理，培育壮苗，当西芹长到 2 ～ 3 片真叶时将幼苗用无纺布固定到定植杯中，先在分苗床内铺上黑色地膜，内充 3 厘米深、1/4 标准浓度营养液，盖上苯板，把西芹定植到分苗床上，3 天换一次营养液，保证养分充足，促进幼苗生长。

3. 营养液配方及管理

根据西芹的营养需求，采用四水硝酸钙 [$Ca(NO_3)_2 \cdot 4H_2O$]，

580 毫克 / 升；七水硫酸镁（$MgSO_4 \cdot 7H_2O$），240 毫克 / 升；磷酸二氢铵（$NH_4H_2PO_4$），228 毫克 / 升；硝酸钾（KNO_3），630 毫克 / 升；铁和微量元素常规用量。西芹不同生长阶段采用不同浓度营养液，分苗床内用 1/4 标准浓度营养液，EC 值约为 1.10 毫西门子 / 厘米；定植后 10 天用 1/2 标准浓度营养液，EC 值约为 1.40 毫西门子 / 厘米；10 ~ 30 天用 3/4 标准浓度营养液，EC 值约为 1.8 毫西门子 / 厘米；30 天后用标准浓度营养液，EC 值为 2.2 毫西门子 / 厘米。营养液每天进行循环，8 ~ 18 时每小时供液 20 米，由自控仪控制，栽培床内液深维持在 5 厘米，每天测定营养液和 EC 值，及时补充母液进行调节，使其浓度保持稳定，每月更换新液。

4. 定植后管理

9 月上旬，当西芹长到 5 ~ 6 片真叶时，定植到栽培床上。室温白天控制在 20 ~ 22℃、夜间控制在 12 ~ 18℃，温室内相对湿度保持在 70% ~ 85%，注意通风透光，保持室内清洁卫生。霜前外界夜温降到 5℃以下时盖棚膜，冬季通过盖草帘和放风调节温湿度。后期注意疏除老叶。整个生长季节病虫害较少发生，注意防治蚜虫、西芹斑枯病和早疫病。一般 90 天即可采收上市。

5. 采收

无土栽培西芹可净菜上市，也可活体带根上市，一般元旦前后上市，株高 40 厘米左右，单株重 0.8 ~ 1.5 千克，每亩产量可达 10000 千克。

三、露地栽培技术

（一）选地

在基本符合无公害蔬菜产地环境标准地区，选择具有良好土、水、气条件，富含有机质地块，清除田间病残组织，清洁田园。

（二）栽培方式

露地栽培。

（三）栽培季节

露地可春、秋栽培。

（四）选用良种

选用抗寒、耐热性强，耐弱光，外观和内在品质好的品种，如加州王西芹、文图拉西芹、高犹它西芹等。

（五）育苗

1. 种子处理

芹菜种皮厚而坚硬，并有油脂，不易吸水，播前用20℃水浸种24 ~ 48小时，用清水淘洗几遍后用湿布包好，放在18 ~ 20℃条件下催芽，每天用清水冲洗1 ~ 2次，50%种子露白时即可播种。

2. 苗床准备

播前3 ~ 5天将苗床翻耕晒垡，施足基肥，整细压平，每平方米苗床施腐熟过筛农家肥15千克、磷酸二铵25克，并用75%甲基托布津可湿性粉剂800倍液进行土壤消毒，耕平后压实，浇足底水，待水分下渗后即可播种。

3. 播种

亩用种量直播0.5 ~ 0.6千克，育苗移栽0.15 ~ 0.2千克。可条播也可撒播，播后覆盖细土0.3 ~ 0.5厘米，再喷洒70%甲基托布津可湿性粉剂800倍液或75%百菌清1000倍液预防苗床病害，然后覆盖地膜。春季育苗为2月中旬，夏季育苗为6月上旬。

4. 苗期管理

幼苗出土后应及时揭去地膜，室内温度保持在20℃左右。幼苗第1片真叶展开后，密度过大，及时间苗，保证幼苗均匀、健壮生长；3 ~ 4叶时定苗，苗距6厘米。西芹苗期主要靠充足的底墒生长，子叶展平露心前不能浇水，可在1 ~ 2片真叶时，间苗盖一层薄土，0.5 ~ 1厘米，定苗后浇水，每平方米苗床追施磷酸二铵20克。

（六）定植

1. 整地施肥

选择地势向阳、土地肥沃、灌溉方便的地块，于定植前 5 ~ 7 天，及时清除田间残株及杂草，每亩用腐熟农家肥 5 ~ 6 立方米、麻渣 100 千克、磷酸二铵 40 ~ 50 千克，混合施入，翻耕耙平后作畦，待定植。

2. 定植

当幼苗 5 ~ 6 片叶、苗龄 45 ~ 60 天即可定植，定植前 1 ~ 2 天浇透水，切块起苗移栽，少伤根，选无风的晴天定植。按行距 30 厘米开浅沟，按株距 20 ~ 25 厘米挖穴栽苗，定植后浇水。

（七）田间管理

1. 追肥

定植缓苗后 7 ~ 10 天，每亩施尿素 10 ~ 15 千克；定植后 30 ~ 40 天，每亩施磷酸二铵 20 ~ 25 千克；定植后 60 ~ 70 天，心叶直立，每亩施尿素 20 千克、硫酸钾 4 ~ 5 千克。

2. 灌水

每次追肥后都要浇水，保持土壤湿润，尤其是进入直立期后，更要保证水分供应。

3. 中耕除草

西芹生长前期长，生长缓慢，田间易滋生杂草，应结合中耕除草，一般中耕 2 ~ 3 次，中耕宜浅，防止伤根，中耕后培土。

第五节　芹菜主要病虫害防治技术

一、病害

（一）斑枯病

喷洒 70% 代森锰锌可湿性粉剂 500 倍液，或用高锰酸钾∶代森锰锌∶水按 1∶1∶800 配置喷洒。

（二）叶斑病

喷洒 75% 百菌清可湿性粉剂 600 倍液，或 25% 瑞毒霉粉剂 1000 倍液，或 80% 福美双 400 倍液。

（三）病毒病

喷洒 20% 病毒 A 500 倍液，或高锰酸钾 1000 倍液，或抗毒素 700 倍液 2 ～ 3 次。

（四）菌核病

喷洒 50% 速克灵可湿性粉剂 1200 倍液，或 70% 甲基硫菌灵可湿性粉剂 600 倍液，或 40% 菌核净 1000 倍液。

（五）软腐病

喷洒 72% 农用硫酸链霉素可溶性粉剂或新植霉素 3000 ～ 4000 倍液。

二、害虫

（一）蚜虫

采用防虫网，黄板诱杀的同时在初期用 10% 吡虫啉可湿性粉剂 1500 倍液，1.8% 爱福丁（阿维菌素）乳油 2000 ～ 3000 倍液喷雾，或用 15% 蚜虱一次净熏杀。

（二）白粉虱

保护地采用防虫网，利用天敌（如丽芽小蜂等）或黄板诱杀。虫害初期用 25% 扑虱灵可湿性粉剂 1000 ～ 1500 倍液喷雾，或 2.5% 功夫乳油 5000 倍液喷雾，要连喷 2 ～ 3 次。

第六节　芹菜采收

芹菜从定植到上市需 40 天左右，可根据不同茬口及市场需求，陆续分批上市。采收后去除外层老叶，用清水洗净整理扎把，做到净菜上市。

第四章　韭菜优质高产栽培

第一节　韭菜的生物学特性

韭菜属百合科葱属中以嫩叶和柔嫩花茎为主要产品的多年生宿根草本植物，别名草钟乳、起阳草等，原产于中国。食用部位为叶片，并以种子和叶等入药。韭菜的营养成分比较丰富，味甘，性温，无毒，具健胃、提神、止汗固涩、补肾助阳、固精等功效。由于含有挥发性的硫化丙烯，因此具有辛香气味，能促进食欲。韭菜是我国特有的传统蔬菜，有悠久的栽培历史，分布广泛，是人们喜食的蔬菜之一。

一、植物学特征

根为弦线状须根，侧根少而细，根毛稀少，主要分布在30厘米以内土层中。茎分为营养茎和花茎，营养茎短缩变态成鳞茎盘，鳞茎盘下方形成葫芦状的根状茎，基部叶鞘层抱合形成假茎，假茎基部稍膨大为小鳞茎。叶着生于鳞茎盘上，扁平带状，长15 ~ 30厘米、宽1.5 ~ 7毫米。顶端着生锥形总苞包被的伞形花序，内有小花20 ~ 30朵。小花为两性花，花冠白色。花被片6片，雄蕊6枚，子房上位，异花授粉，虫媒花。果实为蒴果，子房3室，每室内有胚珠2枚，成熟种子黑色、盾形，千粒重4 ~ 6克，韭菜种子的寿命较短，通常条件下为1 ~ 2年，花期为7 ~ 9月。

韭菜是多年生蔬菜，播种一次可连续多年收获，4 ~ 5年内为健壮生长时期，此后便进入衰老时期，合理栽培，其生长期可达10余年。一般情况下，一年生韭菜只进行营养生长，二年生以上韭菜营养生长和生殖生长交替进行。

二、对环境条件的要求

（一）温度

韭菜生育最适宜的温度为12 ～ 24℃，而根茎能耐 –40℃的低温，叶片在 –7 ～ –6℃时只是叶尖颜色变为紫红，但并不能使全株冻死。种子发芽的适宜温度为18 ～ 25℃，但2 ～ 3℃时也能发芽，只是缓慢一些，发芽率和发芽势明显降低。幼苗生长的适宜温度为18 ～ 20℃，高于或低于这个适温范围生长缓慢。温度超过24℃，韭菜生长纤细、徒长，品质变劣，甚至干尖枯死。

（二）光照

韭菜对光照强度要求不高，光照过强品质变劣，粗纤维增多，甚至不能食用；光照过弱时则光合成能力降低，同化物质减少，叶片细小，分蘖减少，直接影响产量。

（三）土壤

韭菜对土壤的适应范围比较广泛，沙土、壤土和黏土都可栽培，但以富含有机质、保水力较强的沙质壤土为最好。韭菜适宜于中性土壤，但对碱性土壤也有一定的适应能力，所以盐分积累较重的保护地，韭菜也能很好的生长。

（四）矿质元素

韭菜对肥料的需要虽然也是多种多样的，但保护地栽培主要还是氮肥。因为韭菜的主要食用部分是叶片和叶鞘，氮肥充足才能使食用部分长得肥大而柔嫩。但如果钾、磷元素不足，特别是钾肥不足时，直接影响同化物质的生成，长势衰弱。在保护栽培条件下，叶片柔软，倾斜塌地，直立性不强，也达不到应有的高度和产量。

（五）气体条件

韭菜生长还需要很好的气体条件，如果空气中二氧化碳不足，则叶片薄而小，颜色淡而黄，株型披散而塌地，割收后很快失水萎蔫、减重。

第二节　韭菜的主要类型和品种

一、主要类型

中国栽培韭菜的历史悠久，有 2 个种，即根韭和叶韭，并形成了繁多的类型和品种。通常按照实用器官可分为根韭、叶韭、花（薹）韭和叶花兼用韭 4 种类型。

（一）根韭

根韭别名山韭菜、宽叶韭菜等，主要分布在中国云南、贵州、四川、西藏等省、自治区。其中，云南的保山、大理、腾冲，西藏错那等县广为栽培。根韭在云南当地被称为披菜，主要食用根。叶片宽厚，叶宽达 1 ~ 1.2 厘米、长 30 厘米左右。每年虽能抽生花茎、开花，但开花后不能结出种子。根系粗壮，须根长 30 厘米，因贮藏营养物质而肉质化，可加工或煮食。花薹肥嫩，可炒食。无性繁殖，分蘖力强，生长势旺，对高温和低温适应能力差。

（二）叶韭

叶片宽厚、柔嫩，抽薹率低，以食叶片为主，薹也可供食用，但不是主要的栽培目的。一般栽培的韭菜多属于此种。

（三）花（薹）韭

产于中国甘肃、广东等省。叶片肥厚，短小，质地粗硬，形态与叶韭相同，但分蘖早，分蘖力强，抽薹率高，肥大柔嫩，是主要产品器官。

（四）叶花兼用韭

与叶韭、花韭同属一个种。叶片和花薹发育良好，均可食用。但以采食叶片为主，栽培十分普遍。按叶片宽窄可分为宽叶品种和窄叶品种。宽叶品种叶片宽厚肥大，假茎粗壮，品质柔嫩，香味较淡，容易倒伏；窄叶品种叶片狭长，叶色深绿，假茎细长，纤维含量稍多，直立性强，不易倒伏，气味浓郁。

二、常见品种

（一）791

河南省平顶山农业科学研究所于1979年育成的韭菜品种。株高50厘米以上，植株直立且生长迅速强壮，叶鞘粗而长，叶绿色，宽厚肥嫩。最大叶宽2厘米，最大单株重45克。分蘖力强，抗病，耐寒，耐热，质优，高产。年收割6 ~ 7茬，每亩产鲜韭11000千克。

（二）汉中冬韭

陕西汉中地方品种，北方各地均有栽培。叶片宽厚，叶色浅绿，较直立。假茎高而粗壮，横断面近圆形。耐寒性强，冬季枯萎晚，春季萌发早，生长快，产量高，品质柔嫩。适于露地和保护地栽培。

（三）铁丝苗

北京地方品种，又名红根，初由河北省河间市引入。叶片狭窄，横断面呈三棱状，遇低温叶鞘基部呈紫红色，直径细，质较硬，故名铁丝苗。生长快，分蘖多，耐寒、耐热性强。适于露地密植栽培，也适于冬季温室囤韭。

（四）寒绿王F1

该品种是利用在中国西部高原上的野韭菜和河南的寒青韭霸韭菜杂交而成的高抗病、超高产、高抗寒韭菜杂种。可短期耐 −10℃低温，适宜全国露地、大小拱棚、温室栽培。该品种株高56厘米左右，株丛直立，叶片深绿色，宽大肥厚，速生株型整齐。最大叶宽 2 ～ 2.8 厘米，最大单株重 75 克。纤维含量细而少，口感辛香鲜嫩脆。高抗灰霉病、疫病，抗老化，持续种植产量高。分蘖力强而快，一年生单株分蘖 9 个，三年后单株分蘖可达 60 个。年收割鲜韭 9 ～ 10 茬，产量 20000 千克。

（五）雪韭 6 号

该品种极抗寒，早发高产，优质抗病，比平韭 4 号增产 30% 以上，是保护地栽培的理想品种。株型直立，株高 60 厘米左右，叶片肥厚鲜嫩，宽约 1 厘米，鞘长 10 厘米以上，鞘粗 0.8 厘米。分蘖力强，生长旺盛，每亩产鲜韭 12000 千克左右。抗灰霉病、疫病及生理病害。

（六）河南红根韭菜

株高 45 厘米以上，株丛直立，叶色深绿，叶肉丰腴。叶长 35 ～ 50 厘米，呈淡紫色。辛香味浓，品质优良。生长势强，抗病，抗寒，耐热，优质，高产，适应性强。夏季无干尖现象。每年亩产鲜韭 12000 千克左右。适宜在全国各地栽培，保护地宜冬春栽培。

（七）徐州薹韭

徐州市农家品种。分蘖能力强，花薹柔嫩，产量高，每年可多次抽生花薹，叶片肥大厚实，食用品质很好。

（八）年花韭菜

台湾地区薹韭的代表品种，台湾地区称为“韭菜花”。该品种是台湾彰化县农民江林海经单株选择而成。2003 年，福建闽南地区引进年花韭菜并试种成功。该品种形态与叶韭相同，叶鞘粗壮，叶色浓绿。分蘖力强，周年抽薹，薹直径 0.4 ～ 0.7 厘米，薹长 35 ～ 40 厘米，肥大柔嫩。

第三节　韭菜主要栽培季节

韭菜对前茬要求不严格，除葱蒜类以外的任何茬口均可，也可以大田作物为前茬。韭菜栽培分为直播和育苗移栽 2 种方式。

1. 直播

春季直播，秋季即可收获；秋季直播，于翌年 3 ～ 4 月开始收获。

2. 育苗移栽

一般于春、秋两季育苗；4、5 月春季育苗，7 月下旬至 8 月上旬定植，翌年 3 ～ 4 月开始收获，可每隔 30 天左右收割一次；秋季育苗于翌年 4 月下旬至 5 月上旬定植，8、9 月份便可收割，可每隔 30 天左右收割一次。成年的韭菜一年中可收割 3 ～ 4 次。也可利用韭菜抗寒性强、耐弱光的特性在日光温室、塑料棚以及阳畦等保护设施内生产青韭、五色韭。

第四节　韭菜优质高产栽培技术

一、棚室高效栽培技术

（一）整地作畦

定植前每亩施有机肥 5000 千克、复合肥 50 千克，深耕细耙，使肥土充分混匀、土地平整。畦宽 1 ～ 1.2 米，长度依地而定。

（二）催芽与播种

播种采用催芽和干籽播种均可。韭菜种子发芽慢，可进行催芽处理。在播前 4 ～ 6 天，将种子浸于 40℃水中 1 ～ 2 小时，浸种时注意勤搅动，以后用温水洗净种子，置于温水中浸泡 12 小时，然后趁湿放入纱网中，摊置于 15 ～ 20℃条件下催芽，每日淋洗、搅拌、保湿，4 ～ 5 天即可发芽播种。一般多于 4 月中旬至 5 月下旬播种，选向南避风、保水排水良好、土壤肥沃疏松的地方，苗床每亩施尿素 50 千克、复合肥 50 千克。耕翻耙平后打畦，畦宽 1.5 米为宜。播种前，在畦面划浅沟，沟内灌透水，渗水后将催芽的种子播于沟内，覆土 1 ～ 1.5 厘米，覆土后保湿，或铺地膜简单覆盖保墒，发芽后要及时撤去地膜。露地播种以 4 月 10 日至 5 月 10 日为宜，播种量每亩用种 3.5 ～ 4 千克。

（三）育苗与定植

播种后当天灌水，小苗出土前要保持土壤湿润，每隔 4 ～ 5 天浇一次水。每亩用 33% 除草通 0.1 千克兑水 50 千克均匀喷洒地面，可保持 20 天无杂草。出苗后，每隔 7 ～ 8 天浇水一次，保持地面不干，及时进行中耕除草。当幼苗长出 5 片叶后（苗高 15 ～ 20 厘米），可适当控制浇水，防止韭菜苗长得过细而倒伏。幼苗长有 7 ～ 9 片叶，株高达到 15 ～ 20 厘米时为定植适期，一般 7 月下旬酷暑过后即可定植。栽植方法分平畦栽和沟栽，以沟栽为好，沟距 40 ～ 50 厘米，沟深 10 ～ 15 厘米。栽前灌透水，然后每 20 ～ 30 株成一束，稍剪短根前端，按束距 20 ～ 25 厘米栽于沟内，覆土按实。平畦栽按 15 ～ 20 厘米行距、10 ～ 12 厘米丛距掘穴，每穴栽 12 ～ 15 株，栽植深度以将叶鞘埋入土中为宜，同时要尽量保持根系舒展，做到栽齐、栽平、栽实。

（四）田间管理

秋冬季可在 10 月上旬前后开始扣棚，进行秋延后和春提早栽培。采取大棚、小棚及无纺布的合理覆盖与揭盖，创造白天 18 ～ 28℃、晚上 8 ～ 12℃的生长环境。扣棚初期和每次收割之后，为加速韭菜萌发和新株生长，棚温应稍高，可以达到30℃。收割前应降低温度，使叶片生长茁壮，以免倒伏、腐烂。扣棚后至前两茬韭菜收获期间，外界气温低，要晚揭早盖草帘，不放风或放小风。阴雪天可不揭草帘，若连续阴雪天3 ~ 4天，棚内处于湿冷状态，易沤根，应在中午外温稍高时，揭膜排出湿气。2月中下旬后气温逐渐升高，应加大放风量，并逐渐撤除草帘。3月下旬收第3茬韭菜后即可撤除薄膜，改为露地栽培。薄膜盖韭栽培主要靠韭菜植株鳞茎和根系中贮存的水分，扣棚前如果肥水没有跟上，植株长势弱，在收割1 ~ 2茬后，应适量追肥和浇水，追施速效化肥或腐熟人粪尿肥均可。每次追施尿素10 ~ 15千克/亩或硫酸铵10千克/亩。追肥浇水后应及时中耕并适当放风，避免塑料棚内湿度过大。撤膜后的管理基本上与韭菜露地栽培相同。

二、无土栽培技术

可实现周年生产，使韭菜脱离了对土壤的依赖，韭菜根系直接在细沙和滴灌的营养液中生长，韭菜所需的水、肥、气、热等条件能够得到最充分的满足，根系生长迅速，避免了重金属污染和高毒、高残留农药的使用，提高了产量和品质。

（一）大棚沙培槽建设

在大棚内建沙培槽，用单砖砌成宽25 ~ 40厘米、高20 ~ 25厘米的沙培槽。槽内外用水泥抹面，以防渗水，槽两端底部安装直径1 ~ 2厘米、长度20厘米左右的金属管，管距底部的高度0.5 ~ 0.8厘米，水泥埋置一半（约10厘米），露出槽外一半（约10厘米）。槽外一半金属管便于连接浅液流（NFT）循环系统的输液管（输入管和输出管），输出管口覆盖网眼直径1 ~ 2毫米的金属网，防止沙粒堵塞或外流。沙培促进根系生长，形成强大的根系，不易传播土传病害。沙培槽两端分别固定一高100厘米、直径2.5厘米的金属管，两支金属管顶端连接一根塑钢丝，要求绷紧，便于悬挂滴灌喷头。

（二）填充沙培基质

沙培基质利用河套、山岭的清水沙或面沙，沙粒径以 1 ~ 2 毫米为宜，用水洗净，以防带菌，填充到沙培槽中，高度低于槽口 5 厘米。

（三）滴灌和浅液流（NFT）循环系统

沙培槽底部采用 NFT 循环，上部采用滴灌。营养液池可用容积为 2 ~ 5 升的塑料桶替代，放置高度与沙培槽落差 100 厘米（落差高，压力大，便于营养液循环和控制）。NFT 循环系统的营养液输出管、输入管分别连接沙培槽内端的金属管，一端利用高度差和定时器定时输出营养液，另一端利用定时自动循环泵从沙培槽抽出多余的营养液循送到营养液池中。沙培槽上部滴灌系统连接营养液池，每个沙培韭堆（每丛 4 堆）上方的塑钢丝上均匀悬挂 4 个滴灌头，便于从不同角度滴灌，滴灌系统和 NFT 循环系统分别连接到不同的营养液池中，有防止滴灌系统堵塞的作用。

（四）营养液配制、营养液配方

四水硝酸钙 [$Ca(NO_3)_2 \cdot 4H_2O$]，472 毫克 / 升；硝酸钾（KNO_3），202 毫克 / 升；硫酸镁（$MgSO_4$），246 毫克 / 升；硫酸钾（K_2SO_4），174 毫克 / 升；磷酸氢钾（KH_2PO_4），100 毫克 / 升；硝酸铵（NH_4NO_3），80 毫克 / 升；EC 值 2.6 ~ 3.0 毫西门子 / 厘米；pH 值 6.4 ~ 6.6。微量元素溶液配制：100 ~ 150 千克柠檬酸溶解于 250 升、60 ~ 80℃的水中，依次溶入七水硫酸铁（$FeSO_4 \cdot 7H_2O$），100 ~ 150 千克；五水硫酸铜（$CuSO_4 \cdot 5H_2O$），50 ~ 100 千克；六水氯化镁（$MgCl_2 \cdot 6H_2O$），20 ~ 50 千克；七水硝酸锌 [$Zn(NO_3)_2 \cdot 7H_2O$]，250 ~ 300 千克；硼酸（$B_2O_3 \cdot 3H_2O$），50 ~ 100 千克，搅拌、溶解，调节 pH 值为 6 ~ 7。营养液与微量元素溶液均单独配成贮液 1000 升，其中，营养液为 20 倍的浓缩液，微量元素溶液为 200 倍的浓缩液。配制方法：用量筒分

别量取营养液 50 毫升、微量元素溶液 5 毫升混溶，最后定容至 1 升，调节 pH 值为 6 ～ 7。

三、沙培

（一）品种选择

可选择分蘖力强、抗病抗逆性好、叶片肥厚的高产优质品种，如 791 和雪韭 6 号等。

（二）播种育苗

选择色泽鲜亮、籽粒饱满的新种播种。每亩沙培床（使用面沙）播种 500 ～ 800 克，当地温稳定在 5 ～ 10℃时即可播种。播种前浸种催芽，待种子露白后再播。播种须均匀，覆盖面沙厚 1. ～ 1.5 厘米。播种后及时喷水，湿度保持在 75% ～ 90%，然后覆盖地膜，有利于增温保墒，出苗后揭去地膜。种植当年不割韭，但要加强管理，养根壮苗。

（三）韭苗移栽

栽植前沙培槽要喷透起苗水，然后选二年生以上的壮苗挖起抖去细沙，剪掉须根先端，留 2 ～ 3 厘米，以促进新根发育。叶可剪去一部分，以减少叶面水分蒸发，留下短缩茎根。采用插栽丛植的方式进行移栽，定植行距 15 ～ 25 厘米，丛距 17 ～ 20 厘米，每丛 4 堆，每堆 4 ～ 6 株。

（四）田间管理

1. 跳根培沙

新叶萌发后，叶长达 25 ～ 28 厘米时即可收割。留花养薹韭菜 5 月开始不割，6 ～ 7 月即可抽薹开花。从第二年开始每年韭菜收割第一茬后应培沙一次，沙厚 1 厘米，以解决韭菜逐年跳根问题。沙培 5 年后，选适当时机连根拔起韭菜堆，去除老根、盘根，分成单株，剔除病弱苗，重新换沙培育壮苗。

2. 滴灌和浅液流（NFT）循环

移栽后浇1次透水，新根发出后，再滴灌营养液，一般每隔24小时滴灌营养液2 ~ 3小时，滴灌速度为每分钟30 ~ 60滴，每亩每次灌量240 ~ 720克，晚上不滴灌营养液。叶色黄则多滴灌营养液，叶色浓绿则少滴灌营养液。NFT循环每24小时循环1小时，每亩每小时滴灌量1 ~ 2吨。发现沤根及时引流并停止滴灌和NFT循环24 ~ 48小时，并进行大棚通风透气，以后再干湿交替24 ~ 48小时，直至恢复正常生长。NFT循环系统能有效地补充营养，也能及时排出多余营养液，而且进液和出液同时进行，有利于透气，防止沤根。

3. 大棚通风降温

冬、春季当大棚内温度达20 ~ 25℃时，应开始放小风。随着温度的升高，应逐渐加大放风量。通风速度要慢，不要让冷空气突然大量进入棚内。棚温要求白天不高于30℃，夜间不低于8℃，尽量缩小昼夜温差。原则上不通底风，只打开大棚中上部的放风口，既有利于降温，又容易排出湿气和有害气体。夏、秋季气温很高，应全天全部开启大棚，通风降温，防虫网应全部覆盖。当夏季气温高于30℃时，应覆盖黑色遮阳网降温。

第五节　韭菜主要病虫害防治技术

一、病害

（一）疫病

主要用25%瑞毒霉600倍液灌根，用药1千克/亩；还可用40%乙磷铝200倍液灌根，用药2.5千克/亩，或75%百菌清600倍液灌根，用药1千克/亩。每隔7 ~ 10天用药一次，连续防治2 ~ 3次。

（二）灰霉病

主要用50%速克灵可湿性粉剂1000～1500倍液，或90%灰霉灵500倍液，或50%扑海因1000～1500倍液。每次用药液40～50千克/亩，一般每隔7～10天喷一次，连喷2～3次。

（三）白粉病

主要用4%宁南霉素50毫克/亩，或25%三唑酮50～60克/亩、10%苯醚甲环唑35～50克/亩等交替使用，连喷2～3次。

二、虫害

（一）韭蛆

韭蛆药剂防治，在成虫羽化盛期，利用成虫大多集中在地面爬行的习惯，于9～11时喷50%辛硫磷乳油800倍液，或2.5%敌杀死乳油4000倍液于根际附近地面；在幼虫为害期，根据为害情况，可用50%辛硫磷乳油或80%敌百虫可湿性粉剂1000倍液灌根，用药1～1.5千克/亩，最好先扒开韭根附近的表土。

（二）韭萤叶甲

1. 清洁田园，铲除杂草。

2. 播前深耕晒土。

3. 铺设地膜栽培，防止成虫把卵产在根上。

4. 用黑光灯诱杀成虫。

5. 药剂土壤处理和叶面喷雾。常用药剂有90%晶体敌百虫1000倍液，或80%敌敌畏乳油1000倍液，或20%速灭菊酯乳油2000倍液，或25%杀虫双水剂500倍液喷雾。幼虫为害严重时，也可以用上述药剂灌根。

第六节　韭菜采收

当年韭菜一般不收割，主要是发棵养根。如果播种得早，土壤肥力高，植株长得旺，可在立秋前后收割1次。育苗移栽的当年基本不收割。韭菜再生能力强，生长速度快，一年可收割多次，但为持续高产、防止早衰，应严格控制收割次数。主要在春、秋两季收割,每年以收割6次为宜。韭菜每次收割的留茬高度3厘米，留茬过高影响本茬产量和质量，过低损伤根茎，影响下茬的生长和产量。收割时间最好在晴天早晨，此时叶面水分尚未蒸腾，叶片鲜嫩，品质好。收割后要及时培土压沙，清理畦面，锄松，搂平，以利伤口愈合，以免由于“跳根”，造成严重缺株断垄，失去继续生产的价值。

第五章　苋菜优质高产栽培

第一节　苋菜的生物学特性

苋菜为苋科苋属中以嫩茎叶食用的一年生草本植物，别名青香苋、野刺苋、米苋等。原产于中国、印度及东南亚等地。中国有苋属植物13种。苋菜的胡萝卜素、抗坏血酸、维生素C的含量很高，其全株可入药，具有清热解毒、补气明目、利肠等保健功效。由于苋菜耐热性强，适应性广，可分期播种，分批采收，能从4月供应到10月，播种面积较大。

一、植物学特征

苋菜根较发达，分布深广。茎高80～150厘米，有分枝。叶互生，全缘，卵状椭圆形至披针形，平滑或皱缩，长4～10厘米，宽2～7厘米，有绿、黄绿、紫红或杂色。花单性或两性，穗状花序；花小，花被片膜质，3片；雄蕊3枚，雌蕊柱头2～3个，胞果矩圆形，盖裂。种子圆形，紫黑色有光泽，千粒重0.7克。

二、对环境条件的要求

苋菜喜温暖，较耐热，生活适温为23～27℃，20℃以下植株生长缓慢，10℃以下种子发芽困难，植株生长基本停止。高于30℃，产品品质变劣。要求土壤湿润，不耐涝，对空气湿度要求不严。属短日照蔬菜，在高温短日照条件下易抽薹开花。在气温适宜、日照较长的春季栽培，抽薹迟，品质柔嫩，产量高。

第二节　苋菜的主要类型和品种

一、主要类型

按苋菜叶片颜色的不同，可以分为3个类型：绿苋、红苋、彩色苋。

（一）绿苋

叶和叶柄绿色或黄绿色，食用时口感较红苋和彩色苋硬，耐热性较强，适于春季和秋季栽培。

（二）红苋

叶片和叶柄紫红色，食用时口感较绿苋软糯，耐热性中等，适于春节后栽培。

（三）彩色苋

叶边缘绿色，叶脉附近紫红色，质地较绿苋软糯，早熟，耐寒性较强，适于早春栽培。

二、常见品种

（一）蝴蝶苋

中国农业科学院蔬菜花卉研究所育成。叶片心脏形，全缘，叶片红绿掺半，似彩蝶。叶长10厘米，叶宽8厘米，叶柄长4 ~ 5厘米。早中熟，植株较耐抽薹、耐热、耐旱。每亩产量1000 ~ 2000千克。

（二）大柳叶彩苋

中国农业科学院蔬菜花卉研究所育成。叶为阔柳叶形，全缘，叶心红色，叶边缘绿色。叶长15厘米，叶宽9厘米，叶柄长4厘米，腋芽较多。中熟，植株耐抽薹、耐热，抗枯萎病。

（三）青米苋

上海地方品种。植株高大，生长势强，分枝较多。叶片卵圆形或阔卵圆形，长 9 厘米，宽 8 厘米，先端钝圆，绿色，全缘，叶面微皱。分枝多，侧枝生长势强，可分批多次采收。叶肉较厚，质地柔嫩，品质优良，耐热。中熟，生长期 50 天左右。每亩产量 1500 ~ 2000 千克。

（四）白苋菜

上海地方品种。叶卵圆形，长 8 厘米，宽 7 厘米，先端钝圆，叶面微皱，叶及叶柄黄绿色。较晚熟，耐热力强。

（五）无锡青苋菜 1 号

株高 20 ~ 25 厘米，叶片阔卵形，长 8 厘米，宽 7 厘米，叶色淡绿。茎、叶脆嫩，纤维少，口感好。耐高温，抗病能力强。

（六）大红袍

重庆地方品种。叶卵圆形，长 9 ~ 15 厘米，宽 4 ~ 6 厘米。叶面微皱，蜡红色，叶背紫红色，叶柄淡紫红色。早熟，耐旱力强。

（七）红苋

广州地方品种。叶卵圆形，长 15 厘米，宽 7 厘米，先端锐尖，叶面微皱，叶片及叶柄红色。晚熟，耐热力较强。

（八）鸳鸯红苋菜

湖北武汉地方品种。植株生长势中等，开展度 25 厘米。茎绿色泛红，纤维少，柔嫩多汁。叶圆形，下半部红色，上半部青绿，叶面稍皱，直径 4.5 厘米，全缘，叶柄浅红。生长期 40 天左右。具有耐热、播期长、商品性好、不易老、品质佳等优点。

（九）尖叶红米苋

上海地方品种，又名镶边米苋。叶长卵形，长 12 厘米，宽 5 厘米，先端锐尖，叶面微皱，叶边缘绿色，叶脉附近紫红色，叶柄红色带绿。较早熟，耐热性中等。

此外，绿苋品种还有江苏南京的秋不老，浙江杭州的尖叶青，湖北的圆叶青，四川、福建的青苋菜等。红苋品种有浙江杭州的红圆叶、江西南昌的洋红苋等。彩色苋品种有广州的中间叶红，上海、杭州的一点珠，四川的蝴蝶苋以及湖南的一点珠等。

第三节　苋菜主要栽培季节

苋菜从春季到秋季均可栽培，春播抽薹开花较晚，品质柔嫩；夏、秋较易抽薹开花，品质较差。一般而言，气温稳定在15℃以上即可播种，露地3～10月均可分期播种，分期收获。利用设施进行苋菜栽培主要有三个茬口。

一、早春设施栽培

利用大棚套小拱棚早熟栽培，青藏高原地区日光温室在3月播种，可在4月上中旬上市。

二、越冬设施栽培

日光温室在11月中下旬播种，春节前后上市。越冬大棚栽培从11月中旬至12月均可播种，其中，以11月下旬播种最佳，采收期可提早至翌年春节期间。

三、夏季设施栽培

在6月中旬至7月中旬分期播种，其生长快，采收早，可在8～9月蔬菜淡季供应。

第四节　苋菜优质高产栽培技术

苋菜多采取直播，也可移栽。因种子细小，一般采用撒播，每亩用种量 0.75 ~ 1 千克。播种时为了均匀撒播，可将种子掺上适量细沙均匀撒播到畦面，用脚踩实镇压或覆盖一层粪土，早春和越冬栽培需覆盖地膜，以提高地温。

播种前，每亩栽培地施用优质腐熟的农家肥 3000 千克以上，过磷酸钙 100 千克或磷酸二铵 15 ~ 20 千克，均匀撒施到地面，然后深翻细耙，整平作畦，畦宽 1.2 米。

一、早春设施栽培关键技术

苋菜早春栽培保温措施至关重要。从播种到采收棚内温度要保持在 20 ~ 25℃，需要用大棚里套小棚，特别寒冷时需在小棚上再加盖一层薄膜或草包等保温材料。在浇足底水的情况下，出苗前不再浇水；出苗后如遇天气晴好，结合追肥进行浇水，如遇低温严禁浇水，以免引起死苗。苗全后及时揭地膜并通风，通风方法一般先小后大，即先将大棚两头打开，内棚关闭，后揭小棚膜，大棚两头关闭。在不使苋菜受冻的情况下让其多见光，当温度稳定在 20 ~ 25℃时，揭去小拱棚，并同时打开大棚的两头。通风时间是晴天的中午，每次 2 小时左右。每采收一次，浇一次水，追一次肥。

二、越冬设施栽培关键技术

冬季播种出苗缓慢，一般需 7 ~ 10 天出苗。在浇足底水的基础上，出苗前一般不再浇水，种子出苗后及时揭开地膜。密闭小拱棚和大棚，保持水分，促进齐苗，以后视气温和苗情（如畦面温度超过 30℃），注意通风换气。2 ~ 3 片真叶期追施第一次肥，隔

12 ~ 15 天追施第二次肥，一般每亩追施氮磷复合肥 10 千克，以后每采收一次追肥一次，以追施速效氮肥为主。一般追肥后浇水，使肥料溶解，并注意通风换气，防止尿素转化过程中造成烧苗。采用电热线加温，水分蒸发量大，要加强水分管理，一般每 7 天用洒水壶喷一次水，并要喷透。如有杂草，应及时拔除。

三、越夏设施栽培关键技术

经常保持田间湿润即可。夏播苋菜 3 ~ 6 天出苗，出苗后应及时除草，并加强水肥管理，保持土壤湿润。在盛夏高温期，还需覆盖遮阳网进行降温保湿，做到昼盖夜揭，创造有利于苋菜生长的适温环境，利于提高产量和改善品质。施肥的方法同越冬栽培，基肥充足的，生长期间可不追肥。

第五节　苋菜主要病虫害防治技术

一、病害

（一）白锈病

苋菜的病害主要是白锈病。加强田间管理，适当稀植，做好清洁田园工作，合理施肥。播种前用 25% 雷多米尔可湿性粉剂 500 倍液或 64% 杀毒矾可湿性粉剂 500 倍液拌种；发病初期选喷 58% 雷多米尔—锰锌可湿性粉剂 500 ~ 800 倍液，或 50% 甲霜铜可湿性粉剂 600 ~ 700 倍液，或 64% 杀毒矾可湿性粉剂 500 倍液，或 60% 甲霜铝铜可湿性粉剂 500 ~ 600 倍液进行喷施。隔 5 ~ 7 天喷 1 次，连喷 3 次。

（二）病毒病

注意防除传毒蚜虫。发病后酌情喷施高锰酸钾 600 ~ 1000 倍液，或5%菌毒清水剂200 ~ 300倍液，隔5 ~ 7天喷1次，连喷3次。

（三）炭疽病

喷施植宝素或喷施宝等，隔7 ~ 10天喷1次，连喷2 ~ 3次，采收前7天停止用药。

（四）幼苗猝倒病

播前土壤消毒，以甲霜灵+代森锰锌（9：1）混剂采用药土护苗的办法进行。出苗后喷施25%甲霜灵可湿性粉剂1000倍液或高锰酸钾600 ~ 1000倍液，隔5 ~ 7天喷1次，连喷3次。

二、虫害

虫害以螨虫、蚜虫、斑潜蝇较为常见。

（一）螨虫

包括侧多食跗线螨和朱砂叶螨。

1. 清除杂草，减少螨源。

2. 加强水肥管理，增强植株抗性。

3. 害螨点片发生时及时挑治，有螨株率达5%以上时普治。可用1.8%阿维菌素乳油2000 ~ 3000倍液，或10%复方浏阳霉素乳油1000倍液等喷雾防治。

（二）蚜虫

可用50%抗蚜威可湿性粉剂2000 ~ 3000倍液，或2.5%功夫乳油4000倍液，或灭杀毙6000倍液，也可用吡虫啉或避蚜雾喷雾防治。

（三）斑潜蝇

于8 ~ 11月露水后幼虫开始活动或老熟幼虫多从虫道中钻出时，开始喷洒75%潜克可湿性粉剂5000 ~ 7000倍液，以及爱福丁、绿得福1500 ~ 2000倍液等。

第六节　苋菜采收

苋菜是一次播种分批采收的叶菜。第一次采收多与间苗结合，一般在播种后，当苗高 15 ~ 20 厘米，具有 5 ~ 6 片叶时通过间苗采收大苗，采收时要掌握收大留小、留苗均匀的原则，以增加后期产量。植株高 25 厘米时可在基部留 10 厘米左右，割收上部的嫩梢上市，以后可根据苋菜的长势每隔 20 天左右割收一次嫩梢。

第六章　茼蒿优质高产栽培

第一节　茼蒿的生物学特性

茼蒿为菊科茼蒿属一年生或二年生草本植物，以嫩茎叶供食用，别名蓬蒿、春菊、蒿子秆儿。茼蒿原产于地中海，中国已有1000多年的栽培历史。茼蒿的根、茎、叶、花都可作药用，有清血、养心、降压、润肺、清痰的功效。茼蒿具特殊香味，幼苗或嫩茎叶供生炒、凉拌、做汤而食用。欧洲将茼蒿作花坛花卉。

一、植物学特征

茼蒿为直根系，株高20 ~ 30厘米。茎直立，光滑无毛，通常自中上部分枝。叶互生，叶羽状分裂或边缘锯齿。头状花序异型，单生茎顶，或少数生茎枝顶端，但不形成明显的伞房花序。边缘为一层舌状雌花，中央盘花为两性管状花。总苞呈宽杯状，总苞片4层。舌状花呈长椭圆形或线形。茼蒿的种子为褐色瘦果，有棱角，千粒重1.8 ~ 2克。

二、对环境条件的要求

茼蒿喜冷凉，较耐寒，适应性广，在10 ~ 30℃温度范围内均能生长，以17 ~ 20℃为最适温。种子10℃时即能发芽，以15 ~ 20℃为最适温，在较高的温度和短日照条件下抽薹开花。对土壤要求不甚严格，但以湿润的沙壤土、pH值5.5 ~ 6.8为最适宜。

第二节　茼蒿的主要类型和品种

一、主要类型

茼蒿依据叶的大小分为大叶茼蒿和小叶茼蒿两类。大叶茼蒿又称板叶茼蒿或圆叶茼蒿，叶大而肥厚，叶缘缺刻浅，生长缓慢，生长期长，成熟期较晚。较耐热，耐寒力不强，产量高，品质好，适宜南方种植。小叶茼蒿又称花叶茼蒿或细叶茼蒿，叶狭长，叶缘缺刻深，生长快，早熟，耐寒力强，味浓但质地较硬，品质不及大叶茼蒿，且产量较低，适宜北方栽培。

二、常见品种

（一）花叶茼蒿

陕西地方品种。叶狭长，羽状深裂，叶色淡绿，叶肉较薄，分枝较多，香味浓，品质佳。生长期短，耐寒力强，产量较高。适于日光温室和大棚种植。

（二）上海圆叶茼蒿

上海地方品种。大叶品种，叶绿缺刻浅，以食叶为主，分枝性强，产量高，但耐寒性不如小叶品种。

（三）板叶茼蒿

由台湾农友公司引进。半直立，分枝力中等，株高 21 厘米，开展度 28 厘米。茎短粗、节密，淡绿色。叶大而肥厚，稍皱缩，绿色，有蜡粉，喜冷凉，不耐高温，较耐旱、耐涝，病虫害少。适于日光温室和大棚种植。

（四）蒿子秆

北京农家品种，为食用嫩茎叶的小叶品种。茎较细，主茎发达，起立。叶片狭小，倒卵圆形至长椭圆形，叶缘为羽状深裂，叶面有不明显的细茸毛。耐寒力较强，产量较高。

（五）香菊号茼蒿

由日本引进，中叶种。叶片略大，叶色浓绿有光泽，茎秆空心少，柔软。植株直立，节间短，分枝力强，产量高，耐霜霉病。

（六）金赏御多福茼蒿

由日本引进，为大叶茼蒿。根浅生，须根多。株高 20 ~ 30 厘米，叶色浓绿，叶宽大而肥厚，呈板叶形，叶缘有浅缺刻。纤维少，香味浓，品质佳。生长速度快，抽薹晚，可周年栽培。

第三节　茼蒿主要栽培季节

茼蒿为喜冷凉的叶菜，不耐高温，一般春、秋两季栽培。越冬栽培的播种时间从 10 月下旬到 11 月中下旬均可,翌年春季采收；春播在 2 月下旬至 4 月上旬。早春茬栽培须在塑料小拱棚、大棚或日光温室中进行。春季栽培的播种期多在 3 ~ 4 月；秋季栽培在 8 ~ 9 月；冬季栽培一般在 12 月中旬，翌年春季采收。

第四节　茼蒿优质高产栽培技术

播种时可干籽直播，也可催芽后播种。催芽播种有利于早出苗、出齐苗。播前宜进行浸种催芽。将种子放入 25 ～ 30℃温水中浸泡 24 小时，捞出稍晾后在 15 ～ 20℃的条件下催芽，每天用清水淘洗一遍，大多数种子露白时播种。干籽直播一般播种每亩用种量为 4 ～ 7 千克为宜。播种时须用干细土拌匀，使种子撒得开、播得匀。播后覆土，使种子覆土厚度不超过 1 厘米，早春和冬季播种可在畦面上覆盖薄膜以保温、保湿，促齐苗，出苗后及时去除畦面上的薄膜。夏季和秋季可覆盖遮阳网或者草帘降温保湿。

播前每亩施腐熟农家肥 3000 ～ 5000 千克，氮、磷、钾三元复合肥 30 千克，均匀撒在地面，深翻深耕后，使土壤与肥料混合均匀，耙平作畦，畦宽 1 ～ 1.5 米。

一、早春设施栽培关键技术

春大棚栽培可于 2 月中旬左右播种，播种后注意保温保湿，使棚内气温上升，以利于出苗及幼苗成活。待幼苗出齐应及时间苗，留强去弱，保持株距在 2 厘米左右，防止出现幼苗过稀或过密现象，达到田间基本均匀一致，有利于幼苗健壮生长。茼蒿忌高温，一般在 15 ～ 20℃条件下植株生长良好，所以当棚内气温达到 25℃以上时，注意加强通风换气，调控好温湿度，创造有利于茼蒿生长的环境。2 月下旬，当苗高 10 厘米左右时进行追肥。追肥以速效性氮肥为主，每亩施 46% 尿素 15 千克，结合追肥进行浇水，以利于植株对肥水的吸收。生长期为防止草害，可于播种后，每亩喷施杀草丹 150 毫升兑水 40 千克，封闭除草。

二、越夏设施栽培关键技术

夏季的高温、雨水是导致茼蒿越夏种植失败的主要原因，因此防高温、雨水是茼蒿越夏栽培成功的关键技术措施。遮阳、防雨棚是解决高温、雨水的简便设施，同时还有防冰雹的作用。大棚上覆盖遮阳网，薄膜应保证在雨前及时覆盖在棚上，雨后撤掉薄膜，严禁雨水进畦。定植后，遮阳网可只在每天的高温时段覆盖。中午切忌浇水降温，否则会出现萎蔫死苗。当幼苗长出 2 片真叶时及时间苗并拔除杂草，使株距在 2 ~ 3 厘米。幼苗出土前应保持土壤湿润，以利出苗，出苗至间苗浇水应掌握“见干见湿，小水勤浇”的原则，防幼苗徒长或诱发病害。因夏季气温高，土壤水分蒸发量大，间苗后逐渐增加浇水次数和浇水量，但畦内不能长时间积水，当苗高 10 厘米时结合浇水追施速效氮肥，如尿素 20 千克 / 亩，在收获前 1 ~ 2 天可浇一次水。

三、秋季设施栽培关键技术

秋季栽培前期的管理同越夏栽培，秋播茼蒿应于立冬前后扣上棚，扣棚后要适当控水，并视天气情况及时放风、降温、排湿，以防烂叶。

四、越冬设施栽培关键技术

青藏高原地区冬季寒流侵袭频繁，茼蒿栽培极易发生冻害，如何防止冻害也就成了冬季茼蒿栽培的关键所在。多采用大棚多层覆盖进行生产，大棚栽培一般在 12 月中旬播种，上市期赶在春节前后容易取得较高的经济效益。播种后要保持畦面湿润，以利于出苗。要让苗多通风、多照阳光，促苗健壮，增强抗性，遇有霜冻天气，下午要及时盖严棚膜保温防寒。冬季如遇连续阴雨天气，大棚膜可不揭，以蓄热保温防冻。当植株长有 1 ~ 2 片真叶时，开始间苗，撒播的苗距以保持 4 厘米见方为宜；苗高 3 厘米时浇头遍水，全生育期浇水 2 ~ 3 次；当苗高 9 ~ 12 厘米时，追第一次肥，随水每亩冲入速效氮肥 10 ~ 15 千克，共追肥 2 次。

第五节　茼蒿主要病虫害防治技术

茼蒿对病虫害有一定的抗性，正常情况下病虫害发生较少。主要采用农业措施和药剂进行防治。农业防治可通过种植抗病品种或耐病品种，引种时要特别注意品种的抗病性，收获后彻底清除地面病残体，加强栽培管理，合理密植，合理灌溉，降低田间湿度，加强栽培管理，早期拔除病株。

一、霜霉病

在苗期和成株期均可发生，使叶片变黄枯萎，严重减产，药剂防治从苗期开始监测病情发展，在发病初期，适时喷药，可选用 58% 甲霜灵锰锌可湿性粉剂 500 ～ 800 倍液，或用 64% 杀毒矾可湿性粉剂 600 倍液等。施药时应尽量用烟雾剂，隔 10 天喷一次，连喷 2 ～ 3 次。

二、炭疽病

茼蒿发生炭疽病，叶片上初生黄色小斑点，扩展后成为近圆形或不规则形褐色病斑，发生在叶缘的病斑呈近圆形，茎上病斑长椭圆形，暗褐色至黑色，略凹陷，几个病斑可相互连接。一般可用 25% 炭特灵可湿性粉剂 600 倍液，或 50% 炭克可湿性粉剂 1000 倍液等，隔 10 天左右喷一次进行防治，连喷 2 ～ 3 次。

三、茼蒿灰斑病

茼蒿感染灰斑病，叶片上会生成圆形或近圆形病斑，生于叶片边缘的病斑呈半圆形或不规则形。病斑直径 2 ～ 4 毫米，中部灰褐色，叶缘深褐色，高湿时病斑上生出灰黑色霉状物，两个或多个病斑可相互混合。茎部病斑呈椭圆形，颜色与叶部病斑相似，严重发生时可造成叶枯。加强栽培管理，培育壮苗，增强抗病能力，合理排灌，降低田间湿度等农艺措施均能有效预防茼蒿灰斑病的发生和为害。发病初期可用 70% 代森锰锌可湿性粉剂 600 倍液，或 75% 百菌清可湿性粉剂 500 ~ 800 倍液，隔 10 天喷一次，连喷 2 ~ 3 次。

第六节 茼蒿采收

一般播后 40 ~ 60 天、茼蒿苗高 20 ~ 25 厘米时采收为宜。采收过早，苗虽嫩，但生长量不足，产量偏低；采收过迟，苗高过 30 厘米后，下部茎易老化空心，底部叶黄化，品质降低，商品性状变差。一般选大株分期、分批采收。如果想进行多次收获，在主茎基部留 2 个叶节用刀割去上部，每次采收后要进行浇水追肥，以促进侧枝再生，侧芽萌发长大后，再留 1 ~ 2 片叶采收，直到开花为止。一般产量为 1500 ~ 2000 千克。

第七章　芫荽优质高产栽培

第一节　芫荽的生物学特性

芫荽是伞形科芫荽属的一年生或二年生草本植物，别名胡芫、香菜等。芫荽原产于地中海沿岸，从汉代引进中国。芫荽食用部位为嫩叶，其全株有特殊的香味，且香味浓郁，是重要的香辛菜之一，既可做菜食用，又可做香料和药用。

一、植物学特征

芫荽的主根较粗大，白色。株高 20 ～ 60 厘米，子叶披针形，根出叶丛生，长 5 ～ 40 厘米，一至三回羽状全裂，羽片数 1 ～ 11 对，卵圆形，有缺刻或深裂。花茎上的茎生叶三至多回羽状裂，裂片狭线形，全缘。伞形花序，每一小伞形花序有可孕花 3 ～ 9 朵，花白色，花瓣及雄蕊各 5 枚，子房下位。双悬果球形，果面有棱，内有种子 2 枚，千粒重 2 ～ 3 克。芫荽按种子大小分为 2 个类型，大粒型的果实直径 7 ～ 8 毫米，小粒型的果实直径仅 3 毫米左右。我国栽培的属于小粒型。

二、对环境条件的要求

芫荽喜冷凉，具较强耐寒性，能耐 -20 ～ -1℃的低温，不耐热，最适生长温度为 17 ～ 20℃，超过 20℃生长缓慢，30℃以上则停止生长。对土壤要求不是很严格，但在保水性强、有机质含量高的土壤中生长良好。芫荽属长日照蔬菜作物，12 小时的长日照能促进生长。适应性广，在我国各地生长季节内均可栽培，但以日照较短、气温较低的秋季栽培产量高，品质好。在中国南方成株可露地越冬，北方可进行保护地越冬栽培，也可进行冬季贮藏。

第二节　芫荽的主要品种

一、白花芫荽

上海市地方品种，别名青梗芫荽，属小叶类型。植株直立，株高 25 ~ 30 厘米，开展度 38 厘米。叶柄长 18 厘米，绿色或浅绿色。小叶圆形，叶柄长 0.5 厘米。奇数羽状复叶，深绿。花小，白色。香味浓，品质优，晚熟，生长期 60 ~ 85 天。生长快，抽薹晚。耐寒，耐肥，病虫害少，但产量较低。全年均可播种，当地以 11 月至翌年 3 月为播种最佳时期。

二、紫花芫荽

该品种属小叶类型。植株矮小，塌地生长，株高 7 厘米，开展度 14 厘米。二回羽状复叶，光滑，叶缘具有小锯齿缺刻，浅紫色。叶柄细长，紫红色。花小，紫红色。香味浓，品质优良。早熟，耐寒，抗旱力强，病虫害少。

三、北京芫荽

北京地方品种。株高 30 厘米，开展度 35 厘米，叶为奇数羽状复叶。叶卵圆形或卵形，叶缘锯齿状，并有 1 ~ 2 对深裂刻，长 2.5 厘米，宽 2 厘米，叶片绿色，遇低温绿色变深或带有紫晕。叶柄细长，浅绿色，柄基部近白色。以嫩株供食，叶质薄嫩，香味浓，可调味或腌渍食用。耐寒性强，根株在风障前稍行覆盖即可越冬，较耐旱。春季种植每亩产量1000 ~ 1500千克，秋季种植每亩产量1500 ~ 2500千克，风障茬及越冬栽培每亩产量1500千克。

四、泰国香菜

由泰国引进。株高20 ~ 27厘米，开展度15 ~ 20厘米，叶绿色，叶圆形边缘浅裂，叶柄白绿色，单株重15 ~ 20克，纤维少，香味浓，品质极优，抗病虫害性高，适应高温季节栽培。春秋季节温度在18℃以上种植不易抽薹。

五、意大利四季耐抽薹芫荽

株高20 ~ 30厘米，株形美观，叶色翠绿，叶柄玉白，叶片近圆形，边缘浅裂。抗热，耐寒，耐抽薹，香味浓，纤维少，品质佳。适合周年栽培。

六、山东大叶香菜

山东地方品种。植株较直立，株高45厘米。叶片大，叶色浓绿，每株有叶8 ~ 10片。叶柄长12 ~ 13厘米，浅紫色，单株重20 ~ 25克。味浓，纤维少，品质佳，耐寒性强，耐热性弱，生长期50 ~ 60天。春季种植每亩产量650 ~ 1000千克，秋季种植每亩可达1300 ~ 2000千克。

七、四季香芫荽

株高26 ~ 28厘米，开展度15 ~ 20厘米，主根较粗，茎短呈圆柱形。叶色绿，叶柄绿白色，叶缘波状浅裂，子叶披针形，叶丛生，单株重10 ~ 16克。香味浓郁，纤维极少，商品特优。抗热、抗寒性较强，周年均可栽培。

第三节　芫荽主要栽培季节

芫荽可进行春、秋、越冬和夏季栽培，一般生长期 60 ~ 70 天。越冬栽培，因冬季基本停止生长，收获期延后，生长期 5 ~ 7 个月。

一、春季栽培

春季于 3 ~ 4 月播种，春播不宜过早，以免发生早期抽薹，大棚栽培可提前在 2 ~ 3 月播种，5 ~ 6 月收获。

二、夏季栽培

6 月上中旬播种，7 月下旬至 8 月收获。

三、秋季栽培

7 ~ 8 月播种，9 月下旬开始收获直到入冬。

四、越冬栽培

大棚在 10 ~ 11 月初播种，翌年 2 ~ 4 月分期收获。

第四节　芫荽优质高产栽培技术

一、常见栽培技术

（一）整地作畦

选择阴凉、土质疏松、肥沃、有机质含量丰富的沙壤土，深耕后晒畦，翻地深度一般在 25 ～ 30 厘米，结合翻地施入农家肥 5000 千克左右，做成宽 1 ～ 1.5 米平畦，整平耙细达到待播状态。

（二）催芽与播种

由于芫荽种子出芽缓慢，幼苗初期生长也缓慢，浸种催芽后播种有利于出苗整齐，故夏季播种最好催芽播种，即先将种子搓开后，用清水浸泡 12 ～ 24 小时，然后用纱布包好装入盒内保湿，置于 20 ～ 22℃的温度下催芽或吊在井下（种子不接触井水）催芽。可先经过 50 毫克 / 升赤霉素浸种 4 小时处理，然后进行催芽效果最佳。催芽期间，每隔 24 小时翻动一次，同时用清水淘洗，稍晾后继续催芽，4 ～ 6 天即可发芽，在耙平畦面后，浇足底水，待水渗下后在畦面上撒一层薄土，然后再均匀撒播或条播，覆土 1 厘米左右，每亩播种 5 千克左右，播后即在畦面上盖黑色遮阳网，暂不浇水，待幼苗出土后再浇水。

（三）田间管理

播后要保持土壤湿润，但不宜过湿，表土不板结，出苗才会整齐、健壮。苗高 2 厘米左右，开始追速效氮肥，苗高 3 ～ 4 厘米时及时中耕除草和间苗，浇水不宜过多，否则会因通风透光不好、湿度过大而引起根腐病。当苗高约 10 厘米，进入生长旺期后浇水宜勤，以经常保持土壤湿润。结合浇水可同时追施速效性氮肥 1 ～ 2 次，促进小苗快速生长。

二、夏秋季设施栽培关键技术

夏季芫荽生长期为40天左右，夏季大棚栽培芫荽的温度管理是关键，应加强通风，棚温白天控制在15～20℃，最高不能超过28℃，温度过高，需要采取降温措施，可采用大棚加黑色遮阳网覆盖方式栽培，注意应在棚中上部和顶部覆盖，留棚四周中下部透光通风。盖网时间晴天上午9时至下午4时，其他时段不盖。田间保持一定的湿度是夏季芫荽高产和优质的关键。遇到天气高温干旱，浇水要少量多次，始终保持土壤湿润，防止芫荽因缺水生长不良或死亡。可结合浇水隔10～15天施一次追肥，每亩施尿素6千克左右，或叶面喷施有机液肥，有利于茎叶碧绿柔嫩，提高品质。

三、越冬设施栽培关键技术

芫荽的越冬栽培，在西宁叫作根茬香菜。南方不需加设防寒设备，可在露地越冬。华北较寒冷地区入冬时需加设风障或进行地面覆盖，既能安全越冬又可提早收获。封冻前结合浇冻水追施农家有机液肥1～2次；露地不加风障越冬的，浇冻水后在畦面覆盖碎牛粪、干草、塑料薄膜等防寒越冬，但覆盖不宜过厚。待翌春回暖后及时清除覆盖物，返青后开始进行浇水、追肥等田间管理工作。

第五节　芫荽主要病虫害防治技术

一、病害

芫荽主要病害有立枯病、病毒病、白粉病、菌核病等，主要虫害有蚜虫等。

（一）立枯病

苗床有少量病苗时，立即拔除病苗，若床土潮湿，应撒少量干细土或草木灰，以降低湿度；若床土较干，可于晴天下午，用30%苗菌敌可湿性粉剂700倍液，或35%立枯净可湿性粉剂800倍液，或75%百菌清可湿性粉剂600倍液，或70%代森锰锌可湿性粉剂500倍液喷雾，连喷2～3次。

（二）病毒病

用20%病毒必克可湿性粉剂1200倍液喷雾，20%病毒A可湿性粉剂800倍液或1.5%植病灵乳剂500倍液喷雾,隔7天喷施1次，连喷2～3次，采前7天停止用药。

（三）白粉病

发病初期，可选用30%氟菌唑可湿性粉剂1500～2000倍液，50%硫黄悬浮剂200～300倍液，2%武夷菌素水剂或2%嘧啶核苷类抗菌素水剂150倍液，25%丙环唑乳油3000倍液等喷雾防治，隔7～10天喷施1次，连喷2～3次。

（四）菌核病

发病初期，可选用65%甲霉灵可湿性粉剂600倍液，50%多霉灵可湿性粉剂700倍液，40%菌核净可湿性粉剂1200倍液等喷雾防治，隔7～10天喷施1次，连喷2～3次。

二、虫害

主要虫害以蚜虫为害。可选用10%吡虫啉可湿性粉剂1500倍液，50%抗蚜威可湿性粉剂2000～3000倍液，2.5%溴氰菊酯乳油2000～3000倍液等喷雾防治，隔7天喷1次，连喷2～3次。

第六节　芫荽采收

芫荽的收获期不严格，根据气温高低、幼苗大小及市场行情确定采收期。植株高达15～20厘米时即可开始采收。采收前期幼苗细小时，可进行间拔；后期应用锋利角刀均匀间挑。采后及时追一次肥水，以促小苗快速生长。

第八章　落葵优质高产栽培

第一节　落葵的生物学特性

落葵为落葵科落葵属一年生蔓生缠绕性植物，别名木耳菜、藤菜、软浆叶、胭脂菜、豆腐菜等，原产于中国和印度。落葵以幼苗、嫩茎、嫩叶芽供食用，全株还可供药用。落葵营养丰富，有滑肠、利便、清热等功效，经常食用能降压益肝、清热凉血、防止便秘，是一种保健蔬菜。我国以长江流域以南栽培较多，近年作为特菜引入北方，在全国普遍种植。

一、植物学特征

落葵植株生长势强，根系发达，主根不明显，侧根多而密，茎为肉质茎，长达 2 ～ 2.5 米，横茎粗 0.6 ～ 1 厘米，节间密而短，平均长度为 6 ～ 7 厘米，光滑无毛，颜色为淡紫色、紫红色或绿色，柔嫩多汁，分枝能力强，能自动缠绕，可不断采嫩梢，在潮湿土表易产生不定根，可插繁殖。叶为单叶互生，近圆形或长卵形，先端钝或微凹，基部心脏形或近心脏形，全缘无托叶，形状似木耳，肉质光滑。穗状花序，腋生，两性花，白或紫红色。果为浆果，圆形或卵圆形，初期绿色，老熟后紫红色，内含 1 粒球形种子，种皮紫黑色，千粒重 25 ～ 35 克。开花至种子成熟一般为 45 ～ 50 天。

二、对环境条件的要求

（一）温度

落葵喜温暖，耐高温、高湿。种子发芽的适宜温度为20℃左右。植株生长的适宜温度为25 ～ 30℃；低于20℃生长缓慢，15℃以下生长不良；在35℃左右的气温下，如果土壤湿润仍能生长。所以，落葵在高温多雨的季节生长良好。落葵不耐寒，遇到霜冻天气即枯死，故冬春季节进行大棚栽培需要采用多层覆盖，有时甚至需要进行加温。

（二）光照

落葵属于短日照作物，即在日照由长变短，并在较短的日照条件下，容易开花；其叶片的生长对日照长短无特殊的要求，只要光照充足，无论是短日照或是长日照，叶片均能良好生长。

（三）土壤

落葵生长对土壤条件的要求并不严格，只要疏松肥沃即可。适宜的土壤pH值为4.7 ～ 7.0属于比较耐酸的蔬菜。落葵叶片蒸发量大，生长需要较为湿润的环境，但在湿度过高或积水情况下，落葵生长不良，故要求排水良好而灌水方便的环境。另外，在大棚内栽培落葵，由于主要是在冬春季，所以宜选择升温快、保温性好的土壤，并以有机质丰富的沙壤土最为适宜。落葵在生长期间，吸收的养分以氮最多，充足的氮肥供应是高产的基础。

第二节　落葵的主要品种

中国栽培的落葵有红花落葵、白花落葵和广叶落葵3种。

一、红花落葵

茎淡紫色或绿色，花紫红色。叶片长宽近乎相等，侧枝基部的几片叶较窄长，叶片基部心脏形。主要品种有广州的红梗藤菜、福建的古田木耳菜、江苏的紫梗紫叶果、山西的木耳菜、日本紫梗落葵等。

二、白花落葵

茎淡绿色，叶绿色，叶片卵圆至长圆形，边缘稍做波状，叶片较小，平均长 2.5 ~ 3 厘米，宽 1.5 ~ 2 厘米，花紫红色，花梗长，花序着生花数量较少。主要品种有广州的青梗藤菜、四川的染浆叶（豆腐菜）、云南的软浆叶、湖南的长沙细叶木耳菜、湖北的利川落葵等。

三、广叶落葵

叶片较红花落葵和白花落葵显著宽大、肥厚，又叫大叶落葵。嫩茎绿色，老茎局部或全部带粉红至淡紫色，叶色深绿，叶片心脏形，顶端急尖，有明显的凹缺，叶型宽大，叶片平均长 10 ~ 15 厘米，宽 1.5 ~ 2 厘米，穗状花序，花梗长 8 ~ 14 厘米。主要品种有贵阳大叶落葵、江口大叶落葵等。

第三节　落葵主要栽培季节

一、春季设施栽培

12 月至翌年 2 月中旬播种，采收在播种后 40 天至 4 月，整个生长期全程覆盖，进行保温栽培。

二、春夏设施栽培

3 ~ 4 月播种，4 月下旬至 6 月收获，整个生育期全程覆盖，利用设施前期保温，后期避雨栽培。

三、夏秋设施栽培

6 ~ 8 月播种，采收在播种后 35 天至 10 月，整个生长期全程覆盖，进行避雨栽培。

四、冬季设施栽培

9 月上旬至 10 月中旬播种，10 月至翌年 2 月采收，10 月进行覆盖，进行保温栽培。

第四节　落葵优质高产栽培技术

一、整地作畦

种植田要深翻，打破犁底层，每亩用农家肥 5000 千克、磷酸二铵 20 千克混合后施入，老菜田区在土壤翻耙前用土壤杀菌剂拌细土撒在地面，再翻耙，杀灭土壤中的病菌。精耕细作，一般畦面宽 1.2 ~ 1.5 米，长度依土地而定。

二、催芽与播种

采用温汤浸种，将种子倒入 55℃温水中，边倒边搅拌，当水温降至 25℃左右停止搅拌，浸种 24 小时后用清水漂洗 2 次，用纱布将种子包好，放在 25 ~ 30℃环境下催芽，每天用清水冲洗 1 次，有半数的种子刚破壳露白时播种。

播种方法分为直播法与育苗移栽法。

1. 直播法

冬季温室或早春大棚种植，棚室内温度应稳定在 15 ~ 30℃，以采收嫩茎为主，如大叶落葵。均采用撒播，一般每亩用种量 5 千克。

2. 育苗移栽法

冬季温室或早春大棚种植，搭架栽培的品种如红落葵、青梗落葵等采用育苗移栽。宜用加温苗床或大棚内扣小拱棚育苗，育苗移栽一般每亩用种量 3 千克。

三、定植

在播种后 25 ～ 30 天，幼苗长出 4 ～ 5 片真叶时定植。采收幼苗嫩梢的株行距为（15 ～ 20）厘米 ×（20 ～ 25）厘米；采收嫩叶的株行距为 30 厘米 ×（50 ～ 60）厘米。

四、田间管理

出苗后适当控温炼苗，温度不宜过高。直播的要及时间苗、定苗，去弱留强。特别在夏季杂草极易滋生，更应防止草害发生；不仅要松土、保墒、除净杂草，而且要在植株基部适当培土，以利其稳健生长。落葵是速生蔬菜，需肥量大，以氮肥为主，对铁素养分反应敏感，缺铁时心叶易黄化。因此，除应施足有机基肥外，直播的幼苗具 3 ～ 4 片真叶、移栽的缓苗活棵后，就应及时轻浇水肥，促其健壮生长。

1. 温度管理

落葵喜温暖和湿润气候，但不耐寒，遇轻霜即有可能被冻死，而在高温多雨季节则生长旺盛。因此，在棚室春提前栽培时，从播种到出苗，一般不通风，出苗前保持棚温 20 ～ 28℃，以利出苗；出苗后适当控制棚温在 20℃左右，以免幼苗徒长；超过 30℃可小量通风，夜间温度不能低于 15℃。秋延后栽培，当气温低于 15℃时，即应闭棚增温。无论是春提前或秋延后栽培，落葵在生长发育和采收阶段，温度应控制在 30℃左右，不要低于 20℃，也不要高于 35℃。在冬季和春初低温阶段，要注意棚室保温增温，保证落葵旺盛生长，从而提前供应市场，并提高产量和产品质量。当外界气温达到 25℃以上，夜间最低气温达到 15℃时，可开始由小而大逐步揭棚放风，直至最后撤去保温覆盖物和塑料薄膜等，使温度不致过高，从而达到理想要求。

2. 肥水管理

当植株长出 3 片叶后生长加快，此时应常浇水，以保持畦面湿润，深冬季节则以畦面保持见干见湿为宜。浇水过多，会降低地温，影响植株生长。进入采收期，可结合浇水每次随水追施尿素 10 千克 / 亩。追肥的原则为前轻、中多、后重。以后每采收一次要追肥一次，每亩施用稀薄人粪尿 1000 千克左右，或用尿素 5 千克配成 0.3% 溶液浇施或点施；最好于旺盛生长前期在叶部喷施 0.2% ~ 0.5% 硫酸亚铁溶液 2 ~ 3 次，或在心叶黄化始期，立即喷施硫酸亚铁溶液。

3. 植株调整

（1）食用嫩梢：在植株长到 30 厘米时，留 3 ~ 4 片叶采收头梢，选留 2 个强壮侧芽成蔓，其余抹去，采收二道梢后，再留 2 ~ 4 个强壮侧芽成梢，在生长旺盛期可选 5 ~ 8 个强壮侧芽成梢。中后期，应随时抹去花茎幼蕾。采收后期，植株生长势逐渐减弱，可留 1 ~ 2 个强壮侧芽成梢，这样不仅叶片肥大，而且梢肥茎壮，品质好，收获次数多，产量高。

（2）食用嫩叶：植株长到 30 厘米时，即搭“人”字架或直立栅栏架，引蔓上架，一般以直立栅栏架为好。其整枝法较多，选留的骨干蔓除主蔓外，一般均应选留基部的强壮侧芽成为骨干蔓。骨干蔓一般不再保留侧芽成蔓，当骨干蔓长至架顶时摘心，摘心后，再从骨干蔓基部选一强壮侧芽成蔓，逐渐代替原骨干蔓。原骨干蔓上的叶片采完后，从紧贴新骨干蔓处剪掉下架。在采收后期，可根据植株生长势的强弱，减少骨干蔓，同时要尽早抹去幼茎花蕾。

第五节　落葵主要病虫害防治技术

一、病害

主要病害有蛇眼病、灰霉病和花叶病毒病。

（一）蛇眼病

蛇眼病又称红点病。适当密植，避免浇水过量及偏施氮肥过多。75% 百菌清可湿性粉剂 1000 倍液和 70% 甲基托布津可湿性粉剂 800 ~ 1000 倍溶液混合液喷施，也可施用 50% 速克灵可湿性粉剂 1500 ~ 2000 倍液喷施。隔 7 ~ 10 天喷施一次，连续喷施 2 ~ 3 次。

（二）灰霉病

及时通风提高温度，可预防此病的发生。保护地可用 20% 速克灵烟剂熏蒸，或用 70% 的甲基硫菌灵悬浮剂 1500 ~ 2000 倍液喷施。每隔 7 天喷施一次，连续喷施 2 ~ 3 次。

（三）花叶病毒病

可用 10% 病毒必克可湿性乳油 1500 倍液喷施，或 20% 病毒 A 可湿性粉剂 500 倍液等抗毒剂，加磷酸二氢钾，隔 7 天喷施一次，连续喷施 2 ~ 3 次。

二、虫害

（一）蚜虫

对落葵蚜虫在点片发生阶段即有翅蚜尚未迁飞扩散前，及时施药。药剂可选用 50% 抗蚜威 2000 ~ 3000 倍液，或 10% 吡虫啉可湿性粉剂 1000 ~ 2000 倍液，或 2.5% 鱼藤酮乳油 500 倍液，或 10% 氯菊辛乳油 1200 ~ 2400 倍液，或 15% 乐溴乳油 2000 ~ 3000 倍液，或 70% 溴马乳油 2500 ~ 4000 倍液。

（二）小地老虎

小地老虎又叫土蚕、切根虫等，落葵幼苗受害最重。在3龄以前喷药防治,药剂可选用2.5%溴氰菊酯或20%菊马乳油3000倍液，或21%灭杀毙8000倍液，或50%辛硫磷800倍液，或20%杀灭菊酯乳油2500～3000倍液,或90%晶体敌百虫1000～1500倍液，或80%敌敌畏乳油1500倍液。

（三）蛴螬

药剂防治首先是施用毒土。每亩用90%晶体敌百虫100～150克，或用50%辛硫磷乳油100克，拌细土15～20千克制成毒土，在播种或定植时，施于播种沟或植穴内，其上覆一层土，然后播种或定植。其次是药液灌根。可用75%辛硫磷1000倍液，或用90%晶体敌百虫800倍液，或用25%西维因可湿性粉剂800倍液进行灌根。第三是喷施药液或药粉。在成虫集中地，适时喷施50%辛硫磷乳油1000倍液，或30%敌百虫乳油500倍液。

第六节　落葵采收

出苗后20～25天，当幼苗长到4～5片真叶时，就可陆续采收。间苗采收，应从出苗稠密的地方开始分批进行，采收时应连根拔起。采收嫩梢：当嫩梢长到10～15厘米时可采收。头梢采收后，每7～10天采收嫩梢一次。采摘叶片：前期15～20天采收一次，中期10～15天采收一次，后期7～10天采收一次，每次每株采叶片1～3片。

第九章　茴香优质高产栽培

第一节　茴香的生物学特性

茴香是伞形科茴香属中的多年生宿根性草本植物，常作一年生或二年生蔬菜栽培，别名小茴香、香丝菜、结球茴香、鲜茎茴香、甜茴香等，原产于地中海沿岸及西亚。以果实为香料或以嫩茎叶供食用。叶片、种子、茴香根皮具有特殊香味，主要成分为香醚和茴香酮，其嫩茎叶含有较多的胡萝卜素、维生素C和钙等营养物质，主要供馅食、调味及拼盘装饰用，球茎茴香还可生食、炒食、腌渍，种子香味浓。可做香料或入药，具有温肝肾、暖胃气、散寒结等作用。

一、植物学特征

茴香根系不发达，株高20～40厘米，茎直立，有分枝，光滑无毛，有蜡粉。叶片互生，深绿色，叶长25～30厘米，宽4～5厘米，叶柄较长，球茎茴香的球由肥大的叶鞘形成，呈长扁形。花为黄色，复伞状花序，果实为双悬果，果棱尖锐，内有2粒种子，灰白色，千粒重1.2～2.6克。

二、对环境条件的要求

茴香喜温和的气候，种子发芽适温20～25℃，生长发育适温10～25℃，白天不宜高于25℃，夜间不宜低于10℃，过高或过低都将影响其生长和品质。茴香在整个生长发育过程中对水分要求严格，尤其在苗期及叶鞘膨大期，要求较高的空气相对湿度和湿润的土壤，不宜干旱。茴香生长过程都需要充足的光照，茴香对土壤要求不严格，pH 值 5.4 ～ 7.0 均能正常生长，栽培上为保证产品的质量和产量，宜选择保肥、保水力强的肥沃壤土种植。

第二节　茴香的主要类型和品种

一、主要类型

（一）大茴香

在山西、内蒙古等地区分布较广。株高 30 ～ 45 厘米，全株有 5 ～ 6 片，叶柄长，叶间距离大。叶片为三回羽状深裂细裂片，裂片细窄成丝，绿色，叶面光滑无毛，有蜡粉，植株适应性强，生长较快，春季栽培易抽薹，病害少。

（二）小茴香

分布在天津、北京、辽宁等北方地区。植株较矮，株高 20 ～ 30 厘米，全株有叶 7 ～ 9 片，叶柄短，叶间距离小，叶片为三回羽状深裂的细裂片，裂片窄呈丝状，深绿色，叶片光滑无毛，有白蜡粉，植株生长较慢，抽薹晚，味浓。

（三）球茎茴香

球茎茴香又称意大利茴香。从意大利、荷兰等国家引进。以柔嫩的球茎和嫩叶供食用。一般株高 70 ～ 80 厘米，植株基部鞘抱合，肥大，形成扁球形球茎。全株有 7 ～ 9 叶，茎短缩，球茎着生短缩茎上。单球重 300 ～ 500 克。抽薹晚，产量高，耐寒又耐热，质地柔嫩，纤维少，香味淡。生长期 75 ～ 120 天。春季或秋季均可露地生产。

二、常见品种

（一）大茴香品种

河北的扁梗茴香，内蒙古的河套大茴香、乌兰浩特大茴香，甘肃省的民勤大茴香等。

（二）小茴香品种

河北的小茴香、山西的长治茴香、山东的商河茴香、湖北的武汉小茴香、云南的昆明茴香等。

（三）球茎茴香品种

意大利球茎茴香等。

第三节　茴香主要栽培季节

一、温室春茬

播种期 11 月上旬至 12 月上旬，定植期 12 月上旬至翌年 1 月上旬，收获期 2 月上旬至 3 月上旬。

二、塑料大棚“双膜一苫”早春茬

播种期 1 月上旬，定植期 2 月中旬，收获期 4 月上旬。

三、塑料大棚延秋茬

播种期 8 月上旬，定植期 9 月上旬，收获期 11 月上旬。

四、日光温室越冬茬

播种期 9 月上旬，定植期 10 月上旬，收获期 12 月下旬至翌年 1 月上旬。

第四节　茴香优质高产栽培技术

一、整地作畦

播种前，每亩栽培地施用优质腐熟的农家肥3000千克以上，过磷酸钙100千克或磷酸二铵15～20千克，均匀撒施到地面，然后深翻细耙，整平作畦，栽培畦宽1.2米。

二、催芽与播种

播种前需要把种子搓开，以利萌发。播种时可采取干籽直播、浸种播或催芽播。大棚春季栽培的一般干籽直播或浸播，如播期晚可进行催芽播种。浸种播就是种子先用18～20℃清水浸泡24小时，然后稍晾干播种。催芽播时，将浸泡过的种子放在20～22℃环境条件下催芽，每天用清水冲洗一次，洗去种子表面黏液，经过6天左右出芽后播种。

三、定植

球茎茴香苗高10～15厘米，真叶3～4片，苗龄30天左右时定植，定植行距30～40厘米，株距20～30厘米，棚室栽培宜稀。定植深度2～2.5厘米，以不埋住心叶为宜。

四、田间管理

大、小茴香播种后，保持畦面土壤湿润，高温季节育苗要搭遮阳网降温避雨。早春种植的在播种后立即在棚内距棚膜30～40厘米处吊挂一层塑料薄膜，可使棚内温度增加2～3℃。播种后至出苗前，密闭大棚保温防寒。出苗后，真叶出现开始间苗，苗距3厘米左右，同时，及时清除畦面杂草。幼苗期生长缓慢，尤其第一片真叶至第二片真叶展开前，不宜多浇水，也不需追肥。当苗高7～

8厘米，生长速度加快时，随浇水每亩追施尿素10千克，并开始放风，一般上午超过22℃及时放风，下午低于20℃时关闭风口。生长中期，当早晨棚内温度达8～9℃时即可放风，一直到下午至20℃时关闭风口。生长后期外界最低气温超过5℃时可昼夜通风，白天风口要大，夜间风口要小，使白天最高温度不能超过24℃，否则茴香植株易干尖。苗高10～12厘米时，随浇水施第二次追肥，尿素用量同第一次。球茴香定植后要浇一次透水。5～7天再浇一次缓苗水，夏、秋季需浇2次水才能缓苗，长出新叶后浅中耕除草，再蹲苗7天左右。在叶肥大期中耕、培土，植株封垄后不再中耕。保持田间土壤湿润，尤其叶柄基部开始膨大时进行第二次追肥，每亩施复合肥30千克；球茎迅速膨大期追第三次肥，每亩追复合肥30千克、硫酸钾10千克。

第五节　茴香主要病虫害防治技术

一、病害

设施栽培的茴香由于连作，病害发生较重，易发生的病害主要有苗期的猝倒病、菌核病、灰霉病、根腐病、白粉病等。主要虫害有蚜虫、茴香凤蝶等。

（一）猝倒病

喷施70%乙磷锰锌可湿性粉剂500倍液，或64%恶霜灵可湿性粉剂500倍液，或72%霜脲氰锰锌可湿性粉剂800倍液，每7～10天喷施1次，连喷2～3次。

（二）菌核病

冬季生产中常见病害。可用40%菌核净1200倍液，或45%噻菌灵悬浮剂800倍液，或40%嘧霉胺悬浮剂800～1000倍液，或

65% 硫菌霉威可湿性粉剂 1000 倍液等喷雾，重点喷茎基部。保护地栽培可选用粉尘剂。

（三）灰霉病

该病在球茎茴香生长后期棚室湿度大时易发病，发病初期，可用 50% 乙烯菌核利可湿性粉剂 500 倍液，或 50% 腐霉利可湿性粉剂 1500 倍液喷雾，或 45% 噻菌灵悬浮剂 800 倍液，或 50% 敌菌灵可湿性粉剂 500 倍液，或 50% 多霉威可湿性粉剂 700 倍液防治，连阴天最好选用粉尘剂或烟雾剂防治，如腐霉利烟雾剂 300 克 / 亩等。

（四）根腐病

发病初期，用 50% 多菌灵可湿性粉剂 500 倍液，或 15% 双效灵水剂 1500 倍液，或 25% 丙环唑乳油 3000 倍液，或 45% 噻菌灵悬浮剂 1000 倍液，或 30% 土菌消水剂 600 倍液，或 65% 多果定可湿性粉剂 1000 倍液灌根，每株灌药液 250 克。

（五）白粉病

可喷施 2% 嘧啶核苷类抗菌素或武夷菌素 200 ~ 300 倍液，或 40% 氟硅唑乳油 8000 倍液，或 10% 苯醚甲环唑水分散粒剂 1000 倍液，或 30% 氟菌唑可湿性粉剂 4000 倍液，或 15% 粉锈宁可湿性粉剂 1000 ~ 1500 倍液。保护地种植也可用 5% 百菌清粉尘或 5% 春雷氧氯铜粉尘剂喷粉，用量 1000 克 / 亩。

（六）病毒病

可用 2.5% 高效氯氟氰菊酯乳油 3000 ~ 4000 倍液，或 20% 吡虫啉水溶剂 3000 倍液，或 1% 苦参素水剂 8000 ~ 10000 倍液，或 0.5% 藜芦碱醇溶液 800 ~ 1000 倍液，或 0.65% 茴蒿素水剂 400 ~ 500 倍液喷雾防治。

二、虫害

（一）蚜虫

采取黄板诱杀和吡虫啉等杀虫剂相结合的防治措施。黄板 25

块 / 亩，也可以用 2.5% 高效氯氟氰菊酯乳油 3000 ~ 4000 倍液，或 20% 吡虫啉水溶剂 3000 倍液，或 1% 苦参素水剂 8000 ~ 10000 倍液，或 0.5% 芦碱醇溶液 800 ~ 1000 倍液，或 0.65% 茴蒿素水剂 400 ~ 500 倍液喷雾防治。

（二）茴香凤蝶

可用 90% 晶体敌百虫 1000 倍液、50% 敌敌畏乳油 1000 ~ 1200 倍液，或 2.5% 敌杀死乳油、20% 氰茂菊酯乳油、10% 氯氰菊酯乳油 2000 ~ 3000 倍液等喷雾。

第六节　茴香采收

茴香高 15 ~ 20 厘米时，依市场需求，应及时采收上市。球茎茴香定植 40 天后，球茎充分膨大而停止生长，外部鳞片呈白色或黄白色时，应及时采收。收获时将整株拔下，将上部细叶同老叶一同切除，只保留上面叶柄 10 厘米左右和下面球茎，下部从短缩茎部切除后包装上市。

ལེའུ་དང་པོ། ཚོད་དཀར་ཆེ་བའི་སྲིག་བཀོད་འདེབས་འཛུགས།

ཚན་པ་དང་པོ། ཚོད་དཀར་ཆེ་བའི་སྐྱེ་དངོས་རིག་པའི་ཁྱད་ཆོས།

ཚོད་དཀར་ཆེ་བ་ནི་རང་རྒྱལ་ནས་ཐོན་པ་ཡིན། མེ་ཏོག་རྒྱ་གྲམ་ཚན་གྱི་ཡུ་ཀྲང་རིགས་ཀྱི་ལོ་མ་ནྲུམ་པོ་ཆགས་ཐུབ་པའི་རིགས་མཆེད་རྒྱུད་པ་གཉིས་པ་དེ་ཡིན་པ་དང་། ལོ་གཅིག་གམ་ཡང་ན་ལོ་གཉིས་ལ་སྐྱེས་པའི་རྩྭ་རིགས་སྐྱེ་དངོས་ཤིག་ཡིན། མིང་གཞན་ལ་ལྷང་བུའི་ཚོད་དཀར་དང་། ཧོང་ཡ་ཚལ། སློང་བཏུམ་ཚོད་དཀར་སོགས་ཟེར། ལོ་མ་ནྲུམ་པོའི་རྒྱུ་ཕྱུས་མཉེན་ཞིང་འཇམ། ཐོན་ཟས་ཁེ100རེའི་ནང་དུ་ཆུའི་འདུས་ཚད་ཁེ94~96དང་། སྤྲི་ཆུ་འདྲེས་འགྱུར་ཟས་ཁེ1.7 སྦྲི་དཀར་ཁེ0.9བཅས་འདུས་པར་མ་ཟད། ད་དུང་གཏེར་ཟས་ཚྭ་དང་འཚོ་བཅུད། ཞི་སྨའི་རྒྱུ་སོགས་འཚོ་བཅུད་དངོས་ཟས་མང་པོ་འདུས་ཡོད། བཟའ་ཆས་སུ་སྤྱོད་དུས་ཀྱང་བརྫོས་མ་དང་བཙོས་མ། གྲང་ཚལ། ནང་ཟས་བཟོ་བའམ་ལས་སྔོན་བྱས་ནས་བསྙལ་བ་སོགས་བྱས་ཆོག་ཅིང་། གྲུང་པོའི་ཁྱད་ཐོན་སྡོ་ཚལ་གྱི་གྲས་ཤིག་ཡིན། ས་གནས་སོ་སོ་ནས་ཡོངས་ཁྱབ་ཏུ་འདེབས་འཛུགས་བྱེད་ཅིང་། ས་བབ་མཐོ་ཚད་སྨྱི3600 (མཚོ་སྔོན་ཡུལ་ཤུལ་དང་ན་གོར་མོ)ས་ཁུལ་དུའང་སྲིག་བཀོད་འདེབས་འཛུགས་བྱས་ཡོད་པ་དང་འདེབས་འཛུགས་རྒྱ་ཁྱོན་གྱིས་སྔོན་འདེབས་སྡོ་ཚལ་རྒྱ་ཁྱོན་གྱི30%~50%ཟིན་ཡོད།

གཅིག སྐྱེ་དངོས་རིག་པའི་ཁྱད་ཆོས།

(གཅིག) རྩ་བ།

ཚོད་དཀར་ཆེ་བ་ནི་རྩ་བ་དྲང་བའི་མ་ལག་ཏུ་གཏོགས་པའི་རྩི་ཤིང་ཞིག་ཡིན། རྩ་

བ་གཙོ་བོ་ཙུང་དར་རྒྱས་ཆེ་བ་ཡིན། རྩ་བ་གཙོ་བོའི་སྟེང་དུ་སྦྲུམ་རྟེན་གྱི་རྩ་བ་རྒྱས་ཤིང་ཆེ་བ་ཞིག་གྲུབ་ཡོད། དེའི་རྩ་བ་གཙོ་བོ་ཕྲ་ཞིང་རིང་ཚད་ལ་ལི་སྨི60~80ཡོད། རྩ་བའི་སྟེང་ནས་ཡན་ལག་རྩ་བ་གཉིས་སྐྱེས་ཡོད། ལོ་མའི་དུས་སུ་རྩ་བའི་སྟེང་ནས་རིམ་པ་དང་པོའི་གཞོགས་རྩའམ་ཡན་ལག་གི་རྩ་བ་འབྱུང་ཞིང་། ལོ་མ་ངོ་མ་དང་པོ་དང་གཉིས་པ་སྐྱེས་ན་གཞོགས་རྩའམ་ཡན་ལག་གི་རྩ་བའི་རིམ་པ་གཉིས་པ་དང་གསུམ་པ་འབྱུང་བ་དང་། པད་གདན་དུས་སྐབས་སུ་གཞོགས་རྩ་རིམ་པ་བཞི་པ་དང་ལྔ་པ་འབྱུང་བ་ཡིན། རྩ་ལག་ཁྱབ་རྒྱ་ཆེ་ཞིང་གཏིང་ཟབ་ཏུ་སོང་སྟེ་ཤྲུམ་སྨྲིལ་དུས་སྐབས་སུ་སླེབ་དུས་རིམ་པ་དྲུག་པ་དང་བདུན་པའི་རྩ་བ་འབྱུང་བ་ཡིན། རྩ་ལག་གི་སྟུད་ལེན་རྒྱ་ཁྱོན་ཆེས་ཆེ་བའི་དུས་སུ་ས་ངོས་ཀྱི་འཕར་གྲངས་ཀྱང་ཆེས་མཐོ་བའི་ཚད་དུ་སླེབས་ཤིང་། རྩ་བ་གཙོ་བོ་དང་གཞོགས་ངོས་ཀྱི་རྩ་བ་ལས་སྟོད་ཕྱོགས་ཆེ་ཞིང་སྨད་ཕྱོགས་ཆུང་བའི་སླུང་དབྱིབས་ཀྱི་རྩ་བའི་མ་ལག་ཅིག་གྲུབ། ཚོད་དཀར་ཆེ་བའི་རྩ་བ་གཙོ་བོའི་ཟབ་ཚད་སྨི1ཡན་ལ་སླེབས་ཐུབ། འོན་ཀྱང་བཅུད་སྟུད་རྩ་བ་གཙོ་བོ་ནི་ས་ངོས་དང་བར་ཐག་ལི་སྨི7~30ཡིན་དུས་འཚར་སྐྱེ་ཆེས་བཟང་དུས་ཡིན་པས། འདེབས་འཛུགས་སྐབས་སུ་རྩ་བ་སྐྱུལ་སྤེལ་དང་རྩ་བ་སྟོབས་རྒྱས་སོགས་ཀྱི་བྱེད་ཐབས་སྤྱད་ན་ད་གཟོད་རྩ་ལག་ཆེན་པོར་འགྱུར་སླ་བ་ཡིན། རྩ་བའི་འཚར་སྐྱེ་ལེགས་ན་ཐོན་ཚད་མཐོ་ཞིང་དེ་ལས་ལྡོག་ན་དམའ་བའོ།།

(གཉིས) སྡོང་རྐང་།

ཚོད་དཀར་ཆེ་བའི་གཞུང་རྟ་ལ་འཚོ་བཅུད་གཞུང་རྟ་དང་མེ་ཏོག་གཞུང་རྟ་གཉིས་སུ་དབྱེ་ཡོད། འཚོ་བཅུད་གཞུང་རྟ་ལའང་སྡོང་རྐང་ཕྲ་མོ་དང་སྡོང་རྐང་ཐུང་སྐྱུམ་གཉིས་ཡོད། སྡོང་རྐང་ཕྲ་མོ་ནི་ལོ་མ་ས་ལས་བུད་རྗེས་ཀྱི་སྦྲུམ་རྟེན་གྱི་སྲོག་ཤིང་ཡིན། ས་བོན་འབུས་རྗེས། ལོ་མ་ཆ་གཅིག་བརྒྱངས་ནས་གཞུང་རྟ་ཕྲ་མོ་འབྱུང་བ་ཡིན། ཡིན་ནའང་སྡོང་རྐང་ཕྲ་མོའི་དུས་སྐབས་ཀྱི་འཚར་སྐྱེ་ཙུང་དལ་བས་ཕྱི་ཚུལ་ནས་ཕལ་ཆེར་གཞུང་རྟའི་རྣམ་པ་མཐོང་མི་ཐུབ། སྤུ་གུ་སུ་མཐུད་དུ་སྐྱེས་ཏེ་ལོ་མ་ངོ་མ8~10ཡོད་པའི་དུས་སུ། ཤྲུམ་གོར་དབྱིབས་ཀྱི་ལོ་མའི་ཚོམ་བུ་ཆུང་ངུ་ཞིག་གྲུབ་ཅིང་། སྡོང་ཕྲན་ཐུང་སྐྱུམ་དང་དབྱེ་བ་འབྱེད་

སླ་བ་ཡིན། པད་གདན་དུས་སྐབས་ཇོག་ས་རྗེས་ལོ་མ་ཕྱི་མ་ཡོངས་སུ་གྲུབ་ཅིང་། སྐབས་དེར་གཞུང་རྟའི་རྩེ་མོར་ཐྲུམ་འདབ་ཀྱི་རྩེ་སྨུག་གྲུབ་མགོ་བརྩམས་པ་དང་། ཐུང་སྐུམ་གཞུང་རྟའི་སྟེང་དུ་ལོ་འདབ་མང་པོ་བསྒྲིགས་ཡོད་ལ། ཐྲུམ་སྒྲིལ་དུས་སྐབས་སུ་སླེབས་རྗེས་སྔོམ་ཞིང་ཐུང་བའི་སྐུམ་སྡོང་མཐོང་ཐུབ། ཐུང་སྐུམ་གཞུང་རྟའི་ཚངས་ཐིག་ལ་ལི་སྨི4~8ཡོད་པ་དང་གཞུང་རྟའི་རྩེ་མོ་བདེ་སྙོམས་ཡིན། དེའི་རྣམ་པ་ནི་རིགས་མི་འདྲ་བའི་དབང་གིས་སོ་སོ་མི་འདྲ་བ་དང་། ཚིགས་རེ་རེར་རྩ་བ་དང་ལོ་མ་རེ་སྐྱེ་ཞིང་ཟུར་སྐྱེས་མྱུ་གུ་རྒྱས་མེད། འཕྲེད་བཅད་ངོས་ཀྱི་མཉེན་པགས་དང་ཤིང་རྒྱུ་ཚང་མ་ཅུང་དར་རྒྱས་ཆེ་བ་དང་། ལྷག་པར་དུ་ལྟེ་བའི་རྐང་གནས་ཀྱི་འཚར་སྐྱེ་མངོན་གསལ་ཡིན།

སྐྱེ་འཕེལ་གྱི་དུས་སྐབས་སུ། མེ་ཏོག་གི་གཞུང་རྟ་ནི་ཐུང་སྐུམ་གྱི་གཞུང་རྟ་ནས་སྐྱེ་མགོ་བརྩམས་ཏེ་རིམ་བཞིན་མེ་ཏོག་གི་གཞུང་རྟར་ཆགས་པ་ཡིན། སྤྱིར་བཏང་དུ་མཐོ་ཚད་ལི་སྨི60~100ཡིན་པ་དང་ཡན་ལག་གི་ཡལ་ག2~3འབྱུང་བ་ཡིན། རྩ་བའི་ཡལ་ག་ཅུང་རིང་བ་དང་གོང་རོལ་གྱི་ཡལ་ག་ཅུང་ཐུང་བས་སྡོང་རྐང་སྣུང་དབྱིབས་སུ་སྣང་། མེ་ཏོག་གི་གཞུང་རྟ་ལྗང་སྐྱའམ་ལྗང་ཁུ་ཡིན་པ་དང་ཕྱི་ངོས་ནས་ཚིལ་ཕྱེ་ཡོད། སྤྱིར་བཏང་གི་ཡལ་ག་གཙོ་བོ་དང་ཡལ་ག་རིམ་པ་གསུམ་པའི་སྐྱེ་ཚུལ་ནི་རྟག་ཏུ་ཡལ་གའི་རིམ་པ་དང་པོ་དང་གཉིས་པ་ལས་ཞན་པ་དང་གང་བྱུར་གྲུབ་ཚུལ་ཡང་ཉུང་བ་ཡིན།

(གསུམ) ལོ་མ།

ཚོད་དཀར་ཆེ་བའི་ལོ་མ་ནི་སྡོང་རྐང་སྟེང་དུ་སྐྱེ་གནས་དང་སྐྱེ་ལུགས་ཀྱི་བྱེད་ལས་མི་འདྲ་བས་རྣམ་པ་འདྲ་མིན་སྣ་ཚོགས་མངོན་པ་ཡིན།

1. སྐྱེ་རྟེན་ལོ་མ།

གཉིས་ཡོད་ཅིང་ཆ་སྐྱེས་ཡིན་པ་དང་ཆེ་ཆུང་མི་འདྲ་ཞིང་། མཁལ་མའི་དབྱིབས་སམ་སྙིང་གི་ལྡོག་དབྱིབས་སུ་གྲུབ། ལོ་མའི་ངོས་ཅུང་འཇམ་པ་དང་ལོ་མའི་ཕྱུ་བ་མངོན་གསལ་ཡིན། སྤྱིར་བཏང་དུ་ས་བོན་འདེབས་བྱས་ཏེ་ཉིན8~10འགོར་རྗེས་ལོ་མའི་རྒྱ་ཁྱོན་ཆེས་ཆེ་བའི་ཚད་དུ་སླེབས་ཐུབ། མྱུ་གུའི་དུས་སྐབས་མཇུག་ཇོག་ས་ལ་ཉེ་དུས་སྐྱེ་ལུགས་ཉམས་

རྒྱུད་དུ་འགྲོ་བཞིན་ཡོད་ཅིང་རིམ་བཞིན་སར་ལྷུང་བ་དང་། སྨུ་གུའི་སྐྱེ་སྟོབས་ཇི་ལྟར་རྒྱས་ན་སར་ལྷུང་བའི་དུས་ཚོད་དེ་ལྟར་འཕྱིས་པ་ཡིན། སྐྱེ་རྟེན་ལོ་མ་རྒྱས་མིན་གྱིས་འཚར་སྐྱེ་དང་ཐོན་ཚད་ལ་ཤུགས་རྐྱེན་ངེས་ཅན་ཐེབས་པར་བྱེད།

2. ཐོག་མའི་ལོ་མ།

འདི་ལ་རྩང་སྐྱེས་ལོ་མ་འདང་ཟེར། གཉིས་ཡོད་ཅིང་དང་འཛོང་དབྱིབས་རིང་པོ་ཡིན་ལ། སྒྲོ་དབྱིབས་སམ་དྲ་དབྱིབས་དང་འདྲ་བའི་སྟོང་རྐང་ཡོད། ལ་ལའི་ཕྱི་ངོས་སུ་སྤུ་ཡོད་པ་དང་ལ་ལར་སྤུ་མེད། ལོ་མའི་མཐའ་ངོས་སུ་སོག་ཁའི་དབྱིབས་ཀྱི་ལོ་མའི་ཡུ་བ་མངོན་གསལ་ཡོད་པ་དང་། ལོ་མའི་མཐའ་གཤོག་མེད་ཅིང་རྟེང་གི་ལོ་མ་མེད། གཞུང་རྟའི་རྩ་བའི་སྐྱེ་རྟེན་ལོ་མའི་ཚིགས་ཀྱི་ཡན་དུ་སྐྱེས་པ་དང་། སྐྱེ་རྟེན་ལོ་མ་དང་བསྟོལ་ནས་དྲང་འཕྲེང་དུ་གནས་སོ།།

3. པད་གདན་ལོ་མ།

འདི་ལ་བར་སྐྱེས་ལོ་མ་འདང་ཟེར། ཐོག་མར་སྐྱེས་པའི་ལོ་མ་ནས་ཉུམ་གཟུགས་ལོ་མ་བྱུང་བའི་བར་གྱི་ལོ་མ་ལ་པད་གདན་ལོ་མ་ཟེར་ཞིང་། ལོ་མར་ཉུམ་གཟུགས་ཆགས་དུས་ཀྱི་མཐུན་སྦྱུར་དབང་པོ་གཙོ་བོ་ཡིན། སྟོང་རྐང་ཐུང་བའི་དཀྱིལ་གཞུང་དུ་སྐྱེས་པ་དང་། ལོ་མ་རྒྱགས་ཆེ་ཞིང་ལྷང་ནག་ཡིན། ལོ་མའི་དབྱིབས་ནི་སྒོར་དབྱིབས་ལྟོག་གཟུགས་ཡིན། ལོ་མའི་ཡུ་བ་མངོན་གསལ་མིན་པ་དང་ལོ་མའི་གཤོག་པ་མངོན་གསལ་ཡིན། མཐའ་ངོས་སོག་ཁའི་དབྱིབས་ཡིན་པ་དང་། སྒྲོ་དབྱིབས་སམ་དྲ་དབྱིབས་ཀྱི་རྩ་རྒྱུས་རྒྱས་པ་ཡིན། ཕྱིར་བཏང་དུ18~24ཡོད་དེ་ཚོད་དཀར་ཆེ་བའི་འཚར་སྐྱེ་དང་ཉུམ་སྤྲིལ་ལ་འཚོ་བཅུད་མང་པོ་བཟོ་བར་མ་ཟད། ལོ་མ་ཉུམ་པོར་སྒྱུར་སྐྱོབ་བྱེད་པའི་ནུས་པ་ཐོན་པ་ཡིན། པད་གདན་ལོ་མའི་འཚར་སྐྱེ་ལེགས་མིན་གྱིས་ལོ་མའི་ཉུམ་པོར་གྱི་ཆེ་ཆུང་དང་འཚོ་བཅུད་ཀྱི་སྦྱུས་ཚད་ལ་ནུས་པ་མི་དམན་པ་ཐོན་ཐུབ་བོ།།

4. ཉུམ་གཟུགས་ལོ་མ།

འདི་ལ་རྩེ་སྐྱེས་ལོ་མ་འདང་ཟེར། སྟོང་རྐང་ཐུང་སྐུམ་གྱི་རྩེ་ནས་སྐྱེས་པ་དང་། སྟོན་

ལ་སྐྱེས་པའི་ཟླུམ་གོར་ཕྱིའི་ཟོ་མས་ཉེ་འོད་ཁག་གཅིག་མཐོང་ཐུབ་པ་དང་། ཟོ་མའི་ཁ་དོག་ལྗང་མདོག་ནས་ལྗང་སྐྱ་མདོན་པ་ཡིན། ནང་ངོས་ཀྱི་ཟོ་མས་ཉེ་འོད་མཐོང་མི་ཐུབ་པ་དང་། ཟོ་མ་དཀར་པོ་དང་སེར་སྐྱའི་མདོག་མདོན། ཟོ་མ་ཆེ་ཞིང་མཉེན་ལ་ཡུ་བ་མཐུག་པ་དང་། ཟོ་འདབ་ཀྱི་སྟེང་ནས་ནང་ལ་གུག་སྟེ་ལྟེབ་འཁྱུད་བྱེད། ཟླུམ་དབྱིབས་ཟོ་མའི་ཁ་གྲངས་ནི་རིགས་དང་བསྟུན་ནས་མི་འདྲ་བ་ཡིན། སྤྱིར་བཏང་དུ་ཟོ་མ40~80ཡོད་པ་དང་། ཟོ་མའི་དབྱིབས་གཟུགས་ཙུང་མང་བ་ཡིན། ཟླུམ་དབྱིབས་ཟོ་མ་ནི་ཚོད་དཀར་ཆེ་བའི་འཚོ་བཅུད་གསོག་འཇོག་བྱེད་པའི་དབང་པོ་ཡིན་ཞིང་། སྐྱེ་འཕེལ་གྱི་གནས་ལ་སྲུང་སྐྱོབ་བྱེད་པའི་ནུས་པ་ཐོན་ཐུབ།

5. སྟོང་གཞུང་ཟོ་མ།

ཚོད་དཀར་ཆེ་བ་སྐྱེ་འཕེལ་དུས་སྐབས་སུ་སླེབས་པ་ན། ཡུ་རྐང་ཐོན་པ་དང་བསྟུན་ནས་ཟོ་མ་སྐྱེས་པ་དང་། དེ་ནི་མེ་ཏོག་སྟོང་པོ་དང་མེ་ཏོག་ཡལ་གའི་སྟེང་ནས་སྐྱེས། ཟོ་མའི་མཁྲིག་མའི་བར་དུ་ཡལ་ག་འབྱུང་ཞིང་། ཟོ་མ་ཙུང་ཆུང་བ་དང་ཡུ་བ་མེད། ཟོ་མའི་རྩ་བ་ཐད་ཀར་སྟོང་རྐང་ལ་འཁྱུད་ནས་ཕན་ཚུན་སྐྱེས་པ་དང་། ཟོ་མའི་ཕྱི་ངོས་ཙུང་འཇམ་ཞིང་ངོས་སྐྱམས་ལ་ཕྲ་ཚིལ་ཕྲེ་རྫས་ཡོད་པ་དང་། ཟོ་མའི་མཐའ་ངོས་ནས་སོག་ལེ་ཁ་ཉུང་།

(བཞི) མེ་ཏོག

ཚོད་དཀར་ཆེ་བའི་སྐྱེ་འཕེལ་དུས་སུ། ཡལ་ག་གཙོ་བོ་དང་ཡལ་གའི་ཟུར་ངོས་ནས་མེ་ཏོག་གི་སྦུ་གུ་འབུས་པར་མ་ཟད། སྦུ་མཐུད་དུ་སྐྱེ་འཚར་བྱུང་བ་དང་བསྟུན་ནས་མེ་ཏོག་བཞད་པ་ཡིན། ཚོད་དཀར་ཆེ་བའི་མེ་ཏོག་ནི་མེ་ཏོག་གི་ཡལ་ག་དང་མེ་ཏོག་གི་སྐོར་མ། མེ་ཏོག་གི་འདབ་མ། ཟེའུ་འབྲུ་ཕོ་སྐོར། ཟེའུ་འབྲུ་མོ་སྐོར་བཅས་ཀྱིས་གྲུབ་པ་ཡིན། མེ་ཏོག་གི་ཡལ་ག་ནི་མེ་ཏོག་དང་མེ་ཏོག་གི་གཞུང་རྩ་ཕན་ཚུན་འབྲེལ་བའི་དཀྱིལ་གཞུང་དུ་ཡོད། མེ་ཏོག་གི་ཡལ་གའི་སྟེང་དུ་རིམ་གྱིས་རྒྱས་ཤིང་། དེའི་སྟེང་དུ་མེ་ཏོག་གི་འདབ་མ་དང་ཟེ་མགོ ཟེའུ་འབྲུ་ཕོ་དང་ཟེའུ་འབྲུ་མོ་བཅས་སྐྱེས་པ་ཡིན། འདབ་མ་ནི་མེ་ཏོག་གི་ཆེས་ཕྱི་རུ་བཏུམ་པའི་ཟོ་མའི་དབྱིབས་ཡིན། མདོག་ལྗང་གུ་ཡིན་པ་དང་རྒྱའི་ཡི་གེ

"+"དབྱིབས་ཀྱི་མེ་ཏོག་ཐོད་རྒྱན་ཡིན། མེ་ཏོག་གི་འདབ་མའི་སྟེང་དུ་སྦྲང་རྩིའི་གཞིར་རྟེན་ཡོད། ཟེའུ་འབྲུ་ཕོ6ཡོད་ཅིང་དེའི་ཁྲོད་དུ4ཙུང་རིང་བ་དང2ཙུང་ཐུང་བ་ཡིན། མེ་ཏོག་དང་སྙན་གཉིས་ཡོད་དེ། མེ་ཏོག་སྨིན་པའི་དུས་སུ་མེ་ཏོག་གི་ཟེའུ་འབྲུ་འཕོར་བ་དང་། མེ་ཏོག་གི་ཟེའུ་འབྲུ་ནི་གཙོ་བོ་འབུ་སྲིན་ལ་བརྟེན་ནས་མཆེད་པ་དང་རླུང་ཤུགས་ལ་བརྟེན་ནས་མཆེད་པ་ཡིན། ཟེའུ་འབྲུ་མོ་གཅིག་ཡོད་ཅིང་སྟེང་གནས2ཡོད་པ་དང་སྐྱི་མོ་རྫུན་མ་ཡོད། སྡོང་རྐང་ནི་མགོ་དབྱིབས་ཡིན། མེ་ཏོག་གི་བང་རིམ་ཚད་མེད་ཀྱི་མེ་ཏོག་གི་བང་རིམ་ཡིན་པ་དང་། རྩེ་མོ་ནས་སྐྱེས་པ་དང་ཡང་ན་སྡོང་རྐང་གི་མཆན་པར་ནས་སྐྱེས་པ་ཡིན། མེ་ཏོག་འདི་རིགས་ཀྱི་རྩེ་མོ་ཚད་མེད་དུ་སྐྱེ་ཐུབ་པ་ཡིན། མེ་ཏོག་རེ་རེའི་འོག་ཏུ་ལོ་མ་གཅིག་སྐྱེས་ཡོད། མེ་ཏོག་བཞད་པའི་གོ་རིམ་ནི་རྩ་བ་ནས་རིམ་བཞིན་རྩེ་མོའི་བར་བཞད་པར་བྱེད། སྡོང་རྐང་གཅིག་ལ་སྤྱིར་བཏང་དུ་མེ་ཏོག1000~2000ཡོད། མེ་ཏོག་བཞད་ཡུན་ཉིན20~30ཡིན་པ་དང་། ཡལ་ག་གཙོ་བོའི་སྟེང་གི་མེ་ཏོག་སྔོན་ལ་བཞད་ཅིང་། དེ་ནས་རིམ་པ་དང་པོའི་ཡལ་ག་དང་རིམ་པ་གཉིས་པའི་ཡལ་གའི་གོ་རིམ་ལྟར་བཞད་པ་ཡིན་ནོ།།

(ལྔ) ཤིང་འབྲས།

ཟེའུ་འབྲུ་ཕོ་མོ་སྦེལ་སྦྱོར་དང་ཟེའུ་འབྲུ་བླངས་རྗེས་སྨུམ་རྡོག་རིམ་གྱིས་སྨིན་པ་དང་། འབྲས་བུ་ནི་འབྲས་ཤུན་དང་ས་བོན་གྱིས་གྲུབ་པ་ཡིན། འབྲས་ཤུན་ལ་ཕྱི་ཤུན་དང་ནང་འབྲས། སིལ་ཤུན་བཅས་ཡོད། ཤིང་འབྲས་ནི་འཇོང་མོའི་གཟུགས་སུ་གྲུབ་ཅིང་ཕྲ་ཞིང་རིང་བ་ཟླུམ་གོར་གྱི་དབྱིབས་ཡིན། རིང་ཚད་ལི་སྨི3~6ཡོད་པ་དང་། མེ་ཏོག་གི་རིམ་པ་གཅིག་ལ་གང་བུ50~60ཡོད། ཟེའུ་འབྲུ་ཕོ་མོ་སྦེལ་སྦྱོར་བྱས་པ་ནས་ས་བོན་སྨིན་པའི་བར་དུ་ཉིན30~40དགོས་པ་དང་། དུས་ལས་གཡོལ་ན་འབྲས་བུ་གས་སླ། འབྲས་བུ་ཞིག་གི་ནང་དུ་ས་བོན་རྡོག་བུ30ཡས་མས་ཡོད།

(དྲུག) ས་བོན།

ཟླུམ་གཟུགས་དང་ཕྲ་ལེབ། དམར་མདོག་ནས་ཁམ་མདོག ཡང་ན་སེར་པོ་ཡིན།

སྦྲུམ་ཞོ་མེད། ཚངས་ཐིག་ལ་ཧྲའོ་སྨི1.3~1.5ཡོད་པ་དང་། འབྲུ་སྡོང་གི་ལྡིད་ཚད་ཁྲི2.5~4ཡོད། སོན་ཤུན་ནང་དུ་སྨིན་ཟིན་པའི་སྦྲུམ་རྗེན་ཡོད་པ་དང་། དེའི་ནང་དུའང་སྐྱེ་རྗེན་ལོ་མ་དང་སྦྲུམ་སྦྱུག སྦྲུམ་རྗེན་བཅས་ཡོད། སྨྱུ་གུ་ནི་ལོ་མའི་ནང་དུ་དམ་པོར་བཏུམས་ཡོད་པ་དང་། དེ་ལ་ཤུན་པགས་དང་ལོ་མ་ཉིས་བརྩེགས་ཀྱིས་སྲུང་སྐྱོབ་བྱས་ཡོད། ས་བོན་གྱི་སྤྱོད་ཡུན་སྤྱིར་བཏང་དུ་ལོ5~6རྒྱུན་འཁྱོངས་བྱེད་ཐུབ། འོན་ཀྱང་འཇོག་ཡུན་རིང་བ་དང་སྨྱུ་གུ་འབུས་ཚད་དམའ་བས། ཐོན་སྐྱེད་བྱེད་དུས་ལོ1~2བར་གྱི་ས་བོན་གསར་བ་བེད་སྤྱོད་གཏོང་དགོས།

གཉིས། ཁོར་ཡུག་གི་ཆ་རྐྱེན་ཐད་ཀྱི་བླང་བྱ།

(གཅིག) དྲོད་ཚད།

ཚོད་དཀར་ཆེ་བ་ནི་གྲང་དར་ཆེན་པོ་བཟོད་ཐུབ་པའི་སྔོ་ཚལ་གྱི་ཁོངས་སུ་གཏོགས། སྐྱེ་འཚར་དུས་སྐབས་ཀྱི་འཕྲོད་འཚམ་དྲོད་ཚད་ནི12~20℃ཡིན་པ་དང་། དྲོད་ཚད30℃ལས་མཐོ་ན་འཕྲོད་ཐབས་མེད་ཅིང་། 10℃མན་ཡིན་ན་སྐྱེ་འཚར་དལ་བ་དང་། 5℃མན་ཡིན་ན་སྐྱེ་འཚར་མཚམས་འཇོག་པ་ཡིན། དུས་ཡུན་ཐུང་ངུར་དྲོད་ཚད−2~0℃གྲང་འཁྱག་ཐེབས་ན་སླར་གསོ་བྱེད་ཐུབ། −5~2℃མན་ཆད་ཡིན་ན་འཁྱགས་སྐྱོན་ཐེབས་སླ་བ་དང་། སད་ཆུང་ངུ་བཟོད་ཐུབ་ཀྱང་སད་ཆེན་པོ་བཟོད་མི་ཐུབ།

ཚོད་དཀར་ཆེ་བའི་སྐྱེ་ཡུན་མི་འདྲ་བའི་དབང་གིས་དྲོད་ཚད་ཀྱི་བླང་བྱ་ལ་ཁྱད་པར་ངེས་ཅན་ཞིག་ཡོད། སྨྱུ་གུ་འབུས་པའི་དུས་སུ་དྲོད་ཚད་ཅུང་མཐོ་བའི་བླང་བྱ་བཏོན་ཡོད་དེ། དྲོད་ཚད20~25℃ཁོར་ཡུག་འོག་ཏུ་སྨྱུ་གུ་འབུས་ན་མགྱོགས་པ་དང་ས་ཁར་འབུད་ཡུན་ཡང་མགྱོགས། དྲོད་ཚད8~10℃སྐབས་སུ་སྨྱུ་གུ་འབུས་ཤུགས་ཧ་ཅང་ཞན། 40℃ལས་མཐོ་ན་སྨྱུ་གུ་འབུས་ཚད་མངོན་གསལ་གྱིས་མར་ཆག་པར་མ་ཟད་སྐྱེ་སྟོབས་ཞན་པ་ཡིན། ལྗང་སྨྱུག་དུས་ཀྱི་འཕྲོད་འཚམ་དྲོད་ཚད་ནི22~25℃ཡིན་ལ། དྲོད་ཚད26~28℃ཡིན་ནའང་འཕྲོད་པ་ཡིན། དེས་ད་དུང་དྲོད་ཚད་དམའ་མོའང་བཟོད་བསྲན་བྱེད་ཐུབ། འོན་ཀྱང་ངེས་པར་དུ15℃ཡན་ཡིན་པའི་དུས་སུ་ད་གཟོད་སྨྱུ་གུའི་དུས་སྐབས་དཔྱིད་འགྱུར་གྱི་དུས་རིམ་

བརྒྱུད་པར་སྔོན་འགོག་བྱེད་ཐུབ། པད་གདན་དུས་སྐབས་སུ་དྲོད་ཚད17~22℃ཡིན་ན་ལོ་མའི་སྐྱེ་འཚར་མགྱོགས་པ་དང་། དྲོད་ཚད་མཐོ་དྲགས་ན་པད་གདན་འདབ་མར་ནད་སྐྱོན་འབྱུང་སྲིད། དྲོད་ཚད་དམའ་དྲགས་ན་སྐྱེ་འཚར་དལ་བ་དང་། ཉུམ་སྒྲིལ་དུས་སྐབས་ཕྱིར་འགྱངས་བྱེད་པ་ཡིན། ཉུམ་སྒྲིལ་དུས་ཀྱི་དྲོད་ཚད་ལ་ བླང་བྱ་ནན་མོ་འདོན་དགོས་ཤིང་། འཕྲོད་འཚམ་དྲོད་ཚད12~22℃ཡིན་པ་དང་། ཉིན་མོའི་དྲོད་ཚད16~25℃ཡིན་ན་འོད་སྦྱོར་ནུས་པར་ཕན་པ་ཡོད། མཚན་མོའི་དྲོད་ཚད5~15℃ཡིན་ན་འཚོ་བཅུད་གསོག་འཇོག་ལ་ཕན་པ་ཡོད། དུས་མཚུངས་སུ་གྲེས་ཐོར་བྱུང་བའི་མེ་ཏོག་གི་སྐྱེ་འཚར་ཚོད་འཛིན་བྱས་ནས། དེ་ཉིད་བག་ལ་ཉལ་བ་ཡིན། མཚན་མོའི་དྲོད་ཚད−2~1℃ཡིན་ན་དུས་ཐོག་ཏུ་བཟ་བསྲུ་བྱེད་དགོས། དགུན་ཉལ་སྐབས་སུ་དྲོད་ཚད0~2℃ཡིན་དགོས། 0℃ལས་དམའ་ན་འཁྱགས་སྐྱོན་འབྱུང་སྲིད། 5℃ལས་མཐོ་ན་འཚོ་བཅུད་ཟད་གྲོན་ཇེ་མང་དུ་འགྲོ་བར་མ་ཟད་རྩལ་སྐྱོན་འབྱུང་སྲིད། ཡུ་རྐང་འཕེན་པའི་དུས་སྐབས་ཀྱི་དྲོད་ཚད12~18℃ཡིན་ན་འོས་འཚམ་ཡིན་ལ། ཡུ་རྐང་རིང་ཞིང་རྩ་བ་སྐྱེས་པ་དལ་བས་སྐྱེ་འཚར་དོ་མཉམ་མིན་པའི་གནས་ཚུལ་སྔོན་འགོག་བྱེད་ཐུབ། མེ་ཏོག་བཞད་དུས་དང་གང་བུ་མདུད་དུས་ཟླ་རེར་ཆ་སྙོམས་དྲོད་ཚད17~22℃ཡིན་དགོས། དྲོད་ཚད15℃ལས་དམའ་ན་མེ་ཏོག་ལ་སྐྱོན་འབྱུང་བ་དང་། 25~30℃ཡིན་ན་སྔོང་རྐང་མྱུར་དུ་སྐམ་པ་དང་ས་བོན་སྨིན་མི་ཐུབ། དྲོད་ཚད་མཐོན་པོའི་ཁོར་ཡུག་ནང་དུ་གྲུབ་པའི་མེ་ཏོག་གི་ཐེའུ་ཡ་མ་གཟུགས་སུ་འགྱུར་སྲ་བ་དང་འབྲས་བུ་སྨིན་མི་ཐུབ།

ཚོད་དཀར་ཆེ་བ་སྐྱེ་བའི་དུས་སུ་ད་དུང་དྲོད་ཚད་ངེས་ཅན་ཞིག་དགོས། དྲོད་གསོག་ནི་ཚོད་དཀར་ཆེ་བའི་རིགས་དང་སྨིན་ཚད། དེ་བཞིན་ཐོག་མའི་ཐོན་ཡུལ་གྱི་ཆ་རྐྱེན་བཅས་དང་འབྲེལ་བ་དམ་པོ་ཡོད། ཕྱིར་བཏང་དུ་སྔ་སྨིན་རིགས་ནི1200~1400℃ཡིན། བར་སྨིན་གྱི་རིགས་ནི1500~1700℃དང་། སྨིན་འཕྱི་བའི་རིགས་ནི1800~2000℃ཡིན། དྲོད་ཚད་ཀྱི་ཆ་རྐྱེན་ལ་བལྟས་ན། ཟླ་རེའི་ཆ་སྙོམས་དྲོད་ཚད(16±1)℃ཡིན་པའི་དུས་ཚིགས་སུ་ཚོད་དཀར་ཆེ་བ་འདེབས་འཛུགས་བྱས་ཆོག ཉིན་བཅུའི་ཆ་སྙོམས་དྲོད་

ཚད7℃ཡན་དང25℃མན་ཡིན་ཞིང་། སྐྱེ་འཚར་དུས་ཚིགས་ཉིན70~80ཡན་གྱི་ས་ཁུལ་གང་ནས་ཀྱང་ཚོད་དཀར་ཆེ་བ་འདེབས་འཛུགས་བྱས་ཆོག

(གཉིས) བརླན་གཞེར།

ཚོད་དཀར་ཆེ་བའི་ས་སྟེང་གི་ཆུའི་འདུས་ཚད90%~96%ཡིན་པ་དང་། རྩ་བའི་ཆུའི་འདུས་ཚད80%ཡིན། ཚོད་དཀར་ཆེ་བའི་ལོ་འདབ་ཀྱི་རྒྱ་ཁྱོན་ཆེ་ཞིང་། ལོ་མའི་ངོས་སུ་རྫས་སྲབ་པས་རླངས་པ་འཕྱུར་ཚད་ཧ་ཅང་ཆེ། ཚོད་དཀར་ཆེ་བའི་རླངས་འགྱུར་ནུས་པ་ནི་སྐྱེ་འཚར་གྱི་འཕེལ་རིམ་དང་བསྟུན་ནས་རིམ་བཞིན་ཇེ་ཆེར་འགྲོ་བ་དང་། ཆུ་མགོ་ཚད་ཀྱང་རིམ་བཞིན་ཇེ་མང་དུ་འགྲོ་བའི་རྣམ་པ་མངོན་བཞིན་ཡོད། མྱུ་གུ་འབྱུས་དུས་དང་མྱུ་གུ་འཚར་སྐྱེ་དུས་ཀྱི་རླངས་འགྱུར་ནུས་པ་མི་ཆེ་ལ། རྩ་བའི་ཁྱུ་ཚོགས་ཀྱང་དར་རྒྱས་མེད་པ་དང་ཆུ་འཛིན་པའི་ནུས་པ་ཧ་ཅང་ཞན། འོན་ཀྱང་གཏིང་ཐུང་ས་རིམ་གྱི་དྲོད་ཚད་ཀྱི་འགྱུར་ལྡོག་ཛ་དྲག་ཡིན་པས་ས་ངོས་རླངས་པར་འགྱུར་ཚད་ཆེ་བ་དང་། དེའི་རྐྱེན་གྱིས་ས་རྒྱུའི་ལྡོས་བཅས་ཀྱི་རླན་ཚད85%~95%ཟིན་ན། ད་གཟོད་མྱུ་གུ་སྙམ་པོ་འབྱུང་བར་སྔོན་འགོག་བྱས་ཏེ། མྱུ་གུ་རྒྱུན་ལྡན་དང་འཚར་ལོངས་འབྱུང་བར་སྐུལ་འདེད་བྱེད་ཐུབ། པད་གདན་དུས་སྐབས་སུ་པད་གདན་ལོ་མའི་རྒྱ་ཁྱོན་མགྱོགས་མྱུར་ངང་ཇེ་ཆེར་སོང་བ་དང་བསྟུན་ནས། རླངས་འགྱུར་ནུས་པའང་དེ་དང་བསྟུན་ནས་ཇེ་མཐོར་འགྲོ་བ་དང་། ཆུ་མགོ་ཚད་ཀྱང་ཆེས་ཆེར་འཕར་བ་ཡིན། སྐབས་འདིར་ས་རྒྱུའི་ལྡོས་བཅས་ཀྱི་རླན་ཚད75%~85%ཡིན་དགོས་པ་དང་། ཚོད་དཀར་ཆེ་བའི་ས་ངོས་དང་ས་འོག་གི་འགལ་བ་ལེགས་སྒྲིག་བྱེད་དགོས། ཟླུམ་སྒྲིལ་དུས་སྐབས་ནི་ཚོད་དཀར་ལ་ཆུ་མགོ་ཚད་ཆེས་མང་བའི་དུས་སྐབས་ཡིན་པས། ངེས་པར་དུ་ས་རྒྱུ་ལ་ཆུ་འདང་ངེས་ཤིག་ཡོད་པར་ཁག་ཐེག་བྱེད་དགོས། སྐབས་དེར་ས་རྒྱུའི་རླན་ཚད85%~94%ཡིན་དགོས། ཟླུམ་གཟུགས་གྲུབ་པའི་དུས་མཇུག་ཏུ་ཆུ་གཏོང་བར་ཚོད་འཛིན་བྱས་ཏེ། ལོ་མ་སྔ་མོ་ནས་རྙིད་པ་དང་ལོ་མའི་ཟླུམ་གཟུགས་ཀྱི་གསོག་འཇོག་རང་བཞིན་ཞན་པ་དང་ནད་སྐྱོན་འབྱུང་བར་སྔོན་འགོག་བྱེད་དགོས།

(གསུམ) འོད་འཕྲོ།

1. ཉི་འོད་འཕྲོ་ཚད།

ཚོད་དཀར་ཆེ་བ་ནི་ཉི་འོད་འཕྲོ་ཚད་འབྲིང་རིམ་གྱི་སྔོ་ཚོད་ལོ་ཏོག་གི་ཁོངས་སུ་གཏོགས། ས་བོན་ནི་མུན་ནག་དང་འོད་འཕྲོའི་ཁོར་ཡུག་གང་ཡིན་ཡང་སྨྱུ་གུ་རྒྱུན་ལྡན་ལྟར་འབུས་ཐུབ། ཉི་འོད་འཕྲོ་ཚད་ཀྱིས་ལོ་མའི་འཚར་སྐྱེ་ལ་ཤུགས་རྐྱེན་ཆེན་པོ་ཐེབས་བཞིན་ཡོད་ཅིང་། འོད་ཐོག་ཚད་འདང་ངེས་ཡོད་པའི་སྐབས་སུ། ལོ་འདབ་ཀྱི་ཞེང་ཚད་ཆེ་ཞིང་ལོ་མའི་རྒྱ་ཁྱོན་ཅུང་ཆེ་བ་དང་། འོད་ཞན་པའི་ཁོར་ཡུག་ནང་དུ་ལོ་མའི་འཚར་སྐྱེ་ལ་བཀག་འགོག་ཐེབས་པ་དང་ལོ་འདབ་ཇེ་ཆུང་དུ་འགྲོ་བ་ཡིན། པད་གདན་དུས་སྐབས་དང་ཀླུམ་སྒྲིལ་དུས་སྐབས་སུ་འོད་འཕྲོ་ཚད་ཆེ་བ་དང་། ཆུ་དང་འཚོ་བཅུད་འདང་ངེས་མཁོ་སྤྲོད་བྱས་ན། ད་གཟོད་ལོ་མའི་ཀླུམ་སྒྲིལ་འཚར་སྐྱེ་ཡོང་བར་སྐུལ་འདེད་བྱེད་ཐུབ།

2. འོད་འཕྲོའི་དུས་ཚོད།

ཚོད་དཀར་ཆེ་བའི་འཚར་སྐྱེ་ནི་འོད་འཕྲོའི་དུས་ཚོད་དང་འབྲེལ་བ་དམ་ཟབ་ཡོད་པས་ཐོན་ཚད་ལ་ཤུགས་རྐྱེན་ཆེན་པོ་ཐེབས་བཞིན་ཡོད། ཚོད་དཀར་ཆེ་བར་འཚོ་བཅུད་རྒྱས་པའི་དུས་སུ། ཆ་སྙོམས་ཉིན་རེར་ཉི་འོད་ཐོག་ཚད་ཆུ་ཚོད7~8ལས་མི་ཉུང་བ་ཡིན་ན་སྐྱེ་འཚར་ཡག་པོ་འབྱུང་ཐུབ། སྤྱིར་བཏང་དུ་སྔ་སྨིན་གྱི་རིགས་ཡིན་ན་སྐྱེ་འཚར་དུས་ཡུན་ཆུ་ཚོད500~600དགོས། བར་སྨིན་སོན་རིགས་ནི་ཆུ་ཚོད650~700ལས་ཉུང་མི་རུང་བ་དང་། ཕྱི་སྨིན་སོན་རིགས་ནི་ཆུ་ཚོད800ཡན་ཡིན་ན་ད་གཟོད་རྒྱུན་ལྡན་ལྟར་འཚར་ལོངས་འབྱུང་ཐུབ། ལྷག་པར་དུ་པད་གདན་དུས་སྐབས་སུ་ཉི་འོད་འཕྲོ་ཡུན་ཅུང་རིང་དགོས་ཤིང་། གལ་ཏེ་ཉིན་རེའི་ཉི་འོད་ཐོག་ཚད་ཆུ་ཚོད8མ་ཟིན་ན་པད་གདན་ལོ་མའི་སྐྱེ་སྟོབས་རྒྱས་པར་ཤུགས་རྐྱེན་ཐེབས་པ་ཡིན། ཚོད་དཀར་ཆེ་བ་ནི་ཉི་འོད་རིང་འཕྲོའི་རྩི་ཤིང་ལ་གཏོགས་ཤིང་། ཉི་འོད་ཀྱི་ཆ་རྐྱེན་ཅུང་རིང་བའི་སྐབས་སུ་འོད་འཕྲོའི་དུས་རིམ་བརྒྱུད་དེ་ཡུ་རྐང་འཐེན་པ་དང་། མེ་ཏོག་བཞད་པ། འབྲས་བུ་སྨིན་པ་བཅས་ཡིན། ཉི་འོད་རིང་འཕྲོས་མེ་ཏོག་གི་སྨྱུ་གུ་ཁ་གྱེས་པ་དང་ཡུ་རྐང་འཐེན་པ། མེ་ཏོག་བཞད་པ། འབྲས

བུ་སྨིན་པ་སོགས་ལ་སྐྱལ་འདེད་ཀྱི་ནུས་པ་ཐོན་བཞིན་ཡོད།

3. འོད་ནུས་བཀོལ་སྤྱོད།

ཚོད་དཀར་ཆེ་བ་ནི་འོད་ནུས་བཀོལ་སྤྱོད་བྱེད་ཚད་ཅུང་མཐོ་ཤོས་ཀྱི་སྔོ་ཚལ་གྲས་ཤིག་ཡིན་པ་དང་ཆེས་མཐོ་དུས2.42%ཟིན་ཡོད། དུས་མགོར་ལོ་མའི་རྒྱ་ཁྱོན་མྱུར་དུ་ཇེ་ཆེར་བཏང་སྟེ་འོད་འདྲེས་ཤུགས་ཇེ་ཆེར་གཏོང་བ་དང་དུས་མཇུག་ཏུ་མཐུན་འགྱུར་གྱི་ཚད་ཇེ་དམའ་རུ་འགྲོ་བར་བཀག་འགོག་ནུས་ལྡན་བྱེད་པ་ནི་ཚོད་དཀར་ཆེ་བའི་འོད་ནུས་བཀོལ་སྤྱོད་བྱེད་ཚད་ཇེ་མཐོར་གཏོང་བའི་གནད་འགག་ཡིན། ཚོད་དཀར་ཆེ་བའི་འོད་སྦྱོར་ནུས་པར་དྲོད་ཚད་དང་ཆུ། འཚོ་བཅུད་བཅས་ཀྱིས་ཤུགས་རྐྱེན་ཐེབས་པ་དང་། ལྷག་པར་དུ་དྲོད་ཚད་ཀྱི་ཤུགས་རྐྱེན་ནི་ཆེས་ཆེ་བ་ཡིན། ཚོད་དཀར་ཆེ་བའི་རིགས་མི་འདྲ་བའི་དབང་གིས་སོ་སོའི་ཉེ་འོད་འཁྲོ་ཚད་ལའང་ཁྱད་པར་ཆེན་པོ་ཡོད་དེ། འདི་ནི་རིགས་མི་འདྲ་བའི་ལོ་མའི་ལྟེང་རྒྱུ་འདུས་ཚད་དང་འབྲེལ་བ་ཡོད། ལྟེང་ནག་གི་རིགས་ནི་དྲོད་ཚད་དམའ་བ་དང་འོད་ཞན་པའི་ཁོར་ཡུག་ལ་འཕྲོད་ཐུབ་པ་དང་། ལྟེང་མདོག་གི་རིགས་ནི་དྲོད་ཚད་མཐོ་ཞིང་འོད་ཆེ་བའི་ཁོར་ཡུག་ལ་འཕྲོད་ཐུབ་བོ། །

(བཞི) ས་རྒྱུ།

ཚོད་དཀར་ཆེ་བ་ནི་ས་རྒྱུའི་དངོས་ཁམས་རིག་པ་དང་རྫས་འགྱུར་རིག་པར་བླང་བྱ་ཅུང་མཐོ་སྟེ། ས་འོག་གི་ཆུའི་ཟབ་ཚད་འོས་འཚམ་ཡིན་དགོས་པ་དང་། རྩ་ཞིང་གི་ས་རིམ་ཅུང་མཐུག་དགོས། ས་རྒྱུ་གཤིན་པོ་དང་སོབ་སོབ། ཆུ་དང་ལུད་སྲུང་ཐུབ་པ་བཅས་ཡིན་དགོས། ཚོད་དཀར་ཆེ་བ་འདེབས་འཛུགས་བྱེད་པར་ཆེས་ལེགས་པའི་ས་རྒྱུ་ནི་འོག་རིམ་ལ་འབྱར་བག་ཅན་གྱི་ས་རྒྱུ་ཡོད་པ་དེ་ཡིན། མཐུག་ཚད་ལི་སྨི50ཡོད་པའི་ས་རྒྱུ་གཤིན་པོ་དང་དངོས་ལུགས་ཀྱི་ངོ་བོ་དང་གཟུགས་དབྱིབས་ལེགས་པའི་ས་རྒྱུ་ཡང་མོ་ཡིན་དགོས་ཤིང་། བྱེ་མའི་འབྱར་ཚད་ནི2:3ཡིན་པ་དང་། མཁའ་རླུང་རྒྱུ་ཚད་ནི21%ཡིན་དགོས། ཚོད་དཀར་ཆེ་བའི་ས་རྒྱུའི་སྐྱུར་བུལ་ཚད་ནི་སྐྱུར་ཞན་རང་བཞིན་ཡིན་པ་སྟེ། pHཚད་ནི6.5~7.0ཡིན་ན་ཅུང་བཟང་། ས་རྒྱུའི་གཤིན་ཚད་ནི་ཚོད་དཀར་ཆེ་

བའི་ཐོན་ཚད་མཐོ་མིན་དང་སྤུས་ལེགས་ཡིན་མིན་ལ་འབྲེལ་བ་དམ་པོ་ཡོད། གཤིན་ཚད་མཐོ་བའི་ས་རྒྱུའི་ནང་དུ་སྐྱེ་ལྡན་རྫས་འདུས་ཚད2%ལས་མཐོ་བས། ཆུ་དང་དབྱང་རླུང་། འཚོ་བཅུད་བཅས་འདང་ངེས་འདོན་སྤྲོད་བྱེད་ཐུབ། ས་རྒྱུའི་སྐྱེ་དངོས་ཕྲ་རབ་མང་ན་སྤུས་ལེགས་དང་ཐོན་ཚད་ཇེ་མཐོ་ལ་འགྲོ་བར་ཕན་པ་ཡོད།

(ལྔ) གཏེར་རྒྱུའི་འཚོ་བཅུད།

ཚོད་དཀར་ཆེ་བས་འཚོ་བཅུད་དབང་པོ་ཐོན་རྫས་བྱེད་ཅིང་། རྩིས་གཞིའི་རྒྱ་ཁྱོན་གྱི་ཐོན་ཚད་ཏ་ཙང་མཐོ། དེ་བས་གཏེར་རྒྱུ་འཚོ་བཅུད་ཀྱི་གྲུབ་ཆ་དང་གྲངས་འབོར་གྱི་བླང་བྱ་འང་ཏ་ཙང་མཐོ། ཏན་རྒྱུ་འདང་ངེས་ཤིག་དགོས་པར་མ་ཟད། ད་དུང་ཏན་དང་ལིན། ཙྪ་བཅས་ཀྱི་བསྡུར་ཚད་དོ་མཉམ་ཡོང་བའི་བླང་བྱ་འདོན་དགོས།

ཚོད་དཀར་ཆེ་བ་ནི་ཏན་རྒྱུ་ལ་ཚོར་བ་སྣོན་པོ་ཡོད། དེས་ལོ་མའི་ལྗང་རྒྱུའི་འདུས་ཚད་ཇེ་མང་དུ་བཏང་ནས་འོད་སྦྱོར་ནུས་པ་ཇེ་མཐོར་གཏོང་ཐུབ་ཅིང་། ལོ་འདབ་ཇེ་མཐུག་ཏུ་འགྲོ་བ་དང་ལོ་འདབ་ཀྱི་རྒྱ་ཁྱོན་ཇེ་ཆེར་འགྲོ་བར་སྐུལ་འདེད་བཏང་ན། ལོ་འདབ་ཕྱི་མཐའང་དེ་བཞིན་དུ་ཇེ་ཆེ་རུ་འགྲོ་བ་དང་ལོ་འདབ་ཇེ་རྒྱས་སུ་འགྲོ་བར་ཕན་པ་ཡོད། ཏན་རྒྱུ་ཆད་པའི་དུས་སུ་སྐྱེ་འཚར་དལ་བ་དང་ཁ་དོག་སྐྱ་བོར་འགྱུར་ལ། ལོ་མའི་རླུམ་སྲིལ་གཟུགས་འཕྲུས་ཚང་མིན་མོད། འོན་ཀྱང་ཏན་རྒྱུ་མང་དྲགས་ཏེ་ལིན་དང་ཙྪ་མི་འདང་དུས། ལོ་མའི་སྟེང་གི་དབྱེ་ཁྲལ་ལ་ཚོད་འཛིན་ཐེབས་ནས་འཚོ་བཅུད་སྐྱེལ་འདྲེན་དང་འཕོ་འགྱུར་ཇེ་དལ་དུ་འགྲོ་བ་ཡིན། དུས་མཚུངས་སུ་ལོ་མ་ཆེ་ལ་སྲབ་པ། རླུམ་དབྱིབས་གྲུབ་ཡུན་དལ་བ། ཐྲོ་བ་དང་རྒྱུ་སྤུས། ནད་འགོག་རང་བཞིན་བཅས་ཇེ་ཞན་དུ་འགྲོ་བར་མ་ཟད། མེ་ཏོག་བཞད་པ་དང་འབྲས་བུ་སྨིན་པ་ལའང་ཚོད་འཛིན་ཐེབས། ལིན་གྱིས་ཕྲ་ཕུང་གི་ཁ་གྱེས་པ་དང་ལོ་མའི་གཞི་རྩ་ཐོར་བར་སྐུལ་འདེད་བྱེད་ཐུབ་ཅིང་། རྩ་ལག་འཚར་ལོངས་འབྱུང་བར་སྐུལ་འདེད་བྱས་ནས་ལོ་མའི་རླུམ་གཟུགས་མགྱོགས་མྱུར་དང་གྲུབ་པར་ཕན་པ་ཡོད། ཏན་དང་ལིན་གྱི་བསྡུར་ཚད་འོས་འཚམ་ཡིན་ན་ཚོད་དཀར་ཆེ་བའི་ཚགས་དམ་ཚད་དང་རླུམ་གཟུགས་གོར་ཚད་ཇེ་མཐོར་གཏོང་ཐུབ། སྐྱེ་འཕེལ་

གྱི་དུས་སྐབས་སུ་ཝིན་ལུད་ཀྱིས་ས་བོན་གྱི་ཐོན་ཚད་མངོན་གསལ་གྱི་འཕར་སྙོན་བྱེད་ཐུབ། ཝིན་ཆད་དུས་སྔོང་ཆང་ཐུང་ཞིང་ལོ་མ་ལྗང་ནག་ཡིན་པ་དང་། ཉྭམ་གོར་གྲུབ་ཡུན་དལ་བ། ཙྪ་ཡིས་ཚོད་དཀར་ཆེ་བའི་འོད་སྦྱོར་ནུས་པ་ཇེ་མཐོར་གཏོང་ཐུབ་ཅིང་། ལོ་མའི་ནང་གི་སྐྱེ་ལྡན་དངོས་པོ་འཕོར་སྐྱོད་བྱེད་པར་སྐུལ་འདེད་གཏོང་བ་དང་། ཚོད་དཀར་ཆེ་བའི་མདངར་ཆའི་འདུས་ཚད་ཇེ་མང་དུ་གཏོང་བ་ཡིན་ལ། མདངར་ཆ་དང་ཏན་གྱི་བསྡུར་ཚད་ཇེ་མཐོར་བཏང་ནས་ཉྭམ་གོར་གྲུབ་པའི་མྱུར་ཚད་ཇེ་མགྱོགས་སུ་གཏོང་ཐུབ། ཙྪ་མི་འདང་བའི་དུས་སུ། ཕྱི་རིམ་གྱི་ལོ་མའི་མཐའ་ངོས་སེར་པོར་འགྱུར་བ་དང་། ཚབས་ཆེ་བའི་སྐབས་སུ་ནང་ཁུལ་གྱི་ལོ་འདབ་ཀྱི་སྟེང་དུ་མཆེད་པ་ཡིན། ཚོད་དཀར་ཆེ་བ་ནི་ཀལ་ལ་དགའ་བའི་སྔོ་ཚལ་ཡིན། ཀལ་ནི་ཚོད་དཀར་ཆེ་བའི་ཕྲ་ཕུང་གི་གྲུབ་ཆ་གལ་ཆེན་ཞིག་ཡིན། ཁོར་ཡུག་མི་ལེགས་པའི་དབང་གིས་སྐྱེ་ལུགས་ཀལ་མི་འདང་བའི་སྐབས་སུ། སྙིང་སྐམ་ནད་ཀྱི་གནོད་པ་འབྱུང་སླ་བས་ཚོད་དཀར་གྱི་ཉྭམ་སྒྲིལ་ སྤུས་ཚད་ལ་ཤུགས་རྐྱེན་ཚབས་ཆེན་ཐེབས་པ་ཡིན།

ལེའུ་གཉིས་པ། ཚོད་དཀར་ཆེ་བའི་དབྱེ་བ་དང་རིགས་གཙོ་བོ།

གཅིག དབྱེ་བ་གཙོ་བོ།

རྩི་ཤིང་རིག་པ་དང་ལྷུམ་རའི་ལག་རྩལ་རིག་པའི་ཞིབ་འཇུག་ལྟར་ན། ཚོད་དཀར་ཆེ་བ་ནི་ཡུ་ཆང་སོན་རིགས་ཀྱི་ཚོད་དཀར་ཆེ་བའི་རིགས་མཆེད་རྒྱུད་པ་གཉིས་པ་ཡིན། ཚོད་དཀར་ཆེ་བའི་རིགས་མཆེད་གཉིས་པའི་ཁྲོད་དུ་ལོ་མ་ཐོར་བ་དང་ཉྭམ་སྒྲིལ་བྱེད་ཀ་ཆགས་པ། མེ་ཏོག་གི་ཟེའུ་འབྲུ་དང་ཉྭམ་སྒྲིལ་ཆགས་པ་བཅས་རྒྱུད་འགྱུར4རུ་དབྱེ་ཡོད། དེ་དག་ནི་དུས་ཡུན་རིང་པོར་འདེབས་འཛུགས་གསོ་རིམ་ཁྲོད་དུ། སྨུ་གུ་རྩེ་མོ་དར་རྒྱས་བྱུང་མེད་པའི་དམའ་རིམ་རིགས་དབྱིབས་ནས་སྨུ་གུ་རྩེ་མོར་དར་རྒྱས་བྱུང་བའི་མཐོ་རིམ་རིགས་དབྱིབས་སུ་འཕེལ་འགྱུར་བྱུང་ནས་གྲུབ་པའི་ལྷུམ་རའི་ལག་རྩལ་

གྱི་རྒྱུད་འགྱུར་ཞིག་ཡིན།

(གཅིག) ཚོད་དཀར་ལོ་ཐོར་མ།

ཚོད་དཀར་གྱི་གདོད་མའི་རྣམ་པ་ཡིན་ཞིང་། ལོ་འདབ་ཀྱིས་གཡོགས་པ་དང་སྨྱུ་གུའི་རྩེ་མོ་དར་རྒྱས་བྱུང་མེད་པ་དང་། ལོ་མའི་ཟླུམ་གོར་ཆགས་མི་ཐུབ་པ། མཐུན་འཁྱོད་རང་བཞིན་ཆེ་ཞིང་། ཚ་འགོག་རང་བཞིན་དང་གྲང་བཟོད་རང་བཞིན་ཅུང་ཆེ། གཙོ་བོར་ཧྲན་ཏུང་དབུས་ལྷོ་དང་ཅང་སུའུ་བྱང་རྒྱུད་དུ་ཁྱབ་ཡོད་པ་དང་། དཔྱིད་མཇུག་གམ་དབྱར་དུས་སུ་འདེབས་འཛུགས་བྱེད་བཞིན་ཡོད། ནུབ་བྱང་མཐའ་མཚམས་ཀྱི་འདེབས་ཚིགས་དང་པོའི་ས་ཁུལ་དུ་འང་སྔོན་དཀྱུན་དུ་མགོ་སྦྲོད་བྱེད་པའི་ཟས་རིགས་སམ་ཚྭ་སྦྱོད་སྤོ་ཚལ་ཞིག་ཡིན། དཔེར་ན་ཧྲན་ཏུང་ལའི་ཡུའུ་ཡི་ཚོད་དཀར་དང་། ཀན་སུའུ་ཡུའུ་ཡེ་དང་མཚོ་སྔོན་མིན་ཧོ་ཏ་ཀེན་ཚོད་དཀར་སོགས་ཡོད།

(གཉིས) ཚོད་དཀར་ཟླུམ་ཕྱེད་མ།

སྔོན་ཆད་མཐོ་ཞིང་དྲང་བ། ཕྱི་རིམ་གྱི་ལོ་འདབ་ཟླུམ་དབྱིབས་སུ་གྲུབ་མེད། འོན་ཀྱང་ཟླུམ་ཁོག་སྟོང་བ་ཡིན། ཟླུམ་གོར་གྱི་རྩེ་མོ་ཡོངས་སུ་འབྱེད་པས་ཟླུམ་ཕྱེད་མའི་དབྱིབས་སུ་གྲུབ། གྲང་བཟོད་རང་བཞིན་ཅུང་ཆེ་བ་སྟེ་མང་ཆེ་བར་རང་རྒྱལ་གྱི་ཤར་བྱང་ས་ཁུལ་དང་། ཧོ་པེ་བྱང་རྒྱུད། ཧྲན་ཞི་བྱང་རྒྱུད། ནུབ་བྱང་གི་མཐོ་སྒང་ས་ཁུལ། ཡུན་ནན་སོགས་སུ་ཁྱབ་ཡོད། སྐྱེ་ཡུན་ཉིན69~80ཡིན།

(གསུམ) ཚོད་དཀར་མེ་ཏོག་སྙིང་དབྱིབས་མ།

དེ་ནི་ཟླུམ་ཕྱེད་མའི་རྒྱུད་འགྱུར་གྱི་རྩེ་མོར་འཁྱུད་པའི་ལོ་མས་ཞུ་མཐུད་དུ་ཤུགས་སྣོན་བརྒྱབ་ནས་གྲུབ་པ་ཡིན། འོན་ཀྱང་ལོ་མའི་ཟླུམ་རིལ་གྱི་རྩེ་མོར་ཕྱི་རུ་བསློགས་ནས་མདོག་དཀར་པོའམ་སེར་སྐྱ་ཅན་གྱི“མེ་ཏོག་གི་སྙིང་དབྱིབས”སུ་ཆགས། སྔོན་ཆད་ཅུང་ཆུང་ཞིང་ཚ་བཟོད་རང་བཞིན་ཅུང་ཆེ། སྤྱིར་བཏང་དུ་སྔ་སྨིན་རང་བཞིན་ལྡན་པ་དང་། སྐྱེ་འཚར་དུས་ཡུན་ཉིན60~80ཡིན། མང་ཆེ་བར་འབྲི་ཆུའི་དབུས་རྒྱུད་དང་སྨད་རྒྱུད་ས་ཁུལ་དུ་ཁྱབ་ཅིང་། དེར་མྱུག་སེར་ཚོད་མའམ“ཧོང་ཡ་ཚལ”ཞེས་ཟེར། བྱང་ཕྱོགས་

སྤུ་སྟོན་དུས་སྔ་སྨིན་འདེབས་འཇུགས་དང་དཔྱིད་དུས་འདེབས་འཇུགས་བྱེད་པ་མང་། དཔེར་ན་པེ་ཅིན་གྱི་ཧྭན་ཞིན་ཧོང་དང་ཅི་ནན་གྱི་ཞའོ་པའི་ཞིན་སོགས་ཀྱི་རིགས་ཡིན།

(བཞི) ཙོང་དཀར་ཀླུམ་གོར་མ།

རྩི་སྨུག་རྒྱས་ཏེ་ཀླུམ་སྒྲིལ་དུ་སྐྱང་། རྩེ་སྐྱེས་ལོ་མར་ཁ་ཟུམ་ཡོད། སྐྱེ་ཡུན་ཉིན100ཡས་མས་ཡིན་ལ་ཉིན60~80སྔ་སྨིན་དང་བར་སྨིན་སོན་རིགས་ཀྱང་ཡོད། དེ་ནི་ཙོང་དཀར་ཆེ་བའི་རིགས་གཉིས་པ་ནང་གི་མཐོ་རིམ་རྒྱུད་འགྱུར་ཡིན་པ་དང་། འདེབས་འཇུགས་ཆེས་ཡོངས་ཁྱབ་ཅན་ཞིག་ཡིན། རྒྱུད་འགྱུར་འདིའི་འབྱུང་ཁུངས་དང་འདེབས་འཇུགས་ལྟེ་གནས་ས་ཁུལ་གྱི་གནམ་གཤིས་ཆ་རྐྱེན་མི་འདྲ་བའི་དབང་གིས་གཞི་རྩའི་སྐྱེ་ཁམས་རྣམ་པ(སྒོང་ཀླུམ་རྣམ་པ། མགོ་ལེབ་རྣམ་པ། ཐད་མདོང་རྣམ་པ)3ཐོན་བཞིན་ཡོད།

ཙོང་དཀར་ཆེ་བའི་རིགས་ལ་ད་དུང་འདེབས་འཇུགས་དུས་ཚིགས་ལྟར་དཔྱིད་དང་། དབྱར་སྟོན། སྟོན་དགུན་བཅས་དུས་ཚིགས་གསུམ་དུ་དབྱེ་ཆོག དཔྱིད་ནི་དགུན་དུས་ཀྱི་གྲང་ངར་བཟོད་པའི་ནུས་པ་ཆེ། འདེབས་ཚིགས་གཉིས་པའི་ས་ཁུལ་དུ་དཔྱིད་ཀར་འདེབས་འཇུགས་བྱེད་པ་དང་། དཔེར་ན་ཞའོ་ཙ55དང་ཁྲིན་ཞ་ཕང་སོགས་ལྟ་བུ། དབྱར་སྟོན་ནི་ཚ་བ་བཟོད་ཐུབ་པ་དང་ནད་འགོག་ནུས་པ་ཆེ། མང་ཆེ་བར་དབྱར་དུས་ནས་སྟོན་མགོའི་བར་འདེབས་འཇུགས་བྱེད་བཞིན་ཡོད་དེ། དཔེར་ན། ཞ་དབྱང་དང་། ཆིང་ཞ་ཨང1པ། ཆིང་ཞ་ཨང3པ་སོགས་ཡིན། སྟོན་དགུན་ནི་སྟོན་དུས་ནས་དགུན་སྟོད་བར་འདེབས་འཇུགས་དང་ཉར་ཚགས་བྱས་ནས་དགུན་ཁ་དང་དཔྱིད་མགོར་བཟའ་རྒྱུར་མཁོ་འདོན་བྱེད་བཞིན་ཡོད་ཅིང་། ཙོང་དཀར་ཀླུམ་གོར་མ་མང་ཆེ་བར་བར་སྨིན་དང་ཕྱི་སྨིན་སོན་རིགས་ཡིན་ཞིང་སྣ་ཁ་ཤིན་ཏུ་མང་ངོ་།།

ཙོང་དཀར་ཆེ་བའི་རིགས་ལ་ད་དུང་ལོ་མའི་ཀླུམ་སྒྲིལ་གྲུབ་ཚུལ་ལྟར་ལོ་མའི་གྲངས་རིགས་དང་། ལོ་མའི་ལྗིད་རིགས། བར་མའི་རིགས་བཅས་སུ་དབྱེ་ཆོག ལོ་མའི་གྲངས་རིགས་ནི་རིང་ཚད་ལི་སྨི1ཡན་ཡོད་པའི་ཀླུམ་འདབ་ཀྱི་གྲངས60ལས་བརྒལ་བ་དང་། ཀླུམ་འདབ་ཀྱི་གྲངས་ཀ་ཅུང་མང་ཞིང་། ལོ་མའི་དཀྱིལ་གྱི་རྩིབ་ཊུས་ཅུང་སྲབ། གཙོ་

ཐོར་ལོ་མའི་གྲངས་ལ་བརྟེན་ནས་ཀླུམ་གཟུགས་ཀྱི་ལྷིད་ཚད་ཆེ་ཏུ་གཏོང་བ་དང་སྟོང་ཀླུམ་དཔྱིབས་ཀྱི་རིགས་མང་ཆེ་བ་རིགས་འདིའི་ཁོངས་སུ་གཏོགས། ལོ་མའི་ལྗིད་རིགས་ནི་རིང་ཚད་ལི་སྨི1ཡན་ཡོད་པའི་ཀླུམ་འདབ་ལེབ་མོ45ལས་མི་བརྒལ་བ་དང་། ཀླུམ་འདབ་ཀྱི་ཁ་གྲངས་ཉུང་ཉུང་ཞིང་ལོ་མ་རྒྱུང་བ་ཉུང་ལྗིད་ལ། ལོ་མའི་དཀྱིལ་གྱི་རྩིབ་མའི་མཐུག་ཚད་དང་། ཐད་མདོང་ཅན་དང་མགོ་ལེབ་ཅན་གྱི་རིགས་མང་ཆེ་བ་རིགས་འདིའི་ཁོངས་སུ་གཏོགས། བར་གྱི་རིགས་ནི་ལོ་མའི་གྲངས་རིགས་དང་ལོ་མའི་ལྗིད་རིགས་ཀྱི་བར་དུ་གནས་ཡོད། དཔེར་ན་ཐད་མདོང་ཅན་དང་རིམ་བཏུམ་ཅན་གྱི་རིགས་འགའ་འདིའི་ཁོངས་སུ་གཏོགས།

ཚོད་དཀར་ཆེ་བའི་དབྱེ་བའང་ལོ་མའི་མདོག་ལྟར་སྔོ་མདོག་ཅན་དང་དཀར་མདོག་ཅན། སྔོ་དཀར་མདོག་ཅན་བཅས་སུ་དབྱེ་ཆོག འདི་ནི་གཙོ་བོར་ལོ་མའི་ཡུ་བའི་ལོ་མའི་ལྗང་རྒྱུའི་འདུས་ཚད་ལྟར་དབྱེ་བ་འབྱེད་པ་ཡིན། སྤྱིར་བཏང་དུ་བཤད་ན། སྔོ་མདོག་ཅན་གྱི་རིགས་ནི་དཀར་མདོག་ཅན་གྱི་རིགས་ལ་བསྡུར་ན་ནད་འགོག་པའི་རང་བཞིན་ཆེ་བ་དང་ཆུ་འདུས་ཚད་ཉུང་བ། དངོས་པོ་སྐམ་པོའི་འདུས་ཚད་ཉུང་མང་ངོ་།།

གཞན་ཡང་ཚོད་དཀར་ཆེ་བ་ཆུང་ངུའི(བླ་བླ་ཚལ)ཚོང་ཟོག་གི་ལོ་མའི་ལྗིད་ཚད་ཁོ་ན་ཁེ100~200ཡོད།

གཉིས། རྒྱུན་མཐོང་གི་རིགས།

མཐོ་སྒང་ས་ཁུལ་དུ་དྲོད་ཚད་ཀྱི་ཁྱད་པར་ཆེ་བ་དང་སྐྱེ་ཡུན་ཐུང་བས་ཐད་མདོང་ཅན་གྱི་རིགས་ཉུང་མང་བ་ཡིན། གནམ་གཤིས་དྲོད་འཇམ་ཡིན་པ་དང་ས་བབ་དམའ་བའི་བདེ་ཐང་ས་ཁུལ་དུ་དྲོད་གྲང་གི་ཁྱད་པར་ཉུང་ཆུང་བ་དང་། སྐྱེ་འཚར་དུས་ཡུན་ཉུང་རིང་བས། མང་ཆེ་བ་ནི་དྲང་མདོང་མགོ་བཏུམ་ཅན་ནམ་ཡང་ན་ཕུར་ཆུང་རྩེག་པའི་མགོ་ལེབ་ཅན་གྱི་རིགས་དབྱིབས་མང་བ་ཡིན། ད་ལྟ་ཉེ་བའི་ལོ་ཤས་རིང་ཁྲབ་གདལ་བཏང་བའི་རྒྱ་ཁྲོན་ཉུང་ཆེ་བའི་སོན་བཟང་ཁག་གཅིག་ངོ་སྤྲོད་བྱ་རྒྱུ་ཡིན་ཏེ།

(གཅིག) ཞ་དབྱང་།

ཐའི་ལྷན་ས་ཁུལ་དུ་གསོ་སྐྱོང་བྱས་པའི་སོན་རིགས་ཤིག་ཡིན། སྡོང་རྐང་དྲང་མོར་ལངས་པ། ལོ་མ་ཕྲི་མ་ཉུང་བ། ལོ་མའི་ཀླུམ་གཟུགས་རིང་བ། སྲ་ཞིང་བརྟན་པ། ཀླུམ་གཟུགས་ལྷིད་ཚད་ཁེ800ཡས་མས་ཡིན་པ། སྦུས་ཀ་ལེགས་པ། མཐུག་འདེབས་བྱས་ཆོག་ཅིང་སྨིན་སྔ། ཟ་སྦོས་བརྒྱབ་རྗེས་ཉིན50~55ནང་དུ་བཟ་བསྡུ་བྱེད་དགོས། ཚ་བ་བཟོད་ཐུབ་པ་དང་། གསོག་སྐྱིལ་བྱས་ན་བཟང་། ཚོང་ཟོག་གི་རང་བཞིན་བཟང་བ་བཅས་ཀྱི་ཁྱད་ཆོས་ལྡན། འབྲི་ཆུའི་འབབ་རྒྱུད་དུ་འདེབས་འཛུགས་བྱས་ན་འཚམ་པ་ཡིན།

(གཉིས) ལུའུ་པའི་ཨང6པ།

ཧྲན་ཏུང་ཞིང་ཆེན་ཞིང་ལས་ཚན་རིག་ཁང་གིས1988ལོར་གསོ་སྐྱོང་བྱས་པའི་རིགས་འདྲེས་མ་ཞིག་ཡིན། ལོ་མའི་མདོག་ལྗང་སྐྱ་དང་དཀར་མདོག་ཡིན། ལོ་འདབ་ཀླུམ་གོར་དུ་གྲུབ་ཅིང་མདོག་དཀར། ཁ་འབྲས་ལྟག་དགྱེ་ལོག་པའི་སྡོང་དབྱིབས་དང་། སྤོ་ཚོད་གཙང་མའི་ཚད76%ཡིན། སྐྱེ་ཡུན་ཉིན65ཡས་མས་ཡིན། ཚ་བ་བཟོད་པ། ནད་སྐྱོན་ཆེན་པོ་གསུམ་འགོག་པ། སྦུས་ཚད་འཁྱིལ་བ་དང་བཟང་གྲས་ཡིན། རྒྱལ་ཡོངས་ཀྱི་ས་ཁུལ་མང་ཆེ་བར་འཚམ་ཞིང་སྟོན་ཁར་འདེབས་འཛུགས་བྱེད་པ་ཞིག་གོ།

(གསུམ) རྡན་ཞིན་ཧོང་།

པེ་ཅིན་ས་གནས་ཀྱི་སོན་རིགས་ཤིག་ཡིན། སྡོང་རྐང་ཅུང་དྲང་ཞིང་སྐྱེ་འཚར་ཅུང་མགྱོགས། ལོ་མའི་ངོས་ནས་གཉེར་མ་མང་ཞིང་། ལོ་མའི་ཡུ་བ་དཀར་པོ་ཡིན། ལོ་མ་ཀླུམ་གོར་གྱི་དབྱིབས་སུ་གྲུབ་པ་དང་། ཀླུམ་པོའི་རྩེ་མོ་ཅུང་སྐྱོམས། སྙིང་གི་ལོ་མ་ཕྱིར་བསྒྲིལ་ནས་མདོག་སེར་སྐྱ་མདོན་པ་དང་། ལོ་མའི་ཀླུམ་གཟུགས་ཀྱི་རྩ་བ་ཅུང་ཕྲ་བ། ཚོ་སྣ་ཅུང་མང་བ་དང་རྒྱུ་སྦུས་འཁྱིལ་བ། སྐྱེ་ཡུན་ཉིན70~80ཡིན། ཚ་བ་བཟོད་ཐུབ་པ། གསོག་ཉར་རང་བཞིན་ལྡན་པ། ནད་འགོག་རང་བཞིན་འཁྱིལ་བའོ།།

(བཞི) ལུའུ་པའི་ཨང8པ།

ཧྲན་ཏུང་ཞིང་ཆེན་ལའེ་ཀྲོའུ་གྲོང་ཁྱེར་ཞི་ཡུག་ས་བོན་ཀུང་སིས1989ལོར་གསོ་

སྐྱོང་བྱས་པའི་རིགས་འདྲེས་མ་ཞིག་ཡིན། སྡོང་རྐང་སྐྱེ་འཚར་གྱི་སྟོབས་ཤུགས་ཆེ་བ་དང་། ལོ་མའི་ཐུམ་སྒྲིལ་བརྩེགས་ནས་འབྱུད་པ་དང་། ཐུམ་ལྟེ་ཁ་ཟུམ་པ། ལོ་མའི་ཐུམ་གོར་གྱི་མགོ་སྟོམས་ཤིང་སྙོང་དབྱིབས་ཡིན་ལ། སྲོ་ཚོད་གཙང་མའི་ཚད་ནི75%~78%ཡིན། བར་སྐྱིན་གྱི་རིགས་སུ་གཏོགས་པ་དང་། སྐྱེ་འཚར་དུས་ཡུན་ཉིན75ཡིན། ཚ་བ་བཟོད་ཐུབ་པ་དང་། ལུད་ཐུབ་པ། སད་སྐྱོན་འགོག་ཐུབ་པ། གསོག་འཇོག་བྱེད་ཐུབ་པ་བཅས་ཀྱི་ཁྱད་ཆོད་ལྡན་པ་དང་། འབྲི་ཆུའི་ལྷོ་རྒྱུད་ཀྱི་ས་གནས་ཁག་ཏུ་འདེབས་འཛུགས་བྱས་ན་འཚམ་པ་ཡིན།

(ལྔ) ཅིན་ཚལ་ཨང3པ།

རྟ་ནཱ་ཞི་ཞིང་ཆེན་ཞིང་ལས་ཚན་རིག་གླིང་སྔོ་ཚལ་ཞིབ་འཇུག་ཁང་གིས1987ལོར་གསོ་སྐྱོང་བྱས་པའི་རིགས་འདྲེས་མ་ཞིག་ཡིན། ལོ་མའི་ཐུམ་གོར་ནི་ཐད་མདོང་སྙིང་གཙུས་པ་དང་། ཕྱིའི་ལོ་མ་ལྗང་ནག་ཡིན། ལོ་མའི་ཡུ་བ་ལྗང་སྐྱ་དང་ལོ་མ་དྲང་པོར་ལངས་པ། ཚལ་གཙང་མའི་ཚད་མཐོ་བ་དང་བར་སྐྱིན་གྱི་རིགས་སུ་གཏོགས། སྐྱེ་བའི་དུས་ཡུན་ཉིན80ཡས་མས་ཡིན། ནད་འགོག་རང་བཞིན་ཆེ་བ་དང་། འཕྲོད་པའི་རང་བཞིན་ཆེ་བ། ཐོན་འབབ་ལེགས་པ། སྐྱེལ་འདྲེན་ཐུབ་པ་བཅས་ཀྱི་ཁྱད་ཆོས་ལྡན་པ་ཡིན། ཧྭ་བྱང་དང་ནུབ་བྱང་། ཡུན་ནན་དང་ཀུའེ་ཀྲོའུ་བཅས་ཀྱི་ས་ཁུལ་དུ་འདེབས་འཛུགས་བྱས་ན་འཚམ་པ་ཡིན།

(དྲུག) པེ་ཅིན་གྱི་ཨང3པ་གསར་བ།

པེ་ཅིན་གྲོང་ཁྱེར་ཞིང་ནགས་ཚན་རིག་ཁང་སྔོ་ཚལ་ཞིབ་འཇུག་ལྟེ་གནས་ཀྱིས1997ལོར་གསོ་སྐྱོང་བྱས་པའི་རིགས་འདྲེས་མ་ཞིག་ཡིན། སྡོང་དབྱིབས་ཕྱེད་ཀ་དྲང་པོར་ལངས་པ་དང་སྐྱེ་འཚར་ཙུང་བཟང་། ཕྱིའི་ལོ་མའི་མདོག་ཙུང་ཟབ་ལ་ལོ་མའི་ངོས་ཙུང་ཟད་གཉེར་བ། ལོ་མའི་ཡུ་བ་ལྗང་ཁུ་དང་ལོ་མའི་ཐུམ་གོར་ནང་ལ་འཐམ་པ། ཐུམ་གཟུགས་གྲུབ་ཚད་མགྱོགས་ཤིང་ཚགས་དམ་པ། བར་སྐྱིན་གྱི་རིགས་སུ་གཏོགས་ཤིང་སྐྱེ་འཚར་དུས་ཡུན་ཉིན80~85ཡིན། ནད་དུག་འགོག་ཐུབ་པར་མ་ཟད་སད་སྐྱོན་དང་རུལ་

སྨུག་ས་ཀྱི་ནད་སོགས་ཀྱང་བཟློད་ཐུབ་པ་དང་། སྲུས་ཀ་ཞེགས་ལ་ཉར་ཚགས་བྱས་ཆོག་པ་བཅས་ཀྱི་ཁྱད་ཆོས་ལྡན་པ་ཡིན། པེ་ཅིན་དང་ཏྲ་པེ། ཧྲན་ཏུང་། ཞིའོ་ཉིན། ཀུའེ་ཀྲོའུ་སོགས་སུ་འདེབས་འཛུགས་བྱེད་པར་འཚམ་པ་ཡིན།

(བདུན) ཅིན་ཆིའུ་ཨང1པ།

ཐེན་ཅིན་གྲོང་ཁྱེར་སོ་ཚལ་ཞིབ་འཇུག་ཁང་གིས་གསོ་སྐྱོང་བྱས་པའི་རིགས་འདྲེས་མ་ཞིག་ཡིན། སོ་མ་ར་ཙའི་ལོ་མའི་རིགས། སྡོང་དབྱིབས་དྲང་མོ་ལངས་པ་དང་ཚགས་དམ་པ། ཕྱིའི་ལོ་མ་ཉུང་ཞིང་ལོ་མའི་མདོག་ལྗང་ནག་ཡིན་པ། དཀྱིལ་གྱི་རྩིབ་མ་སྔོ་སྐྱ་ཡིན། ཟླུམ་གཟུགས་ཀྱི་རྩེ་མོ་མེ་ཏོག་གི་སྙིང་དང་། ལོ་མའི་རི་མོ་རན་པ། སྲུས་ཀ་ཞེགས་པ། སད་སྐྱོན་དང་ཙལ་སྨུག་ས་ཀྱི་ནད། ནད་དུག་བཅས་འགོག་ཐུབ་ཅིང་། བར་སླེབ་ཀྱི་རིགས་སུ་གཏོགས། སྐྱེ་འཚར་དུས་ཡུན་ཉིན78~80ཡིན། པེ་ཅིན་དང་ཐེན་ཅིན་ས་ཁུལ་དང་དེ་བཞིན་སོ་མ་ར་ཙ་འདེབས་རྒྱུར་འཚམ་པའི་ས་ཁུལ་དུ་འདེབས་འཛུགས་བྱེད་དགོས།

(བརྒྱད) ཏུང་ནུང903

ཏུང་པའི་ཞིང་ལས་སློབ་ཆེན་གྱི་ལྷུམ་རའི་ལག་རྩལ་སྡེ་ཁག་གིས་གསོ་སྐྱོང་བྱས་པའི་རིགས་འདྲེས་མ་ཞིག་ཡིན། ལོ་མའི་ཟླུམ་གོར་དབྱིབས་ཀྱི་རྩེ་མོ་རྣོ་བ། ཕྱིའི་ལོ་འདབ་ཉུང་བ་དང་ལོ་མ་ལྗང་ནག་ཡིན། ཁྲོ་བ་དང་སྲུས་ཀ་ཞེགས་པ། ནད་དུག་འགོག་ཐུབ་ཅིང་ཙལ་བསླད་ཀྱི་ནད་དང་སད་སྐྱོན་དཀར་ཐིག་གི་ནད་འགོག་ཐུབ། སྐྱེ་འཚར་དུས་ཡུན་ཉིན85ཡིན། ཧེ་ལུང་ཅང་དང་ནང་སོག་རང་སྐྱོང་ལྗོངས་དང་ཐེན་ཅིན། པེ་ཅིན་སོགས་ས་ཁུལ་དུ་འདེབས་འཛུགས་བྱེད་པར་འཚམ་པ་ཡིན།

(དགུ) ཆིན་ཙ་ཀྲུང་རྫིང་།

ཆིང་ཏའོ་གྲོང་ཁྱེར་ཞིང་ལས་ཚན་རིག་ཞིབ་འཇུག་ཁང་གིས1982ལོར་གསོ་སྐྱོང་བྱས་པའི་རིགས་འདྲེས་མ་ཞིག་ཡིན། པད་གདན་འདབ་མ་ལྗང་ནག་དང་ལོ་མའི་ཡུ་བ་ལྗང་སྐྱ་ཡིན། ཟླུམ་གོར་གྱིས་འཁྱུད་པ་དང་ལོ་མའི་ཟླུམ་གོར་ནི་སྒྲོགས་མདེལ་གྱི་དབྱིབས་སུ་མངོན། སད་སྐྱོན་འགོག་ཐུབ་ཀྱང་སྙི་བའི་ནད་དང་ནད་དུག་འགོག་པའི་རང་བཞིན་

ཅུང་ཞན། སྐྱེ་ཡུན་ཉིན85~90ཡིན།

གཞན་ད་དུང་པེ་ཅིན་ས་གནས་ཀྱི་རིགས་ཏེ་ཞའོ་ཆེན་ཁུ་དང་པོ་ཐུག་ཆེན། ཐེན་ཅིན་ས་གནས་ཀྱི་རིགས་ཏེ་སོ་མ་ར་ཙ་སྔོན་པོའི་སྐར་ཀའི་རི་མོ་ཅན་དང་། ཧོ་པེ་ཡུས་ཐེན་གྱི་ཨར་པའོ་ཅིན། ཧྲན་ཏུང་ཡན་ཐའི་ཡི་ཐྲུ་ཧྲན་པའོ་ཐོའུ་དང་། ཧྲན་ཏུང་ཙའོ་ཇོང་གི་ཚོད་དཀར་ཆེ་བ་སོགས་ཡོད། ཚོད་དཀར་ཆུང་ངུའི་རིགས་ལ་ཁྲིན་ཡིས་ཧོང་དང་ཅིན་ཁྲིན་ཚོད་དཀར་ཆེ་བ་ཆུང་ངུ་སོགས་ཡོད།

མཐོངས་ཡངས་འདེབས་འཛུགས་དང་རྣང་ཁེབས་ཆེ་བའི་འདེབས་འཛུགས་རིགས་ལ་དབྱར་གྱི་ཚོད་དཀར་དང་། ཁྲིན་ཁྲིན་ཕང་། ཁྲིན་ཆེའུ་ཕང་། ཁྲིན་ཆེའུ54 སྔོན་གྱི་ཚོད་དཀར། གསོ་མ་སྔོན་མོའི་ལོ་མ། ཉུག་ཐའི་པང་། ཐྲན་ཞིན་ཧོང་། ཧྲན་ཏུང་ཨང7པ་སོགས་ཡོད།

ཚན་པ་གསུམ་པ། ཚོད་དཀར་ཆེ་བའི་འདེབས་འཛུགས་དུས་ཚིགས་དང་འདེབས་སྟངས་གཙོ་བོ།

ཚོད་དཀར་ཆེ་བར་དྲོད་འཛམ་གྱི་གནམ་གཤིས་ལྡན་དགོས་ཤིང་། གླུམ་སྐྱིལ་གྱི་ཚོད་དཀར་ཆེ་བ་ཡིན་ན་ངེས་པར་དྲོད་འཛམ་གྱི་གནམ་གཤིས་ལྡན་དགོས། དེ་བས་རྒྱལ་ཡོངས་ཀྱི་ས་གནས་སོ་སོས་འདེབས་འཛུགས་བྱེད་དུས་གཙོ་བོར་སྟོན་བསིལ་དུས་ཚིགས་སུ་བཀོད་སྒྲིག་བྱས་ཡོད། དེ་མིན་དཔྱིད་ཀའང་འདེབས་འཛུགས་བྱས་ཆོག ཚན་རིག་ལག་རྩལ་གོང་དུ་འཕེལ་བ་དང་ཚོང་རའི་དགོས་མཁོ་དང་བསྟུན་ནས། སོན་སྨིན་གྱི་རིགས་མི་འདྲ་བ་བདམས་ནས་སྤྱོད་དགོས་པར་མ་ཟད། དེ་མཚུངས་ཀྱི་མ་ལག་ཚང་སྒྲིག་གི་ལག་རྩལ་སྤྱད་དེ་སྔ་སྨྱུར་དང་ཕྱིར་འགྱངས་སྔོས་རྗེ་འདེབས་བྱས་ནས། ཚོང་ར་ལའང་སྔ་སྨྱུར་དང་ཕྱིར་འགྱངས་སྔོས་འདོན་སྤྲོད་བྱས་ཏེ་གྲོང་ཁྱེར་སྡོད་དམངས་ཀྱི་སྔོ་ཚལ་ཕུན་སུམ་ཚོགས་སུ་གཏོང་བའོ།།

གཅིག སྟོན་དུས་དང་དགུན་ཁར་འདེབས་འཛུགས་བྱེད་པ།

མཚོ་སྔོན་གྱི་ས་ཆ་མང་པོར་མཐོངས་ཡངས་འདེབས་འཛུགས་དང་སྟོན་དུས་འདེབས་འཛུགས་གཙོ་བོར་བྱས་ནས། ཉར་གསོག་བྱས་རྗེས་དགུན་དཔྱིད་གཉིས་སུ་ཟས་སུ་སྤྱོད་ཆོག དབྱར་མཇུག་དང་སྟོན་མཇུག་ཏུ་སྨིན་སྐྱ་བའི་མེ་ཏོག་གི་སྙིང་དབྱིབས་ཅན་ནམ་ཟླུམ་སྒྲིལ་ཚོད་དཀར་འདེབས་འཛུགས་བྱས་ནས་སྟོན་མཇུག་དང་དགུན་མགོར་བཟའ་བར་མཁོ་སྤྲོད་བྱེད་ཐུབ། མཚོ་སྔོན་གྱི་ཟི་ལིང་གྲོང་ཁྱེར་དང་མཚོ་ཤར་གྲོང་ཁྱེར་ནི་འདེབས་འཛུགས་བྱེད་ས་གཙོ་བོ་ཡིན།

སྟོན་དུས་སམ་སྟོན་དགུན་ལ་འདེབས་འཛུགས་བྱེད་པའི་ཚོད་དཀར་ཆེ་བའི་སྐྱེ་འཚར་དུས་སྐབས་ནི་ཟླ་རེར་ཆ་སྙོམས་དྲོད་ཚད5~22℃ཡིན་པའི་དུས་ཡིན། སྐྱེ་ཡུན་ཇེ་རིང་དུ་གཏོང་བ་དང་ཐོན་སྐྱེད་ཇེ་ལེགས་སུ་གཏོང་བའི་དམིགས་ཡུལ་འགྲུབ་པར་བྱེད་ཆེད། དུས་ཐོག་ཏུ་སྔོ་འདེབས་དང་དུས་ལྟར་ལྗང་སྨྱུག་གསོ་བ། སད་མ་བརྒྱབ་སྔོན་ལ་བརྟ་བསྡུ་བཅས་བྱེད་དགོས། མཚོ་བོད་མཐོ་སྒང་གྲང་ངར་ཆེ་བའི་ས་ཁུལ་ནས་དུས་ཚིགས་དང་པོ་སྟེ་དཔྱིད་དཔལ་རབ་ཏུ་བཞད་དུས་ས་ཞིང་སྔོ་སློག་བྱེད་པ་དང་། ཟླ6~7པའི་བར་ཚོད་དཀར་ཆེ་བ་མཐོངས་ཡངས་སྔོ་འདེབས་བྱེད་ཅིང་། ཡང་ན་དཔྱིད་ཀར་དུས་ཡུན་ཐུང་བའི་ལོ་ལྗང་ཚོད་མའི་རིགས་དང་ལ་ཕུག་ཆུང་བ་སོགས་མྱུར་སྨིན་རིགས་ཀྱི་སྔོ་ཚལ་ཁ་ན་འདེབས་འཛུགས་བྱེད་པ་དང་། དེ་འཕྲོར་ཚོད་དཀར་འདེབས་པ་ཡིན། མཚོ་སྔོན་ཞིང་ཆེན་ཁྲི་ཀ་རྫོང་གིས་དགུན་གྲོ་དང་དཔྱིད་ཀའི་མ་རྨོས་ལོ་ཏོག་སྔོན་ལ་འདེབས་པ་དང་། ཕྱིས་སུ་ཚོད་དཀར་ཆེ་བ་འདེབས་པ་ཡིན། ལོ་གཅིག་གི་དུས་ཚིགས་གཉིས་པར་སྔོ་འདེབས་བྱེད་པའི་ས་གནས་ནས་སྐྱེ་ཡུན་ཐུང་བའི་སྔོ་ཚལ་རིགས་ཐོག་མར་འདེབས་པ་ཡིན། མཚོ་སྔོན་ཟི་ལིང་ས་ཁུལ་གྱི་ཟླ6པའི་ཟླ་མཇུག་དང་ཟླ7པའི་ཟླ་སྟོད་ནི་སྔོ་འདེབས་དུས་སྐབས་ལེགས་ཤོས་ཡིན།

ཚོད་དཀར་ཆེ་བ་ནི་ས་ཞིང་གཅིག་གི་སྟེང་དུ་བསྟུད་མར་བཏབ་ན་མི་ལེགས་པས་རྒྱ་གྲམ་ཅན་གྱི་ལོ་ཏོག་གཞན་དང་རེས་མོས་ཀྱིས་འདེབས་པ་ཡིན། འོན་ཀྱང་ཙོང་དང་

སྨྲག་པ་ལ་སོགས་པའི་སྡོ་ཚལ་གྱི་རིགས་འདིའི་སྔོན་དུ་བཏབ་ཆོག་ཅིང་། རྩ་ལག་གི་ཟུགས་ཐོན་དངོས་རྫས་ཀྱིས་ས་རྒྱུ་ལ་འབྱུ་ཕྲ་གསོད་པའི་ནུས་པ་ཡོད་པས། ཚོད་དཀར་ཆེ་བར་ནད་ཀྱི་གནོད་འཚེ་ཇེ་ཆུང་དུ་གཏོང་ཐུབ།

གཉིས། དཔྱིད་དུས་དང་དཔྱིད་དབྱར་དུས་སུ་འདེབས་འཛུགས་བྱེད་པ།

དཔྱིད་དུས་ཚོད་དཀར་ཆེ་བ་འདེབས་འཛུགས་བྱེད་སྐབས་འཕྲད་དགོས་པའི་གནམ་གཤིས་ཀྱི་ཆ་རྐྱེན་ནི་སྔོན་དུས་དང་ཕྱོག་པ་ཡིན་ཞིང་། དུས་མགོའི་དྲོད་ཚད་དམའ་བ་དང་འོད་ཞན་པ་ཡིན་ན་མ་སྨིན་པའི་ཡུ་ཀང་འཐེན་སླ་བ་དང་། དུས་མཇུག་ཏུ་དྲོད་ཚད་མཐོ་བ་དང་ཆར་བ་མང་ན་སྨིན་འབྲས་གས་པ་དང་རུལ་བ། རླུམ་གོར་ཆགས་པ་སོགས་ཀྱི་སྣང་ཚུལ་འབྱུང་སླ། དེར་བརྟེན་དཔྱིད་དུས་ཚོད་དཀར་ཆེ་བ་འདེབས་འཛུགས་བྱེད་དུས་དམིགས་བསལ་གྱི་མ་ལག་ཚང་བའི་ལག་རྩལ་ལྡན་དགོས་ཏེ། བྱེད་ཐབས་གཙོ་བོ་ནི་སྔ་སྨིན་དང་ཡུ་ཀང་འཐེན་ཐུབ་པའི་ས་བོན་བདམས་ནས་དྲོད་ཚད་མཐོ་བའི་དུས་ཚིགས་ཀྱི་སྔོན་ལ་ཚོང་ཟོག་གི་རླུམ་སྨྲིལ་སྨིན་དུ་འཇུག་རྒྱུ་དེ་ཡིན། སྐྱེ་འཚར་དུས་ཡུན་ཇེ་རིང་དུ་གཏོང་ཆེད། སྔ་དུས་དྲོད་ཚད་དམའ་བའི་སྣང་ཚུལ་དང་སོན་བཞའ་འགྲུག་པར་སྔོན་འགོག་བྱེད་པ། དྲོད་ཁང་ངམ་འཁྱིག་ཤོག་སྤྱིལ་བུ་སྤྱད་དེ་འདེབས་འཛུགས་བྱེད་དགོས་ཤིང་། མཐོངས་ཡངས་ཚོ་འདེབས་ལས་ཉིན25~30སྔོན་ལ་ཚོ་འདེབས་བྱེད་དགོས། རྩ་སྤྱོས་མ་བརྒྱབ་སྔོན་ལ་གཏིང་ལུད་འདང་ངེས་འཛོག་དགོས་པ་དང་དུས་ཐོག་ཏུ་ཞིང་ཆུ་བཏང་སྟེ། པད་གདན་ལོ་མ་དང་ལོ་མའི་རླུམ་པོ་མགྱོགས་མྱུར་ངང་གྲུབ་ནས། འཚོ་བཅུད་སྐྱེ་འཚར་གྱི་དབང་པོའི་སྐྱེ་འཚར་གྱི་མྱུར་ཚད་ནི་མེ་ཏོག་གི་ཡུ་ཀང་སྐྱེ་འཚར་གྱི་མྱུར་ཚད་ལས་བརྒལ་ནས། ཚགས་དམ་པའི་ལོ་མའི་རླུམ་པོ་ཆགས་སུ་འཇུག་དགོས། འདེབས་འཛུགས་བྱེད་དུས་མྱུ་གུ་ཆུས་བསྐྱབས་པར་སྔོན་འགོག་བྱེད་དགོས་ཤིང་། དུས་ཐོག་ཏུ་ཆུ་འབྱུད་པར་ཡང་སྔོན་འགོག་བྱེད་དགོས། བཞའ་ཚན་ཆེ་བ་དང་། ཆུ་ཅུང་རྒྱུན་གཏོང་། ལུད་རྫས་སྣ་གཏོར་བྱས་ནས་རླུམ་གཟུགས་གྲུབ་པར་བྱེད་དགོས།

ཆ་ཤས་བཞི་པ། ཚོད་དཀར་ཆེ་བའི་སྨུས་ལེགས་དང་ཐོན་མཐོའི་འདེབས་འཛུགས་ལག་རྩལ།

གཅིག ཚོད་དཀར་ཆེ་བའི་འདེབས་འཛུགས་ལག་རྩལ།

(གཅིག) སོག་ཁ་བཀོད་སྒྲིག་དང་རྫོ་འདེབས་བྱེད་སྟངས།

ཚོད་དཀར་ཆེ་བ་བསྟུད་མར་བཏབ་པའི་གནོད་སྐྱོན་དང་ནད་འབུའི་གནོད་པ་འབྱུང་བར་སྔོན་འགོག་བྱེད་ཆེད། ཆ་རྐྱེན་འཛོམས་པའི་ས་ཁུལ་དུ་ལོ་ངོ3~4བར་རེས་འདེབས་བྱེད་པའི་ལམ་ལུགས་ལག་བསྟར་བྱེད་དགོས། འོན་ཀྱང་ས་ཞིང་རྒྱ་ཁྱོན་ཆུང་བ་དང་བསྐྱར་འདེབས་བརྩར་གྲངས་མཐོ་བ་ཡིན་ན། ཚོད་དཀར་ཆེ་བའི་དགོས་མཁོ་ཚད་མཐོ་ཞིང་འདེབས་སའི་རྒྱ་ཁྱོན་ཆེ་དགོས་པས། ཐོན་སྐྱེད་དངོས་ཀྱི་ཁྲོད་དུ་རེས་མོས་ཀྱིས་འདེབས་རྒྱུ་ནི་དཀའ་མོ་ཞིག་ཡིན།

སྔོན་ཁར་ཚོད་དཀར་ཆེ་བ་འདེབས་སྟངས་རྩ་བའི་ཆ་ནས་ཐད་ཀར་རྫོ་འདེབས་དང་སྨྱུག་གསོ་སྤྱིས་འཛུགས་རིགས་གཉིས་སུ་དབྱེ་ཡོད། ཐད་ཀར་རྫོ་འདེབས་ཀྱི་དགེ་མཚན་ནི་ཚོད་དཀར་ཆེ་བ་སྐྱེ་བའི་གོ་རིམ་ཁྲོད་སྐྱོན་ཅན་གྱི་རྩ་བ་སྤྱིས་འཛུགས་མི་བྱེད་པ་དང་། སྨྱུ་གུ་སྐྱེ་ཡུན་ཕྱིར་འགྱངས་བྱས་མེད། སྨྱུ་གུ་གསོ་བ་དང་སྤྱིས་འཛུགས་བྱས་པའི་ཚོད་དཀར་ཆེ་བ་དང་བསྡུར་ན་འོས་འཚམ་སྙོམས་འཕྲི་འདེབས་བྱས་ཆོག་ལ། འཕྲུལ་ཆས་ཀྱི་གནོད་འཚེ་ཆེན་པོའང་མེད། དེར་བརྟེན། ནད་སྐྱོན་ཉུང་ཉུང་བར་མ་ཟད། འཕྲུལ་ཆས་བཀོལ་སྤྱོད་བྱེད་བདེ་བ་བཅས་ཡིན། དེའི་སྐྱོན་ཆ་ནི་ཐད་ཀར་སྟོ་ཚལ་འདེབས་དུས་གཏན་འཁེལ་ནན་མོ་ཡིན་དགོས་ཤིང་། སྔོན་གྱི་སོག་མ་ངེས་པར་དུས་ཐོག་ཏུ་འཇོག་དགོས་པ་དང་ལས་མི་སྤྱོད་ཚད་གཅིག་སྲུད་ཡིན་དགོས། སྨྱུ་གུའི་དུས་སུ་ས་འཛིན་རྒྱ་ཁྱོན་ཆེ་བ་དང་། དབྱར་གྱི་སྟོ་ཚལ་ཚོང་མི་ཐྲིན་དུས་མཁོ་སྤྲོད་བྱེད་པར་འགལ་བ་འབྱུང་སྲིད། མཚོ་སྔོན་ཞིང་ཆེན་དུ་ད་ལམ་སྤྱིས་འཛུགས་ཚོད་དཀར་ཆེ་བ་རྫོ་འདེབས་བྱེད་ཀྱིན་མེད།

(གཉིས) ས་བོད་སློམ་པ་དང་རྣང་མ་བཟོ་བ། གཏིང་ལུད་འཇོག་པ།

1. ས་བོད་སློམ་པ།

ལོ་ཏོག་བསྡུས་རྗེས་དུས་ཐོག་ཏུ་སོག་ཤུལ་གཙོད་དགོས། ཡལ་ག་སྐྱོན་ཅན་གྱི་ལོ་མ་དང་རྩ་ལག དེ་བཞིན་རྩྭ་ངན་དུས་ཐོག་ཏུ་གཙང་སེལ་བྱེད་དགོས་པར་མ་ཟད། དེ་རྣམས་ལུད་སྤུངས་སར་གཅིག་སྡུད་བྱེད་དགོས། དུས་མཚུངས་སུ་སོག་ཤུལ་དུ་ལུས་པའི་ས་ཤུན་སྟེང་དུ་ལུད་འཇོག་སྐབས་སོ་ཕག་དང་རྫ་གཡམ་སོགས་གད་སྙིགས་ཀྱང་གཙང་སེལ་བྱེད་དགོས།

རྨོ་ཞིང་དུས་ཐོག་དང་ཞིབ་ཚགས་ཡིན་དགོས། མཐོ་སྒང་ས་ཁུལ་དུ་དགུན་དུས་རང་དགར་བསྐྱུར་བ་དང་དབྱར་དུས་ཀྱི་ས་བོན་མ་བཏབ་སྔོན་ལ་རྨོ་སློག་ཞིབ་ཚགས་དང་ཤལ་ཐེངས་གཅིག་རྒྱག་པ། དཔེར་ན་དགུན་ཁ་མ་སླེབས་སྔོན་དུ་གཏིང་རྨོ་མི་བྱེད་པ་དང་གཏིང་ལུད་མི་འཇོག་ཅིང་། དཔྱིད་དུས་ངེས་པར་དུ་བཟ་བསྡུ་ཙུང་སྡུ་བའི་ལོ་ཏོག་འདེབས་འཛུགས་བྱས་ཏེ་ཚོད་དཀར་ཆེ་བ་མ་བཏབ་སྔོན་དུ་རྟིང་སློག་རྒྱག་པ་དང་ས་རྒྱུ་སྐམ་པའི་དུས་ཚོད་འདང་ངེས་ཤིག་ཡོད་པར་བྱེད་དགོས།

2. རྣང་མ།

ཚོད་དཀར་ཆེ་བར་རྒྱུན་དུ་མཐོང་བའི་རྣང་མ་བཟོ་སྟངས་ལ་རྣང་མཉམ་དང་རྣང་མཐོ། རྣང་མཐོན་པོ། རྣང་ཆེན་སོགས་ཡོད། སོན་རིགས་ཆུང་གྲས་ཀྱི་རྣང་ཞེང་ནི་ཁྲེང3གྱི་བར་ཐག་ཡོད་དགོས་ཤིང་། རིང་ཚད་ལི་སྨི6~9ཡིན། འདིའི་རིགས་ནི་ས་འོག་གི་ཆུའི་ཟབ་ཚད་དང་ས་རྒྱུ་བྱེ་གསེག་རང་བཞིན་ཆེ་བ། ཆར་ཆུ་ཉུང་བ། ཚ་ཚད་ཅུང་མཐོ་བའི་ས་རྒྱུ་ཅན་གྱི་གནས་སུ་བཀོལ་བར་བྱེད།

3. ལུད་འཇོག་པ།

ཚོད་དཀར་ཆེ་བའི་རྩ་བ་ཅུང་སྲབ་ཅིང་སྐྱེ་ཚད་ཆེ། སྐྱེ་འཚར་གྱི་མྱུར་ཚད་མགྱོགས། ལུད་ཀྱི་ནུས་པ་ཡུན་རིང་ལྡན་པའི་ལུད་དང་ལུད་སྤུངས་རྣམས་གཏིང་ལུད་བྱེད་དགོས། ཚོད་དཀར་ཆེ་བ་ཐོན་ལེགས་ཞིང་ཁར་བརྟག་དཔྱད་བྱས་པ་ལྟར་ན། མུའུ་རེར་ཏུན10ཡོད་

པའི་མའོ་ཚལ་འཐོབ་དགོས་ན། སྨུའུ་རེར་སྐྱེ་ལྡན་ལུད་ཏུན4~6འཇོག་དགོས་པ་དང་། སྐྱེ་ལྡན་ལུད་བཀོལ་བ་ལས་གཞན། སྐྱེ་ལྡན་ལུད་དང་རྫས་ལུད་བསྲེས་ནས་གཏིང་ལུད་བྱས་ཀྱང་ཆོག ཀའོ་ཡིན་སོན་ཀལ་གཏིང་ལུད་བྱེད་སྐབས་སྨུའུ་རེར་སྟོང་ཁེ25~30འཇོག་དགོས།

གཏིང་ལུད་འཇོག་པའི་ཐབས་ལ་ལེབ་མར་གཏོར་བ་དང་། ཕྲེང་བར་གཏོར་བ། ཁུང་དུ་གཏོར་བ་གསུམ་ཡོད། ཆ་རྐྱེན་འཛོམས་པའི་ས་ཁུལ་དུ་གོང་བརྗོད་ཐབས་ལམ་གསུམ་པོ་ཟུང་འབྲེལ་བྱས་ནས་བཀོལ་ཆོག གཏིང་ལུད་ཐེངས་གཉིས་ལ་བཞག་ན་ཚོད་དཀར་ཆེ་བའི་ལུད་ཀྱི་དགོས་མཁོ་སྐོང་བར་ཕན།

(གསུམ) རྩོ་འདེབས།

1. སོན་རིགས་གདམ་གསེས།

དབྱར་གྱི་ཚོད་དཀར་ལ་ཁྲིན་ཞ་ཕང་དང་ཁྲིན་ཆིའུ་ཕང་། ཁྲིན་ཆིའུ54དང་ཁྲིན་ཧྲང་ཚོད་དཀར་སོགས་ཡོད། སྟོན་གྱི་ཚོད་དཀར་ལ་སོག་མ་སྔོན་མོའི་ལོ་མ་དང་ཞུག་ཐའི་པང་། རྨན་ཞིན་ཧྲང་། ཧྲན་ཏུང་ཨང7པ་སོགས་ཡོད།

2. འོས་འཚམ་གྱི་འདེབས་ཡུན་གཏན་འཁེལ་བྱེད་པ།

འོས་འཚམ་དུས་ཡུན་ལ་རྩོ་འདེབས་བྱེད་པ་ནི་སྟོན་དུས་ཚོད་དཀར་ཆེ་བ་སྨྲུས་ལེགས་དང་ཐོན་ཚད་མཐོ་བ། ཐོན་ཚད་བརྟན་པོ་བཅས་ཀྱི་གནད་འགག་གི་བྱེད་ཐབས་ཤིག་ཡིན། སྔ་མོ་ནས་འདེབས་འཛུགས་བྱས་ན་ཚོད་དཀར་ཆེ་བའི་སྐྱེ་ཡུན་ཇེ་རིང་དུ་གཏོང་ཐུབ། འོན་ཀྱང་སྔ་རྒྱུད་དང་ནད་འབྱུང་སླ་བས་ཐོན་ཚད་དང་རྒྱུ་སྤུས། གསོག་ཉར་ནུས་པ་བཅས་ལ་ཤུགས་རྐྱེན་ཐེབས་སྲིད། རྩོ་འདེབས་ཕྱི་ལྟར་བྱས་ན་ནད་གཞི་ཕོག་ཚད་དམའ་ན་ཡང་ཐོན་ཚད་ཇེ་དམའ་རུ་འགྲོ་ཞིང་ཉྲུམ་སྒྲིལ་མི་ལེགས། རྩོ་འདེབས་དུས་ཀྱི་འོས་འཚམ་དུས་ཡུན་ཉིན་གཅིག་ལ་དལ་འགོར་བྱས་ན་རྩོ་འདེབས་ཐོན་ཚད3%ཇེ་དམའ་རུ་འགྲོ། དེ་བས། སྟོན་དུས་ཀྱི་ཚོད་དཀར་ཆེ་བ་ནི་དུས་དང་བསྟུན་ནས་རྩོ་འདེབས་བྱས་ན་ད་གཟོད་སྔོན་དཔག་གི་ཕན་འབྲས་ཐོན་ཐུབ། མཚོ་བོད་མཐོ་སྒང་ས་ཁུལ་ནས་འདེབས་དུས་ཟླ6པའི་ཟླ་མཇུག་ནས་ཟླ7ཚེས10ཉིན་བར་ཡག་ཤོས་ཡིན།

3. ལྷང་སྨུག་ཚང་མ་ཐོན་པར་འགན་ལེན་བྱེད་པ།

བདམས་སྒྲོད་བྱེད་པའི་སོན་རིགས་བཟང་པོ་གཏན་འཁེལ་བྱས་རྗེས། འབྲུ་རྡོག་རྒྱགས་པ་དང་སྨིན་ཚད་མཐོ་བ། སྨུ་གུ་འབུས་ཚད་མཐོ་བ། སྨུ་གུ་འབུས་ཤུགས་ཆེ་བ་བཅས་ཀྱི་ས་བོན་བདམས་ན་ཞིང་ཁར་སྨུ་གུ་སྐྱེ་རྒྱུར་ཕན་ཐོགས་ཡོད། ས་བོན་མ་བཏབ་སྔོན་ལ་ས་བོན་ཐག་གཅོད་བྱེད་ཐབས་འགའ་ཡོད་དེ། གཅིག་ནི་ས་བོན་ཉིན2~3སྐམ་པ་དང་། ཉིན་རེར་དུས་ཚོད3~4འགོར་རྗེས་གྲིབ་བསིལ་ཡོད་སར་བཞག་ནས་ཚ་སེལ་བྱེད་དགོས། གཉིས་ནི་ཆུ་དྲོན་མོའི་ནང་དུ་སོན་སྦང་བྱེད་པ། ཐོག་མར་ས་བོན་ཆུ་འཁྱག་པའི་ནང་དུ་སྐར་མ10ལ་སྦང་བ་དང་། དེ་ནས50~54℃ཆུ་དྲོན་མོའི་ནང་དུ་སྐར་མ30སྦང་དགོས། དེའི་འཕྲོར་ཕྱིར་བླངས་ནས་ཀླུང་རྒྱུག་སར་བཞག་ནས་བསིལ་སྐམ་བྱས་རྗེས་འདེབས་པ། གསུམ་ནི་སྨན་སོན་བསྲེས་ནས་ས་བོན་གྱི་ལྗིད་ཚད་ཀྱི0.3%~0.4%ཐྱུ་མེ་ཏོང་ངམ་ཀུའི་ཧའོ་མའི་སོགས་སྨན་རྒྱུ་རྣམས་ས་བོན་ནང་དུ་བསྲེས་ཆོག

ཐད་ཀར་སྒྲོ་འདེབས་བྱེད་ཐབས་ལ་ཕྲེང་འདེབས་དང་ཁུང་འདེབས་རིགས་གཉིས་ཡོད། ཕྲེང་འདེབས་ནི་སྔོན་བཀོད་ཀྱི་ཕྲེང་བར་དང་ཡང་ན་རྣང་ངོས་ཀྱི་དཀྱིལ་དུ་ལི་སྨི0.6~1ཡོད་པའི་གཏིང་ཐུང་ཤུར་མོའི་ནང་དུ། ས་བོན་སྙོམས་པོར་ཡུར་བུའི་ནང་དུ་བཏབ་རྗེས་ས་ཞིབ་མོས་ཡུར་བུ་བཀབ་ནས་རྡོག་རྫིས་གཏོང་དགོས། ཁུང་འདེབས་ནི་སྔོང་རྐང་གི་བར་ཐག་ཤུར་ཐུང་ལྟར་འདེབས་རྒྱུ་དེ་ཡིན། ཐོག་མར་རིང་ཚད་ལ་ལི་སྨི10~15དང་ཞེང་ཚད་ལ་ལི་སྨི4~5གཏིང་ཐུང་ཤུར་བུ་བཟོ་དགོས། ཡང་ན་ཚངས་ཐིག་ལ་ལི་སྨི15~20ཡོད་ཅིང་ས་ངོས་ཀྱི་གཏིང་ཚད་ནི་ལི་སྨི1~1.5ཡོད་པའི་ཁུང་བུའི་ནང་དུ་ས་བོན་འབྲུ་རྡོག15~20འདེབས་དགོས། དེ་ནས་ས་འགེབས་པ་དང་རྡོག་རྫིས་གཏོང་བ་ཡིན། གལ་ཏེ་བཞའ་ཚན་མི་འདང་ན་སྔོན་ལ་ཁུང་ནང་དུ་ཆུ་གཏོར་དགོས་པ་དང་ཆུ་སིམ་རྗེས་སྒྲོ་འདེབས་བྱེད་དགོས། ཕྲེང་འདེབས་བྱེད་དུས་སྒྲོ་འདེབས་ཚད་གཞི་ནི་མུའུ་རེར་ཁེ150~200དང་། ཁུང་འདེབས་བྱེད་ཚད་ཁེ100~150ཡིན། ཚོད་དཀར་ཆེ་བ་སྒྲོ་འདེབས་འཕྲུལ་འཁོར་སྤྱད་ནས་སྒྲོ་འདེབས་བྱེད་དུས་ཐེངས་གཅིག་ལ་སྟར་ཕྲེང་བཞི་བཏབ་ཆོག

པ་དང་། དུས་མཚུངས་སུ་རྣང་མ་འདེབས་པ་དང་། མ་བཏབ་སྔོན་དུ་དྲག་གནོན་བྱེད་པ། ཡུར་བུ་འདྲུ་བ། རྫི་འདེབས་བྱེད་པ། ས་འགེབས་པ། ས་བཏབ་རྗེས་དྲག་གནོན་བྱེད་པ་སོགས་ཀྱི་ལས་རིམ་ལེགས་འགྲུབ་བྱེད་དགོས། བྱེད་ཐབས་འདིའི་ཤུར་མོའི་བར་ཐག་འཁྲུལ་མེད་ཡིན་དགོས་པ་དང་། འདེབས་འཛུགས་སྙོམས་པ། ཟབ་ཚད་གཅིག་མཐུན། སྨྱུ་གུ་འབུས་ཚད་དོ་སྙོམས་པ་བཅས་ཡིན་དགོས་ཤིང་། ས྄ྱུའུ་རེར་ཁེ100ཙམ་ལས་བཀོལ་སྤྱོད་བྱེད་མི་དགོས།

(བཞི) སྨྱུག་དུས་ཀྱི་དོ་དམ།

ཚོད་དཀར་བཏབ་ནས་ཉིན3~4འགོར་རྗེས་དུས་ཐོག་ཏུ་སྨྱུ་གུར་ཞིབ་བཤེར་དང་གསབ་འདེབས་བྱེད་དགོས་ཤིང་། སྨྱུ་གུ་དང་རྣང་མ་ཆད་པའི་སྣང་ཚུལ་སྔོན་འགོག་བྱེད་དགོས། སྨྱུ་གུ་སྟོབས་ཆེ་འདེམ་སྒྲུག་ནན་མོ་བྱེད་ཆེད། ལྗང་སྨྱུག་མཐུག་སེལ་ཐེངས་གཉིས་དང་། ལྗང་སྨྱུག་གཏན་ཁེལ་ཐེངས་གཅིག་གི་བྱེད་ཐབས་སྤྱོད་དགོས། “རྒྱ་གྲམ་འཐེན་པའི”སྐབས་སུ་ཐེངས་དང་པོར་སྨྱུ་གུ་མཐུག་སེལ་བྱེད་པ་དང་། སྨྱུ་གུ་འབུས་པའི་བར་ཐག་ལི་སྨི6~10འཇོག་དགོས། སྨྱུ་གུར་ལོ་མ4~5སྐྱེས་པའི་དུས་སུ། ཐེངས་གཉིས་པར་སྨྱུ་གུ་མཐུག་སེལ་བྱེད་པ་དང་སྨྱུ་གུའི་བར་ཐག་ལི་སྨི12~15དང་སྨྱུ་གུ2~3ཡིན་དགོས། སྨྱུག་དུས་མཇུག་ཛོགས་རྗེས་སྨྱུ་གུར་རྩ་སྤྲོས་རྒྱག་དགོས། སྟོང་ཀྲང་གི་བར་ཐག་གི་རེ་བ་ལྟར་ས་བོན་དེའི་ཁྱད་ཆོས་དང་མཐུན་ཞིང་སྨྱུ་གུ་སྐྱེ་སྟོབས་ཀྱི་ཚད་གཞི་ལོན་པའི་སྨྱུ་གུ་འཇོག་དགོས། སྔ་སྨིན་སོན་རིགས་ཀྲང2300~4000དང་བར་སྨིན་སོན་རིགས་ཀྲང2500~3000 འཕྱི་སྨིན་སོན་རིགས་ཀྲང2200~2400ཡིན། སྨྱུ་གུ་མཐུག་སེལ་བྱས་རྗེས་དུས་ཐོག་ཏུ་ཆུ་གཏོང་དགོས། ཡུར་མ་ཡུར་སྐབས་དུས་ལྟར་ཡུར་མ་ཡུར་བ་དང་། ལྷག་པར་དུ་ཐེངས་གཉིས་པར་ས་བོན་བཏབ་པའི་རྗེས་སུ་བར་རྩོད་སྲུས་ཚད་ཀྱི་བླང་བྱ་ལྟར་རྣང་བཟོ་བྱེད་དགོས་ཤིང་། དུས་མཚུངས་སུ་གཏོར་སྐྱོན་ཐོག་པའི་རྣང་མ་ཞིག་གསོ་བྱེད་དགོས། དེ་བས་ངེས་པར་དུ་སྨྱུག་དུས་ཀྱི་དོ་དམ་བྱེད་ཐབས་སྣ་ཚོགས་བརྒྱུད་དགོས་ཤིང་། ལྗང་སྨྱུག་ཚང་མར་ཐོན་པ་དང་། ལྗང་སྨྱུག་མཉམ་པ། ལྗང་སྨྱུག་སྐྱེ་སྟོབས་ཆེ་བ་བཅས་ཀྱི་བླང་བྱ་ལྟར་དུས་རིམ་རྗེས་མའི་

འཚར་སྐྱེ་ཡོང་བར་རྨང་གཞི་ལེགས་པོ་འདིང་དགོས།

(ལྔ) ལུད་འཇོག་པ།

ཚོད་དཀར་ཆེ་བ་ལ་ལུད་འཇོག་པར་དུས་བགོས་ལུད་འཇོག་དང་གཙོ་གནད་ལུད་འཇོག་ཟུང་འབྲེལ་བྱེད་པའི་རྩ་དོན་ཁོང་དུ་ཆུད་པར་བྱེད་དགོས། ཚོད་དཀར་ཆེ་བའི་སྐྱེ་འཚར་དུས་རིམ་དང་། ལུད་འཇིབ་ཚད་ཀྱི་མཐོ་དམའ་ལ་གཞིགས་ནས་དུས་སྐབས་བགོས་ནས་ལུད་འཇོག་དགོས། གཙོ་གནད་ལུད་འཇོག་ནི་ལུད་རྫས་མང་ཆེ་བ་ཚོད་དཀར་ཆེ་བའི་སྐྱེ་འཚར་དུས་སྐབས་སུ་དགོས་མཁོ་ཆེ་ཞིང་ལུད་ཀྱི་ནུས་པ་ཆེ་ཤོས་འདོན་སྤེལ་བྱེད་སྐབས་བེད་སྤྱོད་བྱེད་ཐུབ་པ་ཞིག་ཀྱང་ཡིན། སྔོན་ལུད་ནི་ས་བོན་འདེབས་སྐབས་ས་བོན་དང་མཉམ་དུ་སའི་ནང་དུ་བསྲེས་པ་ཡིན། མུའུ་རེར་ཞིའུ་སོན་ཨན་སྟོང་ཁི5~7འཇོག་དགོས། (ཡང་ན་ཕབ་རྩིས་བྱས་ན་ཚད་མཐུན་ཡིན་པའི་ཏན་རྒྱུའི་རྫས་ལུད་གཞན་དག འོག་མཚུངས) ལྡང་མྱུག་གི་ལོ་མ2~3འབུས་པའི་དུས་སུ། ལྡང་མྱུག་གི་འགྲམ་དུ་ལྡང་ལུད་བཞག་ཆོག་ལ། སྤྱོད་ཚད་ནི་མུའུ་རེར་སྟོང་ཁི5~8ཡིན། པད་གདན་དུས་སུ་སླེབས་རྗེས་ལུད་འཇོག་དགོས་ཤིང་། སྤྱིར་བཏང་དུ་མུའུ་རེར་སྐྱེ་ལྡན་ལུད་རྫས་ཏུལ་བསྐྱལ་ལངས་པ་སྟོང་ཁི500~1000དང་། ཡང་ན་ཞིའུ་སོན་ཨན་ནམ་ཡང་ན་ལིན་སོན་ཨེར་ཨན་སྟོང་ཁི10~15འཇོག་དགོས། དུས་མཚུངས་སུ་རྩྭ་ཐལ་སྟོང་ཁི50~100འམ་ལིན་དང་ཀྲ་འདུས་པའི་རྫས་ལུད་སྟོང་ཁི7~10བཞག་ནས་རྒྱུ་རྐྱེན་གསུམ་པོ་དོ་མཉམ་ཡོང་བར་བྱས་ཏེ་ལོ་མ་སྐྱེས་དྲགས་པར་སྔོན་འགོག་བྱེད་དགོས། སྐབས་འདིའི་ལུད་ནི་ལྡང་མྱུག་གི་བར་ཐག་ལི་སྨི15~20ཡོད་པའི་སར་ཡུར་འདྲུ་བའམ་ས་དོང་བརྐོས་རྗེས་འཇོག་དགོས། ལུད་བཞག་རྗེས་མྱུར་དུ་ཆུ་གཏོང་དགོས། ཟླུམ་གཟུགས་གྲུབ་པའི་དུས་སྐབས་ནི་ལུད་རྫས་ཆེས་ཆེར་མཁོ་བའི་དུས་སྐབས་ཡིན། ཟླུམ་པོར་མ་སྒྲིལ་སྔོན་གྱི་ཉིན5~6ལ་ཟླུམ་སྒྲིལ་གྱི་ལུད་འཇོག་དགོས་པ་དང་། མུའུ་རེ་སྟེང་དུ་ཏུལ་བསྐྱལ་ལངས་པ་ཕྲུས་ལེགས་སྐྱེ་ལྡན་ལུད་སྟོང་ཁི1000~1500དང་ཡང་ན་ཞིའུ་སོན་ཨན་སྟོང་ཁི15~25འཇོག་དགོས། རྩྭ་ཐལ་སྟོང་ཁི50~100འམ་གའོ་ལིན་སོན་ཀལ་དང་ཞིའུ་སོན་ཀྲ་སོ་སོར་སྟོང་ཁི10~15འཇོག་

དགོས། བར་སྨིན་དང་འཕྲི་སྨིན་གྱི་རིགས་ཡིན་ན་ཟླུམ་སྒྲིལ་གྱི་དུས་དཀྱིལ་དུ་ད་དུང་ལུད་འཛུག་དགོས་ཤིང་། མུའུ་རེར་སྐྱི་ལྷན་ལུད་རྫས་སྟོང་ཁ500~1000དང་ཡིའུ་སོན་ཨན་སྟོང་ཁ10~15འཛུག་དགོས། ལུད་རྫས་ཆུའི་ནང་དུ་བཞུས་ནས་ཆུའི་ནང་དུ་བླུགས་ཀྱང་ཆོག

(དྲུག) ཞིང་ཆུ་འདྲེན་པ་དང་ཆུ་འབུད་པ།

ཆུ་གཏོང་བའི་དུས་སུ་ཚོད་དཀར་ཆེ་བའི་སྐྱི་འཚར་དུས་རིམ་གྱི་ཆུའི་དགོས་མཁོ་ལྟར་གཏོང་དགོས་པ་ཡིན། ལྦང་སྨུག་གི་དུས་དང་པད་གདན་དུས་ནས་ཟླུམ་གཟུགས་གྲུབ་པའི་དུས་བར་དུ་ཆུ་གཏོང་ཚད་ཉུང་བ་ནས་རིམ་བཞིན་ཇེ་མང་དུ་གཏོང་དགོས།

ཚོད་དཀར་ཆེ་བར་ལྦང་སྨུག་དུས་སུ་ཆུ་བཏང་ནས་ས་དྲོད་ཇེ་དམའ་རུ་གཏོང་བ་དང་ནད་ཀྱི་གནོད་པར་སྔོན་འགོག་བྱེད་དགོས། དེའི་ཕྱིར་ལྦང་སྨུག་དུས་སུ་ཆུ་གཏོང་ཚད་མང་བ་དང་། ཟླུམ་སྒྲིལ་དུས་ཀྱི་སྐྱི་འཚར་ཆེས་ཆེ་བས་ཆུ་མཁོ་ཚད་ཆེས་མང་བ་ཡིན། རྣང་འདེབས་ཀྱི་རླངས་འགྱུར་ངོས་ཚད་ཅུང་ཆེ་བས་ཞིང་ཆུ་ཐེངས་མང་པོར་གཏོང་དགོས་ལ། རྣང་སློམས་འདེབས་འཛུགས་བྱས་པ་ཅུང་ཉུང་ངོ་།།

སྨུ་གུ་འབུས་པའི་ལྦང་སྨུག་དུས་སུ་རྩ་བ་ཅུང་ཆུང་བས། ཆུ་ངེས་པར་དུ་འདང་ངེས་མཁོ་སྤྲོད་བྱེད་དགོས་པ་དང་། ལྷག་པར་དུ་དྲོད་ཚད་མཐོ་ཞིང་ཐན་པ་ཆེ་དུས་སུ་ཆུ་བཏང་ནས་དྲོད་ཚད་ཇེ་དམའ་རུ་གཏོང་དགོས། ལྦང་སྨུག་ཆུང་ངུའི་དུས་སུའང་ཆུ་འདང་ངེས་ཤིག་ཡོད་པར་ཁག་ཐེག་བྱེད་དགོས་ཤིང་། "རྒྱ་གྲམ་དམར་པོ་འཐེན་པའི"དུས་སྐབས་དང་སྔོང་ཤང་ཚོགས་སྐྱིའི་དུས་སྔོན་དུ་ཆུ་ཉུང་ངུ་བཏང་ནས་ས་རྒྱུ་གས་པའམ་སྲ་མོར་འགྱུར་བར་སྔོན་འགོག་བྱེད་པ་དང་རྩ་ལག་འཚར་སྐྱེ་ཡོང་བར་སྐུལ་སྐྱོང་བྱེད་དགོས། པད་གདན་དུས་སུ་ཆུ་སྤྱོད་ལེན་བྱེད་ཚད་ཇེ་མང་དུ་འགྲོ་བཞིན་ཡོད། འོན་ཀྱང་ས་ངོས་དང་ས་འོག་གི་འགལ་བ་སློམ་སྒྲིག་བྱས་ཏེ། རྩ་ལག་དང་ལོ་མ་བདེ་ཐང་ངང་འཚར་སྐྱེ་འབྱུང་བར་སྐུལ་འདེད་བྱེད་ཆེད། བར་ཚོད་དང་བཞའ་སྲུང་སོགས་ཀྱི་བྱེད་ཐབས་སྤྱད་དེ། ཆུ་མཁོ་འདོན་མི་འདང་བའི་ཆ་རྐྱེན་འོག་ཆུ་འདྲེན་ཐེངས་འོས་འཚམ་སྙོམས་ཇེ་ཉུང་དུ་གཏོང་དགོས། ལྷག་པར་དུ་བསྟུད་མར་ཆར་ཟིམ་འབབ་པའི་ལོ་ཡིན་ན་ཆུ་གཏོང་བའི་

གྲངས་ཀར་ཚོད་འཛིན་བྱེད་དགོས། ཀླུམ་གཟུགས་གྲུབ་པའི་སྐབས་སུ་ཆུ་མང་པོ་གཏོང་དགོས་པ་དང་། ཉིན6~8ཆུ་ཐེངས་གཅིག་ལ་གཏོང་དགོས་ཤིང་། ས་རྒྱུ་བཞའ་རླན་ཆེ་བ་དང་ཚོད་དཀར་ཆེ་བའི་ཆུའི་དགོས་མཁོ་སྐོང་དགོས། བཟ་བསྡུ་མ་བྱས་པའི་སྔོན་གྱི་ཉིན8~10ལ་ཆུ་གཏོང་མཚམས་བཞག་སྟེ་ཚོད་དཀར་ཆེ་བའི་གསོག་འཇོག་སྐྱེལ་འདྲེན་རང་བཞིན་ཇེ་མཐོར་གཏོང་དགོས།

(བདུན) བཟ་བསྡུ།

ལོ་མ་ཀླུམ་པོ་དམ་པོར་བཏུམས་རྗེས་བཟ་བསྡུ་བྱེད་དགོས། ཟླ10པའི་ཟླ་དཀྱིལ་དང་ཟླ་སྨད་དུ་བཟ་བསྡུ་བྱེད་པ་ཡིན། དགུན་གསོག་བྱས་པའི་ཚོད་དཀར་ནི་གནམ་ངོ་དྭངས་དུས་བཟ་བསྡུ་བྱེད་དགོས་སོ།།

གཉིས། དཔྱིད་ཀྱི་ཚོད་དཀར་ཆེ་བ་དུས་སྔོན་དུ་ཡུ་རྐང་འཐེན་པར་སྔོན་འགོག་བྱེད་པའི་འདེབས་འཛུགས་ལག་རྩལ།

དཔྱིད་ཀར་འདེབས་འཛུགས་བྱས་ན་དཔྱིད་ཀ་དང་དབྱར་ཁ་སྟེ་དུས་ཚིགས་གཉིས་བརྒྱུད་དགོས་ཤིང་། ཉིན་རེའི་ཆ་སྙོམས་དྲོད་ཚད10~22℃ཡིན་པའི་དྲོད་འཇམ་དུས་ཚིགས་ཏ་ཅང་ཐུང་ཞིང་དཔྱིད་མགོའི་དྲོད་ཚད་ཅུང་དམའ་བས་ལྷང་མྱུག་འབུས་པར་ཕན་པ་མེད། དུས་མཇུག་ཏུ་དྲོད་ཚད་ཅུང་མཐོ་བ་དང་ཉི་འོད་འཕྲོ་ཚད་ཅུང་རིང་བའི་དུས་སུ་སླེབས་ན། ཐ་མོ་ནས་ཡུ་རྐང་འཐེན་ནས་མེ་ཏོག་བཞད་སླ་བ་དང་ཀླུམ་སྒྲིལ་ཆགས་དཀའ་བས་ཚོང་ཟོག་གི་རིན་ཐང་ཤོར་འགྲོ་བ་ཡིན། དུས་མཚུངས་སུ་ཚོད་དཀར་གྱི་ཀླུམ་གཟུགས་གྲུབ་པའི་དུས་ནི་དྲོད་ཚད་མཐོ་ཞིང་ཆར་ཆུ་མང་བའི་དུས་ཚིགས་ཡིན་ཞིང་། ནད་འབུའི་གནོད་པ་དང་ཀླུམ་སྒྲིལ་དཀའ་བ་འབྱུང་སླ་བས། དཔྱིད་དུས་བཏབ་པའི་ཚོད་དཀར་ཆེ་བར་གནོད་འཚེ་ཤིན་ཏུ་ཆེ། ངོ་སྣང་བྱེད་དགོས་པ་ཞིག་ནི། ཚོད་དཀར་ཆེ་བ་དཔྱིད་འགྱུར་དང་མེ་ཏོག་མྱུ་གུ་ཁ་གྱེས་པའི་རྗེས་སུ། ཚང་མ་མེ་ཏོག་གི་ཡུ་རྐང་འཐེན་པའི་ངེས་པ་མེད། གལ་ཏེ་འོས་འཚམ་གྱི་བྱེད་ཐབས་སྤྱད་དེ་ཡུ་རྐང་གི་རིང་ཚད་ཇེ་ཐུང་དུ་བཏང་བ་དང་ཡང་ན་ཡུ་རྐང་མ་འཐེན་ན། དཔལ་འབྱོར་གྱི་ཕན་འབྲས་ཀུན་ངེས་ཅན་

ཞིག་འབྱུང་སྲིད་པ་ཡིན།

(གཅིག) སྔོན་ལ་ཡུ་ཀང་འཐེན་པའི་རྒྱུ་རྐྱེན།

1. རིགས་འདིའི་དགུན་གཤིས་ཏ་ཅང་ཞན་པ་དང་དཔྱིད་འགྱུར་བར་མཚམས་ཀྱི་དྲོད་ཚད་མཐོ་བ།

ཚོད་དཀར་ཆེ་བ་ནི་ས་བོན་དཔྱིད་འགྱུར་ལྟོས་འབྱུང་གི་རིགས་སུ་གཏོགས་པ་སྟེ། ས་བོན་འབྲུས་པའི་སྐབས་སུ་དྲོད་ཚད་དམའ་བའི་ཁོར་ཡུག་བཟོད་ཐུབ་པ་དང་དཔྱིད་འགྱུར་གྱི་གོ་རིམ་བརྒྱུད་ཐུབ་པ་ཡིན། ཞིབ་འཇུག་གི་གྲུབ་འབྲས་ལྟར་ན། ཚོད་དཀར་ཆེ་བས་དཔྱིད་འགྱུར་གོ་རིམ་ཁྲོད་དུ་དྲོད་ཚད་ལ་རེ་བ་ནན་མོ་མེད་དེ། སྤྱིར་བཏང་དུ་དྲོད་ཚད10℃ལས་དམའ་བའི་སྐབས་སུ། ཉིན10~20ནང་དུ་ལེགས་འགྲུབ་འབྱུང་ཐུབ། 10~15℃དྲོད་ཚད་འོག་ཏུ། དུས་ཚོད་ངེས་ཅན་ཞིག་གི་ནང་དུའང་དཔྱིད་འགྱུར་འབྱུང་ཐུབ། དྲོད་ཚད་དམའ་བའི་ཤུགས་རྐྱེན་གསོག་འཇོག་བྱས་ཚོག་པར་མ་ཟད་རྒྱུན་མཐུད་ཀྱི་དྲོད་ཚད་དམའ་བའི་བླང་བྱ་འདོན་མི་ཉུང་། ཚོད་དཀར་ཆེ་བའི་རིགས་མི་འདྲ་བའི་དབང་གིས་དྲོད་ཚད་ལ་འཁྲོད་པའི་རང་བཞིན་ཡང་མི་འདྲ་བ་དང་། དེའི་ཕྱིར་ཡུ་ཀང་འཐེན་པའི་ནུས་པའང་མི་འདྲའོ།།

2. རྩོ་འདེབས་དུས་ཡུན་སྔ་དྲགས་པ།

ས་བོན་འདེབས་ཡུན་སྔ་དྲགས་ན་མྱུ་གུའི་སྐྱེ་འཚར་དུས་ཡུན་རིང་བ་ཡིན། ལྟང་མྱུག་དུས་སྐབས་ནི་དུས་ཡུན་རིང་བར་དྲོད་ཚད་དམའ་བའི་ཁོར་ཡུག་ཏུ་གནས་པས། དཔྱིད་འགྱུར་དུས་རིམ་བརྒྱུད་དེ་ཡུ་ཀང་འཐེན་སླ་བ་དང་། ལྷག་པར་དུ་དྲོད་ཚད་དམའ་བ་དང་གྲང་ངར་གྱིས་གནོད་འཚེ་ཐེངས་མང་ཐེབས་པའི་གནམ་གཤིས་ལ་འཕྲད་དུས། ས་བོན་འདེབས་རྒྱུ་སྔ་དྲགས་ན་དེ་བས་མི་འགྲིག ལག་ལེན་ལས་བདེན་དཔང་ཐོབ་པ་ནི། དཔྱིད་ཀྱི་ཚོད་དཀར་ཆེ་བ་འདེབས་འཛུགས་བྱེད་དུས། དྲོད་ཚད་དོ་དམ་ནི13℃ལས་དམའ་མི་རུང་། གལ་ཏེ13℃ལས་དམའ་ན་ཡུ་ཀང་འཐེན་པའི་སྣང་ཚུལ་འབྱུང་སླ། དེར་བརྟེན་ལོ་དེའི་དཔྱིད་མགོའི་གནམ་གཤིས་གནས་ཚུལ་དང་ཟུང་འབྲེལ་བྱས་ཏེ། རྩོ་འདེབས་དུས་

ཚོད་དང་ཚོང་རར་འདོན་པའི་དུས་ཚོད་ནི་དཔྱིད་ཀྱི་ཚོད་དཀར་ཆེ་བ་འདེབས་འཛུགས་ཁྲོད་སྣང་ཆུང་བྱེད་མི་རུང་བའི་རྒྱུ་རྐྱེན་གལ་ཆེན་ཞིག་ཡིན།

3. འདེབས་འཛུགས་དོ་དམ་འོས་འཚམ་མིན་པ།

འདེབས་འཛུགས་བྱེད་པའི་གོ་རིམ་ཁྲོད་དུ། འཚར་སྐྱེ་ཆ་རྐྱེན་དང་འཚམ་པའི་ཁོར་ཡུག་གསར་སྤྲུན་མེད་པས་ཡུ་རྐང་འཐེན་པ་ཡིན། གལ་ཏེ་ཞིང་བདག་གིས་ས་མོ་ནས་རྩ་སྡོས་རྒྱག་པ་དང་ཚོང་རར་འདོན་སྤྲོད་བྱེད་པའི་ཆེད་དུ། ས་མོ་ནས་ས་བོན་བཏབ་ནས་སྨྱུག་ཆེན་པོར་གྱུར་པ་དང་དེ་ནས་མཐོངས་ཡངས་སུ་སྡོས་འཛུགས་བྱས་ན། དོན་དངོས་སུ་སྨྱུ་གུ་འབྱུས་པའི་དུས་ཚོད་ནང་དུ་དཔྱིད་འགྱུར་དུས་ཡུན་བརྒྱལ་བ་དང་། རྩ་སྡོས་བརྒྱབ་རྗེས་སྐྱར་ཡང་གྲང་ངར་ལ་འཕྲད་པ་དང་། ཉུམ་གཟུགས་གྲུབ་མ་ཐག་ཡུ་རྐང་ཕྱིར་འཐེན་པ་ཡིན། ཞིང་བདག་ལ་ལས་ལྷང་སྨྱུག་གསོ་བའི་དུས་སུ། སྨྱུ་གུ་གསོ་སར་རྒྱུན་དུ་ཀླུང་རྒྱུག་ཏུ་འཇུག་པ་དང་། མཐར་སྨྱུ་གུར་དཔྱིད་འགྱུར་ཡོངས་སུ་རྫོགས་པ་མ་བྱུང་སྟེ། སྡོས་འཛུགས་བྱས་རྗེས་ཆུ་ལུད་ཀྱི་རྗེས་མི་ཚོད་པར་གྱུར། མཇུག་མཐར་ཉུམ་སྒྲིལ་ནང་གི་ཡུ་རྐང་གིས་ཕྱིར་འཚོང་ལ་ཤུགས་རྐྱེན་ངན་པ་ཐེབས་པ་དང་། ཡང་ཞིང་བདག་ལ་ལས་སྨྱུག་གསོ་མི་བྱེད་པར་ཐད་ཀར་རྩོ་འདེབས་བྱེད་པ་དང་། ས་བོན་འདེབས་སྐབས་འཁྱིག་ཤོག་བཀབ་ཀྱང་སྨྱུ་གུ་ཆུང་དུ་སའི་ཁར་བུད་རྗེས་དྲོད་ཚད་དམའ་བའི་དུས་དང་འཕྲད་ནས་དཔྱིད་འགྱུར་བྱས་པས། ཡུ་རྐང་འཐེན་པའི་སྣང་ཚུལ་བྱུང་བ་ཡིན།

(གཉིས) སྔོན་ལ་ཡུ་རྐང་འཐེན་པར་སྔོན་འགོག་བྱེད་པའི་འདེབས་འཛུགས་ལག་རྩལ་དང་བྱེད་ཐབས།

1. དཔྱིད་འདེབས་ལ་འཚམ་པའི་སོན་རིགས་བདམས་པ།

དཔྱིད་དུས་ཚོད་དཀར་ཆེ་བ་སྐྱེས་པའི་ཉིན་གྲངས་ནི་སྔོན་དུས་ལས་ཐུང་བ་ཡིན། སྐྱེ་འཚར་དུས་ཡུན་ཐུང་བ(སྤྱིར་བཏང་ཉིན70ཡས་མས་ཡིན)དང་། དགུན་གཤིས་རང་བཞིན་ཆེ་བ། ཡུ་རྐང་འཐེན་པར་འགོག་པ། ཐོན་ཚད་མཐོ་བ་བཅས་ཀྱི་སོན་རིགས་འདེམ་དགོས་ཏེ། དཔེར་ན། པེ་ཅིན་ཞའོ་ཙ55དང་། ཁྲུན་ཞ་ཕང་། ཆིང་ཧྲི། ཁྲུན་ཏ་ཙང་།

ཧིན་རྡང་། ལུའུ་ཁྲུན་པའི་ཨང1པ། ཁྲུན་ཀོན། ཅིན་ཁྲུན་པའེ། ཅའོ་ཁྲུན་ལྷང་། ཆིང་ཀྲི། ཐུན་ཁྲུན་ཨང་དང་པོ། ཅིན་ཁྲུན་ཨང2པ་སོགས་ཡིན།

2. སྦྱང་སྐྱོང་བྱེད་སར་འཚོ་བཅུད་ཕོར་བ་སྤྱད་ནས་མྱུག་གསོ་སྤོས་འཛུགས་བྱེད་པ།

དཔྱིད་ཀྱི་ཚོད་དཀར་ཆེ་བ་ཚོ་འདེབས་ཐ་དྲགས་པ་དང་དྲོད་ཚད་དམའ་ན། དཔྱིད་འགྱུར་ལས་བརྒྱུད་སླ་བ་ཡིན། ཚོ་འདེབས་འཕྱི་དྲགས་ན་དབྱར་དུས་དྲོད་ཚད་མཐོ་བས་སྤུས་ལེགས་ཐྲུམ་སྒྲིལ་ཆགས་དཀའ། དེར་བརྟེན། དྲོད་ཁང་དང་དྲོད་ས། གྲང་འགོག་སྒྲིག་ཆས་ལེགས་པའི་རྣང་མ་ཧྲུ་འཚོ་བཅུད་ཕོར་བས་མྱུ་གུ་གསོས་ཆོག མྱུ་གུའི་སྐྱེ་འཚར་དུས་ཡུན་ཉིན25~40ཡིན་ཞིང་། གནམ་གཤིས་ཇེ་དྲོ་རུ་སོང་སྟེ། མཚན་མོའི་དྲོད་ཚད10℃ལས་མི་དམའ་བ་དང་། ལོ་སྨྱི5སའི་དྲོད་ཚད13℃ཡན་དུ་གཏན་འཇགས་བྱུང་ན་དྲོད་ཁང་ཆེན་མོའམ་གཞུ་དབྱིབས་ཅན་གྱི་སྤྱིལ་བུ་རུ་སྤོས་འཛུགས་བྱེད་དགོས་ཤིང་། 13℃མན་གྱི་དྲོད་ཚད་ལས་དམའ་བར་སྔོན་འགོག་བྱེད་དགོས། ཐ་མོ་ནས་ཚོ་འདེབས་བྱས་ཏེ་ཚོད་དཀར་གྱི་སྐྱེ་ཡུན་ཇེ་རིང་དུ་གཏོང་ན། ཚོ་འདེབས་དུས་ཡུན་ཚོང་རར་འདོན་དུས་ལྟར་དུ་ཐག་གཅོད་བྱེད་དགོས་ཏེ། གལ་ཏེ་ལྡུ་གཅིག་གི་ཐ་གཞུག་ཏུ་ཚོང་རར་འདོན་དགོས་པ་ཡིན་ན། ཟླ2པའི་ཟླ་མཇུག་ཏུ་ཚོ་འདེབས་བྱས་ཆོག ལྡུ་གཅིག་གི་རྗེས་སུ་བསྟུད་མར་ཚོང་རར་འདོན་ན་ཟླ3པའི་ཟླ་སྟོད་དུ་བཏབ་ཆོག ཟླ6པའི་ཟླ་སྟོད་དུ་ཚོང་རར་འདོན་ན་ཟླ3པའི་ཟླ་སྨད་ནས་ཟླ4པའི་ཟླ་སྟོད་དུ་འདེབས་འཛུགས་བྱས་ཆོག

3. འདེབས་འཛུགས་རྗེ་དམ་ལ་ཤུགས་སྣོན་པ།

ཙ་སྤོས་བརྒྱབ་རྗེས་སྤྱིལ་བུའི་ནང་དུ་སྤྱིར་བཏང་དུ་རླུང་མི་རྒྱུའམ་རླུང་ཉུང་རྒྱུག་བྱས་ན། སྤྱིལ་བུའི་ནང་གི་དྲོད་ཚད་ཇེ་མཐོར་ཡོང་སྟེ་མྱུ་གུའི་སྐྱེ་འཕེལ་ཇེ་དལ་དུ་གཏོང་བར་ཕན། དྲོད་ཚད་ཇེ་མཐོར་སོང་བ་དང་བསྟུན་ནས་རླུང་རྒྱུ་བ་དང་རླུང་རྒྱུ་ཚད་ནི་ཆུང་བ་ནས་ཇེ་ཆེར་གཏོང་དགོས། ཚོད་དཀར་ཆེ་བ་སྐྱེ་བ་ནས་ཐྲུམ་གཟུགས་གྲུབ་པའི་ཐོག་མའི་དུས་སུ་དུས་ཐོག་ཏུ་སྐྱི་སྲབ་བརྗོལ་དགོས་ཤིང་། དྲོད་ཚད་ཇེ་དམའ་རུ་བཏང་ནས་ཐྲུམ་གཟུགས་གྲུབ་པར་སྐུལ་འདེད་བྱེད་དགོས། དཔྱིད་ཀྱི་ཚོད་དཀར་ཆེ་བའི་སྐྱེ་ཡུན་

ཐུང་ལ་སྟོང་དབྱིབས་ཚགས་དམ་པས་འོས་འཚམ་སྔོས་མཐུག་འདེབས་བྱས་ཆོག །འདེབས་འཇུགས་བྱེད་སྐབས་ སྤྱིར་བཏང་དུ་ལྷང་སྨུག་རྩ་ཟབ་སྟོང་རྒྱས་ཡོང་བར་མི་བྱེད་པར་ཆུ་ལུད་མཉམ་རྒྱག་བྱེད་དགོས། འཚོ་བཅུད་འཕེལ་བར་སྐྱུལ་འདེད་བྱས་ནས་མ་སྨིན་པའི་ཡུ་ཁང་ཚོད་འཛིན་བྱེད་པ་དང་ས་རྒྱུ་གཤིན་པོ་ཡིན་དགོས་ཤིང་། སྨུར་ཕན་རང་བཞིན་གྱི་གཏིང་ལུད་དང་གསེབ་ལུད་མང་ཙམ་འཇོག་དགོས། སྐྱེ་འཚར་གྱི་དུས་མགོར་འཚོ་བཅུད་ཀྱི་ཆ་རྐྱེན་ལེགས་པོ་ཡོད་པར་ཁག་ཐེག་བྱས་ཏེ། འཚར་སྐྱེ་ལ་ཚོད་འཛིན་བྱས་ན་མེ་ཏོག་གི་སྨུ་གུ་ཁ་གྱེས་པའི་སྔོན་དུ་ལོ་མ་སྤར་ལས་མང་པོ་ཞིག་ཐོགས་པ་ཡིན། སྤྱིར་བཏང་དུ་ལྷང་སྨུག་ཆུང་ངུའི་དུས་དང་རྩ་སྦྲོས་བརྒྱབ་རྗེས། ཟླ་འོ་རེར་གཅིན་རྒྱ་སྟོང་ཁ10~15བཏང་ན་སྨུར་དུ་པད་གདན་དང་ལོ་མ་ཇླུམ་སྒྲིལ་ཆགས་ཐུབ། པད་གདན་དུས་ཀྱི་རྗེས་སུ་དྲོད་ཚད་ཇེ་མཐོར་སོང་བ་དང་བསྟུན་ནས་ཆུ་གཏོར་ཚད་ཇེ་མང་དུ་གཏོང་བ། ས་རྒྱུའི་བརླན་གཤེར་རྒྱུན་འཁྱོངས་བྱས་ན། པད་གདན་དུས་ཀྱི་ཐན་པ་ཡིས་པད་གདན་ལོ་མའི་སྐྱེ་འཚར་དང་ཇླུམ་འདབ་ཀྱི་གྱེས་འགྱུར་ལ་ཤུགས་རྐྱེན་ཐེབས་སྲིད། འོན་ཀྱང་མེ་ཏོག་གི་སྨུ་གུ་ཁ་གྱེས་པའི་དུས་སུ་དྲོད་ཚད་མཐོ་བ་དང་། ཉི་འོད་ཕོག་ཡུན་རིང་ན་མེ་ཏོག་གི་ཡུ་ཁང་སྐྱེ་འཚར་ལ་ཕན་པ་ཡོད། དེ་བས་ངེས་པར་དུ་འཚོ་བཅུད་སྐྱེ་འཚར་གྱི་སྨུར་ཚད་ནི་མེ་ཏོག་གི་ཡུ་ཁང་སྐྱེ་འཚར་གྱི་སྨུར་ཚད་ལས་བརྒལ་དགོས་པ་དང་། པད་གདན་དུས་སུ་ལུད་བརྒྱབ་ནས་པད་འདབ་དང་རྩ་བ་སྐྱེ་རུ་འཇུག་དགོས། ཇླུམ་སྒྲིལ་དུས་མགོ་དང་དུས་སྨེད་དུ་སྨུར་ཕན་རང་བཞིན་གྱི་ཐས་ལུད་ཐེངས་རེ་གཏོར་དགོས་ཤིང་། སྤྱིར་བཏང་དུ་ཟླ་འོ་རེར་གཅིན་རྒྱ་སྟོང་ཁ15~20རྒྱག་དགོས་པ་དང་། ཆུ་གཏོང་སྐབས་ཧྲན་ཚད་དང་སྐམ་ཚད་ཚོད་འཛིན་བྱེད་དགོས། ཆུ་མང་པོ་གཏོང་མི་རུང་སྟེ། དྲོད་ཚད་མཐོ་ཞིང་བརླན་གཤེར་ཆེ་དྲགས་ནས་སྙི་ནད་འབྱུང་བར་སྔོན་འགོག་བྱེད་དགོས།

4. དུས་ཐོག་ཏུ་ཚོང་ར་འདོན་པ།

དཔྱིད་ཀྱི་ཚོད་དཀར་ཆེ་བ་སྨིན་རྗེས་དུས་ཐོག་ཏུ་ཚོང་རར་འདོན་དགོས། བཟོ་བསྐྱུའི་དུས་ཚོད་འགོར་དྲགས་ན་སྙི་ནད་ལ་སོགས་པ་འབྱུང་བ་ཡིན་ནོ།།

གསུམ། རྣམ་མཐོའི་བླ་བླ་ཚལ་གྱི་འདེབས་འཛུགས་ལག་རྩལ།

(གཅིག) བླ་བླ་ཚལ་གྱི་ཁྱད་ཆོས།

བླ་བླ་ཚལ་གྱི་རྒྱུ་སྤུས་སྙི་མོ་ཡིན་ཞིང་། བྲོ་བ་དམིགས་བསལ་ཡིན་ལ་སྨིན་ཐུ་བ། ཡྲུམ་སྒྲིལ་དུས་ཡུན་ཐུ་ཞིང་། ཡྲུམ་གཟུགས་གྲུབ་ཚད་མགྱོགས་ལ། སྐྱེ་བའི་དུས་ཡུན་ཐུང་། སྔོ་འདེབས་བྱས་རྗེས་ཀྱི་ཉིན45~50ནང་དུ་བཟང་བསྡུ་བྱས་ཆོག ཡྲུམ་སྒྲིལ་རེར་ལྗིད་ཚད་ཁེ200~300ཡིན།

(གཉིས) དབྱིད་འདེབས་བླ་བླ་ཚལ་གྱི་འདེབས་འཛུགས་ལག་རྩལ།

1. ཡུ་རིང་འཐེན་པར་བཟོད་ཐུབ་པའི་བླ་བླ་ཚལ་གྱི་རིགས་འདེམ་པ།

དབྱིད་ཀའི་བླ་བླ་ཚལ་གྱི་རིགས་ནི་གོང་གསལ་བླ་བླ་ཚལ་གྱི་ཁྱད་ཆོས་དང་མཐུན་དགོས་པར་མ་ཟད། ད་དུང་ཡུ་རིང་འཐེན་པར་བཟོད་ཐུབ་པའི་ནུས་པ་ཆེན་པོ་ཞིག་ལྡན་དགོས།

2. དུས་ཐོག་ཏུ་སྔོ་འདེབས་དང་འོས་འཚམ་སྐོས་མཐུག་འདེབས་བྱེད་པ།

དབྱིད་ཀའི་བླ་བླ་ཚལ་གྱི་རིགས་ནི་བྱང་ཕྱོགས་ས་ཁུལ་གྱི་དབྱིད་ཀར་འདེབས་འཛུགས་བྱས་ན་འཚམ་པ་དང་། ས་བབ་མཐོ་བའི་རི་ཁུལ་དུ་དབྱར་ཁ་དང་སྟོན་ཁའི་དུས་སུ་སྔོ་འདེབས་བྱས་ན་འཚམ་པ་ཡིན། སྔོ་འདེབས་དུས་ཡུན་ནི་སྤྱིར་བཏང་གི་དབྱིད་ཀྱི་ཚོད་དཀར་ཆེ་བ་དང་གཅིག་མཚུངས་ཀྱི་དུས་ཡུན་བདམས་ནས་འདེབས་འཛུགས་བྱེད་པ་དང་། སྔོ་འདེབས་སྨྱུག་གསོ་དང་རྩ་སྤྲོས་རྒྱག་པའི་དྲོད་ཚད་ནི13~20℃ཡིན། སྨྱུ་གུ་སྤྲོས་འཛུགས་བྱས་ཆོག་ལ་ཐད་ཀར་སྔོ་འདེབས་བྱས་ཀྱང་ཆོག

(1) ཐད་ཀར་སྔོ་འདེབས། བླ་བླ་ཚལ་གྱི་གཟུགས་དབྱིབས་ཆུང་བ་དང་། ཐོན་སྐྱེད་ཁྲོད་དུ་གྲངས་འབོར་ལ་མཐོང་ཆེན་བྱེད་པ་ལས་སྟོང་རིང་གཅིག་གི་ཐོན་ཚད་མཐོང་ཆེན་མི་བྱེད་དོ། །སྤྱིར་བཏང་དུ་མུའུ་རེར་སྟོང་རིང10000འཛུགས་པ་དང་། མུའུ་རེར་འདེབས་ཚད་ཁེ100~150ཡིན། གལ་ཏེ་སྨྱུ་གུ་གསོ་དུས་བར་སྟོང་ཆེ་བ་ཡིན་ན་ཐད་འདེབས་ཀྱི་ཐབས་ལ་བརྟེན་ནས་དུས་ཚོད་དང་ལས་ཀ་གྲོན་ཆུང་བྱེད་དགོས།

དཔྱིད་མགོའི་དྲོད་ཚད་དམའ་བའི་རྐྱེན་གྱིས་གནམ་གཤིས་ཇེ་དྲོ་རུ་སོང་བ་དང་བསྟུན་ནས། ཚོད་དཀར་བཏབ་རྗེས་དྲོད་ཚད་དམའ་བའི་དཔྱིད་འགྱུར་སྔོན་འགོག་བྱེད་ཆེད། དཔྱིད་འདེབས་སྔ་མི་རུང་། དེ་ལྟར་མ་བྱས་ན་སྔོན་ལ་ཡུ་རྐང་ཐོན་སླ་ཞིང་། སྤྱིར་བཏང་དུ་དྲོད་ཚད13℃ཡན་དུ་སླེབས་སྐབས་རྐྱོ་འདེབས་བྱེད་བཞིན་ཡོད། ཐེ་ལིང་ས་ཁུལ་གྱི་མཐོང་ས་ཡངས་རྐྱོ་འདེབས་ནི་ཟླ4པའི་ཟླ་མཇུག་ནས་ཟླ5པའི་ཟླ་མགོར་འདེབས་པ་ཡིན་ལ། དྲོད་ཁང་དང་སྤྱིལ་བུའི་དྲོད་སྲུང་ཆ་རྐྱེན་བཟང་ན་འདེབས་འཛུགས་དུས་ཡུན་སྔ་སྒྱུར་འོས་འཚམ་བྱས་ཆོག སྤྱིལ་བུའི་ནང་དུ་ཟླ3པའི་ཟླ་མགོར་རྐྱོ་འདེབས་བྱེད་པ་དང་དྲོད་ཁང་ཆེན་མོའི་ནང་དུ་ཟླ3པའི་ཟླ་མཇུག་ཏུ་རྐྱོ་འདེབས་བྱེད། ས་ཁུལ་གཞན་དག་གི་རྐྱོ་འདེབས་དུས་ཡུན་ནི་དྲོད་ཚད་བསྐྱར་འཕར་བྱུང་བའི་མགྱོགས་དལ་དབང་གིས་སོ་སོར་ཁྱད་པར་ཡོད་དོ།།

(2) འོས་འཚམ་སྒྲོས་མཐུག་འདེབས་བྱེད་པ། བླ་བླ་ཚལ་གྱི་སྡོང་རྐང་ཆུང་བས་མཐུག་འདེབས་བྱས་ན་འཚམ་པ་དང་། མཐུག་འདེབས་བྱས་ན་ལོ་མ་ཙུང་ཆུང་བའི་ཟླུམ་སྒྲིལ་ཆགས་པར་ཕན་པ་ཡོད། ཐན་པ་དང་ཐན་པ་མེད་ཙམ་འབྱུང་སླ་བའི་མཐོང་ས་ཡངས་དང་སྤྱིལ་བུ། དྲོད་ཁང་བཅས་ཚང་མར་སྒྲོམ་འདེབས་ཡང་ན་རྣང་འདེབས་བྱས་ཆོག གལ་ཏེ་སྒྲོམ་འདེབས་སྤྱད་ན། སྒྲོམ་ཞེང་ལི་སྨི90དང་ས་སྒྲོམ་རེར་ཐིག་ཕྲེང3ཡོད་དགོས་པ་དང་། སྡོང་རྐང་གི་བར་ཐག་ལི་སྨི30×ལི་སྨི20ཡོད་དགོས། གལ་ཏེ་རྣང་འདེབས་བྱས་ན་རྣང་མ་དོག་མོ་གཉིས་སུ་འདེབས་འཛུགས་བྱས་ཆོག རྣང་མར་འདུས་ཚད་ལི་སྨི60དང་། རྣང་མའི་སྟེང་དུ་སྟར་ཕྲེང2འདེབས་ཤིང་། སྡོང་རྐང་གི་བར་ཐག་ཏ་ལམ་ལི་སྨི20ཡོད་དགོས།

3. དྲོད་ཚད་དོ་དམ།

ལྗང་སྨུག་གསོ་དུས་ཀྱི་མཚན་མོའི་དྲོད་ཚད་དམའ་ཤོས13℃ཡན་དུ་གཏན་འཇགས་ཡིན་དགོས།

སྤྱིལ་བུ་དང་དྲོད་ཁང་ཆུང་ངུར་འདེབས་འཛུགས་བྱས་ན་དྲོད་ཚད་ཇེ་མཐོར་སོང་བ་དང་བསྟུན་ནས། སྤྱིལ་བུ་གཏོར་ནས་རླུང་རྒྱུག་ཚད་རིམ་བཞིན་ཇེ་ཆེར་གཏོང་

དགོས། དྲོད་ཚད་དམའ་ཤོས13℃ཡན་ལ་སླེབས་སྐབས་སྐྱི་མོ་ཡོད་ཚད་བཤུས་དགོས། སྐྱི་མོ་དོར་རྗེས་དུས་ཐོག་ཏུ་ཡུར་མ་ཡུར་བ་དང་ས་དྲོད་ཇེ་མཐོ་རུ་བཏང་ནས་རྩ་ལག་འཚར་སྐྱེ་ཡོང་བར་སྐུལ་འདེད་གཏོང་དགོས།

སྦྱིལ་བུ་དང་དྲོད་ཁང་ཆེན་མོའི་ནང་དུ་འདེབས་དུས་མཚན་མོའི་དྲོད་ཚད13℃ཡན་ཟིན་དགོས། དུས་མགོའི་དྲོད་སྲུང་གི་ནང་གཞིའི་སྟེང་། ཉིན་རེར་རླུང་ཆུང་དུ་རྒྱུག་ཏུ་བཅུག་ནས་བརླན་སེལ་བྱས་ཏེ་སད་ནམ་ནད་ཇེ་ཉུང་དུ་གཏོང་དགོས། དུས་དཀྱིལ་དང་དུས་མཇུག་གི་མཚན་མོར་དྲོད་སྲུང་བྱེད་དགོས་ཤིང་། ཉིན་མོར་རླུང་རྒྱུ་དུས་དྲོད་ཚད་ཇེ་དམའ་རུ་གཏོང་བ་དང་བརླན་གཤེར་མེད་པར་བཟོ་དགོས། ཆེས་དམའ་བའི་དྲོད་ཚད13℃ཡན་དུ་འཕར་དུས། ཉིན་མཚན་ཀུན་ཏུ་རླུང་རྒྱུག་ན་ཆོག་ཅིང་མཚན་མོར་དྲོད་སྲུང་བྱེད་མི་དགོས། ཉིན་མོའི་དྲོད་ཚད་མཐོ་ཤོས25℃ཡས་མས་སུ་རྒྱུན་འཁྱོངས་བྱེད་དགོས་སོ། །

4. ཆུ་ལུད་དོ་དམ།

ཆུ་ལུད་ལ་ཚོད་འཛིན་འོས་འཚམ་བྱེད་དགོས་ཤིང་ཆུ་ལུད་མང་མི་རུང་། དེ་མིན་སྡོང་རྐང་སྐྱེས་པ་རིང་དྲགས་པ་དང་། སྟུག་ཚད་ཆེ་དྲགས་པས་མཁའ་རླུང་རླན་ཚད་ཆེ་དྲགས་ནས་ནད་སྐྱོན་འབྱུང་བར་སྔོན་འགོག་བྱེད་དགོས། ས་དྲོད་ཇེ་མཐོར་གཏོང་ཆེད། སྐྱི་མོ་མ་བཤུས་སྔོན་ལ་ཆུ་མང་པོ་གཏོང་མི་རུང་། སྐྱི་མོ་བཤུས་རྗེས་དུས་ཐོག་ཏུ་ཡུར་མ་ཡུར་ནས་རྩ་ལག་འཚར་སྐྱེ་ཡོང་བར་སྐུལ་འདེད་གཏོང་དགོས། རྩ་སྦྱོས་མ་བརྒྱབ་པའི་སྔོན་དུ་ཁྲིམ་ལུད་ཉུང་ཙམ་རྒྱག་པའམ་མི་རྒྱག་པ་དང་། མུའུ་རེར་བསྲེས་ལུད་སྟོང་ཁ50བཞག་ནས་གཏིང་ལུད་བྱས་ཆོག རྗེས་སུ་ལུད་ཐེངས་གཉིས་རེ་བཞག་ནས་སྨྱུ་གུའི་སྐྱི་འཚར་ཇེ་དལ་དུ་བཏང་རྗེས་མུའུ་རེར་གཅིན་རྒྱུ་སྟོང་ཁ10གཏོར་བ་དང་། ཀླུམ་གཟུགས་གྲུབ་པའི་དུས་སུ་སླེབས་རྗེས། མུའུ་རེར་ཆུ་དང་མཉམ་དུ་གཅིན་རྒྱུ་སྟོང་ཁ10གཏོར་དགོས།

5. རིམ་བསྒྱུར་སྐོ་འདེབས་དང་དུས་ཐོག་ཏུ་བཙ་བསྡུ། ཐུམ་རྒྱག་ཚོང་རར་འདོན་པ།

ཐོན་སྐྱེད་བྱེད་སྐབས་རིམ་བསྒྱུར་སྐོ་འདེབས་དང་བཙ་བསྡུའི་དུས་རིམ་བགོས་

པ། ཚོང་རར་འདོན་སྤྲོད་དོ་སྣོམས་ཡོང་བར་བྱེད་དགོས། བླ་བླ་ཚལ་སྨིན་མ་ཐག་དུས་ཐོག་ཏུ་བཟ་བསྡུ་བྱེད་དགོས་ཤིང་། དེ་ལྟར་མ་བྱས་ན་ལོ་མ་རླུམ་སྲིལ་ཆེ་དྲགས་པའམ་དམ་དྲགས་ནས་ཚོང་ཐོག་གི་རིན་ཐང་ཞོར་འགྲོ། བཟ་བསྡུ་བྱེད་སྐབས། ཕྱིར་བཏང་དུ་སྟོང་རྐང་རྩིལ་པོའི་ཕྱིའི་ལོ་མ་དང་མཉམ་དུ་འཁྱུག་ཉར་ཁང་བའི་ནང་དུ་སྐྱེལ་བ་དང་། ཐུམ་མ་བརྒྱབ་སྟོན་དུ་བླ་བླ་ཚལ་ཚོང་རྫས་ཀྱི་ཚད་གཞིའི་ཆེ་ཆུང་ལྟར་ཕྱིའི་ལོ་མ་བཤུ་དགོས། ཐུམ་རེའི་ནང་དུ་ལོ་མ་རླུམ་སྲིལ་ཆུང་དུ3~4འཛོག་དགོས། བླ་བླ་ཚལ་གྱི་ཐུམ་རྒྱག་དང་སྐྱེལ་འདྲེན་ནི་འཁྱུག་བསིལ་གྱི་ཁོར་ཡུག་ནང་དུ་བྱེད་དགོས། དེ་ནི་ཚོང་རྫས་ཡུན་རིང་གསོས་ཉར་ཡོང་བའི་དམིགས་ཡུལ་འགྲུབ་ཆེད་ཡིན་ནོ།།

(གསུམ) དབྱར་དུས་དང་སྟོན་འདེབས་བླ་བླ་ཚལ་གྱི་འདེབས་འཛུགས་ལག་རྩལ།

1. ཚ་བཟོད་དང་ནད་འགོག་པའི་བླ་བླ་ཚལ་གྱི་སོན་རིགས་འདེམ་པ།

བླ་བླ་ཚལ་འདེབས་འཛུགས་ལེགས་འགྲུབ་འབྱུང་མིན་སོན་རིགས་བཟང་ངན་ལ་རག་ལས་པ་ཡིན། དབྱར་འདེབས་བླ་བླ་ཚལ་གྱི་སོན་རིགས་ནི་ངེས་པར་དུ་རྒྱུན་ལྡན་གྱི་བླ་བླ་ཚལ་གྱི་ཆེ་ཆུང་དང་གཟུགས་དབྱིབས། སྨུས་ཀ་བཅས་འཛོམས་དགོས་པ་ལས་གཞན། ད་རུང་ངེས་པར་དུ་ཚ་བཟོད་རང་བཞིན་དང་ནད་དུག་འགོག་པའི་ནུས་པ་ལྡན་དགོས། མིག་སྔར་གདམ་ག་བྱས་ཆོག་པའི་སོན་རིགས་ཧ་ཅང་དཀོན་པ་དང་། འོས་འཚམ་གྱི་སོན་རིགས་ལ་ཅིང་ཞ་བླ་བླ་ཚལ་སོགས་ཡོད། ཅིང་ཞ་བླ་བླ་ཚལ་གྱི་སོན་རིགས་ནི་རིགས་ཆུང་གྲས་ཤིག་ཡིན། ནད་དུག་དང་སད་རླུམ་ནད། རུལ་ནད་བཅས་འགོག་པར་མ་ཟད། ཚ་བ་དང་བརླན་བཟོད་རང་བཞིན་ཡང་ཆེ། མཐུན་འཕྲོད་རང་བཞིན་ཆེ་བ་དང་། ལྷག་པར་དུ་ས་བབ་དམའ་བའི་ས་ཁུལ་གྱི་དབྱར་དང་སྟོན་ཁའི་ཐང་སྟོང་དུ་འདེབས་འཛུགས་བྱེད་པར་འཚམ་ཞིང་། འདེབས་འཛུགས་ཤིན་ཏུ་སྟབས་བདེ་ཡིན། དོ་དམ་བྱེད་སྟངས་ནི་ཕྱིར་བཏང་གི་སྔ་སྨིན་ཚོད་དཀར་ཆེ་བ་དང་གཅིག་མཚུངས་ཡིན་ཞིང་། མཐུག་འདེབས་བྱས་ཆོག

སྟོན་འདེབས་ཀྱི་བླ་བླ་ཚལ་ལ་ད་དུང་སྟོན་འདེབས་ཀྱི་ཆེད་སྤྱོད་ས་བོན་མེད་པའི་

གོང་རོལ་དུ། ནད་དུག་འགོག་པའི་ནད་དང་སྐམ་ཤས་འགོག་པའི་ནུས་པ་ཅུང་ཆེ་བའི་རིགས་ཏེ། དཔེར་ན་ཅིན་ཁྲུན་བླ་བླ་ཚལ་སོགས་བདམས་ཆོག

2. དུས་ཐོག་ཏུ་རྗོ་འདེབས་དང་འོས་འཚམ་སྙོས་མཐུག་འདེབས་བྱེད་པ།

འདེབས་འཛུགས་ཀྱི་མཐུག་ཚད་ནི་རིགས་མི་འདྲ་བའི་རྐྱེན་གྱིས་བབ་བསྟུན་སྙོས་ཐག་གཅོད་བྱེད་པ་ཡིན། ཅིན་ཞ་བླ་བླ་ཚལ་གྱི་རིགས་ནི་ཟླ5~8མཐོངས་ཡངས་སུ་རྗོ་འདེབས་བྱས་ཆོག ཐན་པ་ཆེ་བ་དང་ཐན་པ་ཆུང་བའི་ས་ཁུལ་དུ་གུ་དོག་པོའི་སྒོ་ནས་རྣང་མར་འདེབས་འཛུགས་བྱས་ཆོག རྣང་མའི་ཞེང་ལ་ལི་སྨི60དང་། སྡོང་པོའི་བར་ཐག་ལི་སྨི15ཙམ་ཡོད་དགོས། ཆར་ཆུ་མང་བའི་ས་ཁུལ་དུ་རྣང་མཐོ་བཀོལ་ཆོག རྣང་མ་རེར་རྩ་སྦྱོས་ཕྲེང་བ4~6རྒྱག་དགོས་པ་དང་། སྡོང་ཀང་གི་བར་ཐག་ལི་སྨི22×ལི་སྨི22ཡོད་དགོས། མུའུ་རེར་འདེབས་ཚད་ཏ་ལམ་སྡོང་ཀང13000དང་མུའུ་རེར་རྗོ་འདེབས་ཚད་ཁེ150~200ཡིན།

ཅིན་ཁྲུན་བླ་བླ་ཚལ་གྱི་རིགས་ནི་ནད་དུག་འགོག་པའི་ནད་དང་སྐམ་ཤས་འགོག་པའི་ནུས་པ་ཅུང་ཆེ། ས་བོན་འདེབས་པའི་དུས་ཚོད་ནི་ཟླ8པའི་ཟླ་སྟོད་ནས་ཟླ8པའི་ཟླ་མཇུག་བར་ཡིན། རྣང་ཆུང་ཉིས་ཤར་གྱིས་འདེབས་འཛུགས་བྱས་ཆོག རྣང་ཞེང་ལི་སྨི60དང་། སྡོང་ཀང་གི་བར་ཐག་ལི་སྨི20ཙམ་ཡོད་དགོས། མུའུ་རེར་འདེབས་འཛུགས་བྱེད་ཚད་ཏ་ལམ་ཀང10000དང་། མུའུ་རེར་འདེབས་ཚད་ཁེ100~150ཡིན།

3. ཆུ་ལུད་དོ་དམ།

ཆུ་ལུད་ལ་ཚོད་འཛིན་འོས་འཚམ་བྱེད་དགོས་ཤིང་ཆུ་ལུད་མང་མི་རུང་། དེ་མིན་སྡོང་ཀང་སྐྱེས་པ་རིང་དྲགས་པ་དང་། སྟུག་ཚད་ཆེ་དྲགས་པས་མཁའ་རླུང་རླན་ཚད་ཆེ་དྲགས་ནས་ནད་སྐྱོན་འབྱུང་བར་སྔོན་འགོག་བྱེད་དགོས། ས་རྡོད་ཇེ་མཐོར་གཏོང་བའི་ཆེད་དུ། སྐྱི་མོའི་ཉེ་སར་ཆུ་མང་པོ་གཏོང་མི་རུང་། ཁྱིམ་ལུད་ཉུང་ཙམ་རྒྱག་པའམ་མི་རྒྱག་པ་དང་། མུའུ་རེར་བསྲེས་ལུད་སྟོང་ཁེ50བཞག་ནས་གཏིང་ལུད་བྱས་ཆོག རྗེས་སུ་ལུད་ཐེངས་གཉིས་རེ་བཞག་ནས་ མྱུ་གུའི་སྐྱེ་འཚར་ཇེ་དལ་དུ་བཏང་རྗེས་མུའུ་རེར

གཅིན་རྒྱ་སྟོང་ཁེ10གཏོར་བ་དང་། ས་ཏུ་གཏོར་བའམ་ཁུང་བུར་གཏོར་དགོས། ཟླུམ་གཟུགས་གྲུབ་པའི་དུས་སུ་སླེབས་རྗེས། མུའུ་རེར་ཆུ་གཏོང་བའི་དུས་མཉམ་དུ་གཅིན་རྒྱ་སྟོང་ཁེ10གཏོར་དགོས།

4. ས་བོན་འདེབས་པའི་དུས་ཡུན་བགོས་པ་དང་དུས་ཐོག་ཏུ་བཟ་བསྡུ་བྱེད་པ།

ཐོན་སྐྱེད་བྱེད་སྐབས་རིམ་བསྐར་རྒྱ་འདེབས་དང་བཟ་བསྡུའི་དུས་རིམ་བགོས་ནས། ཚོང་རར་འདོན་སྤྲོད་དོ་སྙོམས་ཡོང་བར་བྱེད་དགོས། དབྱར་འདེབས་ཟླ་ཟླ་ཚལ་སྨིན་མ་ཐག་དུས་ཐོག་ཏུ་བཟ་བསྡུ་བྱེད་དགོས་ཤིང་། དེ་ལྟར་མ་བྱས་ན་ལོ་མའི་ཟླུམ་གཟུགས་ཆེ་དྲགས་པའམ་དམ་དྲགས་ནས་ཚོང་ཟོག་གི་རིན་ཐང་ཤོར་འགྲོ། དབྱར་དུས་འདེབས་འཛུགས་བྱས་ན་སྨིན་དྲགས་ནས་ཟླུམ་སྒྲིལ་སྐྱི་ཏུལ་དུ་འགྲོ་སླ།

སྟོན་འདེབས་ཟླ་ཟླ་ཚལ་དུས་མཇུག་ཏུ་དྲོད་ཚད་དམའ་བའི་གནམ་གཤིས་དང་འཕྲད་ན། བཟ་བསྡུའི་དུས་ཡུན་ནི་དབྱར་འདེབས་ཟླ་ཟླ་ཚལ་ལས་ལྷོས་བཅས་ཀྱི་རིང་བས། དྲོད་ཚད་དམའ་མོ་དང་གྲང་ངར་སྲོན་འགོག་བྱེད་དགོས།

ཚན་པ་ལྔ་པ། ཚོད་དཀར་ཆེ་བའི་ནད་འབུའི་གནོད་འཚེ་གཙོ་བོའི་འགོག་བཅོས་ལག་རྩལ།

གཅིག ནད་འབུའི་གནོད་འཚེ་གཙོ་བོ།

ཚོད་དཀར་ཆེ་བའི་ནད་འབུའི་གནོད་འཚེ་གཙོ་བོ་ནི་སྐྱི་ཏུལ་ནད་དང་སད་ནྲམ་ནད། ས་ནད། ནག་ཁྲ་ནད། ནད་དུག སྣོ་ཚལ་སྣོ་འབུ། ཚལ་འབུ་མེ་ལྡེབ་ཆུང་བ། མངར་ཚལ་གྱི་མཚན་མོའི་ཕྱེ་མ་ལེབ་དང་། ཚལ་འབུ། ས་འབུ་བཅས་ཡིན།

གཉིས། ཞིང་ལས་འགོག་བཅོས།

ཡུལ་བབ་དང་བསྟུན་ནས་སོན་བཟང་འདེམ་སྤྱོད་དང་བཀོད་སྒྲིག་ལུགས་མཐུན་བྱེད་དགོས། སོག་ཤུལ་བརྗེ་བ་དང་ཡུར་མ་ཡུར་བར་ཤུགས་སྣོན་རྒྱག་པ། ཞིང་རར་དག

གཙང་བཅས་བྱས་ནས། ནད་འབུའི་འབྱུང་ཁུངས་ཀྱི་གྲངས་འབོར་ཇེ་དམའ་རུ་བཏང་ནས་ནད་འབུའི་གནོད་པ་མེད་པའི་ལྡང་མྱུག་སྟོབས་ཆེ་གསོ་སྐྱོང་བྱེད་དགོས།

གསུམ། དངོས་ལུགས་འགོག་བཅོས།

ཐལ་མདོག་སྐྱི་མོ་ལས་གཡོལ་བའམ་སེར་ལེབ་ཀྱིས་བསྒྱུ་གསོད་བྱེད་པ་དང་ཁུ་བ་ཪྙོན་མོའི་ནང་དུ་ས་བོན་སྦྲང་བའི་ཐབས་བཀོལ་དགོས།

བཞི། སྨན་རྫས་འགོག་བཅོས།

ལུགས་མཐུན་སྔོས་སྨན་སྦྱོད་པ་དང་། ཞིང་སྨན་སྦྱོད་ཚད་དང་བདེ་འཛུགས་བར་མཚམས་དུས་ཡུན་ཚོད་འཛིན་ནན་པོ་བྱེད་དགོས། ཚལ་འབུ་འགོག་བཅོས་བྱེད་པར10%ཕི་ཁྲུང་ལིན་པའི་ཡིས1500གཤེར་ཁུ་དང་། 50%ཁང་ཡ་ལྷེ་བཞའ་ཚན་རང་བཞིན་གྱི་ཕྱེ་རྫས་པའི་ཡིས2000~3000གཤེར་ཁུ་སྦྲུད་དེ་གཏོར་དགོས། མངར་ཚལ་གྱི་མཚན་འབུ་མེ་ལྕེབ་འགོག་བཅོས་བྱེད་པར52.25%ནུང་ཏེ་ལིག་སྦྲིས་མ་པའི་ཡིས1000~1500གཤེར་ཁུ་གཏོར་ཆོག ས་འབུ་འགོག་བཅོས་བྱེད་པར་འབུ་དར་མའི་དུས་སུ90%བདར་གཟུགས་ཏེ་པད་ཁྲུན་པའི་ཡིས800~1000གཤེར་ཁུ་དང་ཡང་ན50%ཏའི་ཏའི་ལྷེ་པའི་ཡིས1000གཤེར་ཁུ་བཀོལ་དགོས། འབུ་ཆུང་དུས་སུ90%བདར་གཟུགས་ཏེ་པད་ཁྲུན་པའི་ཡིས1000གཤེར་ཁུ་དང་ཡང་ན50%ཞིན་ལིའུ་ལིན་པའི་ཡིས2000གཤེར་ཁུ་བཀོལ་ནས་རྩ་བར་ལྡུག་དགོས། སྟོང་ཀྲང་རེར་སྨན་ཁུ་ཁེ200ཡས་མས་གཏོར་བ་ཡིན། ཚལ་སྔོན་འབུ་དང་ཚལ་ཆུང་འབུ་མེ་ལྕེབ་སོགས་ལ་འབུ་སྲ་དཀར་པོ་དང་སུའུ་ཡུན་ཅིན་ཀན་ཙུན་སྨན་རྫས་བཀོལ་ཆོག ཡང་ན5%དབྱི་ཐའི་པའོ་སྦྲིས་མ་པའི་ཡིས2500གཤེར་ཁུ་གཏོར་བའམ5%དབྱི་ཁ་སི་ཁེ་པའི་ཡིས1000~2000གཤེར་ཁུ། ཡང་ན50%ཞིན་ལིའུ་ལིན་སྦྲིས་མ་པའི་ཡིས1000གཤེར་ཁུ་གཏོར་བ་ཡིན།

སྐྱི་རུལ་ནད་ལ72%ཞིང་སྦྱོད་ལིན་མེ་སའོ་བཞའ་ཚན་རང་བཞིན་གྱི་སྨན་ཕྱེ་པའི་ཡིས4000གཤེར་ཁུ་དང་། ཡང་ན་ཞིན་ཀྲི་མེ་སའོ་པའི་ཡིས4000~5000གཤེར་ཁུ་གཏོར་དགོས། སད་རླམ་ནད་འགོག་བཅོས་བྱེད་པར་ཟླ་སད་ལིང་གི་བཞའ་ཚན་རང་བཞིན་གྱི་ཕྱེ་རྫས་

པའི་ཡིས750གཤེར་ཁུ་དང་ཡང་ན75%པའི་ཅིན་ཆིན་བཞའ་ཚན་རང་བཞིན་གྱི་ཕྱེ་རྫས་པའི་ཡིས500གཤེར་ཁུ་སོགས་བཀོལ་ནས་གཏོར་ཆོག ཉིན7~10ཐེངས་གཅིག་ལ་གཏོར་བ་དང་བསྟུད་མར་ཐེངས2~3གཏོར་ནས་སྔོན་འགོག་བྱེད་དགོས། ས་ནད་དང་ནག་ཐིག་ནད་འགོག་བཅོས་བྱེད་པར69%ཨན་ཁེ་མ྆ན་ཞིན་བཞའ་ཚན་རང་བཞིན་གྱི་སྨན་ཕྱེ་པའི་ཡིས500~600གཤེར་ཁུ་དང་ཡང་ན80%རྒྱུ་མེ་རྫོང་བཞའ་ཚན་རང་བཞིན་གྱི་སྨན་ཕྱེ་པའི་ཡིས800སོགས་ཀྱི་གཤེར་ཁུ་གཏོར་ཆོག ནད་དུག་འགོག་བཅོས་ཀྱི་ནད་ནི་ཙ་སྦྱོས་རྒྱག་པའི་སྦྱ་གཞུག་ཏུ20%ནད་དུགAབཞའ་ཚན་རང་བཞིན་གྱི་སྨན་ཕྱེ་པའི་ཡིས600གཤེར་ཁུ་དང་།ཡང་ན1.5%ཀྲི་པིན་ལིན་སྦྲིས་མ་པའི་ཡིས1000~1500གཤེར་ཁུ་གཏོར་ཆོག

ལེའུ་གཉིས་པ། པོ་ཚལ་སྨྲས་ལེགས་ཐོན་མཐོའི་འདེབས་འཛུགས།

ཚན་པ་དང་པོ། པོ་ཚལ་གྱི་སྐྱེ་དངོས་རིག་པའི་ཁྱད་ཆོས།

པོ་ཚལ་ནི་ལི་ཚལ་ཚན་གྱི་པོ་ཚལ་ཁོངས་སུ་གཏོགས། ལྗང་ལོ་ཐོན་རྫས་ཀྱི་དབང་པོ་གཙོ་བོར་བྱས་པའི་ལོ་གཅིག་ལ་སྐྱེས་པའི་རྩྭ་རིགས་སྐྱེ་དངོས་ཡིན། མིང་གཞན་ལ་ཏ་ཟིག་གི་ཚལ་དང་། ཁྲི་ཀེན་ཚལ། ནེ་ཙོའི་ཚལ་སོགས་ཟེར། ལྗང་ལོ་སྔོ་ཚོད་གཙོ་བོ་གྲས་ཀྱི་གཅིག་ཡིན། པོ་ཚལ་ནི་ཨེ་ཤེ་ཡའི་ནུབ་རྒྱུད་ཀྱི་དབྱི་ལང་ནས་ཐོན་པ་ཡིན་ཞིང་། ཀྲུང་གོར་ལོ1000ཡན་གྱི་འདེབས་འཛུགས་ལོ་རྒྱུས་ཡོད། པོ་ཚལ་གྱི་རྩ་བ་དམར་ཞིང་ལོ་མ་ལྗང་ཁུ་ཡིན་ལ། གསར་ཞིང་མཉེན་པ་དང་བྲོ་བ་ཧ་ཅང་ཞིམ་པོ་ཞིག་ཡིན། པོ་ཚལ་གྱི་ནང་དུ་ཕུན་སུམ་ཚོགས་པའི་ལ་སེར་རྒྱུ་དང་འཚོ་བཅུདC ཕྲི་དཀར་དང་ཀལ། ལྕགས་སོགས་ཡོད། རོ་ཁ་བ་དང་གཤིས་རྒྱུ་སྙོམས་པ། ཕོ་བར་འཇུ་བ། ཆུ་ཁམས་དང་ཟུངས་ཁྲག་གསོ་བ་བཅས་ཀྱི་ཁྱད་ཆོས་ལྡན་པས་མི་ལུས་ཀྱི་བདེ་ཐང་སྲུང་འཛིན་དང་ནད་འགོག་ཧེ་དལ་དུ་གཏོང་བར་དཔོག་དཀའ་བའི་ནུས་པ་ཆེན་པོ་ལྡན། པོ་ཚལ་ནི་དཔྱིད་དུས་ཚོང་རར་མགོ་སྔོག་བྱེད་ཚད་མང་བའི་སྔོ་ཚལ་གཙོ་བོ་ཞིག་ཡིན་ལ། ཀྲུང་གོའི་ལྷོ་བྱང་ས་ཁུལ་ཁག་ཏུ་དཔྱིད་ཀ་དང་སྟོན་ཁ། དགུན་ཁ་བཅས་དུས་ཚིགས་གསུམ་ལ་འདེབས་འཛུགས་བྱེད་པའི་སྔོ་ཚལ་གལ་ཆེན་ཞིག་ཀྱང་ཡིན།

གཅིག རྫི་ཤིང་རིག་པའི་ཁྱད་ཆོས།

པོ་ཚལ་གྱི་དྲང་བའི་རྩ་བ་རྒྱས་ཤིང་གཞོགས་པའི་རྩ་བ་རྒྱས་མེད། རྩ་བ་དམར་པོ་ཡིན་པ་དང་བྲོ་བ་མངར་བའི་སྡོ་ཚལ་ཞིག་ཡིན། རྩ་བའི་ཁྲུ་གཙོ་བོ་ལི་སྨི25~30སྙོ་ཞིང་བང་རིམ་དུ་ཁྱབ་ཡོད། ཡུ་ཀང་མ་འཐེན་པའི་སྔོན་དུ་ལོ་མ་ཐུང་ངུར་སྐྱེས་པ་ཡིན། ལོ་མ་ཕན་ཚུན་བསྣོལ་ནས་སྐྱེས་པ་དང་ལོ་མ་ལྡང་ཁྲུ། དབྱིབས་མདེའུ་མགོ་འམ་ཟླུམ་སྒོང་དུ་གྲུབ། མཚན་རྒྱུད་མེ་ཏོག་མང་ཆེ་བ་དང་མཚན་གཉིས་མེ་ཏོག་ཉུང་ཤས་ཀྱང་ཡོད། མེ་ཏོག་མོ་རིགས་ལ་མེ་ཏོག་གི་འདབ་མ་མེད། ཟེའུ་འབྲུ་ཕོ་རིགས་ལ་འདབ་མ1ཡོད། ཟེའུ་མགོ4~6ཡོད་ཅིང་། མེ་ཏོག་གི་འདབ་མ2~4གས་པ་ཡིན་ཞིང་སོན་སྣོད་ནང་དུ་བཙུག་ཡོད། ཚེར་ལྡན་པོ་ཚལ་གྱི་མེ་ཏོག་འདབ་མ་སྐྱི་འཚར་བྱས་ཏེ་ཟུར་དབྱིབས་འབུར་ཐོན་ཡིན། འབྲུ་ཁང1དང་ནང་དུ་སྦྲུམ་རྫོག1ཡོད། ཟེའུ་འབྲུ་ཕྲངས་རྗེས་ས་བོན1འདུས་པ་དང་། སྙོ་འདེབས་བྱེད་པའི“ས་བོན”ནི་དོན་དངོས་སུ་འབྲས་བུ་ཡིན་ནོ།།

(གཅིག) པོ་ཚལ་སྔོང་ཀང་རང་བཞིན་ཅན།

1. མཐའ་གཅིག་ཕོ་སྔོང་།

སྔོང་ཀང་ཙུང་དམའ་བ་དང་ཟུང་སྐྱེས་ལོ་མ་ཙུང་ཚུང་བ་ཡིན། གཞུང་རྟ་ལོ་མ་རྒྱས་མེད་པའམ་ཁྲབ་ལེབ་ཀྱི་རྣམ་པ་ཡིན། མེ་ཏོག་གི་གཞུང་རྟའི་སྟེང་ལ་མེ་ཏོག་ཕོ་ལས་སྐྱེས་མེད་ཅིང་། མེ་ཏོག་གི་གཞུང་རྟའི་སྟེ་མོ་ན་ཡོད། དེ་ནི་མེ་ཏོག་གི་སྤྱིའི་དབྱིབས་ཀྱི་མེ་ཏོག་བང་རིམ་ཡིན། ཡུ་ཀང་འཐེན་ཡུན་ཐུ་ཞིང་མེ་ཏོག་བཞད་པའི་དུས་ཐུང་། རྒྱུན་དུ་མོ་སྔོང་ལ་མེ་ཏོག་མ་བཞད་སྔོན་མེ་ཏོག་སར་ལྡང་གི་དུས་སུ་སླེབས་པས་མོ་སྔོང་ལ་ཟེའུ་འབྲུ་ལེན་དུ་འཇུག་མི་ཐུབ། ཟེའུ་འབྲུ་སྤེལ་སྦྱོར་བྱས་རྗེས་ས་བོན་རང་བཞིན་གྱི་ཞན་འགྱུར་འབྱུང་སླ་བས། སོན་འཐུའི་ཞིང་སའི་ནང་ནས་ཕྲ་མོ་ནས་མེད་པར་བཟོ་དགོས། ཚེར་ལྡན་པོ་ཚལ་ནང་དུ་ཕོ་སྔོང་མང་ངོ་།།

2. འཚོ་བཅུད་ཕོ་སྔོང་།

སྔོང་ཀང་ཙུང་མཐོ་ཞིང་། ཟུང་སྐྱེས་ལོ་མ་མཐའ་གཅིག་ཕོ་སྔོང་ལས་ཙུང་ཆེ་བ་

དང་། མེ་ཏོག་ཕོ་ནི་སྟོང་པོའི་ལོ་མ་སྐྱེས་པའི་ལོ་མའི་ནང་དུ་སྐྱེས་པ་ཡིན། མེ་ཏོག་སྟོང་པོའི་རྩེ་ཡི་རྨང་སྐྱེས་ལོ་མ་དར་རྒྱས་བྱུང་ཡོད། ཡུ་ཀང་འཐེན་ཡུན་ནི་ཕོ་སྟོང་ལ་བསྟུར་ན་དལ་བ་དང་། ཐོན་ཐུས་མཁོ་སྤྲོད་བྱེད་པའི་དུས་ཡུན་ཅུང་རིང་བས། ཐོན་ཚད་མཐོ་བའི་སྟོང་ཀང་གི་རིགས་ཡིན། མེ་ཏོག་གི་དུས་ཅུང་རིང་བར་མ་ཟད། མོ་སྟོང་མེ་ཏོག་གི་དུས་དང་འདྲ་མཚུངས་ཡིན་ཞིང་། ཟེའུ་འབྲུ་སྤེལ་སྦྱོར་བྱེད་པར་ཕན་པ་ཡོད་པས་ས་བོན་འཐུ་བའི་སྐབས་སུ་འོས་འཚམ་གྱིས་ཉར་ཚགས་བྱེད་དགོས། ཚེར་ལྡན་པོ་ཚལ་གྱི་འཚོ་བཅུད་ཅུང་མང་བ་ཡིན།

3. མོ་སྟོང་།

སྟོང་ཀང་ཅུང་མཐོ་ཞིང་སྐྱེ་འཚར་རྒྱས་པ་དང་། རྨང་སྐྱེས་ལོ་མ་དང་གཞུང་རྩ་དང་ལོ་འདབ་ཚང་མ་སྐྱེ་སྟོབས་ཆེ། མེ་ཏོག་ཕོ་ནི་སྟོང་ལོ་སྐྱེས་པའི་ལོ་མའི་ལོགས་སུ་སྐྱེས་པ་དང་། ཡུ་ཀང་འཐེན་ཡུན་ནི་ཕོ་སྟོང་ལས་འཕྱི་བ་ཡིན།

4. མཚན་གཉིས་སྟོང་གཅིག

སྟོང་ཀང་གཅིག་གི་སྟེང་དུ་མེ་ཏོག་མོ་དང་མེ་ཏོག་ཕོ་ཡོད་པ་དང་། རྨང་སྐྱེས་ལོ་མ་དང་གཞུང་རྩའི་ལོ་མ་ཚང་མ་ཅུང་སྐྱེ་སྟོབས་ཆེ། ཡུ་ཀང་འཐེན་པའི་དུས་འཕྱི། མེ་ཏོག་ཕོའི་མེ་ཏོག་གི་དུས་ནི་མོ་དང་འདྲ་མཚུངས་ཡིན། མེ་ཏོག་ཕོ་མོ་གཉིས་ཀྱི་བསྟུར་ཚད་མི་གཅིག མེ་ཏོག་ཕོ་ཅུང་མང་བའམ་མོ་ཅུང་མང་བ་དང་། ཡང་ན་སྔ་དུས་སུ་མོ་རིགས་སྐྱེས་ཤིང་མཇུག་ཏུ་ཕོ་ཐུང་ཤས་སྐྱེས་པ་དང་། ཡང་ན་སྐྱེ་བའི་དུས་ཡུན་ཧྲིལ་པོར་མེ་ཏོག་མོ་དང་མེ་ཏོག་ཕོའི་ཁ་གྲངས་གཅིག་མཚུངས་ཡིན་པ་སོགས་ཀྱི་སྣང་ཚུལ་ཡོད། གཞན་ད་དུང་མེ་ཏོག་གཅིག་གི་ནང་དུ་ཟེའུ་འབྲུ་མོ་དང་ཟེའུ་འབྲུ་ཕོ་ཡོད་པའི་མཚན་གཉིས་མེ་ཏོག་ཡོད།

(གཉིས) འཚར་སྐྱེའི་ཁྱད་ཆོས།

པོ་ཚལ་གྱི་སྐྱེ་འཚར་བརྒྱུད་རིམ་ལ་གཤམ་གྱི་དུས་རིམ་གཉིས་སུ་དབྱེ་ཆོག

1. འཚོ་བཅུད་སྐྱེ་དུས།

སྐྱེ་རྟེན་ལོ་མ་ས་ཁར་བྱུང་ནས་མེ་ཏོག་གི་སྨུ་གུ་འབུས་པའི་བར། ས་བོན་གྱི་སྨུ་གུ་ཐོག་མར་འབུས་པའི་དུས་སྐབས་ཀྱི་དྲོད་ཚད་ནི4℃ཡིན། འཚམ་འཁྲོད་དྲོད་ཚད་ནི15~20℃ཡིན་པ་དང་། སྐྱེ་རྟེན་ལོ་མ་རྒྱས་ནས་ལོ་མ་ངོ་མ2འབྱུང་དུས་སྐྱེ་འཚར་དལ་བ་ཡིན། དེ་རྗེས་ལོ་མའི་གྲངས་ཀ་དང་། ལོ་མའི་རྒྱ་ཁྱོན། ལོ་མའི་ལྗིད་ཚད་བཅས་མགྱོགས་མྱུར་ངང་འཕར་བ་ཡིན། ལོ་མ་ནི་ཉིན་རེར་ཚ་སྙོམས་དྲོད་ཚད20~25℃ཡིན་དུས་སྐྱེ་འཚར་མགྱོགས་ཤོས་ཡིན་པ་དང་། དུས་ཚོད་ངེས་ཅན་ཞིག་གི་ནང(སོན་སྣ་དང་རྩྭ་འདེབས་དུས་ཡུན། གནམ་གཤིས་ཀྱི་ཆ་རྐྱེན་སོགས་མི་འདྲ་བར་བསྟུན་ནས་འཕོ་འགྱུར་བྱུང་བ་ཡིན)སྨུ་གུའི་སྟེ་ལ་མེ་ཏོག་གི་རྩང་སྐྱེས་ཐོར་རྗེས། ལོ་མའི་གྲངས་ཀ་མི་འཕར་མོད། འོན་ཀྱང་ལོ་མའི་རྒྱ་ཁྱོན་དང་ལོ་མའི་ལྗིད་ཚད་མུ་མཐུད་དུ་འཕར་བཞིན་ཡོད།

2. སྐྱེ་འཕེལ་དུས་ཡུན།

མེ་ཏོག་གི་སྨུ་གུ་འབུས་པ་ནས་ས་བོན་སྨིན་པའི་བར་སྐབས། མེ་ཏོག་གི་སྨུ་གུ་འབུས་ནས་ཡུ་རྐང་འཐེན་པའི་ཉིན་གྲངས་ནི་འདེབས་ཡུན་མི་འདྲ་བའི་དབང་གིས་ཁྱད་པར་ཏ་ཅང་ཆེན་པོ་ཡོད་ཅིང་། སྐབས་འདིའི་རིང་ཐུང་ནི་པོ་ཚལ་བསྡུ་བའི་དུས་ཡུན་གྱི་རིང་ཐུང་དང་ཐོན་ཚད་ཀྱི་མཐོ་དམན་ལ་ཐད་ཀར་འབྲེལ་བ་ཡོད། སོན་འཐུ་དམིགས་ཡུལ་དུ་བཟུང་ནས། མོ་སྡོང་ཙུང་མང་བ་དང་འཚོ་བཅུད་འོས་འཚམ་གྱི་ཕོ་སྡོང་ཡོད་དགོས། ཕྱི་རོལ་གྱི་ཆ་རྐྱེན་ཁྲིད་ཀྱི་འོད་སྦྱོར་ནུས་པ་དང་འཚོ་བཅུད་གསོག་འཇོག་བྱེད་ཤུགས་ཆེ་རུ་གཏོང་ཐུབ་པའི་རྒྱུ་རྐྱེན་གང་ཡིན་ཡང་། ཕྱིར་བཏང་དུ་མོ་རིགས་ཧ་ཅང་རྒྱས་སུ་འགྲོ་བར་སྐུལ་འདེད་བྱེད་ཐུབ། འཚོ་བཅུད་ཟད་གྲོན་ལ་སྐུལ་འདེད་གཏོང་དུས་ཕོ་རིགས་ཧ་ཅང་རྒྱས་སུ་འགྲོ་བས། འཚོ་བཅུད་སྐྱེ་ཡུན་གྱི་ཁོར་ཡུག་ཆ་རྐྱེན་དང་འདེབས་འཛུགས་ངོ་དམ་གྱིས་སྡོང་རྐང་གི་འཚར་སྐྱེ་དང་ཕོ་མོའི་བསྡུར་ཚད་ལ་ཤུགས་རྐྱེན་ཐེབས་སྲིད།

གཉིས། ཁོར་ཡུག་གི་ཆ་རྐྱེན་ཐད་ཀྱི་བླང་བྱ།

(གཅིག) དྲོད་ཚད།

པོ་ཚལ་ས་བོན་གྱི་སྨུ་གུ་འབུས་པའི་དྲོད་ཚད་དམའ་ཤོས་ནི4℃དང་། ཆེས་འཚམ་

པའི་དྲོད་ཚད་ནི15~20℃ཡིན། དྲོད་ཚད་རན་པའི་ཁོར་ཡུག་ནང་དུ་ཉིན4ལ་སྨུ་གུ་འབུས་པ་དང་། སྤུས་ཚད་མཐོ་བའི་ས་བོན་གྱི་སྨུ་གུ་འབུས་ཚད90%ཡན་ལ་སླེབས་པ་དང་། དྲོད་ཚད་ཇེ་མཐོར་སོང་བ་དང་བསྟུན་ནས་སྨུ་གུ་འབུས་པའི་ཉིན་གྲངས་ཇེ་མང་དང་སྨུ་གུ་འབུས་ཚད་ཇེ་དམའ་རུ་འགྲོ་བ་ཡིན། 35℃ཡིན་དུས་སྨུ་གུ་འབུས་ཚད20%ལས་ཟིན་མེད། དེར་བརྟེན་དྲོད་ཚད་མཐོ་བའི་དུས་ཚིགས་སུ་རྩོ་འདེབས་བྱེད་སྐབས་ངེས་པར་དུ་སྔོན་ལ་གྲང་བསིལ་གྱི་ཁོར་ཡུག་ནང་དུ་ས་བོན་སྦྲངས་ནས་སྨུ་གུ་སྐྱེ་རུ་འཇུག་དགོས། ལོ་མ་ལྗང་ཁུའི་ཁྲོད་དུ་པོ་ཚལ་གྱི་གྲང་ངར་ཐེག་ཤུགས་ཅུང་ཆེ་བ་དང་། སྔོན་རྐང་ནི་དགུན་དུས་ཀྱི་དྲོད་ཚད་དམའ་ཤོས–10℃ཡས་མས་ཀྱི་ས་ཁུལ་དུ་བདེ་འཛགས་ངང་དགུན་བཀལ་བྱས་ཆོག ཧྥ་པའི་དང་ཧྥུན་པའི། ནུབ་བྱང་སོགས་ས་ཁུལ་གྱི་བྱང་རྒྱུད་དུ། དགུན་དུས་ཆ་སྙོམས་ཀྱི་དྲོད་ཚད་དམའ་ཤོས–10℃ལས་དམའ་བའི་ས་ཁུལ་དུ་ཀླུང་འགོག་གམ་འཕེལ་མེད་རས་ཀྱིས་ས་ངོས་འགེབས་དགོས། མཐོངས་ཡངས་ཐང་སྟོང་དུ་དགུན་བཀལ་བྱས་ཀྱང་ཆོག གྲང་ངར་ཐེག་པའི་ནུས་པ་ཆེ་བའི་རིགས་ཡིན་ན་ལོ་མ་ངོ་མ4~6ཡོད་ཅིང་། དུས་ཡུན་ཐུང་ངུའི་ནང་དུ་སྔོན་རྐང་གིས–30℃དྲོད་ཚད་དམའ་མོ་ཡིན་ཡང་བཟོད་ཐུབ། ཐ་ན–40℃དྲོད་ཚད་དམའ་མོའི་འོག་ཏུའང་། ཕྱི་ཕྱོགས་ཀྱི་ལོ་འདབ་ཁོ་ན་འཁྱགས་ནས་སེར་པོར་གྱུར་པ་ལས། རྩ་ལག་དང་སྨུ་གུ་ལ་གནོད་སྐྱོན་མི་ཐེབས། ལོ་མ་ངོ་མ1~2ཙམ་ལས་མེད་པའི་སྨུ་གུ་ཆུང་ངུ་དང་ཡུ་རྐང་འཐེན་པའི་སྔོན་རྐང་གི་གྲང་འགོག་ནུས་པ་ཞན།

(གཉིས) འོད་འཕྲོ།

པོ་ཚལ་ནི་དཔེ་མཚོན་ཅན་གྱི་ཉི་འོད་འཕྲོ་ཡུན་རིང་དགོས་པའི་སྔོ་ཚལ་ཡིན། ཉི་འོད་ཕོག་ཡུན་རིང་བའི་འདེབས་འཛུགས་དུས་ཚིགས་ནང་དུ་མེ་ཏོག་གི་སྨུ་གུ་འབུས་པ་དང་ཡུ་རྐང་འཐེན་པ་ཡིན། པོ་ཚལ་མེ་ཏོག་གི་སྨུ་གུ་འབུས་པའི་ཆ་རྐྱེན་གཙོ་བོ་ནི་ཉི་འོད་འཕྲོ་ཡུན་རིང་བ་ཡིན། ཉི་འོད་ཡུན་རིང་འཕྲོས་པའི་ཆ་རྐྱེན་འོག་ཏུ་དྲོད་ཚད་དམའ་ནའང་། མེ་ཏོག་གི་སྨུ་གུ་འབུས་ཐུབ། འོན་ཀྱང་ཉི་འོད་ཕོག་ཡུན་ཆུ་ཚོད12མན་ལས་ཐུང་བའི་ཚེ། ས་བོན་ནི་དྲོད་ཚད་དམའ་མོ(2+1)℃བརྒྱུད་ནས་ཐག་གཅོད་བྱེད་དགོས་པ་དང་།

མེ་ཏོག་གི་སྨུ་གུ་ཁ་གྱེས་པའི་དུས་ནི་ས་བོན་དྲོད་ཚད་དམའ་བའི་ཐག་གཅོད་བྱས་མེད་པ་ལས་མངོན་གསལ་གྱིས་སྨྲ་བ་ཡིན། ཉི་འོད་འཕྲོ་ཡུན་ཐུང་བའི་ཆ་རྐྱེན་འོག དྲོད་ཚད་དམའ་ན་མེ་ཏོག་གི་སྨུ་གུ་འབུས་པའི་ནུས་པ་ཡོད། པོ་ཚལ་སྔོན་ཁར་རྩོ་འདེབས་བྱེད་སྐབས། ཉི་འོད་ཕོག་པའི་དུས་ཚོད་ཅུང་ཐུང་བའི་གནས་ཚུལ་འོག ཇི་ལྟར་བྱས་ན་མེ་ཏོག་གི་སྨུ་གུ་འབུས་པར་སྐུལ་འདེད་གཏོང་རྒྱུར་མཇུབ་ཁྲིད་ཀྱི་དོན་སྙིང་ལྡན་པ་ཡིན། མེ་ཏོག་སྨུ་གུ་འབུས་པའི་རྗེས་སུ། མེ་ཏོག་གི་འཚར་སྐྱེ་དང་ཡུ་རྐང་འཐེན་པ། མེ་ཏོག་བཞད་པ་བཅས་ཚང་མ་དྲོད་ཚད་ཇེ་མཐོ་དང་ཉི་འོད་ཕོག་པའི་དུས་ཚོད་ཇེ་རིང་དུ་སོང་བ་དང་བསྟུན་ནས་ཇེ་མགྱོགས་སུ་འགྲོ་བ་ཡིན།

(གསུམ) བརླན་གཤེར།

པོ་ཚལ་གྱི་རྩ་བ་ཅུང་རྒྱས་ཤིང་། ལོ་མའི་རྒྱ་ཁྱོན་ཆེ་བ་དང་རྩ་འཛུགས་མཉེན་པོ་ཡིན། རླངས་པའི་ནུས་པ་རྒྱས་པ་དང་སྐྱེ་འཚར་གྱི་བརྒྱུད་རིམ་དུ་ཆུ་འབོར་ཆེན་དགོས། ས་རྒྱུའི་ལྟོས་བཅས་ཀྱི་རླན་ཚད་ནི70%~80%ཡིན་དགོས་པ་དང་། མཁའ་རླུང་གི་ལྟོས་བཅས་ཀྱི་རླན་ཚད་ནི80%~90%ཡིན་པའི་ཆ་རྐྱེན་འོག་ཏུ། འཚོ་བཅུད་རྒྱས་ཤིང་ལོ་མ་རྒྱགས་པ་དང་སྦུས་ཀ་ལེགས་ལ་ཐོན་ཚད་མཐོ། ལྷག་པར་དུ་ལོ་མ4~6བྱུང་བ་སྔེ་སྐྱེ་འཚར་གྱི་ཡང་རྩེར་སླེབས་སྐབས་ཆུ་མཁོ་ཚད་དེ་བས་ཆེ་བ་ཡིན། མཁའ་རླུང་དང་ས་རྒྱུའི་སྐམ་ཤས་ཆེ་ན་ལོ་མའི་སྐྱེ་འཚར་དལ་བ་དང་། རྩ་འཛུགས་རྣས་འགྱུར་དང་ཚི་སྣ་ཇེ་མང་དུ་འགྲོ་བར་མ་ཟད་སྦུས་ཚད་ཀྱང་ཇེ་དམའ་རུ་འགྲོ་བ་ཡིན། དྲོད་ཚད་མཐོ་བ་དང་ཐན་པ་ཆེ་བ། ཉི་འོད་འཕྲོ་ཡུན་རིང་བ་བཅས་ཀྱི་ཁོར་ཡུག་འོག་ཏུ། སྔོ་ཚལ་གྱི་དབང་པོ་མགྱོགས་མྱུར་ངང་འཚར་སྐྱེ་འབྱུང་བར་སྐུལ་འདེད་བྱེད་པ་དང་། ཡུ་རྐང་ཐོན་པ་དང་མེ་ཏོག་བཞད་ཡུན་སྔ་དྲགས་ན་ཕོ་སྡོང་གི་གྲངས་ཀ་མོ་སྡོང་ལས་མང་བ་དང་། པོ་ཚལ་གྱི་ས་བོན་འཐུ་བར་ཡང་ཤུགས་རྐྱེན་ངན་པ་ཐེབས་བཞིན་ཡོད། དེ་བཞིན་དུ་བརླན་གཤེར་ཆེ་དྲགས་ནའང་། ས་རྒྱུའི་རླུང་རྒྱུག་རང་བཞིན་ཞན་པ་དང་ས་རྒྱུ་སྲ་མོར་ཆགས་སླ་བས། རྩ་ལག་གི་འགུལ་སྐྱོད་ལ་མི་ཕན་པ་དང་སྡོང་རྐང་འཚར་སྐྱེ་ལེགས་པོའང་འབྱུང་མི་ཐུབ། དགུན་དུས་ཀྱི་

པོ་ཚལ་ལ་སྔོ་ཆུ་གཏོང་སླ་བ་དང་ཆུ་གཏོང་ཚད་མང་བའི་དུས་སུ་སྔོ་ལོག་ལ་ཤུགས་རྐྱེན་ཐེབས་སྲིད། དཔྱིད་ཀྱི་པོ་ཚལ་དང་སྟོན་གྱི་པོ་ཚལ་འཚར་སྐྱེའི་དུས་ཚོད་ཐུང་ཐུང་ཞིང་། སྤྱིར་བཏང་དུ་ཉིན45~55ཡིན་པ་དང་། ཐུའུ་རེར་ཆུ་མགོ་ཚད་སྨི་གྲུ་བཞི་ལྷམ་པ164~220ཡིན། ཆ་སྙོམས་ཐུའུ་རེར་ཉིན་རེར་ཆུ་སྨི་གྲུ་བཞི་ལྷམ་པ3.0~4.9མགོ་བ་ཡིན་ནོ།།

(བཞི) ས་རྒྱུ།

པོ་ཚལ་ནི་སྐྱུར་གཤིས་ཞན་པ་ནས་རང་བཞིན་སྙོམས་པོ་བར་གྱི་ས་རྒྱུ་མགོ་བ་ཡིན། སྐྱུར་གཤིས་ཅན་གྱི་ས་རྒྱུའི་ཁྲོད་སྐྱེ་འཚར་དལ་བ་དང་། ཚབས་ཆེ་དུས་ལོ་མའི་མདོག་སེར་པོར་འགྱུར་བ་དང་ལོ་མ་སྐྲ་མོར་འགྱུར་བ། འོད་མདངས་མེད་ཅིང་རྒྱ་མི་སྐྱེད་པར་འགྱུར་བ་ཡིན། དེའི་ཕྱིར། སྐྱུར་གཤིས་ཆེ་དྲགས་པའི་ས་རྒྱུའི་སྟེང་དུ་རྫ་ཐལ་དང་རྩི་ཤིང་གི་ཐལ་གཏོར་ནས་སྐྱུར་གཤིས་ཇེ་དམའ་རུ་གཏོང་དགོས། ཐོན་སྐྱེད་ལག་ལེན་ཁྲོད་ནས་རྒྱུན་དུ་ཙ་དང་ནྭ། ཀལ་སོགས་ཚྭ་རིགས་འདུས་པའི་ཆུ་པོ་ཚལ་སྟེང་དུ་གཏོར་ན། པོ་ཚལ་གྱི་སྐྱེ་འཚར་ཇེ་ལེགས་སུ་འགྲོ་བ་ཡིན། པོ་ཚལ་གྱི་བུལ་བཟོད་ནུས་པའང་ཐུང་ཞན་པ་ཡིན། བུལ་གཤིས་ས་རྒྱུའི་ཁྲོད་དུ་སྐྱེ་འཚར་མི་ལེགས་པ་དང་ཐོན་ཚད་ཀྱང་ཇེ་དམའ་རུ་འགྲོ་བ་ཡིན། པོ་ཚལ་གྱིས་ས་རྒྱུའི་རང་བཞིན་ལ་རེ་བ་ནན་པོ་བརྟན་མེད། བྱེ་ས་དང་ས་རྒྱུ་གཤེར་པོ། ས་རྒྱུ་འབྱར་ས་བཅས་གང་ཡིན་ཡང་འདེབས་འཛུགས་བྱས་ཆོག་ཅིང་། འདེབས་འཛུགས་དུས་ཚིགས་མི་འདྲ་བར་གཞིགས་ནས་འོས་འཚམ་གྱི་ས་རྒྱུ་བདམས་ཆོག དཔེར་ན་དཔྱིད་ཀར་ཚོང་རར་འདོན་སྤྲོད་བྱེད་པ་དམིགས་ཡུལ་དུ་འཛིན་པའི་སྐབས་སུ། བྱེ་ས་ཅན་གྱི་འདེབས་འཛུགས་བདམས་ཆོག་ཅིང་དཔྱིད་མགོའི་སའི་དྲོད་ཚད་མགྱོགས་མྱུར་དང་ཇེ་མཐོར་གཏོང་ཐུབ། པོ་ཚལ་དགུན་བཀལ་རྗེས་སྔོ་ལོག་བྱས་ན་སླ་མོ་ནས་བརྡ་བསྡུ་བྱས་ཆོག ཐོན་ཚད་མཐོན་པོ་དམིགས་ཡུལ་དུ་འཛིན་པའི་སྐབས་སུ། ཆུ་སྲུང་ཞིང་ལུད་སྲུང་ཤུགས་ཐུང་བཟང་བའི་ས་རྒྱུ་དང་འབྱར་རྒྱུའི་ས་འདེམ་ཆོག

(ལྔ) གཏེར་རྒྱུའི་འཚོ་བཅུད།

པོ་ཚལ་རྒྱུན་ལྡན་དང་འཚར་སྐྱེ་འབྱུང་བར་ཁག་ཐེག་བྱེད་ཆེ། ཏན་དང་ཟིན། ནྭ་

བཅས་རྒྱ་རྐྱེན་གསུམ་འཛོམས་ཀྱི་ལུད་རྫས་བཀོལ་དགོས། རྨང་གཞི་དེའི་སྟེང་དུ་ཏན་ལུད་སྦྱོད་པར་དམིགས་སུ་བཀར་ནས་མཐོང་ཆེན་བྱེད་དགོས། ཏན་ལུད་འདྲང་ངེས་ཡོད་དུས། ལོ་མའི་སྐྱེ་འཚར་རྒྱས་ཤིང་ཐོན་ཚད་མཐོ་རུ་གཏོང་བ་དང་། ཕྲུས་ཚད་ཇེ་ལེགས་སུ་གཏོང་ཐུབ་པར་མ་ཟད། མགོ་སྦྱོད་བྱེད་ཡུན་ཇེ་རིང་དུ་བཏང་ཆོག ཏན་ཆད་དུས་སྔོང་ཁང་ཐུང་ཞིང་ལོ་མའི་མདོག་སེར་པོར་འགྱུར་བ་དང་། ལོ་མ་ཆུང་ཞིང་སྲབ་པ་དང་ཚི་སྣ་མང་བར་མ་ཟད་ཡུ་ཁང་འཐེན་སླ། པིན་མི་འདྲང་བའི་ཞིང་ནང་དུ་པོ་ཚལ་འདེབས་འཛུགས་བྱས་ན། སྡིང་གི་ལོ་མ་འཁྱིལ་ཞིང་ལྗང་མདོག་ཡལ་འགྲོ་བ་དང་སྔོང་ཁང་ཐུང་བས་ལུད་འཛོག་སྐབས་པིན་རྒྱག་དགོས། མུའུ་རེར་སྟོང་ཁི0.5~0.75བཀོལ་དགོས་པ་དང་། ཡང་ན་ཆུ་བསྣན་ནས་བཞུ་ཁུ་བཟོས་ཏེ་ལོ་མའི་ཕྱི་ངོས་སུ་གཏོར་ན་པིན་ཆད་པའི་སྣང་ཚུལ་སྔོན་འགོག་བྱེད་ཐུབ།

གསུམ། ཐོན་ཚད་གྲུབ་ཚུལ།

པོ་ཚལ་གྱི་བྱེ་བྲག་དང་ཚོགས་སྤྱིའི་ཐོན་ཚད་ནི་ལོ་མ་དང་འབྲུམ་འདུའི་གཞུང་རྟ་ལས་གྲུབ་པ་ཡིན། ལོ་མའི་ཆེས་མང་ཆེ་བ་ཟིན་ཡོད་ཅིང་། ལོ་མ་ནི་ཐོག་མཐའ་བར་གསུམ་དུ་ཐོན་ཚད་ཀྱི་ཆ་ཤས་གཙོ་བོ་ཡིན། ལོ་མའི་ཡུ་བས་གོ་གནས་ཕལ་བ་ཟིན་ཡོད། གཙོ་བོར་ལོ་མ་མཐུག་པོ་དང་ལོ་མའི་ཡུ་བ་ལ་བརྟེན་ནས་ཐོན་ཚད་འགན་ལེན་བྱེད་དགོས། པོ་ཚལ་སྐྱེ་བའི་དུས་དཀྱིལ་དུ་གཙོ་བོར་ལོ་མའི་རྒྱ་ཁྱོན་ཇེ་ཆེར་གཏོང་དགོས། སྐྱེ་འཚར་གྱི་དུས་མཇུག་ཏུ་གཙོ་བོ་རིགས་མཚུངས་སུ་འགྱུར་ཚད་ཇེ་མཐོར་གཏོང་བ་དང་། ལོ་མ་ཇེ་མཐུག་ཏུ་གཏོང་བ་དང་ལོ་མའི་ཡུ་བ་སྐྲིས་པ་བརྒྱུད་ནས་བྱེ་བྲག་གི་དངོས་པོ་སྐམ་པོའི་ཐོན་ཚད་འཕར་སྣོན་བྱེད་དགོས། གལ་ཏེ་དུས་ཚོད་སྔ་བསྐུར་བྱས་ནས་བཙ་བསྐྱུ་བྱེད་བསམས་ན། གཙོ་བོར་ལོ་མའི་རྒྱ་ཁྱོན་ཇེ་ཆེར་བཏང་ནས་ཐོན་ཚད་འགན་ལེན་བྱེད་པ་དང་། བཙ་བསྐྱུ་ཕྱིར་འགྱངས་བྱས་ན་ཉུང་འདེབས་སམ་ཐོར་འདེབས་བྱེད་དགོས། མཐུག་འདེབས་བྱེད་དུས་སྔོང་ལག་བགོ་ཐོར་ཧ་ཅང་ཉུང་། སྨྱུ་གུའི་སྐྱེ་ཚད་ཧ་ཅང་དལ་བས་ཐོན་ཚད་ལ་ནུས་པ་ཆེན་པོ་འདོན་མི་ཐུབ། ཉུང་འདེབས་བྱེད་པའི་དུས་སུ་སྔོང་ལག་བགོ་ཐོར་

མང་བ་ཡིན། ཆུ་ལུད་འདང་ངེས་ཡོད་པའི་ཆ་རྐྱེན་འོག་སྐྱེ་ཚད་མགྱོགས་པ་དང་། ཚད་ངེས་ཅན་ཞིག་གི་ཐོག་ནས་ལྷང་མྱུག་ཇེ་ཉུང་དུ་ཕྱིན་པའི་ཚོགས་སྤྱིའི་ཐོན་ཚད་ཁ་གསབ་བྱེད་ཐུབ། དཀྱིལ་གཞུང་གི་ཅུང་ཆེ་བའི་ལོ་མ་ནི་བྱེ་བྲག་ཐོན་ཚད་གྲུབ་པའི་ལོ་མ་གཙོ་བོ་ཡིན། དམའ་ས་ནས་སྐྱེས་པའི་ལོ་མ་ཡིན་ན་སྐྱེ་འཚར་ཤིན་ཏུ་བཟང་དུས་དཀྱིལ་གནས་ལོ་མ་ཚང་མ་སྐྱེ་སྟོབས་ཆེ། དེ་ལས་ལྡོག་སྟེ་དཀྱིལ་གནས་ལོ་མའི་སྐྱེ་འཚར་མི་ལེགས་ན་དམའ་གནས་ལོ་མ་ནི་དཀྱིལ་གནས་ལོ་མ་སྐྱེ་འཚར་གྱི་རྨང་གཞི་ཡིན་པ་ར་སྤྲོད་བྱེད་ཐུབ། བྱེ་བྲག་དང་ཚོགས་སྤྱིའི་ཐོན་ཚད་འགན་ལེན་བྱེད་ཆེད། ས་བོན་འདེབས་སྐབས་ཚགས་དམ་དྲགས་ན་མི་འགྲིག དམའ་གནས་ལོ་མ་སྐྱེ་འཚར་དུས་སྐབས་སུ་ལུད་ཁུ་ཆད་མི་རུང་། "རྒྱ་གྲམ་འཐེན་པ"ནས་བཟུང་རིམ་བཞིན་ལུད་དང་ཆུ་ལ་ཤུགས་སྣོན་བྱེད་དགོས།

ཚན་པ་གཉིས་པ། པོ་ཚལ་གྱི་དབྱེ་བ་དང་རིགས་གཙོ་བོ།

གཅིག དབྱེ་བ་གཙོ་བོ།

པོ་ཚལ་འབྲས་བུའི་སྙིང་དུ་ཚེར་མ་ཡོད་མེད་ལ་གཞིགས་ནས་དབྱེ་ན་ཚེར་མ་ཡོད་པའི་པོ་ཚལ་དང་ཚེར་མ་མེད་པའི་པོ་ཚལ་གཉིས་ཡོད།

(གཅིག) ཚེར་མ་ཡོད་པ།

འདིའི་རིགས་ནི་འདེབས་འཛུགས་བྱས་པའི་ལོ་རྒྱུས་རིང་ཞིང་ཁྱབ་རྒྱ་ཆེ། ལོ་མ་ཆུང་ཞིང་སྲབ་ལ། མདུང་དབྱིབས་སམ་མདའ་དབྱིབས་སུ་གྲུབ། ཐོག་མའི་སྣེ་མོར་ཕྱིར་བཏང་དུ་རྣོ་རྩེ་དང་རྟུལ་རྩེ་ཡིན་ལ། འདི་ལ"ལོ་མ་རྩེ་རྣོ་པོ་ཚལ"ཡང་ཟེར། གཞན་ཡང་ལོ་མའི་རྩེ་ཅུང་སྒོར་སྒོར་གྱི་སོན་རིགས་ཡོད་པ་དཔེར་ན། གོང་ཀྲོའུ་ཡི་ཁྲི་ལྷུའུ་ལོ་མའི་པོ་ཚལ་དང་། ཁྲིན་ཏའོ་ཡི་ལོ་མ་ཟླུམ་པོའི་པོ་ཚལ་སོགས་ལྟ་བུ་ཡིན། དེའི་ལོ་མའི་ངོས་འཇམ་ལ། ལོ་མའི་ཡུ་བ་ཕྲ་ཞིང་རིང་བ། རྒྱུ་སྦུས་འཇམ་ཞིང་ཁ་དྲི་ཉུང་། ཕྱིར་བཏང་དུ་གྲང་བཟོད་རང་བཞིན་ཅུང་ཆེ་བ་དང་ཚ་བཟོད་རང་བཞིན་ཅུང་ཞན། ཉི་འོད་འཕྲོ

ཡུན་གྱི་རིང་ཐུང་ལ་ཆོར་བ་སྐྱིན་པོ་ཡོད་ཅིང་། ཉི་འོད་འཁོར་ཡུན་རིང་བའི་ཁོར་ཡུག་ནང་དུ་ཡུ་ཕང་འཛིན་པ་མགྱོགས་ཤིང་། སྟོན་ཁ་དང་དགུན་ཁར་འདེབས་འཛུགས་བྱས་ན་འཚམ། དཔྱིད་འདེབས་བྱས་ན་ཡུ་ཕང་འཛིན་སྔ་བས་ཐོན་ཚད་དམའ། དབྱར་འདེབས་ཡིན་ན་ཚ་བ་མི་བཟོད་པས་འཚར་སྐྱེ་ལེགས་པོ་འབྱུང་མི་ཐུབ།

(གཉིས) ཆོར་མ་མེད་པ།

འདིའི་རིགས་ནི་ལོ་མ་རྒྱགས་ཆེ་ལ་ལྕིབ་གཉེར་མང་བ། ཐོག་མའི་སྔོ་མོར་སྔོང་དབྱིབས་དང་འཛོང་དབྱིབས་སམ་ངེས་མེད་ཀྱི་རྣམ་པར་གྲུབ། རྩ་བ་ནི་བཙད་བཏུམ་གྱི་དབྱིབས་དང་། མདུང་དབྱིབས་སམ་མདའ་དབྱིབས་སུ་གྲུབ་པ་ཡིན། ལོ་མའི་ཡུ་བ་ཐུང་བ། འདི་ལ"ལོ་མ་ཟླུམ་པོའི་པོ་ཚལ"ཞེས་ཀྱང་ཟེར། གྲང་བཟོད་རང་བཞིན་སྤྱིར་བཏང་བ་ཡིན་ལ་ཆོར་ལྡན་པོ་ཚལ་དང་བསྡུར་ན་ཅུང་ཞན། འོན་ཀྱང་ཚ་བཟོད་རང་བཞིན་ཅུང་བཟང་། ཉི་འོད་འཁོར་ཡུན་གྱི་རིང་ཐུང་ལ་ཆོར་མའི་པོ་ཚལ་དང་བསྡུར་ན་ཆོར་བ་དེ་འདྲ་ནོན་པོ་མེད། དཔྱིད་དུས་ཡུ་ཕང་ཐོན་པ་ཅུང་འཕྱི། མང་ཆེ་བ་དཔྱིད་ཀ་དང་སྟོན་ཁའི་དུས་ཚིགས་གཉིས་ལ་འདེབས་འཛུགས་བྱེད་ཅིང་། དབྱར་དུས་འདེབས་འཛུགས་བྱས་ཀྱང་ཆོག

གཉིས། རྒྱན་མཐོང་གི་རིགས།

(གཅིག) འཇར་པན་གྱི་ཚོད་བརྒྱལ་པོ་ཚལ།

རིགས་འདིའི་སྔོང་ཕང་ཕྱེད་ཀེར་ལངས་པ་དང་ལོ་མའི་ཡུ་བ་ཐུང་བ། ལོ་མ་ཆེན་པོ་མདའ་མགོའི་དབྱིབས་སུ་གྲུབ་པ། སྐྱེ་འཚར་མགྱོགས་པ་དང་ལོ་མ་འབུས་ཡུན་མགྱོགས་པ། ལོ་མ་མཐུག་པ། ཚི་སྣ་ཞུང་ཞིང་རྒྱ་སྨུས་བཟང་བ་བཅས་ཀྱི་ཁྱད་ཆོས་ལྡན། གྲང་འགོག་ཚ་བཟོད་ཐུབ་པ་དང་དཔྱིད་སྟོན་འདེབས་འཛུགས་བྱས་ཆོག ཕྱིར་བཏང་དུ་མུའུ་རེའི་ཐོན་ཚད་སྟོང་ཁེ2000~2500ཡིན། རིགས་འདི་ནི་དཔྱིད་ཀར་ཟླ3པའི་ཟླ་དཀྱིལ་དང་ཟླ་སྨད་དུ་འདེབས་འཛུགས་བྱེད་པ་དང་ཟླ5པའི་ཟླ་སྟོད་དུ་ཚོང་རར་མགོ་འདོན་བྱེད་པ་ཡིན། སྟོན་ཁར་ཟླ8པར་འདེབས་འཛུགས་བྱས་ནས་ཟླ9~11ཚོང་རར་བཏོན་ནས་མགོ་སྤྲོད་བྱེད་དགོས།

(གཉིས) ཧོ་ལན་གྱི་པོ་ཚལK4

རིགས་འདི་སྨིན་སྔ་བ་དང་གྲང་བཟོད་ཐུབ་པ། ཡུ་ཀང་འཐེན་པར་བཟོད་ཐུབ་པ། ལོ་མ་ཆེ་ཞིང་དྲང་མོར་ལངས་པ་བཅས་ཀྱི་ཁྱད་ཆོས་ལྡན། མུའུ་རེའི་ཐོན་ཚད་སྟོང་ཁེ2000~2500ཡིན། དཔྱིད་སྟོན་དང་སྟོན་ཀའི་སྲུང་སྐྱོབ་ས་ཁུལ་དུ་འདེབས་འཛུགས་བྱེད་པར་འཚམ།

(གསུམ) ཧྲ་པའོ་ཨང1པོའི་པོ་ཚལ།

སྡོང་ཀང་ཕྱེད་ཀེར་ལངས་པ་དང་། སྡོང་ཀང་གི་མཐོ་ཚད་ལི་སྨི25~30ཡིན། ལོ་མའི་མདོག་ལྗང་ནག་དང་། ལོ་མའི་ཤ་ཅུང་མཐུག སྡོང་ཀང་གཅིག་གི་ལྗིད་ཚད་ལ་ཁེ110ཡོད་པ་དང་། ལོ་མའི་ཤ་སྙི་མོ་ཡིན་ལ་སི་ཡི་དྲི་མ་མེད་པ། དྲོད་ཚད་མཐོན་པོ་བཟོད་ཐུབ་པ་དང་། སྔ་སྨིན་རང་བཞིན་ཆེ་བ་བཅས་ཀྱི་ཁྱད་ཆོས་ལྡན། སྟོན་མགོར་འདེབས་འཛུགས་བྱེད་པར་འཚམ།

(བཞི) ཁྲུན་ཆིའུ་ཏ་ཡེ་པོ་ཚལ།

འཇར་པན་ནས་ནང་འདྲེན་བྱས་པ་དང་། སྡོང་ཀང་གི་མཐོ་ཚད་ལི་སྨི30~36ཡིན། ཕྱེད་ཀ་དྲང་མོར་ལངས་པ། ལོ་མ་འཇོང་དབྱིབས་ཅན། ཐོག་མའི་སྔེ་མོ་རྒྱལ་སྔོར་ཡིན་པ། ཆ་སྙོམས་ཀྱི་ལོ་མའི་རིང་ཚད་ལི་སྨི26དང་ཞེང་ལ་ལི་སྨི15ཡོད། རྒྱུ་སྙི་བ། བྲོ་བ་ཞིམ་པ། ཚ་བ་བཟོད་པ། ཡུ་ཀང་འཐེན་འཕྱི་བ་བཅས་ཀྱི་ཁྱད་ཆོས་ལྡན། འོན་ཀྱང་གྲང་འགོག་རང་བཞིན་ཅུང་ཞན།

(ལྔ) ཅེ་ཡ།

སྨིན་འཕྱི་བའི་རིགས་སུ་གཏོགས་པ་དང་སྡོང་ཀང་གི་གཟུགས་འབྲིང་བ་ཡིན། སྐྱེ་དུས་དྲང་མོར་ལངས་པ། ལོ་འདབ་ཆེ་བ་ཟུར་གསུམ་དབྱིབས་སམ་ཡང་ན་སྒོར་དབྱིབས་དང་ཆ་འདྲ་བ། ལོ་མའི་ངོས་འཇམ་པ། ལོ་མ་ལྗང་ནག་དང་སོག་ལེ་ཁའི་དབྱིབས་སུ་གྲུབ་པ་ཡིན། ནད་སྐྱོན་འགོག་པ་བཅས་ཀྱི་ཁྱད་ཆོས་ལྡན། དབྱར་དཔྱིད་དང་སྟོན་ཁའི་མཐོངས་ཡངས་སམ་ཡང་ན་སྲུང་སྐྱོབ་ས་ཁུལ་དུ་འདེབས་འཛུགས་བྱེད་པར་འཚམ།

(དྲུག) ཧེན་མག་བང་ཨང2པ།

སྤྱི་སྨིན་རིགས་སུ་གཏོགས། སྡོང་རྐང་དྲང་པོར་ལངས་པ་དང་སྡོང་རྐང་ཆེ་བ། ལོ་མ་མཐུག་པ་དང་མདོག་ལྗང་ཁུ་ཡིན། ལོ་མ་སྙོར་མོའམ་འཛོང་དབྱིབས་སུ་གྲུབ། ཡུ་རྐང་འཐེན་ཡུན་འཕྱི་བ། འཕྲོད་འཚམ་རང་བཞིན་ཆེ་བ་དང་། ནད་འགོག་ནུས་པ་ཆེ་བ། ཚོང་ཟོག་གི་རང་བཞིན་ལེགས་པ་བཅས་ཀྱི་ཁྱད་ཆོད་ལྡན། དབྱིད་ཀ་དང་སྟོན་ཁ། དགུན་ཁར་སྲུང་སྐྱོང་བྱ་ཡུལ་དུ་འདེབས་འཛུགས་བྱེད་པར་འཚམ་པ་ཡིན།

(བདུན) ཞིན་ཧྲི་ཅི་པོ་ཚལ།

སྡོང་རྐང་ཕྱེད་ཀེར་ལངས་པ་དང་ལོ་མ་ཙུང་ཁོད་ཆེ་ཞིང་འོད་མདངས་ལྡན་པ། ལོ་འདབ་མཐུག་ལ་སྐྱུས་ཀ་ལེགས་པ། ལོ་མའི་ཡུ་བ་སྟོམ་པ། ལོ་མ་མང་བ། ནད་འགོག་པ། ཚ་བཟོད་རང་བཞིན་བཟང་བ་དང་། ཡུ་རྐང་ཐོན་ཡུན་འཕྱི་བ། ཐོན་ཚད་མཐོ་བ་བཅས་ཀྱི་ཁྱད་ཆོས་ལྡན།

གཞན་ད་དུང་ཅི་ཁེ་དང་ཁུ་ཨད། བན་མའི། ཅི་ཙུང་། ཁྲང་ཧྲེང་། ནན་ཅིང་གི་ལོ་མ་ཆེ་བའི་པོ་ཚལ་དང་། ཁྲིན་པའོ་ཡོད་པོ་ཚལ། ཀོང་ཏུང་གི་ལོ་མ་ཟླུམ་པོའི་པོ་ཚལ། ཧྲང་ཧའི་ལོ་མ་ཟླུམ་པོའི་པོ་ཚལ། ཨ་རིའི་ཟླུམ་ཆེ་པོ་ཚལ། ལོས་ཧའི་འདབ་ཆེ་པོ་ཚལ་སོགས་སྐྱུས་ལེགས་ཀྱི་རིགས་ཀྱང་ཡོད་དོ།།

ཚན་པ་གསུམ་པ། པོ་ཚལ་འདེབས་འཛུགས་ཀྱི་དུས་ཚིགས་གཙོ་བོ།

གཅིག དབྱིད་ཀའི་པོ་ཚལ།

སྤྱིར་བཏང་དུ་དབྱིད་ཀ་སླེབས་རྗེས། དྲོད་ཚད5℃ཡན་ལ་སླེབ་དུས་ཕྱོ་འདེབས་བྱེད་མགོ་བརྩམས་ཆོག་ཅིང་། ཟླ2པའི་ཟླ་སྨད་ནས་ཟླ4པའི་ཟླ་དཀྱིལ་བར་རིམ་བཞིན་དུས་བགོས་ཕྱོ་འདེབས་བྱས་ཆོག ཟླ3པའི་ཟླ་དཀྱིལ་ནི་ཕྱོ་འདེབས་བྱེད་པར་ཆེས་འཚམ་པའི་དུས་སྐབས་ཡིན། ཕྱོ་འདེབས་བྱས་རྗེས་ཀྱི་ཉིན30~50ནང་དུ་བཞར་བསྡུ་བྱེད་དགོས། ཡུ་

ཚད་འཛིན་ཡུན་དལ་བ་དང་ལོ་འདབ་རྒྱུགས་ཆེ་བའི་ས་བོན་འདེམ་དགོས། དཔེར་ན་འཇར་པན་གྱི་པོ་ཚལ་དང་ཅེ་ཡ་སོགས་སོ།།

གཉིས། དབྱར་ཁའི་པོ་ཚལ།

ཟླ5~7པའི་བར་དུས་བཏོགས་ཀྱིས་འདེབས་འཛུགས་བྱས་ཆོག ཟླ6པའི་ཟླ་སྨད་ནས་ཟླ9པའི་ཟླ་དཀྱིལ་བར་རིམ་གྱིས་བཏང་བསྡུ་བྱེད་པ་ཡིན། ཚ་བཟོད་རང་བཞིན་ཆེ་བ་དང་། སྐྱེ་འཚར་མྱུར་བ། ཡུ་ཚད་འཛིན་དཀའ་བ་བཅས་ཀྱི་ས་བོན་འདེམ་སྒྲུབ་བྱེད་དགོས། དཔེར་ན་ཧྭ་ཡོན་ཨང1པ་དང་ཁྲུང་ཆིའུ་ལོ་མ་ཆེན་པོའི་པོ་ཚལ་སོགས།

གསུམ། སྟོན་ཀའི་པོ་ཚལ།

སྟོན་འདེབས་ནི་རྩོ་འདེབས་བྱེད་སྐབས་གཙོ་བོ་ཡིན་ལ། སྤྱིར་བཏང་དུ་ཟླ8~9རྩོ་འདེབས་བྱེད་དགོས། ཡང་ན་ཟླ7པའི་ཟླ་སྟོད་དམ་ཟླ10པའི་ཟླ་སྟོད་དུ་འདེབས་འཛུགས་བྱེད་པ་དང་། བཏབ་རྗེས་ཀྱི་ཉིན30~40ལ་དུས་བཏོགས་ནས་བཏང་བསྡུ་བྱས་ཆོག སོན་རིགས་གདམ་གསེས་ཐད་ནས་ཧླང་བྱ་ནན་མོ་མེད། འོན་ཀྱང་སྟོན་མགོའི་པོ་ཚལ་ནི་ཚ་ཐུབ་ཅིང་འཚར་སྐྱེའི་སྤྲ་སྨིན་གྱི་རིགས་འདེམ་དགོས། དཔེར་ན་ཧོ་ལན་གྱི་པོ་ཚལK4སོགས།

བཞི། དགུན་བརྒལ་པོ་ཚལ།

ཟླ10པའི་ཟླ་སྨད་ནས་ཟླ11པའི་ཟླ་སྟོད་བར་འདེབས་འཛུགས་བྱེད་དགོས། ལོ་སར་གྱི་སྔ་རྗེས་སུ་དུས་བཏོགས་ནས་བཏང་བསྡུ་བྱེད་པ་ཡིན། དགུན་དུས་རང་བཞིན་ཆེ་བ་དང་ཡུ་ཚད་འཛིན་ཡུན་འགོར་བ། གྲང་དར་བཟོད་ཐུབ་པ་བཅས་ཀྱི་འབྲིང་རིམ་དང་འཕྱི་སྨིན་སོན་རིགས་འདེམ་སྒྲུབ་བྱེད་དགོས། དཔེར་ན་ཏིན་མག་ཕང་ཨང2པ་སོགས་ལྟ་བུའོ།།

ཚན་པ་བཞི་པ། པོ་ཚལ་སྨུས་ལེགས་དང་ཐོན་མཐོའི་འདེབས་འཛུགས་ལག་རྩལ།

གཅིག ས་ཞིང་ལེགས་སྒྲིག་བྱས་ནས་རྣང་མ་བཟོ་བ།

ལྷུང་ཁ་མིན་པ་དང་ཉི་མའི་འོད་ཟེར་འཛོམ་ཐུབ་པ། ས་སོབ་སོབ་ཀྱི་ས་རྒྱུ་གཤིན་པོ། ཆུ་དང་ལུད་སྲུང་བ། ཆུ་གཏོང་འབུད་ཀྱི་ཆ་རྐྱེན་ལེགས་པ། བྱེ་མ་སྐྱུར་བའི་རང་བཞིན་ཙུང་ལེགས་པའི་ས་རྒྱུ་གདམ་དགོས། བཟ་བསྡུ་བྱས་རྗེས་དུས་ཐོག་ཏུ་ལོ་མ་ལྷུང་བ་གཙང་སེལ་བྱེད་དགོས། རྨོ་སློག་བྱེད་དུས་གཏིང་རིམ་དུ་སློག་པ། ས་ཁོད་སྙོམས་པོར་བཟོ་སྐབས་མུའུ་རེར་སྐྱི་ལྷན་ལུད་ཅུལ་བ་སྟོང་ཁི3500~4000དང་རྫོ་ཐལ་སྟོང་ཁི100བརྒྱབ་ནས་ཁོད་སྙོམས་བྱེད་པ་དང་། དགུན་ཁ་དང་དཔྱིད་ཀར་རྣང་མ་མཐོན་པོ་བཟོ་དགོས། དབྱར་ཁ་དང་སྟོན་ཁར་ཁོད་སྙོམས་པའི་རྣང་མ་བཟོ་དགོས་ཤིང་། རྣང་ཞེང་ལ་སྨི1.2~1.5ཡོད།

གཉིས། སྨུག་གསོ་རྫོ་འདེབས།

སྤྱིར་བཏང་དུ་མཐོངས་ཡངས་རྫོ་འདེབས་བྱེད་དུས་གཏོར་འདེབས་གཙོ་བོར་འཛིན་དགོས། དབྱར་སྟོན་གྱི་ས་བོན་བཏབ་ན་མྱུ་གུ་སྐྱེ་འདེད་བྱེད་དགོས། རྫོ་འདེབས་མ་བྱས་པའི་གཟའ་འཁོར་གཅིག་གི་སྔོན་ལ། ཆུ་གྲང་མོས་ས་བོན་ཆུ་ཚོད12ཙམ་སྦངས་རྗེས་ས་བོན་ཁྲིན་པའི་ནང་དུ་བཞག་ནས་མྱུ་གུ་སྐྱེ་འདེད་བྱེད་དགོས། ཡང་ན་ས་བོན་དྲོད་ཚད4℃ཡས་མས་ཀྱི་འཁྱག་སྒམ་ནང་དུ་བཞག་ནས་དུས་ཚོད24ལ་ཐག་གཅོད་བྱེད་དགོས། དེ་ནས་དྲོད་ཚད20~25℃ཆ་རྐྱེན་འོག་ཏུ་མྱུ་གུ་སྐྱེ་འདེད་བྱེད་པ་དང་། ཉིན3~5འགོར་ནས་མྱུ་གུ་འབུས་རྗེས་རྫོ་འདེབས་བྱེད་དགོས། སྟོན་དགུན་དུ་ས་བོན་སྐམ་པོ་དང་རློན་པ་བཏབ་ཆོག་པས་མྱུ་གུ་སྐྱེ་འདེད་བྱེད་མི་དགོས། སྤྱིར་བཏང་དུ་འདེབས་འཛུགས་མ་བྱས་པའི་སྔོན་དུ་ཆུ་འདང་ངེས་ཤིག་གཏོང་དགོས་པ་དང་། གལ་ཏེ་ས་རྒྱུ་རློན་པ་ཡིན་ན་ཆུ་གཏོང་མི་ཉུང་། འདེབས་སྐབས་རིམ་དགར་རྫོ་འདེབས་བྱེད་ཐབས་སྤྱོད་དགོས་ཤིང་། ས་བོན་རྣང་ངོས་

སུ་གཏོར་རྗེས་ཤལ་བ་ཐེངས་ཁ་ཤས་བརྒྱབ་སྟེ། ས་བོན་ཁག་ཅིག་ལི་སྨི5~6གཏིང་རིམ་དུ་འདེབས་སུ་འཇུག་དགོས། ལྔང་སྨྱུག་ཐོན་པའི་སྔ་རྗེས་སུ་ཁག་བགོས་ནས་བཙ་བསྡུ་བྱས་ཆོག ས་བོན་ས་སྲུབས་སུ་ལྷུང་རྗེས། རྣང་ངོས་སུ་རྩྭ་ཐལ་རིམ་པ་ཞིག་འགེབས་དགོས་པ་དང་། ཡང་བསྐྱར་ལུད་ཀྱི་སྙིགས་རོ་དང་ཆུ་འདམ། ས་ཞིབ་མོ་བཅས་རིམ་པ་ཞིག་གཏོར་ན་ཆོག དཔྱིད་འདེབས་པོ་ཚལ་ཚོ་འདེབས་མ་བྱས་པའི་སྔོན་དུ་གཏིང་ཆུ་གཏོང་མི་དགོས་པ་དང་། གནམ་ངོ་དྭངས་པའི་སྔ་དྲོ་ཞིང་སར་ཚོ་འདེབས་བྱས་རྗེས་སླར་ཡང་ལུད་རྫུལ་བསླད་ཀྱི་སྙིགས་རོ་རིམ་པ་གཅིག་གམ་ཡང་ན་ས་ལི་སྨི2ཡས་མས་འགེབས་དགོས། དབྱར་ཁ་དང་སྟོན་ཁར་པོ་ཚལ་འདེབས་དུས་དྲོད་ཚད་མཐོ་ཞིང་ཆར་ཆུ་མང་བས། བཏབ་རྗེས་འབྲས་སོག་གིས་འགེབས་པའམ་ཡང་ན་གཞུ་དབྱིབས་ཅན་གྱི་སྤྱིལ་བུས་ཉི་འོད་སྒྲིབ་དགོས་པ་དང་། དྲོད་ཚད་མཐོ་བ་དང་དྲག་ཆར་འབབ་རྒྱུ་སྔོན་འགོག་བྱེད་དགོས། ས་བོན་སྐམ་རྗེས་ད་གཟོད་ཆུ་གཏོང་དགོས། ཆུ་གཏོང་ཐེངས་རེར་ས་བརླན་པར་བྱེད་པ་དང་། དུས་རྒྱུན་དུ་ས་ངོས་རློན་པ་ཡིན་ན་ཉིན6~7འགོར་རྗེས་སྨྱུ་གུ་མཉམ་སྐྱེ་ཡོང་ཐུབ་པ་ཡིན། གལ་ཏེ་དགུན་ཁར་པོ་ཚལ་འདེབས་པའི་དུས་ཡུན་ཐུང་འཕྱི་བའི་སྐབས་སུ། ཚོ་འདེབས་བྱེད་སའི་ཞིང་ནང་དུ་འཁྲིག་ཤོག་སྲབ་མོ་འགེབས་པའམ་ཡང་ན་ཉི་འོད་འགོག་པའི་དྲ་བས་སྨྱུ་གུ་འབུད་དུ་འཇུག་པ་དང་སྨྱུ་གུ་ཕྱིར་བུད་རྗེས་ཕྱིར་འཐེན་བྱེད་དགོས།

གསུམ། ཞིང་ཁའི་དོ་དམ།

1. དཔྱིད་དུས་པོ་ཚལ་སྒྲིག་ཆས་འདེབས་འཛུགས་ཀྱི་གནད་འགག་ལག་རྩལ།

དུས་མགོར་འཁྲིག་ཤོག་གིས་དྲོད་སྲུང་ཁེབས་པར་བྱེད་དགོས། ཐད་ཀར་རྣང་ངོས་སུ་ཁེབས་ཆོག་ལ། སྤྱིལ་ཆུང་གིས་བཀབ་ཀྱང་ཆོག ཐད་ཀར་འགེབས་པའི་སྐབས་སུ། པོ་ཚལ་སྨྱུ་གུ་འབུས་རྗེས་འཁྲིག་ཤོག་སྲབ་མོ་ཕྱིར་འཐེན་པའམ་ཡང་ན་གཞུ་དབྱིབས་སྤྱིལ་བུ་ཆུང་ཆུང་གིས་ཁེབས་པར་བསྒྱུར་དགོས། ཉིན་མོར་འགེབས་པ་དང་མཚན་མོར་བཤུས་པའམ་གནམ་ངོ་དྭངས་དུས་བཤུས་པ་དང་ཆར་བ་འབབ་དུས་འགེབས་རྒྱུར་རྒྱུན་འཁྱོངས་བྱས་ཏེ། ལྔང་སྨྱུག་ཉི་ཟེར་འཐོ་ཐུབ་པ་དང་བཙོ་སྦྱངས་མང་པོར་བྱེད་དགོས། དུས་ཐོག་

ཏུ་སྨྱུ་གུ་མཐུག་སེལ་དང་ལུད་འཇོག་དགོས་ཤིང་། ཐོག་མར་མི་ཕྱུགས་ཀྱི་ལུད་རུལ་འཇོག་དགོས། བཟ་བསྡུ་མ་བྱས་སྔོན་གྱི་ཉིན10~15ནང་ཨན་ལུད་རྒྱག་མི་རུང་།

2. དབྱར་དུས་པོ་ཚལ་སྦྲིག་བཀོད་འདེབས་འཛུགས་ཀྱི་འགག་རྩའི་ལག་རྩལ།

དབྱར་དུས་སྐྱེ་འཚར་དུས་ཚིགས་སུ་དྲོད་ཚད་མཐོ་ལ་ཆར་ཆུ་མང་བས་འདེབས་འཛུགས་ལག་རྩལ་གྱིས་ལྡང་སྨྱུག་ཐོན་པ་དང་ལྡང་སྨྱུག་སྐྱེ་འཚར་ལ་སྐྱུལ་འདེད་གཏོང་རྒྱུ་གཙོ་གནད་དུ་འཛིན་དགོས། གཅིག་ནི་ཉི་འགོག་ཆར་གཡོལ་གྱི་འདེབས་འཛུགས་བྱེད་དགོས། དྲོད་ཁང་ཆེ་མོའམ་ཡང་ན་དྲོད་ཁང་སོགས་ཀྱི་སྦྲིག་བཀོད་སྤྱད་དེ་ཉི་འོད་འགོག་བྱེད་ཀྱི་དྲ་བ་བཀབ་ནས་དྲོད་ཁང་ནང་གི་དྲོད་ཚད་ཇེ་དམའ་རུ་གཏོང་བ་དང་། གནམ་གཤིས་དྭངས་པའི་ཉིན་མོའི་དུས་ཚོད9~16དྲོད་ཚད་མཐོ་བའི་དུས་སུ། དྲོད་ཁང་གིས་ཉི་འོད་བསྒྲིབས་ནས་ཉི་འོད་ཐད་འཕྲོ་བྱེད་པར་སྔོན་འགོག་བྱེད་དགོས། གནམ་ངོ་འཐིབས་པའི་ཉིན་མོའམ་གནམ་ངོ་དྭངས་པའི་ཉིན་མོའི་དུས་ཚོད9སྔོན་དང་དུས་ཚོད16རྗེས་ཀྱི་ཉི་འོད་སྙོམ་པའི་དུས་སུ། ཉི་འོད་སྒྲིབ་བྱེད་ཀྱི་དྲ་བ་འཁྲིལ་དགོས། གཉིས་ནི་འབུ་འགོག་དྲ་བ་འགེབས་པ། དྲོད་ཁང་ཆེ་མོའམ་ཡང་ན་དྲོད་ཁང་དུ་འབུ་འགོག་དྲ་བ40བཀབ་ཆོག དེ་ལྟར་བྱས་ན་ཏྲུང་རྒྱུག་པར་ཤུགས་རྐྱེན་མི་ཐེབས་པར་མ་ཟད། ནད་འབུ་སོགས་དུག་ལྡན་ཁྱབ་པར་སྔོན་འགོག་བྱེད་ཐུབ། སྨྱུ་གུ་འབུས་རྗེས་ཆུ་གཏོང་བའི་དུས་ཚོད་ནི་ཞོགས་པ་དང་དགོང་མོའི་དུས་སྤྱད་དེ་ཆུ་ཉུང་དུ་གཏོང་དགོས། ཐེངས་དང་པོར་ཆུ་གཏོང་དུས་ཆུ་བཞུར་ཚད་དལ་དགོས་ཤིང་། ཆུ་ཚད་ཉུང་དགོས་ཏེ་འདམ་བག་གི་ལོ་མ་སྦྲངས་ནས་སྨྱུ་གུ་ཤི་བར་སྔོན་འགོག་བྱེད་དགོས། ལོ་མ་ངོ་མ2~3བྱུང་བའི་རྗེས་སུ། གར་ཚད20%~30%མི་ཕྱུགས་ཀྱི་ལུད་རུལ་བ་དང་། ཡང་ན་ཐེངས་གཉིས་པའི་གཅིན་རྒྱུ་སྨུའུ་རེར་སྟོང་ཁེ30འཇོག་དགོས། ལུད་འཇོག་ཐེངས་རེར་ཆུ་གཙང་མ་བཏང་སྟེ་སྐྱེ་འཚར་ལ་སྐྱུལ་འདེད་དང་ཡུ་ཀང་འཐེན་པའི་དུས་ཚོད་ཕྱིར་འགྱངས་བྱེད་དགོས། དུས་མཚུངས་སུ་སྨྱུ་གུ་མཐུག་དྲགས་པའི་ས་ཆར་སྨྱུ་གུ་མཐུག་སེལ་བྱེད་དགོས། ཕྱིར་བཏང་དུ་ཉིན5~7ལ་ཆུ་ཐེངས་གཅིག་གཏོང་དགོས། དུས་རྒྱུན་དུ་ས་རློན་པ་སྲུང་འཛིན་བྱས་ནས་ས་དྲོད་ཇེ་

དམའ་རུ་གཏོང་དགོས། བརྔ་བསྡུ་མ་བྱས་སྔོན་གྱི་ཉིན10~15ལ་ཨན་ལུད་འཇོག་མི་རུང་། ལོ་མའི་ངོས་སུ་ཨན་ལུད་གཏོར་མི་རུང་། པོ་ཚལ་ནང་གི་ཟེ་སྐྱུར་ རྩྭའི་འདུས་ཚད་ཇེ་དམའ་རུ་གཏོང་དགོས།

3. སྟོན་དུས་པོ་ཚལ་སྒྲིག་བཀོད་འདེབས་འཛུགས་ཀྱི་འགག་རྩའི་ལག་རྩལ།

ཉི་འོད་སྒྲིབ་པའི་བྱེད་ཐབས་སྤྱོད་པ་ནི་པོ་ཚལ་སྟོན་མགོའི་འདེབས་འཛུགས་ཀྱི་འགག་རྩ་ཡིན་ཞིང་། དུས་མགོའི་ཉི་སྒྲིབ་འདེབས་འཛུགས་དོ་དམ་ནི་དབྱར་དུས་ཀྱི་པོ་ཚལ་དང་མཚུངས། ས་བོན་བཏབ་རྗེས་ཀྱི་ཉིན4~5ནང་དུ་ལྡང་མྱུག་སྐྱེ་ཞིང་། ལོ་མ་ངོ་མ2བྱུང་བའི་རྗེས་སུ་མྱུ་གུ་མཐུག་སེལ་བྱེད་པ་དང་མཉམ་དུ་རྩྭ་ལྷུམ་མེད་པར་བཟོ་དགོས། ལུད་འཇོག་རྒྱུར་དོ་སྣང་བྱས་ཏེ་ལུད་རྗེས་ཞུང་གཏོར་བྱེད་པ་དང་། ཐོག་མར་ལུད་རུལ་བ་མང་ཙམ་འཇོག་དགོས་པ་དང་། སྐྱེ་འཚར་རྒྱས་དུས་གཅིན་རྒྱ་ཐེངས2~3རྒྱག་དགོས།

4. དགུན་དུས་པོ་ཚལ་སྒྲིག་བཀོད་འདེབས་འཛུགས་ཀྱི་འགག་རྩའི་ལག་རྩལ།

མཚོ་སྔོན་གྱི་དགུན་བཀལ་པོ་ཚལ་ལ་རྒྱུན་དུ་བྱེད་ཐབས་གཉིས་སྤྱད་དེ་འདེབས་འཛུགས་བྱེད་བཞིན་ཡོད། གཅིག་ནི་སྟོན་ཀ་དང་དགུན་ཁར་སྤྱིལ་བུ་མི་རྒྱག་པ་དང་། ཕྱི་ལོའི་དཔྱིད་མགོར་སྤྱིལ་བུ་བརྒྱབ་སྟེ་རྗོ་འདེབས་ཀྱི་དུས་ཚོད་ནི་མཐོང་ཡངས་རྗོ་འདེབས་དང་གཅིག་མཚུངས་ཡིན། སྟོན་ཀ་དང་དགུན་ཁར་འདེབས་འཛུགས་བྱེད་སྐབས། ས་བཀབ་ནས་གྲང་འགོག་སྲུང་སྐྱོང་བྱེད་པའི་ཐབས་ལམ་སྤྱོད་པ་དང་། སྙོམས་པོའི་ཞིང་ངོས་ཀྱི་པོ་ཚལ་སྟེང་དུ་མཐུག་ཚད་ལི་སྨི2~3ས་འགེབས་དགོས། འདི་ལྟར་བྱས་ན་གྲང་ངར་འགོག་ཐུབ་པར་མ་ཟད། དེ་ལས་ཀྱང་གལ་ཆེ་བ་ནི་ཆུའི་རླངས་འགྱུར་གྲངས་ཚད་ཇེ་ཉུང་དུ་བཏང་ནས། རྗོ་ཞིང་ས་རྒྱུའི་རིམ་པར་དྲོད་ཚད་སྲུང་འཛིན་བྱེད་པ་དང་། པོ་ཚལ་གྱི་ལོ་མ་ཤི་བ་དང་འཚར་སྐྱེ་མཚམས་འཇོག་པའི་གནས་ཚུལ་སྔོན་འགོག་བྱེད་དགོས། ཕྱི་ལོའི་དཔྱིད་ཀའི་སྔོ་ལོག་གསོན་ཚད་གཞི་རྩའི་ཆ་ནས100%ཟིན་ཡོད། ས་འགེབས་ཡུན་ཐུ་མི་རུང་ཞིང་། ས་དྲོད་དང་དྲོད་ཚད་ཅུང་མཐོ་བའི་རྐྱེན་གྱིས་པོ་ཚལ་ལོ་མ་དང་སྐྱེ་

འཚར་ཚིགས་གནས་ཏུལ་བར་སྟོན་འགོག་བྱེད་དགོས། གཉིས་ནི་སྐྱེ་འཚར་དུས་སྐབས་རྩིལ་པོར་སྒྲིག་བཀོད་འདེབས་འཛུགས་བྱེད་དགོས། ས་བོན་བཏབ་པ་ནས་བཟུང་འགྲིག་ཤོག་གཡོགས་པ་དང་འབྲས་བུ་སྨིན་ནས་བཟང་བསྡུ་བྱེད་རག་བར་ཡིན། ཉིན5~7གྱི་སྔོན་ལ་ཚོང་རར་འདོན་པ་དང་། ཐོན་ཚད10%ཡན་འཕར་བ་དང་། འཕར་སྣོན་ལྷབ་གཅིག་ཙམ་ཡོང་བ་ཡིན།

དགུན་དུས་པོ་ཚལ་སྒྲིག་བཀོད་ཀྱི་དོ་དམ་ནི་དུས་མཚམས་གསུམ་ལ་དབྱེ་ནས་དོ་དམ་བྱས་ཆོག དགུན་ཁ་མ་སླེབས་སྔོན་དུ་དོ་དམ་དང་དགུན་བཀལ་དོ་དམ། སྔོ་ལོག་དོ་དམ་བཅས་ཡིན། དགུན་ཁར་དོ་དམ་བྱེད་དུས་གཙོ་བོ་སྨྱུ་གུ་འབུས་ཚད་ཇེ་མཐོར་བཏང་སྟེ། དགུན་ཁ་སླེབ་དུས་སྨྱུ་གུ་འབུས་པར་ཁག་ཐེག་བྱེད་དགོས། སྨྱུ་གུའི་དུས་སུ་ཆུ་གཏོང་བའི་རྩ་དོན་ནི་བརླན་གཤེར་མཐོང་ཞིང་སྐམ་ཤས་ཆེ་བ་དང་། ས་རྒྱུའི་རླན་ཚད75%ལས་ཆེ་བ་རྒྱུན་འཁྱོངས་བྱེད་དགོས། སྟོང་ཀང་ལ་ལོ་མ3~4སྐྱེ་བའི་སྐབས་སུ་ཆུ་འོས་འཚམ་བཏང་ནས་ཚོད་འཛིན་བྱེད་དགོས། སྨྱུ་གུ་སྐྱེས་ནས་ཉིན5~6འགོར་བའི་དུས་སུ། རྣང་མའི་ནང་གི་རྩུ་ལྷུམ་རྣམས་ལ་ཆུ་གཏོང་ཞོར་དུ་ཨན་ལུད་ཐེངས3~4གཏོར་དགོས། ཐེངས་རེར་མུའུ་རེར་སྟོང་ཁེ10ཡས་མས་གཏོར་དགོས། སྨྱུ་གུ་སྐྱེ་མཚམས་བཞག་པ་ནས་ལོ་གཉིས་པའི་དཔྱིད་མགོའི་སྔོ་ལོག་ནི་དགུན་བཀལ་དུས་སྐབས་ཡིན་པ་དང་། དུས་སྐབས་འདིར་ཕལ་ཆེར་ཉིན120ཡོད། དགུན་བཀལ་དོ་དམ་གཙོ་བོ་ནི་འཁྱག་ཆུ་གཏོང་རྒྱུ་དེ་ཡིན། ས་ཐྲོད་གཏན་འཇགས་ཡོང་བ་དང་ས་རྒྱུའི་བཞའ་ཚན་རྒྱུན་འཁྱོངས་བྱེད་པའི་ནུས་པ་ཐོན་ནས་ལྷང་སྨྱུག་བདེ་འཇགས་ངང་དགུན་བཀལ་བྱེད་ཐུབ་པར་འགན་ལེན་བྱེད་དགོས། འཁྱག་ཆུ་ནི11པའི་ཟླ་སྨད་དུ་གཏོང་དགོས་པ་དང་། ཆུ་གཏོང་ཚད་ནི་ཆུའི་ནང་དུ་སིམ་པའི་ཚད་དུ་འཛིན་དགོས། སྔོ་ལོག་གི་དུས་སུ་ས་རིམ་འཁྱགས་རྗེས་གནམ་ངོ་དྲངས་པའི་དུས་སུ་ཆུ་གཏོང་དགོས། འདི་ལ"སྔོ་ཆུ་གཏོང་བ"ཞེས་ཟེར། མུའུ་རེར་ཤིའུ་སོན་ལྕུགས་སྟོང་ཁེ15~20འཇོག་དགོས་པར་མ་ཟད། སྨྱུར་ཕན་རང་བཞིན་ལྡན་པའི་ཤིན་ཏྲ་ལུད་ཀྱང་འཇོག་དགོས། སྐྱེ་འཕེལ་གྱི་མགྱོགས་ཚད་ཚོད་འཛིན་དང་ཇེ་དཔལ་

དུ་གཏོང་དགོས་ཤིང་། དེ་མིན་ཆུ་ལུད་ཀྱི་རྗེས་མི་ཚོད་པར་སྔ་མོ་ནས་ཡུ་ཀྲང་འཐེན་ནས་མེ་ཏོག་བཞད་པར་བྱེད་པའོ།།

ཚན་པ་ལྔ་པ། པོ་ཚལ་གྱི་ནད་འབུའི་གནོད་སྐྱོན་འགོག་བཅོས་ལག་རྩལ།

ཚོ་འདེབས་བྱེད་དུས་ས་བབ་ཙུང་མཐོ་ཞིང་ཆུ་འདྲེན་གཏོང་སྟབས་བདེ་བ། པོ་གཅིག་གི་ནང་དུ་པོ་ཚལ་བཏབ་མ་མྱོང་བའི་ས་ཆ་འདེམ་དགོས། བཙ་བསྔུ་བྱས་རྗེས་སྨོ་སློག་ལི་སྨི10~20རྒྱག་དགོས་པ་དང་། སྐྱེ་ལྡན་ལུད་དང་ཐ་ལུད། སྐྱེ་དངོས་ཕྲ་རབ་བཅས་ཁ་སྣོན་དུ་རྒྱག་དགོས། ཞིང་ཁའི་དོ་དམ་ལ་ཤུགས་སྣོན་བྱས་ནས། དུས་ཐོག་ཏུ་ནད་སྦྱོང་དང་ཉུས་པ་ཤོར་བའི་ནད་ལྡན་སྐྱོན་ཅན་གྱི་ལོ་མ་གཙང་སེལ་བྱས་ཏེ་ཞིང་ཁའི་རླུང་རྒྱུག་དང་འོད་འཕྲོའི་ཆ་རྐྱེན་ཇི་ལེགས་སུ་གཏོང་དགོས། དུས་ཐོག་ཏུ་ཆུ་གཏོང་དགོས་པ་ལས་ཆུ་ཆེན་པོ་གཏོང་མི་རུང་། ཆར་པ་བབས་རྗེས་དུས་ཐོག་ཏུ་ཆུ་འབུད་ནས་ས་རྒྱུའི་རླན་ཚད་ཚོད་འཛིན་བྱེད་དགོས། པོ་ཚལ་ལ་སད་སྐྱོན་དང་ས་ནད། ཁྲ་ཐིག་ནད། ནད་དུག་བཅས་ཐོག་སྙ། སོ་སོར64%དུག་གསོད་མཚུར་བཞའ་ཚན་རང་བཞིན་གྱི་ཕྱེ་རྫས་པའི་ཡིས500གཤེར་ཁུ་དང་། 6.5%ཙ་ཡིའུ་མའི་ལྷེ་ཕྱེ་རྡུལ་རྫས་ནི་མུའུ་རེར་སྟོང་ཁེ1གཏོར་བ་དང་། 6.5%ཙ་ཧྲོང་ཡིང་ཕྱེ་རྡུལ་རྫས་ཀྱི་གཏོར་ཕྱེ་དང་ནད་དུགAསོགས་བཀོལ་ཚོག ཉིན7~10རེའི་ནང་དུ་ཐེངས་གཅིག་ལ་གཏོར་ཏེ་སྔ་མོ་ནས་སྔོན་འགོག་བྱེད་དགོས། འབུ་སྐྱོན་ལ་གཙོ་བོར་མེ་གླིང་ཐིག་ཁྲ་དང་། འབུ་ཐེ་འབྲུ། སྐྱེ་དངོས་གནོད་འབུ་སོགས་ཡོད། དེའི་རིགས་ལ་ཉིན་བདུན་ནང་ནས་སྨན་ཐེངས་གཅིག་གཏོར་ཚོག་ལ། ཙུའུ་ཀྲེ་རིགས་དང་ཨ་ལྷེ་ཙུན་རྒྱུ། BTའོ་གཤེར་སོགས་སྐྱེ་དངོས་ཀྱི་འབུ་གསོད་སྨན་རྫས་སྤྱད་ནས་འགོག་བཅོས་བྱེད་དགོས། ཞིང་སྨན་བཀོལ་ཏེ་བྱུང་བའི་འཕྲོ་ལུས་དངོས་རྫས་དུས་ཐོག་ཏུ་གཙང་སེལ་བྱེད་དགོས།

ཚན་པ་དྲུག་པ། པོ་ཚལ་བཟའ་བསྡུ།

པོ་ཚལ་བསྡུ་བའི་དུས་ཚོད་ལ་ངེས་གཏན་ནན་མོ་ཞིག་མེད། བཟའ་བསྡུ་བྱེད་སྐབས་སྡོང་རྐང་ཆེ་ཆུང་གང་ཡིན་ཡང་ཚོག ཕྱིར་བཏང་དུ་ལྟང་སྨྱུག་གི་མཐོ་ཚད་ལི་སྨི10ཡན་ཡིན་ན་ཁག་བགོས་ནས་སྤུད་དགོས། བཟའ་བསྡུ་བྱེད་པའི་དུས་ཚོད་ནི་ཕྱི་དྲོའི་སྡོང་རྐང་སྙིང་གི་ཟིལ་ཐིགས་སྐམ་དུས་འཚམ་པ་ཡིན། ཞོགས་པར་སྡོང་རྐང་མཉེན་པོ་དང་ལོ་མ་སོབ་པོ་ཡིན་པས་སྐྱོན་ཕོག་སླ་བ་ཡིན། སྟ་མོ་ནས་བསྡུ་མི་རུང་ཞིང་། སྤུད་སྐབས་ལོ་མ་སེར་པོ་མེད་པར་བཟོས་ནས་ཆུ་གཙང་མས་བཀྲུ་དགོས། ཁེ250~500འཆིང་སྡོམ་གཅིག་ཏུ་བཟོས་ནས་ཚལ་སླེའི་ནང་དུ་གྲལ་འགྲིག་པོས་ལྟུག་པ་དང་། ཕྱིར་འཚོང་བྱེད་དུས་དྭངས་གསར་བ་དང་མཉེན་པོ་རྒྱུན་འཁྱོངས་བྱེད་དགོས། དབྱིད་ཀྱི་པོ་ཚལ་ནི་བཏབ་རྗེས་ཀྱི་ཉིན40~50ཐེངས་གཅིག་ལ་བཟའ་བསྡུ་བྱས་ཆོག དབྱར་དུས་ཀྱི་པོ་ཚལ་ནི་ཕྱིར་བཏང་དུ་སྔོ་འདེབས་བྱས་རྗེས་ཀྱི་ཉིན25~35བར་ཏེ། ཡུ་རྐང་མ་འཐེན་པའི་སྔོན་དུས་ཐོག་ཏུ་བཟའ་བསྡུ་བྱས་ཏེ་རྒྱུ་སྤུས་དང་ཚོང་རྫས་རང་བཞིན་ཁག་ཐེག་བྱེད་དགོས།

ལེའུ་གསུམ་པ། ཇིན་ཚལ་སྨུས་ལེགས་ཐོན་མཐོའི་འདེབས་འཛུགས།

ཚན་པ་དང་པོ། ཇིན་ཚལ་གྱི་སྐྱེ་དངོས་རིག་པའི་ཁྱད་ཆོས།

ཇིན་ཚལ་ནི་གདུགས་དབྱིབས་ཚན་ཁག་གི་ལོ་གཉིས་ལ་སྐྱེས་པའི་རྩྭ་རིགས་སྐྱེ་དངོས་ཡིན་པ་དང་མིང་གཞན་ལ་ཞང་ཇིན་དང་ཡའོ་ཇིན། ཧན་ཇིན་སོགས་ཟེར། ཐོན་ཁུངས་ནི་དབུས་རྒྱ་མཚོའི་ས་ཁུལ་དང་དབུས་ཤར་ས་ཁུལ་དང་། གནའ་བོའི་ཀེ་རི་སེའི་མི་དང་རོ་མའི་མིས་ཟྲོ་ཐོས་སུ་སྤྱོད་པ་ཡིན། གནའ་བོའི་ཀྲུང་གོ་ནས་ཀྱང་སྨན་ཐོས་སུ་སྤྱོད་བཞིན་ཡོད། དུས་རབས18པའི་དུས་མཇུག་ཏུ་ཇིན་ཚལ་འདེབས་འཛུགས་བྱས་ཏེ་གཟུགས་དབྱིབས་ཆེ་ཞིང་ཁུ་བ་མང་བའི་ཤ་རྒྱུ་དྲང་མོར་གྱུར་ཡོད་པས། ཟོས་ཆོག་པའི་ཆ་ཤས་ནི་ལོ་མའི་ཡུ་བ་ཡིན། ཇིན་ཚལ་གྱིས་ཁྲག་ཤེད་མཐོ་བའི་ནད་དང་འཕར་རྩ་སྲ་འགྱུར་སྔོན་འགོག་སོགས་ལ་ཕན་པ་ཆེན་པོ་ཡོད་པར་མ་ཟད། སྨན་བཅོས་རམ་འདེགས་ཀྱི་ནུས་པ་ལྡན། རང་རྒྱལ་ནས་ཀྱང་ཇིན་ཚལ་ནི་འདེབས་འཛུགས་ཀྱི་ལོ་རྒྱུས་རིང་ཞིང་ཁྱབ་རྒྱ་ཆེ་ལ། རྒྱལ་ཡོངས་ཀྱི་ས་ཁུལ་མང་ཆེ་བར་ཐོན་སྐྱེད་བྱེད་བཞིན་ཡོད།

གཅིག སྐྱེ་དངོས་རིག་པའི་ཁྱད་ཆོས།

ཇིན་ཚལ་ནི་གཏིང་ཐུང་རྩ་བའི་སྐྱེ་དངོས་ཡིན་ལ། རྩ་བ་གཙོ་བོ་དང་གཞོགས་ཀྱི་རྩ་བ་འཐོར་ཆེན་ཡོད། ཐུང་ཞིང་སྐུམ་པའི་གཞུང་རྟའི་སྟེང་དུ་ལོ་མའི་ཡུ་བ་སྐྱེས་ཡོད་པ་དང་། ལོ་མ་ནི་སྔོ་དབྱིབས་ཀྱི་ལོ་མ་ཆུང་བ་ཡིན། རིགས་མི་འདྲ་བའི་དབང་གིས་ལོ་མའི་

ཡུ་བའི་ཁ་དོག་མི་འདྲ་སྟེ། ལྗང་མདོག་དང་ལྗང་སེར། དཀར་པོ་སོགས་ཡོད། མེ་ཏོག་ཆུང་ཞིང་མདོག་དཀར། གདུགས་དབྱིབས་ཀྱི་མེ་ཏོག་གི་བང་རིམ་གྲུབ། འབྲས་བུ་ནི་འབྲས་བུ་ཆ་གཉིས་ཅན་དང་སྙིང་ཤུན་གཉིས་ཡོད། དེའི་ནང་དུ་ས་བོན་གཅིག་ཡོད། ས་བོན་ནི་ཁམ་ནག་དང་འཇོང་དབྱིབས་ཅན། གཞུང་ཐིག་ཡོད་པ་དང་འབྲུ་ཇོག་ཆུང་བ། འབྲུ་ཇོག་སྟོང་གི་ལྗིད་ཚད་ཁེ0.4~0.5ཡོད། ཕྱི་ཏུ་ཀོ་ཤུན་གྱིས་སྲུང་སྐྱོང་བྱས་ཡོད་པས་ཆུ་འཛིབ་དཀའ།

ཇི་ན་ཚལ་ནི་ཉྲོད་ཚད་དམའ་བའི་དཔྱིད་འགྱུར་གྱི་ཉི་འོད་འཕྲོ་ཡུན་རིང་དགོས་པའི་ལོ་ཏོག་གི་རིགས་སུ་གཏོགས་པ་ཡིན། སྨྱུ་གུའི་དུས་སུ་དྲོད་ཚད་དམའ་མོ་ཡིན་དགོས་ཤིང་སྨྱུ་གུའི་ལོ་ཚོད་ནི་སྡོང་རྐང་གི་ཆེ་ཆུང་དང་བསྟུར་ན་དཔྱིད་འགྱུར་ལ་ཤུགས་རྐྱེན་ཆེན་པོ་ཐེབས་སྲིད། དཔྱིད་དུས་འདེབས་འཛུགས་བྱེད་ཡུན་ཐུ་དྲགས་ན་ཡུ་རྐང་འཐེན་སླ། སྨྱུ་གུ་ནི2~5℃དྲོད་ཚད་དམའ་མོའི་ཁོར་ཡུག་འོག་ཏུ་ཉིན10~20འགོར་རྗེས་དཔྱིད་འགྱུར་ལེགས་འགྲུབ་བྱུང་བ་ཡིན། གཞུག་ཕྱོགས་ཉི་མའི་འོད་ཟེར་འཕྲོ་ཡུན་རིང་པོའི་ཁོར་ཡུག་འོག་ཏུ་འོད་འཕོར་ཡུན་བརྒྱུད་དེ་ཡུ་རྐང་འཐེན་པ་ཡིན། འོད་ཕོག་ཚད་ཀྱིས་ཇི་ན་ཚལ་གྱི་སྐྱེ་འཚར་ལ་ཤུགས་རྐྱེན་ཐེབས་པ་དང་། འོད་ཞན་ན་ཇི་ན་ཚལ་དྲང་ཐད་དུ་སྐྱེ་འཚར་ཡོང་བར་སླུལ་འདེད་བྱེད་ཐུབ། འོད་འཕྲོ་ཚད་མཐོ་ན་འཕྲེད་ཕྱོགས་སུ་སྐྱེ་འཚར་ཡོང་བར་སྐུལ་འདེད་བྱེད་པ་དང་གཞུང་ཕྱོགས་སུ་སྐྱེ་འཚར་འབྱུང་བར་ཚོད་འཛིན་བྱེད་དགོས།

གཉིས། ཁོར་ཡུག་གི་ཆ་རྐྱེན་ཐད་ཀྱི་བླང་བྱ།

(གཅིག) དྲོད་ཚད།

ཇི་ན་ཚལ་ནི་གྲང་ངར་ཐེག་ཐུབ་པའི་སྔོ་ཚལ་གྱི་རིགས་སུ་གཏོགས། གྲང་ཞིང་བཞའ་ཚན་ཆེ་བའི་ཁོར་ཡུག་དང་། དྲོད་ཚད་མཐོ་བའི་ཐན་སྐམ་གྱི་ཁོར་ཡུག་འོག་སྐྱེ་འཚར་མི་ལེགས་པ་ཡིན། ཇི་ན་ཚལ་ནི་སྐྱེ་འཚར་གྱི་དུས་རིམ་སོ་སོའི་དྲོད་ཚད་མཐོ་དམའི་བླང་བྱ་མི་འདྲ་སྟེ། སྨྱུ་གུ་འབུས་དུས་ཆེས་འཚམ་པའི་དྲོད་ཚད་ནི15~20℃ཡིན། 15℃ལས་དམའ་བའམ25℃ལས་མཐོ་ན་སྨྱུ་གུ་འབུས་པའི་དུས་ཚོད་ཕྱིར་འགྱངས་དང་སྨྱུ་གུ་འབུས་ཚད་ཇེ་དམའ་རུ་འགྲོ་བ་ཡིན། དྲོད་ཚད་རན་པའི་ཆ་རྐྱེན་ནམ་ཁོར་ཡུག་ནང་དུ་ཉིན7~10ལ་སྨྱུ་གུ་འབུས་ཐུབ།

ཇིན་ཚལ་ནི་སྨུ་གུའི་དུས་སུ་དྲོད་ཚད་ལ་འགྲོད་པའི་ནུས་པ་ཅུང་ཆེ་བ་དང་། དྲོད་ཚད་དམའ་མོ–5~–4℃ཡིན་ཡང་བཟོད་ཐུབ་པ་ཡིན། ལྦང་སྨུག་ནི2~5℃དྲོད་ཚད་དམའ་བའི་ཆ་རྐྱེན་འོག་ཉིན10~20བརྒྱུད་ན་དཔྱིད་འགྱུར་ལེགས་འགྲུབ་བྱེད་ཐུབ། སྨུ་གུ་སྐྱེས་པར་འཚམ་པའི་དྲོད་ཚད་ནི15~23℃ཡིན། ཇིན་ཚལ་སྨུ་གུའི་དུས་སུ་སྐྱེ་འཚར་དལ་བ་དང་སྒོ་འདེབས་བྱས་ནས་ལོ་མའི་ཨ་ཡོང་ཞིག་སྐྱེས་པའི་བར་དུ་ཕལ་ཆེར་ཉིན60དགོས། རྩ་སྡོས་བརྒྱབ་པ་ནས་འབྲས་བུ་སྨིན་པའི་བར་གྱི་དུས་སྐབས་འདི་ནི་ཇིན་ཚལ་གྱི་འཚོ་བཅུད་རྒྱས་པའི་དུས་སྐབས་ཡིན། དུས་སྐབས་འདིར་སྐྱེ་འཚར་གྱི་ཆེས་འཚམ་པའི་དྲོད་ཚད་ནི15~20℃ཡིན། དྲོད་ཚད20℃ལས་བརྒལ་ན་འཚར་སྐྱེ་མི་ལེགས་པ་དང་རྒྱ་སྡུས་ཞན་ཞིང་ནད་འབྱུང་སླ། ཇིན་ཚལ་སྡོང་རྐང་འགྲུབ་དུས་དྲོད་ཚད་དམའ་མོ–10~7℃ཡིན་ཡང་ཐེག་ཐུབ།

(གཉིས) འོད་འཕྲོ།

ཇིན་ཚལ་གྱི་ས་བོན་ལ་སྨུ་གུ་འབུས་དུས་ཉི་འོད་མཁོ་བ་ཡིན། ཉི་འོད་ཡོད་ན་སྨུ་གུ་འབུས་སླ་བ་དང་མུན་ནག་གི་འོག་ཏུ་སྨུ་གུ་འབུས་ཡུན་དལ་བ་ཡིན། ཇིན་ཚལ་སྐྱེ་འཚར་དུས་མགོར་འོད་ཐིག་ཚད་འདང་ངེས་ཤིག་ཡོད་དགོས་ཤིང་སྡོང་རྐང་རྒྱས་སུ་བཅུག་ནས་འཚར་སྐྱེ་གང་ལེགས་འབྱུང་དུ་འཇུག་དགོས། འོན་ཀྱང་། འཚོ་བཅུད་རྒྱས་པའི་དུས་སུ་འོད་ཐིག་ཚད་འབྲིང་ཙམ་ཡོད་པས་ཆོག་པ་དང་། འོད་འཕྲོའི་ཤུགས་ཚད་ནི་ལེ་ཁེ་སི10000~40000ཡིན་ན་ཅུང་འཚམ་པ་ཡིན། དེར་བརྟེན། དགུན་དུས་དྲོད་ཁང་དང་གཞུ་དབྱིབས་སྦྱིལ་བུ་ཆུང་བ་སོགས་ཀྱི་ནང་དུ་ཐོན་སྐྱེད་བྱེད་ཐུབ་པ་དང་། དབྱར་དུས་འདེབས་འཛུགས་བྱེད་སྐབས་འོད་སྒྲིབ་དགོས། ཉི་འོད་ཀྱིས་ཇིན་ཚལ་གྱི་སྨུ་གུའི་རྩེ་ནས་མེ་ཏོག་གི་སྨུ་གུ་ཁ་གྱེས་པ་དང་ཡུ་རྐང་འཐེན་ནས་མེ་ཏོག་བཞད་པར་སྐུལ་འདེད་བྱེད་ཐུབ། ཉི་འོད་ཐིག་ཡུན་ཐུང་ན་མེ་ཏོག་ཏུ་འགྱུར་བའི་གོ་རིམ་ཕྱིར་འགྱངས་བྱས་ཏེ། འཚོ་བཅུད་རྒྱས་པར་སྐུལ་འདེད་བྱེད་ཐུབ། དེར་བརྟེན་དཔྱིད་ཀྱི་ཇིན་ཚལ་དུས་དང་འཚམ་པའི་སྐབས་སུ་འདེབས་དགོས། དྲོད་ཚད་འོས་འཚམ་དང་དུས་ཐུང་གི་ཉི་འོད་རྒྱུན་འཁྱོངས་བྱེད་པ་

ནི་ཡུ་རྐང་འཐེན་པའི་དོ་དམ་བྱེད་ཐབས་གལ་ཆེན་ཞིག་ཡིན།

(གསུམ) བརླན་གཤེར།

རིན་ཚལ་ནི་གཉིང་ཐུང་རང་བཞིན་གྱི་སྐྱོ་ཚལ་ཞིག་ཡིན་པ་དང་ཆུ་འཛིན་ནུས་པ་ཞན་པས། ས་རྒྱུའི་བཞའ་ཚན་ལ་བླང་བྱ་ཅུང་ནན་མོ་འདོན་པ་དང་། སྐྱེ་བའི་དུས་ཡུན་ཧྲིལ་པོར་ཆུ་འདང་ངེས་ཡོད་དགོས། རྫོ་འདེབས་བྱས་རྗེས་ཞིང་ས་བརླན་པར་བྱས་ན་སྨྱུ་གུ་ས་ལས་ཕྱིར་འབུད་པར་ཕན་པ་དང་། འཚོ་བཅུད་འཚར་སྐྱེའི་སྐབས་སུ་ས་རྒྱུ་དང་མཁའ་དབུགས་བརླན་གཤེར་གྱི་རྣམ་པ་སྲུང་འཛིན་བྱེད་དགོས། དེ་ལྟར་མ་བྱས་ན་ལོ་མའི་ཡུ་བ་ནང་གི་རྩིག་པའི་ཕུང་གྲུབ་རྗེ་མཐུག་ཏུ་འགྲོ་བ་དང་ཚི་སྣ་རྗེ་མང་ལ་འགྲོ་བར་མ་ཟད། ཐ་ན་སྡོང་རྐང་ཁོག་སྟོང་ཅན་དུ་འགྱུར་སླ་བས་ཐོན་ཚད་དང་སྤུ་ཕྱུས་ཚང་མ་རྗེ་དམའ་རུ་འགྲོ་བ་ཡིན། འདེབས་འཛུགས་བྱེད་པའི་དུས་ཡུན་ནང་དུ་ས་རྒྱུ་དང་གནམ་གཤིས་ཀྱི་གནས་ཚུལ་ལ་གཞིགས་ནས་ཆུ་མགོ་འདོན་འདང་ངེས་ཡོད་པར་ཁག་ཐེག་བྱེད་དགོས།

(བཞི) ས་རྒྱུ།

རིན་ཚལ་ནི་སྐྱེ་ལྡན་བཅུད་རྫས་ཕུན་སུམ་ཚོགས་པ་དང་། ཆུ་སྲུང་ལུད་སྲུང་ཤུགས་ཆེ་བའི་ས་རྒྱུ་འབྱར་བག་ཅན་ལ་དགའ། བྱེ་ས་དང་བྱེ་འགྱུར་ས་ཞིང་ཡིན་ན་ཆུ་དཀོན་ཞིང་ལུད་དཀོན་པས། རིན་ཚལ་གྱི་ལོ་མའི་ཡུ་བ་ཁོག་སྟོང་དུ་འགྱུར་བ་ཡིན། རིན་ཚལ་གྱི་ས་རྒྱུའི་སྐྱུར་བུལ་ཚད་ལ་འཕྲོད་པའི་ཁྱབ་ཁོངས་ནིpHཚད6.0~7.6ཡིན། བུལ་བཟོད་རང་བཞིན་ཅུང་ཆེ་བའོ།།

(ལྔ) གཏེར་རྒྱུའི་འཚོ་བཅུད།

རིན་ཚལ་ལ་ཆ་ཚང་བའི་འཚོ་བཅུད་འདུས་དགོས་ཤིང་། དུས་སྐབས་གང་ཅུང་དུའང་ཏན་དང་ལིན། ཙ་སོགས་མི་འདང་ན་རིན་ཚལ་གྱི་སྐྱེ་འཚར་ལ་ཤུགས་རྐྱེན་ཐེབས་པ་དང་། དུས་མགོ་དང་དུས་མཇུག་ཏུ་ཐེབས་པའི་ཤུགས་རྐྱེན་ཤིན་ཏུ་ཆེ་བ་ཡིན། ལྷག་པར་དུ་ཏན་ཆད་ན་ཤུགས་རྐྱེན་ཤིན་ཏུ་ཆེ། ཏན་དང་ལིན། ཙ་བཅས་ཀྱི་སྤྱོད་ལེན་བསྡུར་ཚད་ནི་པིན་རིན3:1:4དང་། ཞི་རིན4.7:1.1:1ཡིན། སྨྱུ་གུའི་དུས་དང་དུས་མཇུག

ཏུ་ལུད་མང་ཙམ་འཇོག་དགོས། ཐོག་མའི་དུས་སུ་ལིན་མགོ་ཚད་ཆེ་བ་ཡིན། རྒྱུ་མཚན་ནི་ལིན་གྱིས་ཇིན་ཚལ་གྱི་ལོ་མའི་ཚོགས་དང་པོ་ཇེ་རིང་དུ་འགྲོ་བར་སྐུལ་འདེད་ཀྱི་ནུས་པ་མངོན་གསལ་ཡོད། ཇིན་ཚལ་གྱི་ལོ་མའི་ཚོགས་དང་པོ་ནི་བཟའ་བྱའི་གནས་གཙོ་བོ་ཡིན། གལ་ཏེ་སྐབས་དེར་ལིན་ཆད་ན་ལོ་མ་དང་པོ་ཇེ་ཐུང་དུ་འགྲོ་སྲིད། ཐ་ནི་ཇིན་ཚལ་གྱི་དུས་མཇུག་གི་སྐྱེ་འཚར་ལ་ཏ་ཙང་གལ་ཆེན་ཡིན། ལོ་མའི་ཕུ་བ་སྦོམ་ཞིང་ཕུན་སུམ་ཚོགས་ལ་འོད་མདངས་ལྡན་ན་ཐོན་རྫས་ཀྱི་ཕྱུགས་ཚད་ཇེ་མཐོར་གཏོང་ཐུབ། སྐྱེ་འཚར་གྱི་བརྒྱུད་རིམ་ཧྲིལ་པོའི་ནང་དུ་ཏན་ལུད་ཀྱིས་ཐོག་མཐའ་བར་གསུམ་དུ་གཙོ་བོའི་གོ་གནས་བཟུང་ཡོད། ཏན་ལུད་ནི་ལོ་མ་སྐྱེས་པར་ཁག་ཐེག་བྱེད་པའི་ཆེས་གཞི་རྩའི་ཆ་རྐྱེན་ཡིན་ལ། ཐོན་ཚད་ལ་ཤུགས་རྐྱེན་ཙང་ཆེ། ཏན་ལུད་མི་འདང་ན་ལོ་མའི་དབྱེ་ཕྲལ་དང་གྲུབ་པར་ཤུགས་རྐྱེན་མངོན་གསལ་ཐེབས། ལོ་མའི་ཁ་གྲངས་ཙུང་ཉུང་བ་དང་ལོ་མ་ཡང་ཙུང་ཞན། གཞན་ཡང་། ཇིན་ཚལ་ནི་པོན་ལ་ཚོར་བ་རྣོན་པོ་ཡོད། པོན་ལུད་ཆད་དུས་ཇིན་ཚལ་ལོ་མའི་ཕུ་བའི་སྟེང་དུ་ཁམ་མདོག་གི་གས་རིས་འབྱུང་བ་དང་གས་སྲུབས་དང་། འཕྲེད་གས་དང་སྡོང་བོ་གས་པ་སོགས་འབྱུང་ཞིང་། ཡང་ན་སྙིང་རུལ་ནད་བྱུང་ནས་འཚར་སྐྱེ་ལ་གནོད་པ་འབྱུང་བའོ།།

ཚན་པ་གཉིས་པ། ཇིན་ཚལ་གྱི་དབྱེ་བ་དང་རིགས་གཙོ་བོ།

མཚོ་སྔོན་དུ་འདེབས་འཛུགས་བྱེད་དུས་གྲང་ངར་འགོག་པ་དང་ཚ་བཟོད་རང་བཞིན་ཆེ་བ། འོད་ཞན་པ། ཕྱི་ཚུལ་དང་ནང་གི་རྒྱུ་ཕྱུགས་བཟང་བའི་རིགས་འདེམ་དགོས།

གཅིག དབྱེ་བ་གཙོ་བོ།

(གཅིག) པིན་ཇིན།

པིན་ཇིན་ལ་ཀྲུང་གོའི་ཇིན་ཚལ་ཡང་ཟེར། སྡོང་རྐང་མཐོ་ཞིང་དྲང་མོར་ལངས་པ་དང་། ལོ་མ་རྒྱས་ཤིང་ལོ་མའི་ཕུ་བ་ཕྲ་ཞིང་རིང་ལ། ཚོ་སྣ་ཙུང་མང་། དྲི་ཞིམ་པ། ལོ་

མའི་ཡུ་བའི་ཁ་དོག་ལ་གཞིགས་ནས་རྫིན་སྔོ་དང་ཆིན་དཀར་གཉིས་སུ་དབྱེ་ཡོད། རྫིན་སྔོའི་སྡོང་རྐང་ཅུང་མཐོ་ཞིང་དྲི་ཞིམ་པ་དང་། འབྲན་ཚད་མཐོ་བ། མཉེན་འགྱུར་བྱས་རྗེས་རྒྱུ་སྤུས་བཟང་། ཆིན་དཀར་གྱི་སྡོང་རྐང་ཐུང་ཞིང་། རྒྱུ་སྤུས་ཅུང་སྙི་མོ་ཡིན། དྲི་ཞིམ་འཐུལ། འོན་ཀྱང་ནད་འགོག་ནུས་པ་ཞན། ལོ་མའི་ཡུ་བ་ལ་བརྟེན་ནས་དབྱེ་ན་རྫིན་ཁོག་སྟོང་དང་རྫིན་ཁོག་སྟོང་མིན་པ་གཉིས་སུ་དབྱེ་ཡོད། ཁོག་སྟོང་མིན་པའི་རྫིན་ནི་དཔྱིད་ཀར་ཡུ་རྐང་འཐེན་ཐུབ་པ་དང་། སྤུས་ཀ་ལེགས་པ། འབྲན་ཚད་མཐོ་བ། གསོག་ཉར་བྱེད་ཐུབ་པའི་ཁྱད་ཆོས་ལྡན། ཁོག་སྟོང་རྫིན་ནི་ཡུ་རྐང་འཐེན་སླ་བ་དང་། སྤུས་ཚད་ཞན་པ། ཚ་འགོག་རང་བཞིན་ཆེ་བ་བཅས་ཀྱི་ཁྱད་ཆོས་ལྡན་ཞིང་། དབྱར་དུས་འདེབས་འཛུགས་བྱེད་པར་འཚམ།

(གཉིས) ཞི་རྫིན།

ཞི་རྫིན་ལ་ཕྱི་རྒྱལ་གྱི་རྫིན་ཡང་ཟེར། ཡ་རོབ་དང་མེ་གླིང་ས་ཁུལ་ནས་ནང་འདྲེན་བྱས་ཤིང་། སྡོང་རྐང་གི་མཐོ་ཚད་ལི་སྨི60~80ཡོད་པ་དང་། སྐྱེ་འཚར་དུས་ཡུན་ནི་ཕིན་རྫིན་ལས་རིང་བ་ཡིན། ལོ་མའི་ཡུ་བ་མཐུག་ཅིང་ཐུང་ལ་ཞེང་ཆེ། ཚོ་སྣུ་ཉུང་བ། སྤུས་ཀ་ལེགས་པ། དྲི་ཞིམ་ཅུང་ཉུང་བ། སྡོང་རྐྱང་གི་འབྲན་ཚད་སྟོང་ཁེ2ཡིན། བྱང་ཕྱོགས་ས་ཁུལ་དུ་ཡོངས་ཁྱབ་ཏུ་འདེབས་འཛུགས་བྱས་ཡོད།

གཉིས། རྒྱུན་མཐོང་གི་རིགས།

(གཅིག) སྡོང་དངོས་ཀྱི་རྫིན་ཚལ།

སྡོང་རྐང་གི་མཐོ་ཚད་ལི་སྨི80ཡས་མས་ཡིན། ལོ་མའི་ཡུ་བའི་རིང་ཚད་ལ་ལི་སྨི50དང་ཞེང་ལ་ལི་སྨི1ཡོད། ལོ་མའི་ཡུ་བ་དང་ལོ་མ་ཚང་མ་ལྗང་ནག་ཡིན་ཞིང་། རྒྱབ་ངོས་ཀྱི་ཟུར་ཐིག་ཕྲ་ཞིང་གསུམ་ཤུར་ཅུང་ཟབ། ཚོ་སྣུ་ཉུང་ཞིང་རྒྱུ་སྤུས་བཟང་། སྐྱེ་འཚར་མགྱོགས་པ་དང་གྲང་ཐུབ་པ། ཉར་ཚགས་བྱེད་ཐུབ་པ་བཅས་ཀྱི་ཁྱད་ཆོས་ལྡན་ཞིང་། སྟོན་དུས་འདེབས་འཛུགས་བྱེད་པར་འཚམ།

(གཉིས) ལྷེ་རྒྱང་གི་ཆེན་མའོ་ཧྲིན་ཚལ།

ཧྲན་ཏུང་ལྷེ་རྒྱང་ས་གནས་ནས་མཆེད་པའི་རིགས་ཞིག་ཡིན། སྡོང་རྐང་གི་སྐྱེས་སྟོབས་ཆེ་བ་དང་སྡོང་རྐང་གི་མཐོ་ཚད་ལི་སྨི80~100ཡིན། ལོ་མའི་ཡུ་བ་དང་ལོ་མ་ཚང་མ་ལྗང་མདོག་ཡིན་ཞིང་འོད་མདངས་ལྡན། ལོ་མའི་ཡུ་བ་སྲ་ཞིང་རིང་ལ། ལོ་མའི་ཡུ་བ་ཆེས་ཆེ་བའི་རིང་ཚད་ལ་ལི་སྨི70དང་ཞེང་ལ་ལི་སྨི1~1.20ཡོད། ཁོག་སྟོང་མིན་པ་དང་སྲུས་ཀ་ཅུང་སྙི་མོ་ཡིན། ཚོ་སྣ་ཉུང་བ། ཡུ་རྐང་འཐེན་དཀའ་བ། སྲུས་ཀ་ལེགས་པ། གྲང་ཐུབ་པ། ཚ་ཐུབ་པ། གསོག་ཉར་བྱེད་ཐུབ་པ། སྐྱེ་ཡུན་རིང་བ་བཅས་ཀྱི་ཁྱད་ཆོས་ལྡན། སྐྱེ་འཚར་དུས་ཡུན་ནི་ཉིན90~100ཡིན། སྤྱིར་བཏང་དུ་སྡོང་རྐང་གཅིག་གི་ལྗིད་ཚད་སྟོང་ཁེ0.4~0.5ཡོད་པ་དང་། མུའུ་རེའི་ཐོན་ཚད་སྟོང་ཁེ5000ཡན་ཡིན། དྲོད་ཁང་ནང་དུ་འདེབས་འཛུགས་བྱེད་པར་འཚམ་མོ།།

(གསུམ) ཅིན་ནན་ཧྥི་ཧྲིན་ཨང1པ།

ཐེན་ཅིན་ས་གནས་ནས་མཆེད་པའི་རིགས་ཞིག་ཡིན། སྡོང་རྐང་སྐྱེ་འཚར་གྱི་སྟོབས་ཤུགས་ཆེ་བ་དང་མཐོ་ཚད་ལི་སྨི85ཡིན། ཁོག་སྟོང་མིན་ཡིན་ཞིང་ལོ་མའི་ཡུ་བ་ལྗང་སེར་དང་ཙ་བའི་ཁ་དོག་ལྗང་མདོག་ཡིན། ཙ་བ་རིང་ཞིང་ཀྲུགས་པ་དང་སྐྱེ་ཡུན་ཉིན100~110ཡིན། སྡོང་རྐང་གཅིག་གི་ལྗིད་ཚད་སྟོང་ཁེ0.25ཡིན། ཚོ་སྣ་ཉུང་ཞིང་སྙི་མོ་ཡིན། བྲོ་བ་ཞིམ་པ་དང་སྲུས་ཀ་ལེགས་པ། ས་བོན་གྱིས་ཚ་ཐུབ་ཅིང་གྲང་ཐུབ་པ། འཕྲོད་ཤུགས་ཆེ་བ། དཔྱིད་འདེབས་སྐབས་སུ་ཡུ་རྐང་འཐེན་དཀའ་བ་བཅས་ཡིན། སྤུང་སྐྱོང་ས་ཆར་འདེབས་འཛུགས་བྱེད་པར་འཚམ་མོ།།

(བཞི) ཐེན་ཅིན་ཧྲོང་མའོ་ཧྲིན་ཚལ།

ཐེན་ཅིན་ས་གནས་ནས་མཆེད་པའི་རིགས་ཞིག་ཡིན། སྡོང་རྐང་སྐྱེ་འཚར་ཅུང་ཆེ་བ་དང་། ལོ་མའི་ཡུ་བ་རིང་ཞིང་མཐུག་པ། ལོ་མའི་མདོག་ལྗང་སེར་དང་ལྗང་མདོག་ཡིན། སྡོང་རྐང་ཁོག་སྟོང་མིན་པའམ་ཕྱེད་ཀ་ཁོག་སྟོང་། སྡོང་རྐང་གཅིག་གི་ལྗིད་ཚད་སྟོང་ཁེ0.5~0.6ཡིན་པ་དང་། སྐྱེ་ཡུན་ཉིན90~100ཡིན། ཚོ་སྣ་ཉུང་བ་དང་སྲུས་ཀ་ལེགས་

པ། ཚ་བ་བཟོད་པ། གྲང་ངར་འགོག་པ་བཅས་ཀྱི་ཁྱད་ཆོས་ལྡན། ལོ་གཅིག་གི་དུས་བཞིར་འདེབས་འཛུགས་བྱེད་ཐུབ་པས་ཡུ་ཐང་འཐེན་དཀའ་བ་དང་མུའུ་རེའི་ཐོན་ཚད་སྟོང་ཁེ5000ཡན་ཟིན།

(ལྔ) རྦི་ཙ་ཀྲུང་གི་ཁོག་མེད་ཇིན་ཚལ།

ཧོ་པེ་རྦི་ཙ་ཀྲུང་ས་གནས་ནས་མཆེད་པའི་རིགས་ཤིག་ཡིན། དེའི་རིགས་ཀྱི་སྡོང་ཐང་མཐོ་ཞིང་། སྡོང་ཐང་གི་མཐོ་ཚད་ལི་སྨི90ཡོད། ལོ་མའི་ཡུ་བ་ཆེ་ཤོས་ལ་ལི་སྨི55དང་ཞེང་ལ་ལི་སྨི1.5ཡོད། ལོ་མའི་ཡུ་བ་ལྗང་མདོག་ཁོག་སྟོང་མིན་པ་དང་ཚོ་སྣའི་འདུས་ཚད་འཕྲིང་ཚད། ལོ་མ་ལྗང་སྐྱ། དྲི་ཞིམ་འཕྲུལ་བ་བཅས་ཀྱི་ཁྱད་ཆོད་ལྡན། སྡོང་ཐང་གཅིག་གི་ལྗིད་ཚད་ཧ་ལམ་སྟོང་ཁེ0.3ཡིན་པ་དང་། སྐྱེ་འཚར་དུས་ཡུན་ཉིན120ཡས་མས་ཡིན། ཚ་བ་བཟོད་ཐུབ། དབྱར་བཀྲལ་རྗེས་འདེབས་འཛུགས་བྱས་ཆོག

(དྲུག) ཁའི་རླིང་པའོ་ལེ་ཆོས་ཇིན་ཚལ།

ཧོ་ནན་ཁའི་རླིང་ས་གནས་ནས་མཆེད་པའི་རིགས་ཤིག་ཡིན། འདིའི་རིགས་ཀྱི་སྡོང་ཐང་རྒྱས་ཤིང་། སྡོང་ཐང་གི་མཐོ་ཚད་ལ་ལི་སྨི70~80ཡིན། ལོ་མ་ཆེ་ཞིང་ལྗང་མདོག་ཡིན། ལོ་མའི་ཡུ་བའང་ལྗང་སྐྱའི་མདོག་ཡིན། རྩ་བའི་ཞེང་ཚད་ནི་གྲུ་བཞི་མའི་དབྱིབས་དང་། ཡུ་བའི་ཞེང་ལ་ལི་སྨི3.3ཡོད། རྒྱབ་ཀྱི་དྲང་ཐིག་སྦོམ་པ། གསུས་ཤུར་ལྗང་མདོག་ཡིན་ལ། ཁོག་སྟོང་མིན་པ། ཚོ་སྣ་ཉུང་། ཁས་འགྱུར་དཀའ་བ། མཉེན་པ། ཚོང་ཟོག་གི་རང་བཞིན་བཟང་བ་བཅས་ཀྱི་ཁྱད་ཆོས་ལྡན་པར་མ་ཟད། མཐུན་འཕྲོད་རང་བཞིན་བཟང་བ་དང་། འཕྲོག་ནུས་ཆེ་བ། ཚ་བ་བཟོད་ཐུབ་པ། གྲང་ངར་འགོག་ཐུབ་པ། གསོག་ཉར་བྱེད་ཐུབ་པ་ཡིན། ལོ་གཅིག་གི་དུས་བཞི་ཚང་མར་འདེབས་འཛུགས་བྱེད་ཐུབ་པ་དང་། ལྷག་པར་དུ་སྟོན་དུས་དང་དགུན་དུས་སྲུང་སྐྱོང་ཁྱལ་དུ་འདེབས་འཛུགས་བྱེད་པར་འཚམ་པ་ཡིན། སྡོང་ཐང་གཅིག་གི་ལྗིད་ཚད་སྟོང་ཁེ0.5ཡན་དང་། སྡོང་ཐང་གཅིག་གི་ལྗིད་ཚད་སྟོང་ཁེ0.5ཡན་ཡིན། མུའུ་རེའི་ཐོན་ཚད་སྟོང་ཁེ5000ཡས་མས་ཡིན།

(བདུན) པེ་ཅིན་གྱི་ཤུན་དཀར་ཧིན་ཚལ།

པེ་ཅིན་ས་གནས་ནས་མཆེད་པའི་རིགས་ཞིག་ཡིན། རིགས་འདིའི་སྡོང་རྐང་ཕྲ་ཞིང་རིང་བ་དང་། དྲང་བ། སྡོང་རྐང་གི་མཐོ་ཚད་ལི་སྨི70~80དང་། སྐྱེ་འཚར་དུས་ཡུན་ཉིན120ཡིན། ལོ་མའི་མདོག་ལྗང་ཁུ་དང་ལོ་མའི་ཡུ་བ་རིང་། འཕྲེད་ཞེང་ལི་སྨི2.4ཡོད། ཁོག་སྟོང་མིན་པ་དང་འཇམ་ཞིང་འོད་མདངས་ཆེ་བ། ཚ་སྣ་ཉུང་བ། གདོང་གི་སྐྱད་པ་ཕྲ་བ། གསུས་པའི་གཏིང་ཐུང་ཞིང་དོག་པ་དང་། ཐུས་ཀ་སྐྱི་མོ་ཡིན་པ་བཅས་ཀྱི་ཁྱད་ཆོས་ལྡན། སྡོང་རྐང་གཅིག་གི་ལྗིད་ཚད་སྟོང་ཁེ0.2~0.3ཡིན། ཚ་བ་མི་བཟོད་པ་དང་གསོག་ཉར་བྱེད་དཀའ། ནད་འགོག་ནུས་པ་ཉུང་ཞན། སྟོན་ཁར་མཐོངས་ཡངས་དང་སྲུང་སྐྱོབ་ས་ཁུལ་དུ་འདེབས་འཛུགས་བྱེད་པར་འཚམ་པ་ཡིན།

(བརྒྱད) ཏོ་ལན་གྱི་ཞི་ཧིན།

ཏོ་ལན་ནས་ནང་འདྲེན་བྱས་པ་དང་སྡོང་རྐང་གི་མཐོ་ཚད་ལ་ལི་སྨི60ཡོད། སྡོང་རྐང་རྒྱས་པ་དང་ལོ་མའི་ཡུ་བ་མཐུག་པ། ལོ་མ་དང་ལོ་མའི་ཡུ་བ་ཚང་མ་ལྗང་ཁུར་གྱུར་ནས་འོད་མདངས་ལྡན། ལོ་མའི་ཡུ་བ་ཁོག་སྟོང་མིན་པ། སྡོང་རྐང་གཅིག་གི་ལྗིད་ཚད་སྟོང་ཁེ1ཡན་ཡོད། གྲང་ཐུབ་ཅིང་ཚ་མི་བཟོད། ཡུ་རྐང་འཐེན་དཀའ། སྟོན་དུས་དང་དགུན་དུས་སྲུང་སྐྱོབ་ས་ཁུལ་དུ་འདེབས་འཛུགས་བྱེད་པར་འཚམ་པ་ཡིན།

(དགུ) ཨ་རིའི་པའེ་ལི་ཧིན་ཚལ།

ཨ་མེ་རི་ཁ་ནས་ནང་འདྲེན་བྱས་ཤིང་། སྡོང་རྐང་གི་མཐོ་ཚད་ལ་ལི་སྨི90དང་། ལོ་མ་ལྗང་མདོག་ཡིན། ལོ་མ་ཉུང་ཆུང་། ལོ་མའི་ཡུ་བ་མཐུག་ཅིང་ལྗང་མདོག་ཡིན། ཕྱི་ངོས་འཇམ་ལ་འོད་མདངས་ལྡན་པ་དང་། ཁོག་སྟོང་མིན་པ། ཚ་སྣ་ཉུང་བ། ཐུས་ཀ་སྐྱི་མོ་ཡིན་པ། གྲང་ཐུབ་པ་བཅས་ཀྱི་ཁྱད་ཆོས་ལྡན། སྡོང་རྐང་གཅིག་གི་ལྗིད་ཚད་སྟོང་ཁེ1ཡན་ཡིན། སྟོན་དུས་དང་དགུན་དུས་སྲུང་སྐྱོབ་ས་ཁུལ་དུ་འདེབས་འཛུགས་བྱེད་པར་འཚམ་པ་ཡིན།

(བཅུ) རྡ་རོ་ལི་ཏ683

ཨ་མེ་རི་ཁ་ནས་ནང་འདྲེན་བྱས་ཤིང་། སྡོང་རྐང་གི་མཐོ་ཚད་ལ་ལི་སྨི60~70ཡིན་པ་དང་། ལོ་མའི་ཡུ་བ་ལྗང་ཁུ། ཞིང་ཆེ་ཞིང་མཐུག་པ། ཁོག་སྟོང་མེད་པ། སྙི་བ། ཚི་སྣ་ཉུང་བ་བཅས་ཀྱི་ཁྱད་ཆོས་ལྡན། སྡོང་རྐང་གཅིག་གི་ལྗིད་ཚད་སྟོང་ཁེ0.9ཡས་མས་ཡིན་ལ། ཟས་རྗེན་པ་དང་བཙོས་མ་གང་ཡིན་རུང་འཚམ། དཔྱིད་ཀ་དང་སྟོན་ཁར་མཐོངས་ཡངས་སྒོ་འདེབས་དང་དགུན་དུས་སུ་སྲུང་སྐྱོབ་ས་ཁུལ་དུ་འདེབས་འཛུགས་བྱེད་པར་འཚམ་པ་ཡིན།

(བཅུ་གཅིག) ལྷུན་ཐུའུ་ལ་ཞི་ཧྲིན།

ཨ་མེ་རི་ཁ་ནས་ནང་འདྲེན་བྱས་ཤིང་། སྔ་སྨིན་གྱི་རིགས་སུ་གཏོགས། རྩ་སྦྱོར་བརྒྱབ་རྗེས་ཀྱི་ཉིན70~75ནང་དུ་བསྡུ་དགོས། སྡོང་རྐང་གི་མཐོ་ཚད་ལི་སྨི80ཡན་དང་། གསུས་ཤུར་སྲབ་པ། ལྗང་མདོག འོད་མདངས་བཀྲ་བ་དང་ཚི་སྣ་ཉུང་བ། ལོ་མའི་མཐའ་གས་པ། སྡོང་དབྱིབས་ཚགས་དམ་པ། དགུན་དུས་འཁྱོད་ནུས་ཆེ་བ་དང་། ཡུ་རྐང་འཐེན་ཐུབ་པ། ནད་འགོག་ནུས་པ་བཟང་བ། ཐོན་ཚད་མཐོ་བ། ཚོང་ཟོག་གི་རང་བཞིན་བཟང་བ་བཅས་ཀྱི་ཁྱད་ཆོས་ལྡན། སྲུང་སྐྱོབ་ས་ཁུལ་དང་། དཔྱིད་ཀ་དང་སྟོན་ཁར་མཐོངས་ཡངས་འདེབས་འཛུགས་བྱེད་པར་འཚམ།

གཞན་ཡང་ཕྱི་རྒྱལ་ནས་ཞི་ཧྲིན་གྱི་རིགས་མང་པོ་ནང་འདྲེན་བྱས་ཡོད་པ་དཔེར་ན། ཆོས་ནུབ། ཐུ་ཐེ་རུའུ་ཁེ། དབྱི་ཐ་ལིའི་ཞ་ཧྲིན། ཅ་ཀྲོའུ་ཞི་ཧྲིན། ཀའོ་ཡིའུ་ཐ་ཞི་ཧྲིན་སོགས་ཡོད་དོ། །

ཚན་པ་གསུམ་པ། ཧྲིན་ཚལ་འདེབས་འཛུགས་ཀྱི་དུས་ཚིགས་གཙོ་བོ།

གཅིག དཔྱིད་ཀའི་སོག་ཟུལ།

དཔྱིད་འདེབས་ཧྲིན་ཚལ་གྱི་རིགས་ནི་ཕེ་ཧྲང་ཧྲིན་ཚལ་དང་ཐེན་ཅིན་ཧྲོང་མའོ་

ཛིན་ཚལ་སོགས་ཡུ་ཀྲང་འཛིན་ཐུབ་པའི་ས་བོན་བདམས་ཆོག ཟླ2པའི་ཟླ་དཀྱིལ་ནས་ཟླ3པའི་ཟླ་དཀྱིལ་བར་འཁྱིག་ཤོག་དྲོད་ཁང་ཆེ་མོའམ་གཞུ་དབྱིབས་ཅན་གྱི་དྲོད་ཁང་ནང་ནས་སྨྱུ་གུ་གསོ་དགོས། ཟླ4པའི་ཟླ་སྟོད་ནས་ཟླ5པའི་ཟླ་དཀྱིལ་དུ་རྩ་སྤོས་རྒྱག་དགོས། ཟླ5པའི་ཟླ་མཇུག་ཏུ་ཞིང་རར་བཏོན་ནས་ཟླ6པའི་ཟླ་དཀྱིལ་བར་སྡུད་ལེན་བྱས་ཆོག

གཉིས། དབྱར་ཁའི་སོག་ཟུལ།

དབྱར་འདེབས་ཛིན་ཚལ་སྐྱེ་འཚར་གྱི་དུས་དཀྱིལ་དང་དུས་མཇུག་ཏུ་དྲོད་ཚད་མཐོ་བའི་དུས་ཚིགས་སུ་གནས་ཤིང་། ཧྲི་ཙ་ཀྲུང་གི་ཀྲེན་ཞིན་ཛིན་ཚལ་དང་ཁའི་ཧྲེང་པའོ་ལེ་ཚོས་སོགས་ཚ་བཟོད་ཀྱི་རིགས་འདེམ་དགོས། ཟླ4པའི་ཟླ་མཇུག་ནས་ཟླ6པའི་ཟླ་དཀྱིལ་དུ་ཐོ་འདེབས་བྱེད་དགོས། ཟླ6པའི་ཟླ་སྟོད་ནས་ཟླ7པའི་ཟླ་སྟོད་བར་དང་། སྨྱུ་གུའི་ལོ་ཚད་ཉིན40~45སྤོས་འཛུགས་བྱེད་དགོས་ཤིང་། ཟླ7པའི་ཟླ་སྨད་ནས་ཟླ9པའི་བར་སྡོང་ཀྲང་གི་རིང་ཚད་ལི་སྨི30~40ཡིན་དུས་བཟ་བསྡུ་བྱས་ནས་ཞིང་རར་འདོན་དགོས།

གསུམ། སྟོན་ཁའི་སོག་ཟུལ།

སྟོན་མགོའི་ཛིན་ཚལ་ནི་ཅིན་ནན་ཧྲི་ཛིན་ཨང1པ་སོགས་ཀྱི་རིགས་བདམས་པ་ཡིན། ཟླ6པའི་ཟླ་མཇུག་ནས་ཟླ7པའི་ཟླ་དཀྱིལ་དུ་ཐོ་འདེབས་བྱེད་དགོས། ཟླ7པའི་ཟླ་སྨད་ནས་ཟླ8པའི་ཟླ་སྨད་བར་དང་། ལྗང་སྨྱུག་གི་མཐོ་ཚད་ལི་སྨི12~15ཡིན་དུས་རྩ་སྤོས་རྒྱག་དགོས་པ་དང་། ཟླ9པའི་ཟླ་སྨད་ནས་ཟླ10པའི་ཟླ་སྟོད་བར་བསྡུ་རྒྱུ། བསྐྱུད་མར་ཟླ11བར་དུ་བསྡུ་ཆོག

བཞི། དགུན་དབྱིད་ཀྱི་སོག་ཟུལ།

སྟོན་མཇུག་གི་ཛིན་ཚལ་ནི་པེ་ཅིན་གྱི་པགས་ཤུན་དཀར་པོའམ་ཨ་རིའི་པའེ་ལི་ཛིན་ཚལ་སོགས་ཀྱི་རིགས་བདམས་པ་ཡིན། ཟླ8པའི་ཟླ་དཀྱིལ་ནས་ཟླ9པའི་ཟླ་དཀྱིལ་བར་འདེབས་འཛུགས་བྱེད་དགོས། ཟླ9པའི་ཟླ་དཀྱིལ་ནས་ཟླ12པའི་ཟླ་སྨད་དུ་རྩ་སྤོས་རྒྱག་པ་དང་། ཟླ11པ་ནས་བཟུང་བསྐྱུད་མར་ཕྱི་ལོའི་ཟླ3པའི་བར་བཟ་བསྡུ་བྱེད་དགོས།

ཆ་ཤས་བཞི་པ། ཐིན་ཚལ་སྤུས་ལེགས་ཐོན་མཐོའི་འདེབས་འཛུགས་ལག་རྩལ།

གཅིག ཐོད་ཁང་དང་རྒྱས་མཐོ་འདེབས་འཛུགས་ལག་རྩལ།

(གཅིག) ས་ཁོད་སློམས་ནས་རྣང་མ་བཟོ་བ།

ཐིན་ཚལ་ནི་སྐྱེ་ལྡན་རྫས་བཅུད་འཛོམས་པ་དང་། ཆུ་དང་ལུད་སྲུང་ནུས་ཆེ་བའི་ས་རྒྱུ་གཤིན་པོའམ་ས་སྨུགས་བདམས་ནས་འདེབས་འཛུགས་བྱེད་དགོས། ཚན་རིག་དང་མཐུན་པའི་སྒོ་ནས་ལུད་བརྒྱབ་སྟེ་ས་ཁོད་སློམ་དགོས། ཕྱིར་བཏང་དུ་མུའུ་རེར་སྤུས་ལེགས་རྒྱལ་སྐྱིན་སྐྱེ་ལྡན་ལུད་རྫས་སྟོང་ཁི5000དང་། ཕིན་སོན་ཨེར་ཨན་སྟོང་ཁི50 ཕིན་ཧྥ་སྟོང་ཁི0.5~0.75བཅས་ཀྱི་གཏིང་ལུད་འཛོག་དགོས་པ་དང་། སློམས་པོར་གཏོར་རྗེས་རྨོ་སློག་ཞིབ་ཕྲ་རྒྱག་དགོས། རྣང་ཞེང་ལ་སྨི1~1.6ཡོད་ཀྱང་ཆོག རྣང་མའི་རིང་ཐུང་ནི་ས་ཞིང་ལ་གཞིགས་ནས་གཏན་ཁེལ་བྱེད་དགོས།

(གཉིས) སྨྱུ་གུ་སྐྱེ་སྐྱུལ་དང་རྫོ་འདེབས་སྨུག་གསོ།

མཐོངས་ཡངས་རྫོ་འདེབས་བྱས་ན་སྨྱུ་གུ་འབུས་པ་དལ་ཞིང་སྐྱེ་འཚར་གྲ་འགྲིག་པོ་མེད་པས། ས་བོན་མ་བཏབ་སྔོན་དུ་དྲོད་ཚད་དམའ་མོའི་ཁོར་ཡུག་ནང་དུ་སོན་སྦྱང་བྱས་ནས་སྨྱུ་གུ་སྐྱེ་རུ་འཇུག་དགོས། ཐོག་མར་ས་བོན་དྲོད་ཚད50℃ནང་དུ་སྐར་མ30སྦང་དགོས། དེ་ནས་ཆུ་དྭངས་མས་ཆུ་ཚོད12~24སྦངས་ཏེ་བཀྲུས་རྗེས15~20℃ཁོར་ཡུག་འོག་ཏུ་སྨྱུ་གུ་སྐྱེ་རུ་འཇུག་དགོས། གལ་ཏེ་འོས་འཚམ་གྱི་དྲོད་ཚད་ཁོར་ཡུག་མེད་ན། ས་བོན་ཀླུང་རྒྱུག་སར་བཞག་ནས་བསིལ་སྣམ་བྱེད་པ་དང་། རས་རློན་པས་བཏུམས་རྗེས་འཁྱག་སྒམ་ནང་དུ་བཞག་སྟེ5℃ཁོར་ཡུག་ནང་དུ་བཞག་ནས་ཆུ་ཚོད12རྒྱུན་འཁྱོངས་བྱེད་དགོས། ཉིན་མོར་ཡང་བསྐྱར་བསིལ་གྲིབ་ཀྱི་གནས་སུ་བཞག་ནས་ས་བོན་ཐེངས་འགའ་ལ་སྐྱུལ་ན་སྨྱུ་གུ་འབུས་ཐུབ། ཆུ་གཏོར་རྗེས་ས་བོན་མང་ཉུང་འོས་འཚམ་གྱི་བྱེ་མའི་

ནང་དུ་བསྲེས་ནས་འདེབས་དགོས། བཏབ་རྗེས་སྨུར་དུ་ས་མཐུག་ཚད་ལི་སྨི0.5འགེབས་པ་དང་དེའི་སྟེང་དུ་ཉི་འོད་སྲིབ་པའི་དྲ་བ་བཀབ་ནས་དྲོད་ཚད་ཇེ་དམའ་རུ་གཏོང་བ་དང་ཆར་བ་འགོག་དགོས།

(གསུམ) སྨྱུ་གུ་གསོ་བ་དང་རྩ་སྤོས་རྒྱག་པ།

སྨྱུ་གུ་གསོ་བའི་དུས་སུ་བརྟན་གཤེར་ལ་དོ་སྣང་བྱེད་དགོས། སྨྱུ་གུའི་དུས་སུ་བརྟན་གཤེར་རྒྱུན་འཁྱོངས་བྱེད་དགོས་ཤིང་། ས་ཞིང་སྐམ་པ་མཐོང་མ་ཐག་ཏུ་ཆུ་གཏོང་བ་དང་། དུས་ཐོག་ཏུ་སྨྱུ་གུ་མཐུག་སེལ་དང་ཡུར་མ་ཡུར་ནས་སྨྱུ་གུ་ཐེངས1~2སྤོ་དགོས། སྤོས་འཛུགས་མ་བྱས་པའི་སྔོན་དུ་ལྷང་སྨུག་གསོ་སར་ཆུ་གཏོང་དགོས་ཤིང་། སྨྱུ་གུ་འབྱུས་སྐབས་སྔོང་ཏང་གི་རྩ་ལག་ལ་གནོད་སྐྱོན་མི་ཡོང་བར་བྱེད་དགོས། གནམ་ངོ་དྭངས་དུས་ཀྱི་ཕྱི་དྲོའམ་གནམ་ངོ་འཐིབས་དུས་རྩ་སྤོས་བརྒྱབ་ནས་སྔོང་ཏང་གི་གསོན་ཚད་ཇེ་མཐོར་གཏོང་དགོས། པིན་ཧྲིན་སྔོང་ཏང་གི་བར་ཐག་ནི་ལི་སྨི12×15ཡིན་པ་དང་། ཞི་ཧྲིན་སྔོང་ཏང་གི་བར་ཐག་ནི་ལི་སྨི17×20ཡིན། རྩ་སྤོས་བརྒྱབ་རྗེས་ཀྱི་ཉིན5~7ཆུ་གཏོང་དགོས། དུས་ཐོག་ཏུ་ཡུར་མ་ཡུར་ནས་རྩ་བ་སྐྱེ་རྒྱུར་སྐུལ་འདེད་བྱེད་པ་དང་། པད་ཁ་དང་ལོ་མའི་ཚོད་མའི་རིགས་སྤེལ་འདེབས་བྱས་ཆོག ལོ་མའི་སྔོ་ཚལ་བསྡུས་རྗེས་ཧྲིན་ཚལ་གྱི་ས་བོན་དཔ་གཞོད་བྱུང་བ་དང་བསྐྱར་འདེབས་ཀྱི་ཚད་གྲངས་ཇེ་མཐོར་གཏོང་ཐུབ།

(བཞི) ཞིང་ཁའི་དོ་དམ།

1. དབྱིད་ཀའི་ཧྲིན་ཚལ་སྲིག་བཀོད་འདེབས་འཛུགས་ཀྱི་འགག་རྩའི་ལག་རྩལ།

དྲོད་ཁང་ཆེ་མོའི་ནང་དུ་འདེབས་འཛུགས་བྱེད་ན་དུས་མགོར་ཁ་དམ་པོར་བཅུམ་དགོས། དབྱིད་དུས་དྲོད་ཁང་ནང་དུ་ཧྲིན་ཚལ་འདེབས་སྐབས་ཕྱིར་བཏང་ཉིན་གུང་དྲོད་ཚད་མཐོ་ཤོས25℃ལས་བརྒལ་མི་རུང་། སྤྱིལ་བུའི་ནང་དུ་བཙུག་རྗེས། སྔ་དྲོའི་དྲོད་ཚད20℃ལ་སླེབས་སྐབས་རླུང་རྒྱག་མགོ་ཚུགས་ཤིང་། ཕྱི་དྲོའི་དྲོད་ཚད15℃མན་དུ་སླེབས་སྐབས་རླུང་རྒྱག་མཚམས་འཇོག་དགོས་པ་དང་། མཚན་མོའི་དྲོད་ཚད8~10℃རྒྱུན་འཁྱོངས་བྱེད་དགོས། དྲོད་ཚད་དམའ་དུས་ཉིན2~3གནམ་ངོ་དྭངས་ཤིང་དྲོད་ཚད་མཐོ་

བའི་གནམ་གཤིས་ཀྱི་སྐབས་སུ་སྤྱིལ་བུའི་ནང་དུ་ཀླུང་རྒྱུག་ཏུ་འཇུག་དགོས་པ་དང་། དྲོད་ཚད་དམའ་ཞིང་བརླན་གཤེར་ཆེ་དུས་ནད་འབྱུང་བར་སྔོན་འགོག་བྱེད་དགོས། གནམ་གཤིས་ཇེ་དྲོ་རུ་ཕྱིན་རྗེས་རིམ་བཞིན་ཀླུང་རྒྱུག་ཚད་ཇེ་མང་དུ་གཏོང་བ་དང་། སྔོང་ཁང་གི་མཐོ་ཚད་ལ་ལི་སྨི30ཡོད་པའི་སྐབས་སུ་ལུད་འཇོག་དགོས། ལུད་འཇོག་སྐབས་སྐྱི་སྲབ་ཀྱི་ཁ་ཕྱེ་ནས་ཀླུང་རྒྱུག་ཏུ་འཇུག་པ་དང་། ལོ་མའི་སྟེང་གི་ཐེལ་བ་ཡལ་རྗེས་ཡུ་རེར་ཡིའུ་སོན་ཨན་སྟོང་ཁ25གཏོར་དགོས། ལུད་བཞག་རྗེས་ཆུ་ཐེངས་གཅིག་ལ་གཏོང་དགོས་པ་དང་། དེའི་འཕྲོར་ཉིན3~4ལ་ཐེངས་གཅིག་གཏོང་དགོས་ཤིང་། བརླན་གཤེར་ནི་བཟ་བསྲུ་བྱེད་རག་བར་དུ་རྒྱུན་འཁྱོངས་བྱེད་དགོས།

སྔོང་ཁང་སྐྱེ་འཚར་གྱི་དུས་དཀྱིལ་དང་དུས་མཇུག་ཏུ་ཕྱིའི་མདོན་ཚུལ་ལ་གཞིགས་ནས་དམིགས་ས་ཡོད་པའི་སྒོ་ནས་ལོ་མའི་ངོས་ལ་ལུགས་མཐུན་དང་སྨན་ལུད་གཏོར་དགོས། གལ་ཏེ་སྔོང་ཁང་ལ་རྩི་དགོན་ན་ལོ་མ་སེར་པོར་འགྱུར་བ་དང་། ཚབས་ཆེ་བའི་དུས་སུ་ལོ་མའི་ཡུ་བ་དཀར་པོར་འགྱུར་བ་ཡིན། པོན་ཆད་ན་ལོ་མའི་ཡུ་བ་གས་པ་ཡིན། ཀལ་ཆད་ན་སྔོང་ཁང་གི་གཞུང་རྟ་སྐམ་པོར་འགྱུར་བ་ཡིན། ཙྪ་ཆད་ན་ལོ་མའི་མཐའ་སེར་པོར་འགྱུར། གོང་གི་ནད་རྟགས་ལ་གཞིགས་ནས་རྩི་དང་པེན། ཀལ། ཙྪ་བཅས་འདུས་པའི་ལུད་རྫས་ལོ་མའི་སྟེང་དུ་གཏོར་ནས། སྔོང་ཁང་རྒྱུན་ལྡན་ལྟར་འཚར་སྐྱེ་འབྱུང་བར་སྐུལ་འདེད་དང་སྐྱེ་ལུགས་རང་བཞིན་གྱི་ནད་སྐྱོན་འབྱུང་བར་སྔོན་འགོག་བྱེད་དགོས། བཟ་བསྲུ་མ་བྱས་སྔོན་གྱི་ཉིན15ནང་ཏའོ་ཁེ/ཧྲིན30~50"དགུ་གཉིས་ཉི་ཤུ"(ཁྲི་མེ་སུའུ)ལོ་མའི་ངོས་སུ་ཐེངས1~2ལ་གཏོར་དགོས།

2. དབྱར་ཁའི་ཇིན་ཚལ་སྨྲིག་བཀོད་འདེབས་འཛུགས་ཀྱི་འགག་རྩའི་ལག་རྩལ།

ལྗང་མྱུག་ལ་ལོ་མ3~4འབྱུང་བའི་སྐབས་སུ་རྩ་སྤོས་བརྒྱབ་ཆོག་པ་དང་། སྤྱིར་བཏང་དུ་ཟླ6པའི་ཟླ་སྟོད་ནས་ཟླ7པའི་ཟླ་དཀྱིལ་བར་སྤོས་འཛུགས་བྱེད་དགོས། སྐབས་དེར་དྲོད་ཚད་མཐོ་ཞིང་ཆར་ཆུ་མང་ན་ཆར་གཡོལ་གྲིབ་འགེབས་ཀྱི་སྒོ་ནས་འདེབས་འཛུགས་བྱེད་དགོས། ཇིན་ཚལ་དྲོད་ཁང་ནང་དུ་རྩ་སྤོས་རྒྱག་པ་དང་། དྲོད་ཁང་གི་ཐོག་རིམ་ལ་འགྲིག

ཞིག་སྲབ་མོ་བཀབ་རྗེས་སྣར་ཡང75%འོད་སྒྲིབ་བྱེད་པའི་ཉི་སྒྲིབ་དྲ་བ་འགེབས་དགོས། རྩ་སྤྲོས་བརྒྱབ་རྗེས་མྱུར་དུ་ཆུ་གཏོང་དགོས། དྲོད་ཁང་ཆེན་མོའི་ནང་གི་དྲོད་ཚད་མཐོ་ན་ཏིན་ཚལ་སྐྱེ་འཚར་དལ་བས། ལྡང་མྱུག་གི་དུས་སྐབས་དང་ཕྱིའི་ལོ་མའི་དུས་སྐབས་སུ་ཆུ་གཏོང་བ་དང་དྲོད་ཚད་ཇེ་དམའ་རུ་གཏོང་བ་གཙོ་བོར་འཛིན་དགོས། ཞོགས་པ་དང་ས་སྲོས་སུ་ས་འོག་གི་ཆུ་དང་ཁྲོན་པའི་ཆུ་གཏོར་ནས་དྲོད་ཚད་ཇེ་དམའ་རུ་བཏང་ཆོག སྐྱེ་འཚར་གྱི་དུས་དཀྱིལ་དུ་གཅིན་རྒྱུ་སླ་པོ་ཐེངས་གཅིག་གཏོར་དགོས། སྐྱེ་འཚར་གྱི་དུས་དཀྱིལ་དང་དུས་མཇུག་ཏུ་ཏན་ལུད་ཐེངས་གཅིག་རྒྱག་དགོས་པར་མ་ཟད། 0.2%ཀྱི་ལིན་སྐྱུར་ཆེང་གཉིས་ཐ་ལོ་འདབ་སྟེང་དུ་ཐེངས2~3རྒྱག་དགོས། བཟ་བསྡུ་མ་བྱས་སྔོན་གྱི་ཟླ་ཕྱེད་ནང་ཏའོ་ཁེ30/ཧྲིན་གྱི“དགུ་གཉིས་ཉི་ཤུ”(ཁྲི་མི་སུའུ)ཐེངས་གཅིག་གཏོར་ན། ཏིན་ཚལ་གྱི་སྐྱེ་འཚར་ལ་སྐུལ་འདེད་ནུས་ལྡན་གཏོང་ཐུབ།

3. སྟོན་ཀའི་ཏིན་ཚལ་སྒྲིག་བཀོད་འདེབས་འཛུགས་ཀྱི་འགག་རྩའི་ལག་རྩལ།

སྟོན་དུས་རྩ་སྤྲོས་བརྒྱབ་རྗེས་དུས་ཐོག་ཏུ་ཆུ་གཏོང་དགོས་པ་དང་། ཉིན3~5རྗེས་སུ་མྱུ་གུའི་སྐྱེ་འཚར་ཇེ་དལ་དུ་གཏོང་བར་སྐུལ་བའི་ཆུ་ཐེངས་གཅིག་གཏོང་དགོས། མྱུ་གུ་འབུས་རྗེས་ཉིན10ཡས་མས་སྔོད་པ་དང་ཆུ་གཏོང་མཚམས་འཇོག་དགོས། མྱུ་གུ་འབུས་རྗེས་ཞིང་ཁར་ཆུ་འདང་ངེས་ཤིག་མགོ་སྲོད་བྱེད་པར་ཁག་ཐེག་བྱེད་དགོས། ཆུ་གཏོང་བ་དང་མཉམ་དུ་ཨུའུ་རེར་གཅིན་རྒྱུ་དང་ལིའུ་སོན་ཐ་སྟོང་ཁེ10རེ་གཏོར་བ་དང་། རྗེས་སུ་ཉིན20~25ལུད་ཐེངས་རེ་འཇོག་དགོས། བཟ་བསྡུ་མ་བྱས་སྔོན་གྱི་ཉིན10ནང་དུ་ཆུ་གཏོང་བ་དང་ལུད་གཏོར་བ་མཚམས་འཇོག་དགོས། མྱུ་གུའི་འཚར་སྐྱེ་སྣར་གསོ་བྱེད་དུས་ཀྱི་དྲོད་ཚད20~22℃ཁྱབ་ཁོངས་སུ་ཚོད་འཛིན་བྱེད་དགོས་པ་དང་། སྐྱེ་འཚར་དུས་སྐབས་ཀྱི་དྲོད་ཚད12~22℃ཚོད་འཛིན་བྱེད་དགོས། སྟོན་དུས་ཕྱི་རོལ་གྱི་དྲོད་ཚད12℃ལས་དམའ་ན་དུས་ཐོག་ཏུ་སྦྲིལ་བུའི་སྣད་འགེབས་དགོས། ཏིན་ཚལ་སྐྱེ་འཚར་ལེགས་པོ་ཡོང་བར་ཁག་ཐེག་བྱེད་ཆེད། ཆུ་གཏོར་ཐེངས་རེར་རླུང་རྒྱུག་ཏུ་བཅུག་ནས་བརླན་གཤེར་སེལ་དགོས།

4. དགུན་དཔྱིད་ཏིན་ཚལ་སྒྲིག་བཀོད་འདེབས་འཛུགས་ཀྱི་འགག་རྩའི་ལག་རྩལ།

དགུན་དཔྱིད་རྗེན་ཚལ་ནི་འཁྱིག་ཤོག་དྲོད་ཁང་ཆེ་མོའི་ནང་དུ་དགུན་བཏལ་འདེབས་འཛུགས་བྱེད་ཆོག་པ་དང་། སྤྱིར་བཏང་དུ་གནམ་ལོ་གསར་ཚེས་ནས་ལོ་སར་དུས་ཆེན་བར་བཏང་བསྡུ་བྱེད་བཞིན་ཡོད། སྦོ་འདེབས་དུས་ཡུན་ནི་ཟླ8པའི་ཟླ་སྨད་ཡིན། ཙ་སྦྱོས་བརྒྱབ་རྗེས་ཀྱི་ཐོག་མའི་དུས་སུ་དྲོད་ཚད་ཅུང་མཐོ་བས། རྣང་ངོས་ཀྱི་བརླན་གཤེར་རྒྱུན་འཁྱོངས་བྱེད་པ་དང་། བར་སྐབས་སུ་ཆུ་གཏོང་ཚད་ཇེ་ཉུང་དུ་གཏོང་དགོས་ཤིང་། ས་དྲོད་ཇེ་དམའ་རུ་བཏང་ནས་སྤྱིལ་བུའི་ནང་གི་རླན་ཚད་ཇེ་ཆེར་འགྲོ་བར་སྔོན་འགོག་བྱེད་དགོས། ཕྱི་རོལ་གྱི་ཆེས་དམའ་བའི་དྲོད་ཚད15℃མན་ཡིན་པ་སྟེ། ཟླ10པའི་ཟླ་སྨད་ནས་ཟླ11པའི་ཟླ་སྟོད་བར་དྲོད་ཁང་དུ་དྲོད་སྲུང་བྱེད་དགོས། འོན་ཀྱང་ཉིན་མོར་རླུང་རྒྱུ་བ་དང་དབུགས་བརྗེ་བར་དོ་སྣང་བྱེད་དགོས། དྲོད་ཁང་གི་དྲོད་ཚད་ཉིན་མོར20~22℃དང་། མཚན་མོར12~18℃ཆོད་འཛིན་བྱེད་དགོས། རྗེས་སུ་དྲོད་ཚད་ཇེ་དམའ་རུ་སོང་བ་དང་བསྟུན་ནས་རླུང་རྒྱུག་ཚད་ཇེ་ཉུང་དུ་འགྲོ་བ་ཡིན། སྤྱིར་བཏང་དུ20℃ལས་བརྒལ་མི་རུང་ལ་དྲོད་ཁང་ནང་གི་དྲོད་ཚད་དམའ་ཤོས5℃ལས་དམའ་བའི་སྐབས་སུ་རྩྭ་ཁེབས་འགེབས་དགོས། དགོས་ངེས་ཀྱི་དུས་སུ་རྣང་ངོས་སུ་གཞུ་དབྱིབས་ཅན་གྱི་སྤྱིལ་བུ་ཆུང་དུ་བཟོ་དགོས། འདིའི་སོག་ཤལ་རྗེན་ཚལ་གྱི་འཚར་སྐྱེ་ནི་གནམ་ལོ་གསར་ཚེས་ཀྱི་སྔོན་ལ་འགྲུབ་དགོས་པས། ཆུ་ལུད་དོ་དམ་ལ་ཤུགས་སྣོན་བརྒྱབ་ནས་སྐྱུལ་འདེད་གཏོང་རྒྱུ་གཙོ་བོར་འཛིན་དགོས། སྤྱིལ་བུའི་གླད་བཀབ་རྗེས་ཙ་བ་གསར་བ་དང་ལོ་མ་གསར་པ་འབོར་ཆེན་བྱུང་བ་དང་། ཡུ་རེ་ལུད་རྫས་སྟོང་ཁ15~20འཛོག་དགོས་ཤིང་། ཉིན30ཙམ་འགོར་རྗེས་ལུད་ཐེངས་གཉིས་པ་འཇོག་དགོས། ཡུ་རེར་ཞི་ཡུ་སོན་ཨན་དང་གཅིན་རྒྱུ་སྟོང་ཁ10~15རྒྱག་དགོས། སྐྱེ་འཚར་གྱི་བརྒྱུད་རིམ་ཏིལ་པོའི་ཁྲོད་རྩོ་ཞིང་ཐེངས2~3འདེབས་པར་བྱེད་དགོས། བར་སྐབས་དང་དུས་མཇུག་ཏུ་སྟོང་ཕང་རྒྱས་ཤིང་ས་ངོས་ནས་མཐོ་བས། བར་རྩོད་བྱེད་མཚམས་བཞག་ཆོག

གཉིས། ཉི་འོད་དྲོད་ཁང་གི་ཞི་ཆིན་གྱི་ས་མེད་ཐུམ་མཐོའི་འདེབས་འཛུགས་ལག་རྩལ།

ས་མེད་འདེབས་འཛུགས་ནི་སྤྲིག་བཀོད་ཞིང་ལས་འཕེལ་རྒྱས་ཀྱི་ཁ་ཕྱོགས་ཀྱི་ཕྱུས་

ལེགས་གནོད་མེད་སྨོ་ཚལ་ཐོན་སྐྱེད་བྱེད་པའི་ཐབས་ལམ་གལ་ཆེན་ཞིག་ཡིན། གཤམ་དུ་ཉེ་འོད་རྡོད་ཁང་ནང་གི་ཞི་ཏིན་གྱི་ཕན་ནུས་མཐོ་བའི་འདེབས་འཛུགས་ཀྱི་ལག་རྩལ་ངོ་སྤྲོད་བྱས་པ་གཤམ་གསལ་ལྟར།

(གཅིག) འདེབས་འཛུགས་སྒྲིག་ཆས།

འདེབས་འཛུགས་སྒྲིག་བཀོད་གཙོ་བོར་ཉེ་འོད་རྡོད་ཁང་དང་། འདེབས་འཛུགས་ཞིང་སྡེགས། སྨྱུ་གུ་འཁྱིད་སྡེགས། གཤེར་འདོན་མ་ལག་བཅས་ཀྱིས་གྲུབ་པ་ཡིན།

1. འདེབས་འཛུགས་ཞིང་སྡེགས།

སོ་ཕག་གམ་སྦྱོར་འགྲིག་གིས་རིང་ཚད་ལ་སྨི20དང་ཞེང་ལ་སྨི1 གཏིང་རིམ་ལི་སྨི10བཅས་ཡོད་པའི་ཕྲ་ཤུར་བཟོ་བ་དང་། གཞོང་ངོས་སུ་མཐུག་ཚད་ལི་སྨི2མཐུག་ཚད་མཐོན་པོའི་སྤུན་པང་འགེབས་དགོས། པང་ངོས་སུ་ལི་སྨི20×20ཚངས་ཐིག་ལི་སྨི2ལྟར་དུ་རྩ་སྦྱོར་རྒྱག་དགོས།

2. སྨྱུ་གུ་འཁྱིད་སྡེགས།

འདེབས་འཛུགས་སྡེགས་བུ་དང་མཉམ་དུ་རིང་ཚད་ལ་སྨི10དང་ཞེང་ལ་སྨི1 གཏིང་རིམ་ལ་ལི་སྨི5བཅས་ཡོད་པའི་ཕྲ་ཤུར་བཟོ་དགོས་ཤིང་། སྤུན་པང་སྟེང་དུ་ལི་སྨི50×5ལྟར་ཚངས་ཐིག་ལི་སྨི2.4སྨྱུག་འཁྱིད་ཁུང་བུ་གཏོད་དགོས།

3. གཤེར་འདོན་མ་ལག

གཤེར་འདོན་མ་ལག་ནི་གཤེར་གསོག་རྫིང་བུ་དང་ཆུ་འཐེན་འཕྲུལ་འཁོར། གཤེར་འདྲེན་སྦུ་གུ། རང་འགུལ་ཚོད་འཛིན་མ་ལག་བཅས་ཀྱིས་གྲུབ་པ་ཡིན། གཤེར་འདོན་མ་ལག་དང་། འདེབས་འཛུགས་བྱེད་ས། སྨྱུ་གུ་གསོ་ས་བཅས་ཀྱིས་འཁོར་སྐྱོད་མ་ལག་རྡིལ་པོ་གྲུབ་ཡོད།

(གཉིས) འདེབས་འཛུགས་ལག་རྩལ།

1. སྨྱུ་གུ་གསོ་བ།

ཨ་མེ་རི་ཁ་ནས་ནང་འདྲེན་བྱས་པའི་ལྷུན་ཐུའུ་ལ་ཞི་ཏིན་དང་པའེ་ལི་ཏིན་སོགས་

ཞི་ཧྲིན་གྱི་རིགས་འདེམ་དགོས། ལྡིང་སྨྱུག་གསོ་སའི་རྗོ་ཡི་ཞེང་ཚད་ལ་སྨི1.5དང་རིང་ཚད་ལ་སྨི20 མཐུག་ཚད་ལི་སྨི5ཡོད་པའི་རྣང་མ་དང་ཡང་ན་ལྡིང་སྨྱུག་གསོ་ཆས་ཀྱིས་ལྡིང་སྨྱུག་གསོ་དགོས། སྨྱུ་གུ་འབུས་པར་སྐྱུལ་བ་དང་སྔོ་འདེབས་བྱེད་ཐབས་ནི་སྤྱིལ་བུའི་འདེབས་འཛུགས་དང་གཅིག་མཚུངས་སོ། །

2. སྨྱུ་གུ་འབྱེད་པ།

ཞི་ཧྲིན་སྨྱུ་གུ་འབུས་རྗེས་ཆུ་ལུད་དོ་དམ་ལ་ཤུགས་སྣོན་བརྒྱབ་ནས་ལྡིང་སྨྱུག་སྐྱེ་སྟོབས་ལྡན་པ་ཞིག་གསོ་སྐྱོང་བྱེད་དགོས། ཞི་ཧྲིན་གྱི་རིང་ཚད་ལ་ལོ་མ2~3ཡོད་པའི་དུས་སུ་ལྡིང་སྨྱུག་སྐྱུད་འཁྱིལ་མེད་པའི་རས་ཀྱིས་རྩ་སྦྱོས་རྒྱག་པའི་ཐོར་བའི་ནང་དུ་གཏན་འཛུགས་བྱས་ཏེ། ཐོག་མར་སྨྱུ་གུ་འབྱེད་སའི་ནང་དུ་འགྲིག་ཤོག་ནག་པོ་བཏིང་ནས། ནང་དུ་ལི་སྨི3གྱི་གཏིང་ཚད1/4ཚད་ལྡན་ཡིན་པའི་འཚོ་བཅུད་གཤེར་ཁུ་འཇོག་དགོས། ཕུན་པང་བཀབ་ནས་ཞི་ཧྲིན་སྡོང་སྨྱུག་གསོ་སྣེགས་ཀྱི་སྟེང་དུ་རྩ་སྦྱོས་རྒྱག་པ་དང་། ཉིན3ལ་འཚོ་བཅུད་གཤེར་ཁུ་ཐེངས་གཅིག་བརྗེས་ནས་འཚོ་བཅུད་འདང་བར་ཁག་ཐེག་བྱས་ཏེ་སྨྱུ་གུ་སྐྱེ་བར་སྐྱུལ་འདེད་བྱེད་དགོས།

3. འཚོ་བཅུད་གཤེར་ཁུ་སྦྱིབ་སྦྱོར་དང་དོ་དམ།

ཞི་ཧྲིན་གྱི་འཚོ་བཅུད་དགོས་མཁོ་ལྟར་ན། སི་ཧྲུའི་ཞའོ་སོན་ཀལ[Ca$(NO_3)_2$ · $4H_2O$]དང580ཧའོ་ཁེ/ཧྲིན་ཡིན། ཆེ་ཧྲུའི་ལིའུ་སོན་མེ($MgSO_4$ · $7H_2O$)དང240ཧའོ་ཁེ/ཧྲིན། ལིན་སོན་ཨེར་ཆིན་ཨན($NH_4H_2PO_4$)དང228ཧའོ་ཁེ/ཧྲིན། ཞའོ་སོན་ཀྱ(KNO_3)དང630ཧའོ་ཁེ/ཧྲིན། ལྕགས་དང་ཚད་ཉུང་མ་རྫུ་རྒྱུན་ལྡན་གྱི་བཀོལ་ཚད་ལྟར་སྦྱོད་དགོས། ཞི་ཧྲིན་གྱི་འཚར་སྐྱེའི་དུས་རིམ་མི་འདྲ་བར་གར་ཚད་མི་འདྲ་བའི་འཚོ་བཅུད་གཤེར་ཁུ་སྦྱོད་པ་ཡིན། ལྡིང་སྨྱུག་གསོ་སའི་ནང་དུ་གར་ཚད་ཚད་ལྡན་གྱི་འཚོ་བཅུད་གཤེར་ཁུ1/4བཀོལ་བ་དང་། ECརིན་ཐང་ཧ་ལམ1.10ཧོ་ཞི་མོན་ཙི/ལི་སྨི་ཡིན། རྩ་སྦྱོས་བརྒྱབ་རྗེས་ཉིན10ནང་གར་ཚད་ཚད་ལྡན་གྱི་འཚོ་བཅུད་གཤེར་ཁུ1/2བཀོལ་བ་དང་། ECརིན་ཐང་ཧ་ལམ1.40ཧའོ་ཞི་མོན་ཙི/ལི་སྨི་ཡིན། ཉིན10~30ནང་དུ་གར་ཚད་ཚད་ལྡན་གྱི་འཚོ་བཅུད་གཤེར་

ཁུ3/4བཀོལ་བ་དང་། ECརིན་ཐང་ཏ་ལམ1.8ཏའོ་ཞི་མོན་ཅི/ལི་སྨི་ཡིན། ཉིན30རྗེས་སུ་གར་ཚད་ཚད་ལྡན་གྱི་འཚོ་བཅུད་གཤེར་ཁུ་སྤྲུད་དེ། ECརིན་ཐང་ནི2.2ཏའོ་ཞི་མོན་ཅི/ལི་སྨི་ཡིན། འཚོ་བཅུད་ཉིན་རེར་འཕོར་སྐྱོད་བྱེད་བཞིན་ཡོད། དུས་ཚོད8~18རེར་གཤེར་ཁུ་སྨི20འདོན་སྤྲོད་བྱེད་དགོས། འདེབས་འཛུགས་སྙིགས་བུ་ནང་གི་གཤེར་ཁུ་ལི་སྨི5ཙམ་རྒྱུན་འཁྱོངས་བྱེད་པ་དང་། ཉིན་རེར་འཚོ་བཅུད་གཤེར་ཁུ་དངECཡི་གྲངས་ཐང་ཚད་འཇལ་གཏན་འཁེལ་བྱས་ཏེ་དུས་ཐོག་ཏུ་མ་ཁུ་ཁ་གསབ་བྱས་ནས་སྙོམ་སྒྲིག་བྱེད་དགོས། དེའི་གར་ཚད་གཏན་འཇགས་དང་ཟླ་རེར་གཤེར་ཁུ་གསར་བ་བརྗེ་དགོས།

4. ཚ་སྲོས་བརྒྱབ་རྗེས་ཀྱི་དོ་དམ།

ཟླ9པའི་ཟླ་སྟོད་དུ། ཞི་ཪིན་གྱི་རིང་ཚད་ལ་ལོ་མ5~6ཡོད་པའི་དུས་སུ། འདེབས་འཛུགས་སྙིགས་བུའི་སྟེང་དུ་ཚ་སྲོས་རྒྱག་དགོས། དྲོད་ཁང་གི་ཉིན་མོའི་དྲོད་ཚད20~22℃ཚོད་འཛིན་བྱེད་པ་དང་། མཚན་མོའི་དྲོད་ཚད12~18℃ཚོད་འཛིན་བྱེད་དགོས། དྲོད་ཁང་ནང་གི་རླན་ཚད་ནི70%~85%རྒྱུན་འཁྱོངས་བྱེད་དགོས། རླུང་རྒྱུ་བར་མཉམ་འཛོག་བྱས་ནས་ཁང་པའི་ནང་གི་གཙང་སྦྲ་རྒྱུན་འཁྱོངས་བྱེད་དགོས། སད་མ་བརྒྱབ་སྔོན་གྱི་མཚན་མོའི་ཕྱི་རོལ་གྱི་དྲོད་ཚད5℃མན་དུ་ཆག་སྐབས་འགྲིག་ཤོག་གིས་གཡོགས་དགོས་པ་དང་། དགུན་དུས་རྩ་ཡོལ་རྒྱག་པ་དང་རླུང་རྒྱུག་ཏུ་བཅུག་ནས་དྲོད་ཚད་སྙོམ་སྒྲིག་བྱེད་དགོས། དུས་མཉུག་ཏུ་ལོ་མ་རྙིང་བ་མེད་པར་བཟོ་རྒྱུར་དོ་སྣང་བྱེད་དགོས། སྐྱེ་འཚར་གྱི་དུས་ཚིགས་རྩེལ་པོར་ནད་འབུའི་གནོད་པ་ཉུང་ཤུང་བ་དང་། སྐྱེ་དངོས་གནོད་འབུ་དང་ཞི་ཪིན་ཤ་བཀྲའི་ནད། སྔ་མོའི་རིམས་ནད་བཅས་འགོག་བཅོས་བྱ་རྒྱུར་དོ་སྣང་བྱེད་དགོས། སྤྱིར་བཏང་དུ་ཉིན90རིང་ཚོང་རར་བཏོན་ཆོག

5. བཟ་བསྡུ།

ས་མེད་འདེབས་འཛུགས་བྱས་པའི་སྤོ་ཚལ་ཚོང་རར་འདོན་དུས། སྤྱིར་བཏང་དུ་སྤྱི་ལོའི་ལོ་སར་གྱི་སྔ་གཞུག་ཏུ་ཚོང་རར་བཏོན་ཆོག སྡོང་རྐང་གི་མཐོ་ཚད་ལི་སྨི40ཡས་མས་དང་སྡོང་རྐང་གཅིག་གི་ལྗིད་ཚད་སྟོང་ཁ0.8~1.5ཡིན། མུའུ་རེའི་ཐོན་ཚད་སྟོང་ཁ

10000ཟིན་ཡོད།

གསུམ། མཐོངས་ཡངས་འདེབས་འཛུགས་ཀྱི་ལག་རྩལ།

(གཅིག) ས་ཞིང་འདེམ་པ།

སྦྱི་གནོད་མེད་པའི་སྤོ་ཚལ་ཐོན་ཁུལ་གྱི་ཁོར་ཡུག་ཚད་གཞི་ཅན་དང་མཐུན་པའི་ས་ཁུལ་དུ་ས་དང་ཆུ། སོལ་རླངས་བཅས་ཀྱི་ཆ་རྐྱེན་ལེགས་པོ་ལྡན་པ་དང་། སྐྱེ་ལྡན་ས་བཅུད་མང་པོ་འདུས་པའི་ས་རྒྱུ་འདེམ་པ་དང་། ཞིང་ནང་གི་ནད་སྐྱོན་ཅན་གྱི་རྩ་འཛུགས་གཙང་སེལ་བྱས་ནས་གྲུ་དག་བྱེད་དགོས།

(གཉིས) འདེབས་འཛུགས་བྱེད་སྟངས།

མཐོངས་ཡངས་རྨོ་འདེབས།

(གསུམ) འདེབས་འཛུགས་དུས་ཚིགས།

མཐོངས་ཡངས་རྨོ་འདེབས་ནི་དཔྱིད་ཀ་དང་སྟོན་ཁར་བྱས་ཆོག

(བཞི) སོན་བཟང་འདེམ་སྒྲུབ།

གྲང་དར་འགོག་པ་དང་ཚ་ནུས་རང་བཞིན་ཆེ་བ། འོད་ནུས་ཞན་པ་བཟོད་ཐུབ་པ། ཕྲི་ཚུལ་དང་སྦུས་ཀ་ལེགས་པའི་རིགས་འདེམ་སྒྲུབ་བྱེད་དགོས་ཏེ། དཔེར་ན། ཅ་གྲོའུ་ཕང་ཞི་ཧྲིན་དང་། ལྷུན་ཐུའུ་ལ་ཞི་ཧྲིན། གཱའོ་ཡིའུ་ཐ་ཞི་ཧྲིན་སོགས་ལྟ་བུའོ།།

(ལྔ) ལྡང་མྱུག་གསོ་བ།

1. ས་བོན་ཐག་གཅོད།

ཧྲིན་ཚལ་གྱི་ས་བོན་ནི་ཤུན་པགས་མཐུག་ལ་སྲ་ཞིང་མཁྲེགས་པ། དྭངས་སྨུག་ལྡན་པ། ཆུ་འཛིན་དཀའ་བ་དང་། མ་བཏབ་སྔོན་དུ་ཆུ་དྲོན་མོ20℃ནང་དུ་ས་བོན་སྦངས་ནས་ཆུ་ཚོད24~48འཇོག་དགོས་པ་དང་། ཆུ་གཙང་མས་ཐེངས་འགར་བཀྲུས་རྗེས་རས་ཀླན་པས་བཏུམ་དགོས། 18~20℃ཆ་རྐྱེན་འོག་ཏུ་མྱུ་གུ་སྐྱེ་རུ་འཇུག་པ་དང་། ཉིན་རེར་ཆུ་གཙང་མས་ཐེངས1~2བཀྲུ་དགོས། 50%ས་བོན་དཀར་པོར་གྱུར་ཆེ་རྨོ་འདེབས་བྱས་ཆོག

2. ལྡང་མྱུག་གསོ་སའི་གྲ་སྒྲིག

འདེབས་འཛུགས་མ་བྱས་སྔོན་གྱི་ཉིན3~5ལྔང་སྨྱུག་གསོ་ས་གྲ་སྒྲིག་བྱེད་པ་དང་། གཏིང་ལུད་འདང་ངེས་ཤིག་འཇོག་དགོས། སྨི་གྲུ་བཞི་མ་རེའི་ལྔང་སྨྱུག་གསོ་ས་ཉུ་ཉུལ་སྨིན་ཞིང་ཁྱིམ་ལུད་རྫས་སྟོང་ཁ15དང་ཡིན་སོན་ཨེར་ཨན་ཁ25རྒྱག་དགོས། 75%ཐོ་སྤུའུ་ཅིན་ཁ5ཡིས་དུག་སེལ་བྱེད་དགོས། རྩོ་ཞིང་ཁོད་སྐྱོམས་ནས་གཏིང་རིམ་ལ་ཆུ་འདང་ངེས་ཤིག་ བླུགས་ཏེ་ཆུ་སིམ་རྗེས་རྩོ་འདེབས་བྱས་ཆོག

3. རྩོ་འདེབས།

ཐད་ཀར་རྩོ་འདེབས་བྱེད་དུས། མུའུ་རེར་རྩོ་འདེབས་བྱེད་ཚད་སྟོང་ཁ0.5~0.6ཡིན་པ་དང་། སྨྱུ་གུ་སྤོས་འཛུགས་བྱེད་ཚད་སྟོང་ཁ0.15~0.2ཡིན། རོལ་འདེབས་བྱས་ཆོག་ལ་གཏོར་འདེབས་བྱས་ཀྱང་ཆོག བཏབ་རྗེས་ས་ཞིབ་མོ་ལི་སྨི0.3~0.5འགེབས་པ་དང་། དེ་ནས70%ཐོ་སྤུའུ་ཅིན་པའི་ཡིས800གཤེར་ཁུ་དང་ཡང་ན75%པའི་ཙུན་ཆིན་པའི་ཡིས1000གཤེར་ཁུ་གཏོར་ནས་ལྔང་སྨྱུག་གསོ་སའི་ནད་སྐྱོན་སྔོན་འགོག་བྱེད་དགོས། དེ་རྗེས་འཁྱིག་ཤོག་འགེབས་དགོས། དཔྱིད་དུས་སྨྱུ་གུ་གསོ་ཡུན་ནི་ཟླ2པའི་ཟླ་དཀྱིལ་དང་དབྱར་དུས་སྨྱུ་གུ་གསོ་ཡུན་ནི་ཟླ6པའི་ཟླ་སྟོད་ཡིན།

4. སྨྱུག་དུས་དོ་དམ།

སྨྱུ་གུ་འབུས་རྗེས་དུས་ཐོག་ཏུ་འཁྱིག་ཤོག་བརྟོལ་ནས་དྲོད་ཁང་ནང་གི་དྲོད་ཚད20℃ཡས་མས་སུ་རྒྱུན་འཁྱོངས་བྱེད་དགོས། སྨྱུ་གུའི་ལོ་མ་དང་པོ་བརྒྱངས་རྗེས་སྐྱུག་ཚད་ཆེ་བས། དུས་ཐོག་ཏུ་སྨྱུ་གུ་མཐུག་སེལ་བྱས་ནས་སྨྱུ་གུ་ཆ་སྙོམས་དང་བདེ་ཐང་ངང་འཚར་ལོངས་ཡོང་བར་ཁག་ཐེག་བྱེད་དགོས། སྨྱུ་གུའི་བར་ཐག་ལི་སྨི6ཡོད་དགོས། ཞི་ཧྲིན་གྱི་སྨྱུ་གུ་ནི་གཙོ་བོར་བཞའ་ཚན་འདང་ངེས་ལ་བརྟེན་ནས་སྐྱེས་པ་ཡིན། སོན་ལོ་འགྲེམས་སྙོམས་ཀྱི་ཐྲིལ་པའི་སྔོན་ལ་ཆུ་གཏོང་མི་ཉུང་། ལོ་མ1~2འབྱུང་བའི་སྐབས་སུ་ལོ་མའི་མཚམས་སུ་ལི་སྨི0.5~1ས་ཞིབ་མོ་རིམ་པ་གཅིག་འགེབས་དགོས། སྨྱུ་གུ་རྩ་སྤོས་བརྒྱབ་རྗེས་ཆུ་གཏོར་ནས་སྨི་གྲུ་བཞི་མ་རེའི་ལྔང་སྨྱུག་གསོ་སར་ཉུ་ཡིན་སོན་ཨེར་ཨན་ཁ20རྒྱག་དགོས།

(དྲུག) རྩ་སྤོས་རྒྱག་པ།

1. ས་ཁོད་སྙོམས་པ་དང་ལུད་འཇོག་པ།

ས་བབ་ཉི་མར་ཕྱོགས་པ་དང་། ས་རྒྱུ་གཤིན་པོ་ཡིན་པ། ཞིང་ཆུ་འདྲེན་བདེ་བ་བཅས་ཀྱི་ཞིང་ས་འདེམ་དགོས། ཚ་སྲོས་མ་བརྒྱབ་སྔོན་གྱི་ཉིན5~7དུས་ཐོག་ཏུ་ཞིང་ནང་གི་སྡོང་རྩ་དང་རྩྭ་ངན་གཙང་སེལ་བྱེད་དགོས་པ་དང་། མུའུ་རེར་ཏུལ་སྨིན་ཁྲིམ་ལུད་སྨི་གྲུ་བཞི་ལྷམ་པ5~6དང་། སྣུམ་སྐྱིགས་སྟོང་ཁེ100 ཡིན་སོན་ཨེར་ཨན་སྟོང་ཁེ40~50བཅས་སྦྱོད་དགོས། ལུད་རྫས་ཐམས་ཅད་བསྲེས་ནས་རྨོ་སློག་བྱས་རྗེས་ད་གཟོད་ཚ་སྲོས་རྒྱག་དགོས།

2. ཚ་སྲོས་རྒྱག་པ།

ལྗང་ལོ5~6དང་ལྗང་སྨྱུག་གི་སྐྱེ་འཚར་ཉིན45~60ཚ་སྲོས་བརྒྱབ་ཆོག ཚ་སྲོས་མ་བརྒྱབ་སྔོན་གྱི་ཉིན1~2ཆུ་གཙང་མ་གཏོང་དགོས། ལྗང་སྨྱུག་བཏུབ་ནས་སྲོས་འཛུགས་བྱེད་པ་དང་། ཚ་བ་ལ་ཐུས་སྐྱོན་འབྱུང་མི་ཉུང་། རླུང་མེད་པ་དང་གནམ་གཤིས་བཟང་དུས་ཚ་སྲོས་རྒྱག་དགོས། བར་ཐག་ལ་ལི་སྨི30ཙམ་ཡོད་དགོས་ཤིང་། སྡོང་ཀང་གི་བར་ཐག་ལི་སྨི20~25ས་ཕུག་བཀོས་ནས་སྨྱུ་གུ་འཛུགས་དགོས། ཚ་སྲོས་བརྒྱབ་རྗེས་ཆུ་གཏོང་དགོས།

(བདུན) ཞིང་ཁའི་དོ་དམ།

1. ལུད་འཇོག་པ།

ཚ་སྲོས་བརྒྱབ་པ་དང་ལྗང་སྨྱུག་སླར་གསོ་བྱས་རྗེས་ཀྱི་ཉིན7~10རིང་མུའུ་རེར་གཅིན་རྒྱུ་སྟོང་ཁེ10~15རྒྱག་དགོས། ཚ་སྲོས་བརྒྱབ་རྗེས་ཀྱི་ཉིན30~40ནང་མུའུ་རེར་ཡིན་སོན་ཨེར་ཨན་སྟོང་ཁེ20~25རྒྱག་དགོས། ཚ་སྲོས་བརྒྱབ་རྗེས་ཀྱི་ཉིན60~70ནང་མུའུ་རེར་གཅིན་རྒྱུ་སྟོང་ཁེ20དང་ཡིའུ་སོན་ཐྲ་སྟོང་ཁེ4~5རྒྱག་དགོས།

2. ཆུ་གཏོང་བ།

ལུད་འཇོག་ཐེངས་རེར་ཆུ་ཐེངས་རེ་བཏང་ནས་བརྟན་གཤེར་རྒྱུན་འཁྱོངས་བྱེད་པ་དང་། ལྷག་པར་དུ་སྡོང་ཀང་དྲང་མོར་ལངས་པའི་དུས་ལ་སླེབས་རྗེས། ཆུ་གཏོང་ཚད་དེ་བས་ཀྱང་འདང་ངེས་བྱེད་དགོས།

3. ཡུར་མ་ཡུར་བ།

ཞི་ཇིན་སྐྱེ་བའི་དུས་མགོ་རིང་ཞིང་སྐྱེ་འཚར་དལ་བ་དང་། ཞིང་ནང་རྩྭ་ངན་སྐྱེ་སླ། བར་རྔོད་དང་ཡུར་མ་ཡུར་བ་ཟུང་འབྲེལ་བྱས་ཏེ། ཕྱིར་བཏང་དུ་བར་རྔོད་ཐེངས2~3བྱེད་པ་དང་བར་རྔོད་ཅུང་གཏིང་ཐུང་ཞིང་རྩ་བར་གནོད་སྐྱོན་འགོག་པ། བར་རྔོད་བྱས་རྗེས་ས་འགེབས་དགོས།

ཆན་པ་ལྔ་པ། ཇིན་ཆལ་གྱི་ནད་འབུ་གཙོ་བོའི་གནོད་འཚེ་འགོག་བཅོས་ལག་རྩལ།

གཅིག ནད་སྐྱོན།

(གཅིག) ཁྲ་སྐམ་ནད།

70%ཏའི་སེན་སྨན་ཏི་བཞའ་ཚན་རང་བཞིན་གྱི་སྨན་ཕྱེ་པའི་ཡིས500གཤེར་ཁུ་གཏོར་དགོས། ཡང་ན་གའོ་སྨན་སོན་ཙླ་དང་ཏའི་སེན་སྨན་ཏི་ཚ། ཆུ་བཅས་ཀྱི་བསྲུར་ཚད་ནི་པའི་ཡིས1:1:800ཡིན།

(གཉིས) ལོ་མའི་ཁྲ་ཐིག་ནད།

75%པའི་ཅུན་ཆིན་བཞའ་ཚན་རང་བཞིན་གྱི་སྨན་ཕྱེ་པའི་ཡིས600གཏོར་བ་དང་། ཡང་ན25%ཙུའི་ཧྲོ་མེ་སྨན་ཕྱེ་པའི་ཡིས1000ཡང་ན80%ཟྷུ་མེ་ཧྲོང་པའི་ཡིས400གཏོར་དགོས།

(གསུམ) ནད་དུག་གི་ནད།

20%ནད་དུགA500གཤེར་ཁུ་གཏོར་བ་དང་། ཡང་ན་གའོ་སྨན་སོན་ཙླ་པའི་ཡིས 1000 ཡང་ན་དུག་འགོག་རྒྱུ་པའི་ཡིས700ཐེངས2~3གཏོར་བ་ཡིན།

(བཞི) འབུ་ཕྲའི་ཉིང་ནད།

50%སའོ་ཁེ་ལིན་གྱི་བཞའ་ཚན་རང་བཞིན་གྱི་སྨན་ཕྱེ་པའི་ཡིས1200གཏོར་བ་དང་། ཡང་ན70%ཀ་ཅ་ཅེ་ལིའུ་ཅུན་ལིན་བཞའ་ཚན་རང་བཞིན་གྱི་སྨན་ཕྱེ་པའི་ཡིས600ཡང་ན

40%ཙུན་ཏི་ཅིན་པའི་ཡིས1000གཏོར་དགོས།

(ལྔ) འཇམ་ཏུལ་ནད།

72%ཞིང་སྲུང་ལིའུ་སོན་ལེན་མེ་སའོ་བཞའ་ཚན་རང་བཞིན་གྱི་སྨན་ཕྱེའམ་ཡང་ན་ཀྲི་མེ་སའོ་གསར་བ་པའི་ཡིས3000~4000གཏོར་དགོས།

གཉིས། གནོད་འབུ།

(གཅིག) སྐྱེ་དངོས་གནོད་འབུ།

འབུ་འགོག་ཐ་བ་སྤྱོད་དགོས། ཧོང་པན་གྱིས་བསྣུ་གསོད་བྱེད་པ་དང་དུས་མཚུངས་སུ་ཐོག་མར10%ཕི་ཁྲུང་ལིན་བཞའ་ཚན་རང་བཞིན་གྱི་སྨན་ཕྱེ་པའི་ཡིས1500དང་། 1.8%ཨའི་ཕྲུ་ཏིང(ཨ་ཕེ་ཙུན་སུའུ)ཐྲིས་མ་པའི་ཡིས2000~3000རླངས་གཏོར་བྱེད་དགོས། ཡང་ན15%སྐྱེ་དངོས་གནོད་འབུ་ཐེངས་གཅིག་ལ་བདུག་གསོད་བྱེད་དགོས།

(གཉིས) ཕྱེ་དཀར་ཞིག

སྲུང་སྐྱོབ་ས་ཁུལ་དུ་འབུ་འགོག་ཐ་བ་སྤྱོད་པ་དང་། ཐན་ཏའི(དཔེར་ན་ལི་ཡ་ཞའོ་ཐུན་སོགས)ཡང་ན་ཧོང་པན་སྦྱུད་ནས་གསོད་དགོས། འབུ་སྐྱོན་འབྱུང་དུས་ཐོག་མར25%ཕུའུ་ཧྲི་ལིང་བཞའ་ཚན་རང་བཞིན་གྱི་སྨན་ཕྱེ་པའི་ཡིས1000~1500གཏོར་དགོས། ཡང་ན2.5%ཀོང་ཕྲའོ་ཐྲིས་མ་པའི་ཡིས5000གཏོར་དགོས། བསྟུད་མར་ཐེངས2~3གཏོར་དགོས།

ཚན་པ་དྲུག་པ། རྫིན་ཚལ་བཟའ་བསྡུ།

རྫིན་ཚལ་རྩ་སྒྲོས་བརྒྱབ་པ་ནས་ཚོང་རར་འདོན་སྤྲོད་བྱེད་པའི་བར་དུ་ཉིན40ཡས་མས་དགོས་ཤིང་། སོག་ཁ་མི་འདྲ་བ་དང་ཚོང་རའི་དགོས་མཁོ་མི་འདྲ་བར་གཞིགས་ནས་ སྔ་རྗེས་སུ་དུས་མཚམས་བགོས་ནས་ཚོང་རར་བཏོན་ཚོག བཟ་བསྡུ་བྱས་རྗེས་ཕྱི་རིམ་གྱི་ལོ་མ་བཤུས་དགོས་པ་དང་། རྩ་གཙང་མས་གཙང་མར་བཀྲུས་ཏེ་གྲ་དག་དང་ཚོང་རར་སྐྱེལ་དགོས་སོ། །

ལེའུ་བཞི་པ། ཀེའུ་ཚལ་སྲུས་ལེགས་ཐོན་མཐོའི་འདེབས་འཛུགས།

ཚན་པ་དང་པོ། ཀེའུ་ཚལ་གྱི་སྐྱེ་དངོས་རིག་པའི་ཁྱད་ཆོས།

ཀེའུ་ཚལ་ནི་ལུག་མཇེ་ཚན་གྱི་ཙོང་ཁོངས་ཀྱི་ལོ་མ་སླི་མོ་དང་མེ་ཏོག་གི་གཞུང་རྟ་མཉེན་པོ་ཐོན་རྫས་གཙོ་བོར་བྱས་པའི་ལོ་མང་སྐྱེ་བའི་སྐྱེ་དངོས་ཀྱི་ཁོངས་སུ་གཏོགས། མིང་གཞན་ལ་ཚོའི་ཀྲུང་རའོ་དང་ཆི་ཡང་ཚོའི་སོགས་ཟེར། ཀྲུང་གོ་ནས་ཐོན་པ་ཡིན། བཟའ་བྱའི་གནས་ནི་ལོ་མ་ཡིན་པ་དང་། ས་བོན་དང་ལོ་མ་སོགས་སྨན་རྫ་ཙ་ཚུད་པ་ཡིན། ཀེའུ་ཚལ་གྱི་འཚོ་བཅུད་གྲུབ་ཆ་ཅུང་ཕུན་སུམ་ཚོགས་པ་དང་། ཁྲོ་བ་མངར་བ། གཤིས་སྙོམས། དུག་མེད་པ། ཕོ་བ་གསོ་བ། ལུས་སྟོབས་སྐྱེད་པ། རྩལ་བ་གཅོད་པ། མཁལ་མ་གསོ་བ། ལུས་ཟུངས་གསོ་བ་སོགས་ཀྱི་ཕན་ནུས་ལྡན། ཡལ་བའི་རང་བཞིན་གྱི་ཟི་འགྱུར་པིན་ཞི་འདུ་བའི་རྐྱེན་གྱིས་ཁྲོ་བ་ཞིམ་པ་དང་ཡི་ག་སྐྱེད་ཐུབ། ཀེའུ་ཚལ་ནི་རང་རྒྱལ་ལ་དམིགས་བསལ་དུ་ཡོད་པའི་སྲོལ་རྒྱུན་གྱི་སྔོ་ཚལ་ཞིག་ཡིན་ཞིང་། འདེབས་འཛུགས་ལོ་རྒྱུས་ཡུན་རིང་ལྡན་ལ། ཁྱབ་ཁྱ་ཆེ་ཞིང་མི་རྣམས་བཟའ་རྒྱུར་དགའ་བའི་སྔོ་ཚལ་གྱི་གྲས་ཤིག་ཡིན།

གཅིག སྐྱེ་དངོས་རིག་པའི་ཁྱད་ཆོས།

རྩ་བ་ནི་སྐྲུད་དབྱིབས་སུ་གྲུབ་ཅིང་གཞོགས་ཀྱི་རྩ་བ་ཉུང་ཞིང་ཞིབ་པ། རྩ་བའི་སྲུ་ཆོམ་ཏ་ཙང་ཉུང་བ། གཙོ་བོར་ལི་སྨི30ནང་ཚུན་གྱི་ས་རིམ་ཁྲོད་དུ་ཁྱབ་ཡོད། གཞུང་རྟ་ནི་འཚོ་བཅུད་གཞུང་རྟ་དང་མེ་ཏོག་གཞུང་རྟ་གཉིས་སུ་དབྱེ་ཡོད། འཚོ་བཅུད་གཞུང་རྟ་

ནི་ཐུང་འཕྲུམ་དབྱིབས་འགྱུར་གྱི་ཞ་ཁྲབ་སྡོང་གཞོང་གྲུབ་པ་དང་། ཞ་ཁྲབ་སྡོང་གཞོང་གི་འོག་ཏུ་ཀ་བེད་དབྱིབས་ཀྱི་གཞུང་རྟ་གྲུབ། རྩ་བའི་ལོ་མའི་ཤུབས་ཀྱི་རིམ་པ་འབྱར་ནས་གཞུང་རྟ་རྫུན་མ་གྲུབ་པ་དང་། གཞུང་རྟ་རྫུན་མའི་རྩ་བ་ཙུང་ཆེར་རྒྱས་པ་ནི་ཞ་ཁྲབ་སྡོང་པོ་ཆུང་བ་ཡིན། ལོ་མ་ནི་ཞ་ཁྲབ་སྟེང་དུ་སྐྱེས་པ་དང་ལེབ་མོའི་དབྱིབས་སུ་གྲུབ། རིང་ཚད་ལི་སྨི15~30དང་ཞེང་ཚད་ཧའོ་སྨི1.5~7ཡིན། རྩེ་མོར་སྐྱུང་དབྱིབས་སྤྱིའི་ཐུམ་གྱི་གདུགས་དབྱིབས་ཀྱི་མེ་ཏོག་བང་རིམ་སྐྱེས་ཡོད། དེའི་ནང་དུ་མེ་ཏོག་ཆུང་ཆུང20~30ཡོད། མེ་ཏོག་ཆུང་ཆུང་ནི་མཚན་གཉིས་མེ་ཏོག་ཡིན། མེ་ཏོག་གི་རྩེ་མོ་དཀར་པོ་དང་མེ་ཏོག་ཉལ་ཆས6དང་ཟེའུ་འབྲུ་ཕོ6ཡོད། སོན་སྣོད་གོང་རོལ་དུ་གནས། མེ་ཏོག་གཞན་པར་ཟེའུ་འབྲུ་སྦྱོར་བའི་ནུས་པ་ལྡན། འབུ་སྨྱུན་མེ་ཏོག་ཡིན། ཤིང་འབྲས་ནི་གང་བུ་འབྲུ་མང་ཅན། སོན་སྣོད་ནང་དུ་ཁང3ཡོད། དེའི་ནང་དུ་སྦྲུམ་རྫོག2རེ་ཡོད་པ་དང་། ས་བོན་སླིན་རྗེས་མདོག་ནག་པོ་དང་ཕུབ་གཟུགས་ཡིན་ཞིང་། འབྲུ་རྫོག་སྟོང་གི་ལྗིད་ཚད་ཁེ4~6ཡིན། ཀེའུ་ཚལ་ས་བོན་གྱི་ཚེ་ཚད་ཙུང་ཐུང་བ་དང་། རྒྱུན་ལྡན་ཆ་རྐྱེན་འོག་ཏུ་ལོ1~2ཡིན། མེ་ཏོག་གི་དུས་ནི་ཟླ7~9ཡིན།

ཀེའུ་ཚལ་ནི་ལོ་མང་སྐྱེ་བའི་སྔོ་ཚལ་ཡིན་པས། འདེབས་འཛུགས་ཐེངས་གཅིག་ལ་བྱས་རྗེས་ལོ་མང་པོར་བསྡུད་མར་འབྲས་བུ་ཐོན་པ་དང་། ལོ4~5སྐབས་ནི་སྐྱེ་སྟོབས་རྒྱས་པའི་དུས་ཡིན་ལ། དེའི་འཕྲོར་རྒས་པའི་དུས་སྐབས་སུ་སླེབས་པ་ཡིན། ལུགས་མཐུན་སྒྲོས་འདེབས་འཛུགས་བྱས་ན་སྐྱེ་འཚར་དུས་ཡུན་ལོ10ལྷག་ལ་སླེབས་ཐུབ། སྤྱིར་བཏང་གི་གནས་ཚུལ་འོག་ཏུ་ལོ་གཅིག་གི་ཀེའུ་ཚལ་ནི་འཚོ་བཅུད་ཁོ་ན་ལས་སྐྱེས་མི་ཐུབ་པ་དང་། ལོ་གཉིས་ཡན་གྱི་ཀེའུ་ཚལ་ནི་འཚོ་བཅུད་སྐྱེ་འཚར་དང་སྐྱེ་འཕེལ་རེས་མོས་བྱེད་བཞིན་ཡོད།

གཉིས། ཁོར་ཡུག་གི་ཆ་རྐྱེན་ཐད་ཀྱི་ བླང་བྱ།

(གཅིག) དྲོད་ཚད།

ཀེའུ་ཚལ་སྐྱེ་འཚར་ལ་ཆེས་འཚམ་པའི་དྲོད་ཚད་ནི12~24℃ཡིན། རྩ་སྡོང་གིས་དྲོད་

ཚད་དམའ་མོ་–40℃ཡིན་ཡང་བཟོད་ཐུབ་པ་དང་། དྲོད་ཚད7~–6℃ཡིན་དུས་ལོ་མའི་རྩེ་མོའི་ཁ་དོག་དམར་སྨུག་ཏུ་འགྱུར་བ་ཡིན། འོན་ཀྱང་སྔོང་རྐང་འཁྱགས་ཤི་རུ་འགྱུར་མི་སྲིད། ས་བོན་གྱི་མྱུ་གུ་འབུས་པའི་དྲོད་ཚད་ནི18~25℃ཡིན། དྲོད་ཚད2~3℃ཡིན་ཡང་མྱུ་གུ་འབུས་ཐུབ་ནའང་སྐྱེ་འཚར་དུས་ཡུན་དལ་བ་ཡིན་ཞིང་། མྱུ་གུ་འབུས་ཚད་དང་སྐྱེ་སྟོབས་མངོན་གསལ་གྱིས་ཇེ་དམའ་རུ་ཆགས་པ་ཡིན། ལྗང་མྱུག་སྐྱེ་འཚར་ལ་འཚམ་པའི་དྲོད་ཚད18~20℃ཡིན་པ་དང་། དྲོད་ཚད་དང་འཚམ་པའི་ཁྱབ་ཁོངས་འདི་ལས་མཐོ་བའམ་དམའ་བ་ཡིན་ན་སྐྱེ་འཚར་ཇེ་དལ་དུ་འགྲོ་བ་ཡིན། དྲོད་ཚད24℃ལས་བརྒལ་ན་ཀེའུ་ཚལ་ནི་ཕྲ་ཞིང་རིང་བ། སྦུས་ཀ་མི་ལེགས་པ། ཐ་ན་སྐམ་པར་འགྱུར་བའོ།།

(གཉིས) འོད་འཛོམ།

ཀེའུ་ཚལ་ནི་ཉི་མའི་འོད་ཟེར་འཛོམ་ཚད་ལ་བླང་བྱ་མཐོན་པོ་མེད། འོད་ཕོག་ཚད་ཆེ་དྲགས་ན་རྒྱ་སྦུས་ཞན་པ་དང་ཚོ་སྣ་རགས་པ་ཇེ་མང་དུ་འགྲོ་བར་མ་ཟད། ཐ་ན་ཟ་མི་རུང་བར་འགྱུར་བ་ཡིན། འོད་ཕོག་ཚད་ཞན་པའི་དུས་སུ་འོད་ཀྱི་འདྲིས་སྦྱོར་ནུས་པ་ཇེ་དམའ་རུ་འགྲོ་བ་དང་། རིགས་མཚུངས་དངོས་རྫས་ཀྱང་དེ་མཚུངས་སུ་ཇེ་ཉུང་དུ་འགྲོ་བ་ཡིན་པས། ལོ་མ་ཕྲ་ཞིང་ཆུང་བ། སྔོང་ལག་རྒྱས་མི་ཐུབ་པ་བཅས་ཀྱིས་ཐོན་ཚད་འཕར་བར་ཐད་ཀར་ཤུགས་རྐྱེན་ཐེབས་བཞིན་ཡོད།

(གསུམ) ས་རྒྱུ།

ཀེའུ་ཚལ་ནི་ས་རྒྱུ་གང་ཡིན་ཡང་འཛོམ་ཐུབ་པ་སྟེ། བྱེ་ས་དང་ས་རྒྱུ། སྨུགས་ས་སོགས་གང་རུང་དུ་འདེབས་འཛུགས་བྱེད་ཐུབ་མོད། འོན་ཀྱང་སྐྱེ་ལྡན་རྫས་བཅུད་ཕུན་སུམ་ཚོགས་པ་དང་། ཆུ་སྲུང་ཤུགས་ཅུང་ཆེ་བའི་བྱེ་ས་ཡག་ཤོས་ཡིན་དགོས། ཀེའུ་ཚལ་ནི་མ་ཞིང་གི་ས་རྒྱུ་ལ་འཚམ། འོན་ཀྱང་བུལ་གཤེར་ཅན་གྱི་ས་གཤིན་ལ་མཐུན་འཛོད་ཀྱི་ནུས་པ་ངེས་ཅན་ཞིག་ཡོད་པས། ཚྭ་ཡི་གྲུབ་ཆ་ཅུང་ལྷི་བའི་སྲུང་སྐྱོབ་ས་ཆ་ཡིན་ན་བཟང་བ་དང་། ཀེའུ་ཚལ་ཡང་སྐྱེ་འཚར་ཡག་པོ་འབྱུང་ཐུབ།

(བཞི) གཏེར་རྒྱུའི་གཞི་རྒྱུ།

ཀེའུ་ཚལ་ནི་ལུད་རྫས་ཀྱི་དགོས་མཁོ་ཡང་འདྲ་མིན་སྣ་ཚོགས་ཡོད་མོད། འོན་ཀྱང་སྲུང་སྐྱོབ་ས་ཁུལ་དུ་གཙོ་བོ་ཏན་ལུད་གཏོར་བཞིན་ཡོད། རྒྱུ་མཚན་ནི་ཀེའུ་ཚལ་གྱི་བཟའ་བྱའི་ཆ་ཤས་གཙོ་བོ་ནི་ལོ་མ་ལེབ་མོ་དང་ལོ་མའི་ཤུབས་ཡིན་པ་དང་། ཏན་ལུད་འདང་ངེས་ཡོད་ན་ད་གཟོད་བཟའ་བྱའི་ཆ་ཤས་རྒྱགས་ཤིང་མཉེན་མོ་ཡིན། འོན་ཀྱང་གལ་ཏེ་ཋྭ་དང་ལིན་གཞི་རྒྱུ་མི་འདང་བ་དང་། ལྷག་པར་དུ་ཋྭ་ལུད་མི་འདང་ཚེ། ཐད་ཀར་མཐུན་སྒྱུར་དངོས་རྫས་ཀྱི་སྐྱེ་ཚུལ་ལ་ཤུགས་རྐྱེན་ཐེབས་ནས་སྐྱེ་ཚུལ་ཉམས་རྒུད་དུ་འགྱུར་བ་ཡིན། འདེབས་འཛུགས་སྲུང་སྐྱོང་བྱེད་པའི་ཆ་རྐྱེན་འོག་ལོ་མ་མཉེན་པོ་དང་། ས་རྡིབ་པ། ཀེར་ལངས་ཅན་མི་བཟང་བས་དགོས་ངེས་ཀྱི་མཐོ་ཚད་དང་ཐོན་ཚད་ལ་སླེབས་མི་ཐུབ།

(ལྔ) རླུང་རྒྱུ་ཆ་རྐྱེན།

ཀེའུ་ཚལ་སྐྱེ་འཚར་ཁྲོད་དུ་ད་དུང་རླུང་རྒྱུག་ཚད་འདང་དགོས་ཤིང་། གལ་ཏེ་མཁའ་དབུགས་ཁྲོད་དབྱང་གཉིས་ཐན་རྫས་མི་འདང་ན། ལོ་མ་སྲབ་ཅིང་ཆུང་བ་དང་། མདོག་སྐྱ་ཞིང་སེར་ལ། སྡོང་བོའི་དབྱིབས་ནི་ཐ་ཐོར་དུ་གྱུར་ནས་ས་རྡིབ་པ་དང་། བྲིགས་རྫིས་སྨྱུར་དུ་ཆུ་ཤོར་ནས་རྙིད་པར་འགྱུར་རོ།།

ཚན་པ་གཉིས་པ། ཀེའུ་ཚལ་གྱི་དབྱེ་བ་དང་རིགས་གཙོ་བོ།

གཅིག དབྱེ་བ་གཙོ་བོ།

ཀྲུང་གོས་ཀེའུ་ཚོལ་འདེབས་འཛུགས་བྱས་པའི་ལོ་རྒྱུས་ཤིན་ཏུ་རིང་ཞིང་། དབྱེ་བ་གཉིས་ཡོད་དེ་རྩད་པའི་ཀེའུ་ཚལ་དང་ལོ་མའི་ཀེའུ་ཚལ་ཡིན། འདི་གཉིས་ལའང་དབྱེ་བ་དང་རིགས་མང་པོ་གྲུབ་ཡོད། རྒྱུན་སྤྱོད་དབང་པོ་ལྟར་དབྱེ་ན་རྩ་བ་དང་ལོ་མ། མེ་ཏོག ལོ་མའི་མེ་ཏོག་བཅས་རིགས་བཞི་ཡོད།

(གཅིག) རྩད་པའི་ཀེའུ་ཚལ།

མིང་གཞན་ལ་ཧྲན་ཀེའུ་ཚལ་དང་ལོ་ཆེ་ཀེའུ་ཚལ་སོགས་ཟེར། གཙོ་བོར་ཀྲུང་གོའི་ཡུན་ནན་དང་ཀུའེ་ཀྲོའུ། སི་ཁྲོན། བོད་ལྗོངས་སོགས་ཞིང་ཆེན་དང་རང་སྐྱོང་ལྗོངས་དང་། ཡུན་ནན་གྱི་པའོ་ཧྲན་དང་། ཏ་ལི། ཐེང་ཁྲུང་བཅས་སུ་ཁྱབ་ཡོད། བོད་ལྗོངས་མཚོ་སྣ་སོགས་སུ་འདེབས་འཛུགས་བྱེད་བཞིན་ཡོད། རྩད་པའི་ཀེའུ་ཚལ་ལ་ཡུན་ནན་གྱི་ས་གནས་དེ་གས་པེ་ཚལ་ཟེར་ཞིང་བཟའ་བྱ་གཙོ་བོ་རྩ་བ་ཡིན། ལོ་མའི་མཐུག་ཚད་ལ་ལི་སྨི1~1.2དང་རིང་ཚད་ལ་ལི་སྨི30ཡས་མས་ཡོད། ལོ་རེར་སྡོང་རྐང་སྐྱེ་ཞིང་མེ་ཏོག་བཞད་ཐུབ་མོད། འོན་ཀྱང་མེ་ཏོག་བཞད་རྗེས་ས་བོན་སྐྱེ་མི་ཐུབ། རྩ་བ་སྦོམ་ཞིང་། རྩ་བའི་རིང་ཚད་ལ་ལི་སྨི30ཡོད། འཚོ་བཅུད་དངོས་ཐོས་གསོག་ཉར་བྱས་པའི་རྐྱེན་གྱིས་ཤ་ཐོས་ཅན་དུ་གྱུར་ནས་ལས་སྔོན་དང་བཙོས་བཟའ་བྱས་ཆོག མེ་ཏོག་གི་ཡུ་རྐང་རྒྱགས་ལ་སླི་མོ་ཡིན་པས་བརྗོས་བཟའ་བྱས་ཀྱང་ཆོག མཚན་མེད་སྐྱེ་འཕེལ་གྱི་ནུས་པ་ཆེ་ཞིང་། སྐྱེ་འཕེལ་གྱི་ནུས་པ་ཆེ། དྲོད་ཚད་མཐོ་བ་དང་དྲོད་ཚད་དམའ་མོའི་འཁྲོད་ནུས་ཞན་པ་ཡིན།

(གཉིས) ལོ་མའི་ཀེའུ་ཚལ།

ལོ་མ་མཐུག་ཅིང་མཉེན་ལ། ཡུ་རྐང་འཐེན་པའི་ཚད་དམའ། གཙོ་བོ་ལོ་མ་ཟ་བ་དང་ཡུ་རྐང་ཡང་ཟས་ཆོག་མོད། འོན་ཀྱང་དེ་ཉིད་འདེབས་འཛུགས་ཀྱི་དམིགས་ཡུལ་གཙོ་བོ་མིན། ཕྱིར་བཏང་དུ་འདེབས་འཛུགས་བྱེད་པའི་ཀེའུ་ཚལ་ནི་འདིའི་རིགས་ལ་གཏོགས་པ་ཡིན།

(གསུམ) མེ་ཏོག(ཡུ་རྐང)གི་ཀེའུ་ཚལ།

ཀྲུང་གོའི་ཀན་སུའུ་དང་ཀོང་ཏུང་སོགས་ཞིང་ཆེན་ནས་ཐོན་པ་ཡིན། ལོ་མ་མཐུག་ཅིང་ཐུང་བ། རྒྱུ་སྤུས་རྩུབ་པ། རྣམ་པ་ནི་ལོ་མ་དང་འདྲ་ཡང་། སྡོང་ལག་རྒྱས་སྤྲ་བ་དང་ཡན་ལག་གི་ནུས་པ་ཆེ། ཡུ་རྐང་འཐེན་ཚད་མཐོ། རྒྱགས་ཆེ་ཞིང་མཉེན་པ་ནི་ཐོན་ཐོས་ཀྱི་དབང་པོ་གཙོ་བོ་ཡིན།

(བཞི) ལོ་མའི་མེ་ཏོག་གི་ཀེའུ་ཚལ།

ལོ་མའི་ཀེའུ་ཚལ་དང་མེ་ཏོག་གི་ཀེའུ་ཚལ་རིགས་གཅིག་ལ་གཏོགས་པ་ཡིན། ལོ་མ་དང་མེ་ཏོག་གི་ཡུ་རྐང་འཚར་སྐྱེ་ལེགས་པས་ཚང་མ་ཟས་ཆོག འོན་ཀྱང་ལོ་མ་ཟ་བ་གཙོ་བོར་བཟུང་ནས་འདེབས་འཛུགས་བྱེད་པ་ཧ་ཅང་ཁྱབ་ཆེ། ལོ་མའི་ཞིང་ཚད་ལ་གཞིགས་ནས་ལོ་ཆེན་གྱི་རིགས་དང་ལོ་ཆུང་གི་རིགས་གཉིས་སུ་དབྱེ་ཡོད། ལོ་ཆེན་གྱི་རིགས་ལོ་མ་མཐུག་ཅིང་རྒྱགས་ཆེ་བ། གཞུང་རྩ་རྫུན་མ་སྦོམ་པ། རྒྱུ་སྤུས་མཉེན་ཞིང་དྲི་ཞིམ། འགྲེལ་སླ། ལོ་ཆུང་གི་རིགས་ལོ་མའི་ཞེང་དོག་ཅིང་། ལོ་མའི་མདོག་ལྗང་ནག་ཡིན། གཞུང་རྩ་རྫུན་མ་རིང་ཞིང་ཚི་སྣའི་འདུས་ཚད་ཅུང་མང་། ཀེར་ལངས་རང་བཞིན་ཆེ་བ་དང་། འགྲེལ་དཀའ། དྲི་མ་ཤིན་ཏུ་ཆེ།

གཉིས། རྒྱུན་མཐོང་གི་རིགས།

(གཅིག) 791

ཧོ་ནན་ཞིང་ཆེན་ཐེང་ཧྲིང་རྟུན་ཞིང་ལས་ཚན་རིག་ཞིབ་འཇུག་ཁང་གིས1979ལོར་གསོ་སྐྱོང་བྱས་པའི་ཀེའུ་ཚལ་གྱི་རིགས་ཤིག་ཡིན། སྡོང་རྐང་གི་མཐོ་ཚད་ལ་ལི་སྨི50ཡན་ཡོད་པ་དང་། སྡོང་རྐང་དྲང་སོར་ལངས་ཤིང་སྐྱེ་འཚར་མགྱོགས། ལོ་མའི་ཤུབས་སྦོམ་ཞིང་རིང་བ། ལོ་མ་ལྗང་ཁུ། ཞིང་མཐུག་ལ་རྒྱགས་ཆེ་བ། ཆེས་ཆེ་བའི་ལོ་མའི་ཞེང་ཚད་ལ་ལི་སྨི2དང་། ཆེས་ཆེ་བའི་སྡོང་རྐང་གཅིག་གི་ལྗིད་ཚད་ལ་ཁེ45ཡོད། ཡན་ལག་གི་ནུས་པ་ཆེ་བ་དང་། ནད་འགོག་པ། གྲང་འགོག་པ། ཚ་བཟོད་ཐུབ་པ། སྤུས་ཚད་ལེགས་པ། ཐོན་ཚད་མཐོ་བ་བཅས་ཀྱི་ཁྱད་ཆོས་ལྡན། ལོ་རེར་ཐེངས6~7བཏ་བསྡུ་བྱེད་པ་དང་། མུའུ་རེའི་ཐོན་ཚད་སྟོང་ཁེ11000རེ་ཡིན།

(གཉིས) ཧན་གྲུང་གི་དགུན་ཁའི་ཀེའུ་ཚལ།

ཧྲན་ཞིའི་ཧན་གྲུང་ས་གནས་ཀྱི་རིགས་ཤིག་ཡིན་པ་དང་བྱང་ཕྱོགས་ཀྱི་ས་ཆ་སོ་སོར་འདེབས་འཛུགས་བྱས་ཡོད། ལོ་མ་མཐུག་ཅིང་མདོག་ལྗང་སྐྱ་ཡིན་པ་དང་སྡོང་རྐང་ཅུང་དྲང་། གཞུང་རྩ་རྫུན་མ་ནི་མཐོ་ཞིང་སྦོམ་ལ་འཕྲེད་བཅད་ངོས་ནི་སྒོར་དབྱིབས་དང་

མཚུངས། གྲང་བཟོད་ཐུབ་པ་དང་དགུན་དུས་རྙིད་ཡུན་འཕྱི་བ། དཔྱིད་དུས་སྨྱུ་གུ་འབུས་ཡུན་སྔ་བ། སྐྱེ་འཚར་མགྱོགས་པ། ཐོན་ཚད་མཐོ་བ། སྲུས་ཀ་མཉེན་པ་བཅས་ཀྱི་ཁྱད་ཆོས་ལྡན། མཐོངས་ཡངས་དང་སྲུང་སྐྱོབ་ས་ཁུལ་དུ་འདེབས་འཛུགས་བྱེད་པར་འཚམ་པ་ཡིན།

(གསུམ) ཐའི་སུ་མིའོ།

མིང་གཞན་ལ་ཧྲུང་ཀེན་དང་ཡང་ན་རྩ་བ་དམར་པོ་ཟེར། པེ་ཅིན་ས་གནས་ཀྱི་རིགས་ཤིག་ཡིན། ཐོག་མར་ཧོ་པེ་ཞིང་ཆེན་གྱི་ཧོ་ཅན་གྲོང་ཁྱེར་ནས་ནང་འདྲེན་བྱས་པ་དང་། ལོ་མའི་ཞིང་དོག་ཅིང་འཕྲེད་བཅད་ངོས་ནི་ཟུར་གསུམ་གྱི་དབྱིབས་སུ་སྣང་། དྲོད་ཚད་དམའ་མོ་དང་འཕྲད་དུས་ལོ་མའི་ཤུབས་ཀྱི་རྩ་བ་ནི་དམར་སྨུག་དང་ཚངས་ཐིག་ཕྲ་ཞིང་། སྲུས་ཀ་ཙུང་མཁྲིགས་པས་ཐའི་སུ་མིའོ་འམ་ལྕགས་སྐྱུད་སྨྱུ་གུ་ཟེར། སྐྱེ་འཚར་མགྱོགས་པ་དང་། སྟོང་ལག་མང་བ། གྲང་བཟོད་ཐུབ་པ། ཚ་ནུས་ཆེ་བ་བཅས་ཀྱི་ཁྱད་ཆོས་ལྡན། དགུན་ཁར་དྲོད་ཁང་དུ་མང་འདེབས་བྱེད་པར་འཚམ།

(བཞི) ཏན་ལོས་ཕང F1

རིགས་འདི་ནི་ཀྲུང་གོའི་ནུབ་རྒྱུད་མཐོ་སྒང་གི་རི་སྐྱེས་ཀེའུ་ཚལ་དང་ཧོ་ནན་གྱི་ཏན་ཆིང་ཀེའུ་པ་ཀེའུ་ཚལ་རྒྱུད་འདྲེས་བྱས་ནས་བྱུང་བའི་ནད་འགོག་ཐུབ་པ་དང་ཐོན་ཚད་མཐོ་བ། གྲང་འགོག་ཐུབ་པའི་ཀེའུ་ཚལ་རྒྱུད་འདྲེས་མ་ཞིག་ཡིན། དུས་ཡུན་ཐུང་ངུའི་ནང་དུ་དྲོད་ཚད་དམའ་མོ−10℃ཡིན་ཡང་བཟོད་ཐུབ། རྒྱལ་ཡོངས་སུ་མཐོངས་ཡངས་དང་དྲོད་ཁང་ཆེ་ཆུང་ལ་བརྟེན་ནས་འདེབས་འཛུགས་བྱེད་པར་འཚམ་པ་དང་། རིགས་འདིའི་སྟོང་རྐང་གི་མཐོ་ཚད་ལི་སྨི56ཡས་མས་ཡིན་པ་དང་། སྟོང་ཕྲན་དྲུང་མོར་ལངས་ཡོད། ལོ་མ་ལྗང་ནག་དང་ཞིང་ཆེ་ཞིང་མཐུག་པ། སྨུར་སྐྱེས་རང་བཞིན་གྱི་སྟོང་རྐང་གྲལ་དག་པ་ཞིག་ཡིན་པར་མ་ཟད། ཆེས་ཆེ་བའི་ལོ་མའི་ཞིང་ལ་ལི་སྨི2~2.8དང་། ཆེས་ཆེ་བའི་སྟོང་རྐང་གཅིག་གི་ལྗིད་ཚད་ཁེ75ཡིན། ཚོ་སྣའི་འདུས་ཚད་ཕྲ་ཞིང་ཞུང་ལ། བྲོ་བ་ཞིམ་ཞིང་སྙི་མོ་ཡིན། ཐལ་མདོག་རྣམ་ནད་དང་རིམས་ནད། རྙིང་འགྱུར་འགོག་པ། རྒྱུན་མཐུད་འདེབས་འཛུགས་ཀྱི་ཐོན་ཚད་མཐོ་བ་བཅས་ཀྱི་ཁྱད་ཆོས་ལྡན། ཡན་ལག་གི་སྐྱེ

འཚར་ཤིན་ཏུ་མགྱོགས་ཤིང་། ལོ་གཅིག་ལ་སྡོང་རྐང་རྒྱང་བ9སྐྱེ་བ་དང་། ལོ་གསུམ་གྱི་རྗེས་སུ་སྡོང་རྐང་རྒྱང་བ60སྐྱེ་ཐུབ། ལོ་རེར་ཐེངས9~10བཏྲ་བསྡུ་བྱེད་པ་དང་ཐོན་ཚད་སྟོང་ཁེ20000ཡིན།

(ལྔ) ཞིའུ་ཀེའུ་ཨང6པ།

རིགས་འདིས་གྲང་ངར་འགོག་པ་དང་། སྔ་དུས་ཐོན་ཚད་མཐོ་བ། ཕྱུགས་ལེགས་ནད་འགོག་པ། ཕིན་ཀེའུ་ཨང4པ་དང་བསྡུར་ན30%ཡན་ཐོན་འཕར་བྱུང་བས་སྐྱུང་སྐྱོང་ས་ཁུལ་དུ་འདེབས་འཛུགས་བྱས་ན་ཆེས་ལེགས་པའི་རིགས་ཤིག་ཡིན། སྡོང་དབྱིབས་དྲང་མོར་ལངས་ཤིང་། སྡོང་རྐང་གི་མཐོ་ཚད་ལི་སྨི60ཡས་མས་ཡིན། ལོ་མ་མཐུག་ཅིང་མཉེན་པ་དང་། ཞེང་ཚད་ལ་ལི་སྨི1ཙམ་ཡོད། ཤུབས་ཀྱི་རིང་ཚད་ལ་ལི་སྨི10ཡན་དང་ཤུབས་ཀྱི་སྦོམ་ཚད་ལི་སྨི0.8ཡིན། སྡོང་ལག་རྒྱས་ཤིང་སྐྱེ་སྟོབས་ཆེ། མུའུ་རེའི་ཐོན་ཚད་སྟོང་ཁེ12000ཡས་མས་ཡིན། ཐལ་ནྲམ་ནད་དང་རིམས་ནད། སྐྱེ་ལུགས་ནད་ཀྱི་གནོད་འཚེ་བཅས་འགོག་ཐུབ།

(དྲུག) ཧོ་ནན་གྱི་ཀེའུ་ཚལ་རྩ་བ་དམར་པོ།

སྡོང་རྐང་གི་མཐོ་ཚད་ལི་སྨི45ཡན་ཟིན་པ་དང་སྡོང་རྐང་དྲང་མོར་ལངས་པ། ལོ་མའི་མདོག་ལྗང་ནག་དང་མཐུག་པ། ལོ་མའི་རིང་ཚད་ལ་ལི་སྨི35~50ཡོད། ཁ་མདོག་སྨུག་སྐྱ་ཡིན། དྲི་ཞིམ་ཐུལ་བ། ཕྱུགས་ཀ་ལེགས་པ། སྐྱེ་སྟོབས་ཆེ་བ་དང་། ནད་འགོག་པ། གྲང་འགོག་པ། ཚ་བཟོད་ཐུབ་པ། ཕྱུགས་ལེགས་པ། ཐོན་ཚད་མཐོ་བ། འཕྲོད་ནུས་ཆེ་བ་བཅས་ཀྱི་ཁྱད་ཆོས་ལྡན། དབྱར་དུས་རྩེ་མོ་སྐམ་འགྲོ་བའི་སྣང་ཚུལ་མེད། ལོ་རེར་མུའུ་རེའི་ཐོན་ཚད་སྟོང་ཁེ12000ཡས་མས་ཡིན། རྒྱལ་ཡོངས་ཀྱི་ས་གནས་ཁག་ཏུ་འདེབས་འཛུགས་བྱེད་པར་འཚམ་པ་དང་། སྐྱུང་སྐྱོང་ས་ཁུལ་དུ་དགུན་དཔྱིད་དུས་ཚིགས་སུ་འདེབས་འཛུགས་བྱེད་པར་འཚམ།

(བདུན) ཞུས་ཀྲོའུ་ཡུ་ཀེའུ།

ཞུས་ཀྲོའུ་གྲོང་ཁྱེར་གྱི་ཞིང་ཁྱིམ་རིགས་ཤིག་ཡིན། སྡོང་རྐང་རྒྱས་པའི་ནུས་པ་ཆེ་བ་

དང་མེ་ཏོག་གི་ཡུ་རྐང་མཉེན་ཞིང་ཐོན་ཚད་མཐོ། ལོ་རེར་ཐེངས་མང་པོར་མེ་ཏོག་གི་ཡུ་རྐང་འཐེན་པ་དང་ལོ་འདབ་མཐུག་ཅིང་ཆེ། བཟའ་བྱའི་རྒྱུ་སྤུས་ད་ཅང་བཟང་།

(བརྒྱད) ཉན་དྷ་ཀེའུ་ཚལ།

ཐའི་ལྷན་ས་ཁུལ་གྱི་ཡུ་རྐང་ཀེའུ་ཚལ་གྱི་མཚོན་བྱེད་ཡིན། ཐའི་ལྷན་ས་ཁུལ་དུ"ཀེའུ་ཚལ་མེ་ཏོག"ཅེས་ཟེར། རིགས་འདི་ནི་ཐའི་ལྷན་ཀྲང་དྷ་རྫོང་གི་ཞིང་པ་ཅང་ལིན་ཏའི་ཡིས་སྔོང་རྐང་བདམས་ནས་གྲུབ་པ་ཞིག་ཡིན། 2003ལོར་ཐྲུ་ཅན་མའི་ནན་ས་ཁུལ་གྱིས་ཉན་དྷ་ཀེའུ་ཚལ་ནང་འདྲེན་བྱས་པར་མ་ཟད་ཚོད་འདེབས་ལེགས་འགྲུབ་བྱུང་། རིགས་འདིའི་རྣམ་པ་ནི་ལོ་མའི་ཀེའུ་ཚལ་དང་འདྲ། ལོ་མའི་ཤུབས་སྦོམ་པ། ལོ་མའི་མདོག་ལྗང་ནག་ཡིན། སྔོང་ལག་རྒྱས་པ། ལོ་འཁོར་རྩིལ་པོར་ཡུ་རྐང་འཐེན་པ། ཡུ་རྐང་གི་ཚངས་ཐིག་ལ་ལི་སྨི0.4~0.7དང་ཡུ་རྐང་གི་རིང་ཚད་ལ་ལི་སྨི35~40 མཐུག་ཅིང་མཉེན་པ་ཡིན།

ཚན་པ་གསུམ་པ། ཀེའུ་ཚལ་འདེབས་འཛུགས་ཀྱི་དུས་ཚིགས་གཙོ་བོ།

ཀེའུ་ཚལ་གྱི་སོག་ཤུལ་ལ་བླང་བྱ་ནན་མོ་མེད། ཅོང་སྔོག་རིགས་ལས་གཞན་པའི་སོག་ཤུལ་གང་ཡིན་རུང་ཆོག་ལ། ས་ཞིང་ཆེན་པོའི་ལོ་ཏོག་གི་སོག་ཤུལ་དུ་བཏབ་ཀྱང་ཆོག ཀེའུ་ཚལ་འདེབས་འཛུགས་ནི་མཐོང་ཡངས་རྐྱ་འདེབས་དང་སྨྱུག་གསོ་སྦྱོར་འཛུགས་བྱེད་སྟངས་གཉིས་ཡོད།

1. མཐོང་ཡངས་རྐྱ་འདེབས།

དཔྱིད་དུས་མཐོང་ཡངས་ཐད་འདེབས་བྱས་ན་སྟོན་དུས་ལོ་ཏོག་བསྡུ་ཐུབ། སྟོན་ཁའི་མཐོང་ཡངས་ཐད་འདེབས་ནི་ཕྱི་ལོའི་ཟླ3~4བསྡུ་མགོ་བརྩམས་པ་ཡིན།

2. སྨྱུག་གསོ་སྦྱོར་འཛུགས།

སྤྱིར་བཏང་དུ་དཔྱིད་ཀ་དང་སྟོན་ཀའི་དུས་ཚིགས་གཉིས་སུ་སྨྱུ་གུ་གསོ་བ་དང་། ཟླ4~5པའི་དཔྱིད་ཀར་སྨྱུ་གུ་གསོ་བ་ཡིན། ཟླ7པའི་ཟླ་སྨད་ནས་ཟླ8པའི་ཟླ་སྟོད་དུ་རྩ་སྦྱོར

རྒྱག་པ་དང་ཕྱི་ལོའི་ཟླ3~4བར་བསྲུ་བྱེད་དགོས། ཉིན30ཡས་མས་སུ་ཐེངས་རེར་འབྲེག་དགོས། སྟོན་དུས་མྱུ་གུ་གསོ་བ་ཡིན་ན་ཕྱི་ལོའི་ཟླ4པའི་ཟླ་སྨད་ནས་ཟླ5པའི་ཟླ་སྟོད་དུ་ཙ་སྔོས་རྒྱག་དགོས། ཟླ8~9བར་བསྲུ་བྱེད་ཐུབ་ཅིང་། ཉིན30ཡས་མས་སུ་བར་བསྲུ་ཐེངས་རེར་བྱས་ཆོག དར་མའི་ཀེའུ་ཚལ་ནི་ལོ་གཅིག་གི་ནང་དུ་ཐེངས3~4བསྲུ་ཐུབ། ཀེའུ་ཚལ་གྱི་གྲང་འགོག་རང་བཞིན་ཆེ་བ་དང་འོད་ཞན་བཟོད་ཐུབ་པའི་ཁྱད་ཆོས་ལྡན་དེ། ཉི་འོད་དྲོད་ཁང་དང་འཁྱིག་ཤོག་སྤྱིལ་བུ། དེ་བཞིན་རྣང་མ་སོགས་སྲུང་སྐྱོང་སྒྲིག་བཀོད་ནང་དུ་སྔོ་དྲེག་དང་ཚོན་མདོག་སྣ་ལྔའི་ཀེའུ་ཚལ་ཐོན་སྐྱེད་བྱས་ཆོག

ཚན་པ་བཞི་པ། ཀེའུ་ཚལ་སྲུས་ལེགས་ཐོན་མཐོའི་འདེབས་འཛུགས་ལག་རྩལ།

གཅིག སྤྱིལ་ཁང་གི་རྣུས་མཐོའི་འདེབས་འཛུགས་ལག་རྩལ།

(གཅིག) ས་ཁོད་སྙོམས་ནས་རྣང་མ་བཟོ་བ།

ཙ་སྔོས་མ་བརྒྱབ་སྔོན་མུའུ་རེར་སྐྱེ་ལྡན་ལུད་སྟོང་ཁེ5000དང་། འདྲེས་སྦྱོར་ལུད་རྫས་སྟོང་ཁེ50རྒྱག་དགོས། གཏིང་རྨོ་ཤལ་རྒྱག་དང་ས་ལུད་འདྲེས་སྦྱོར་བྱས་ཏེ། ཞིང་ས་ཁོད་སྙོམས་པ་དང་། རྣང་ཞེང་ལ་སྨི1~1.2ཡོད་དགོས་ཤིང་། རིང་ཚད་ནི་ས་ཞིང་ལ་གཞིགས་ནས་གཏན་འཁེལ་བྱེད་དགོས།

(གཉིས) མྱུ་གུ་སྐྱེ་རུ་འཇུག་པ་དང་རྨོ་འདེབས་བྱེད་པ།

རྨོ་འདེབས་བྱེད་དུས་མྱུ་གུ་འབུས་པར་སྐུལ་བ་དང་ས་བོན་སྐམ་པོར་རྨོ་འདེབས་བྱས་ཀྱང་ཆོག ཀེའུ་ཚལ་གྱི་མྱུ་གུ་འབུས་པའི་དུས་ཡུན་དལ་བས་མྱུ་གུ་འབུས་པར་སྐུལ་འདེད་བྱེད་དགོས། རྨོ་འདེབས་མ་བྱས་སྔོན་གྱི་ཉིན4~6ནང་དུ། ས་བོན40℃ཆུའི་ནང་དུ་དུས་ཚོད1~2སྦང་དགོས་ཤིང་། ཕྱིས་སུ་ཆུ་དྲོན་མོས་ས་བོན་གཙང་མར་བཀྲུ་དགོས། ཆུ་དྲོན་མོའི་ནང་དུ་སྦངས་ནས་ཆུ་ཚོད12སྦངས་རྗེས། བརྟན་པའི་སྐབས་དང་

བསྟུན་ནས་སེང་རས་ནང་དུ་བཏུམ་དགོས། དྲོད་ཚད15~20℃ཆ་རྐྱེན་འོག་ཏུ་བཞག་ནས་སྨྱུ་གུ་སྐྱེ་ཏུ་འཇུག་དགོས། ཉིན་རེར་བཀྲུ་བ་དང་དཀྲུག་དགོས་ཤིང་། རླན་སྲུང་བྱེད་དགོས། ཉིན4~5ནང་སྨྱུ་གུ་འབུས་ནས་འདེབས་འཛུགས་བྱས་ཆོག ཕྱིར་བཏང་དུ་ཟླ4པའི་ཟླ་དཀྱིལ་ནས་ཟླ5པའི་ཟླ་མཇུག་བར་འདེབས་དགོས། ལྔ་ཕྲུགས་སུ་ཁ་གཏད་ནས་རླུང་གཡོལ་དང་། ཆུ་སྲུང་ཆུ་འབུད་བཟང་བ། ས་རྒྱུ་གཤིན་པོ་སོབ་སོབ་ཡིན་པའི་ས་ཞིང་སྨྱུ་གུ་གསོ་སར་འདེམ་དགོས། མུའུ་རེར་གཅིན་རྒྱ་སྟོང་ཁི50དང་བསྲེས་ལུད་སྟོང་ཁི50རྒྱག་དགོས། ཚོ་སློག་བརྒྱབ་རྗེས་ནང་མ་བཟོ་བ་དང་ནང་ཞེང་ལ་སྨི1.5ཡོད་ན་བཟང་། ས་བོན་འདེབས་པའི་སྔོན་ལ། ནང་ངོས་སུ་ཆུ་ཡུར་རྒྱག་པ་དང་། ཡུར་བུའི་ནང་དུ་ཆུ་འདྲེན་དགོས། ཆུ་སིམ་རྗེས་སྨྱུ་གུ་འབུས་པའི་ས་བོན་ཡུར་བུའི་ནང་དུ་འདེབས་པ་དང་། དེའི་སྟེང་དུ་ལི་སྨི1~1.5ཡོད་པའི་ས་འགེབས་དགོས། ཡང་ན་འཁྱིག་ཤོག་བཏིང་ནས་བཞའ་ཚན་སྲུང་བ་དང་སྨྱུ་གུ་འབུས་རྗེས་དུས་ཐོག་ཏུ་འཁྱིག་ཤོག་ཕྱིར་འཐེན་བྱེད་དགོས། ས་བོན་འདེབས་དུས་ནི་ཟླ4པའི་ཚེས10ཉིན་ནས་ཟླ5པའི་ཚེས10ཉིན་བར་ཡིན་ན་འཚམ་པ་དང་ཚོ་འདེབས་བྱེད་ཚད་མུའུ་རེར་ས་བོན་སྟོང་ཁི3.5~4འདེབས་དགོས།

(གསུམ) སྨྱུ་གུ་གསོ་བ་དང་རྩ་སྤྱོས་རྒྱག་པ།

ས་བོན་བཏབ་རྗེས་ཉིན་དེར་ཆུ་འདྲེན་དགོས། སྨྱུ་གུ་འབུས་པའི་སྔོན་དུ་ས་གཤིན་བརླན་པར་སྲུང་འཛིན་བྱེད་དགོས། ཉིན4~5ཆུ་ཐེངས་རེར་གཏོང་དགོས་ཤིང་མུའུ་རེ་ལ33%རྩྭ་ལྷུམ་སྨན་སྟོང་ཁི0.1ནང་དུ་ཆུ་སྟོང་ཁི50རེ་བསྲེས་ནས་ཆ་སྙོམས་ཀྱིས་ས་ངོས་སུ་གཏོར་ན། ཉིན20རྩྭ་ལྷུམ་མེད་པར་རྒྱུན་འཁྱོངས་བྱེད་ཐུབ། སྨྱུ་གུ་འབུས་རྗེས་ཉིན7~8བར་ནས་ཆུ་ཐེངས་གཅིག་རེར་གཏོང་དགོས་ཤིང་ས་ངོས་མི་སྐམ་པར་རྒྱུན་འཁྱོངས་བྱེད་པ་དང་དུས་ཐོག་ཏུ་ཡུར་མ་ཡུར་དགོས། སྨྱུ་གུ་འབུས་ནས་ལོ་མ5(སྨྱུ་གུའི་མཐོ་ཚད་ལི་སྨི15~20)སྐྱེས་རྗེས། ཆུ་གཏོང་ཚད་ལ་ཚོད་འཛིན་འོས་འཚམ་བྱས་ཏེ་ཀེའུ་ཚལ་གྱི་སྨྱུ་གུ་སྐྱེས་པ་ཐ་ཞིང་འཕེལ་བར་སྔོན་འགོག་བྱེད་དགོས། སྨྱུ་གུ་ལ་ལོ་མ7~9སྐྱེས་པ་དང་། སྡོང་ཕང་གི་མཐོ་ཚད་ལི་སྨི15~20ལ་ཐོན་དུས་རྩ་སྤྱོས་རྒྱག་རན་ཡིན། ཕྱིར་བཏང་དུ་ཟླ7པའི་ཟླ

སྨད་དུ་ཚ་གདུག་ཆེ་བའི་རྗེས་སུ་རྩ་སྦྱོས་བརྒྱབ་ཆོག འདེབས་འཇུགས་བྱེད་ཐབས་ལ་ནང་འདེབས་དང་ཡུར་འདེབས་གཉིས་སུ་དབྱེ་ཡོད། ཡུར་འདེབས་བྱས་ན་བཟང་ཞིང་། ཡུར་བུའི་བར་ཐག་ལི་སྨི40~50དང་། ཟབ་ཚད་ལི་སྨི10~15ཡོད་དགོས། འདེབས་འཇུགས་མ་བྱས་པའི་སྔོན་དུ་ཆུ་འདྲེན་དགོས་པ་དང་། དེ་ནས་སྔོང་ཀང20~30ཆུན་པོ་རེ་བཟོས་ནས་རྩ་བ་ཐུང་ངུར་འཐྲིག་དགོས། ཆུན་པོའི་བར་ཐག་ལི་སྨི20~25ནང་དུ་བཙུགས་ནས་ས་འགེབས་དགོས། ནང་ལེབ་ཏུ་ལི་སྨི15~20བར་ཐག་དང་ལི་སྨི10~12ཚོམ་ཐྲེང་ལྟར་ས་ཕུག་བརྐོ་དགོས། ཁྱུང་རེར་སྔོང་ཀང12~15འཇུགས་པ་དང་། འདེབས་འཇུགས་ཀྱི་ཟབ་ཚད་ནི་ལོ་མའི་ཤུབས་ས་འོག་ཏུ་སྦས་ཐུབ་པ་ཞིག་ཡིན་ན་བཟང་། དུས་མཚུངས་སུ་རྩ་ལག་རྒྱས་པར་རྒྱུན་འཁྱོངས་བྱས་ཏེ། འདེབས་འཇུགས་བྱས་པའི་སྔོང་ཀང་མཉམ་པ་དང་སྙོམས་པ། བརྟན་པོ་ཡིན་དགོས།

(བཞི) ཞིང་ཁའི་དོ་དམ།

སྟོན་ཁ་དང་དགུན་ཁའི་དུས་སུ་ཟླ10པའི་ཟླ་སྟོད་དུ་སྤྱིལ་བུའི་ཕྲད་འགེབས་པ་དང་། སྟོན་དུས་ཕྱིར་འགྱངས་དང་དཔྱིད་དུས་སྔ་སྐྱར་གྱིས་འདེབས་འཇུགས་བྱས་ཆོག དྲོད་ཁང་དང་སྤྱིལ་ཆུང་། འཁལ་མེད་རས་ཆ་བཅས་ལུགས་མཐུན་གྱིས་འགེབས་པར་བྱེད་དགོས། ཉིན་དཀར་གྱི་དྲོད་ཚད18~28℃དང་དགོང་མོའི་དྲོད་ཚད8~12℃སྐྱི་འཚར་ཁོར་ཡུག་སྐྲུན་དགོས། སྤྱིལ་བུའི་ཕྲད་འགེབས་ཐོག་མའི་དུས་དང་ཐེངས་རེར་བཅ་བསྐུ་བྱས་རྗེས་གེའུ་ཚལ་གྱི་འཚར་སྐྱེ་དང་སྔོང་ཀང་གསར་བའི་འཚར་སྐྱེ་ཇེ་མགྱོགས་སུ་གཏོང་ཆེད། སྤྱིལ་བུའི་དྲོད་ཚད་ཅུང་མཐོ་དགོས་ཤིང་དྲོད་ཚད30℃ལ་སླེབས་ཆོག བཅ་བསྐུ་མ་བྱས་པའི་སྔོན་དུ་དྲོད་ཚད་ཇེ་དམའ་རུ་བཏང་ནས། ལོ་མའི་སྐྱེ་སྟོབས་ཇེ་རྒྱས་སུ་བཏང་སྟེ་འཕྲོལ་བའམ་རུལ་བར་འགོག་དགོས། སྤྱིལ་བུའི་ཕྲད་བཀབ་པ་ནས་གེའུ་ཚལ་གྱི་ཐེངས་གཉིས་པའི་ཐོན་འབབ་བསྐུ་རག་བར་དུ་ཕྱི་རོལ་གྱི་དྲོད་ཚད་དམའ་བས་སྔ་མོ་ནས་རྩ་ཡོལ་བཀབ་པ་དང་། རླུང་མི་གཏོང་བའམ་རླུང་ཅུང་གཏོང་བྱེད་དགོས། གནམ་ངོ་འཐིབས་པའམ་ཁ་བ་འབབ་དུས་རྩ་ཡོལ་བཤུས་མི་དགོས། གལ་ཏེ་བརྟུད་མར་གནམ

ངོ་འཕེབས་པའམ་ཁ་བ་བབས་ནས་ཉིན3~4འགོར་ན། སྤྱིལ་བུའི་ནང་དུ་ལྷན་གྲང་གི་རྣམ་པར་གནས་ཏེ་རྩ་བ་སློལ་སླ། ཉིན་གུང་གི་ཕྱི་དྲོད་ཚུང་མཐོ་བའི་སྐབས་སུ་སྒྲི་མོ་བརྗོལ་ནས་བརྙན་གཤེར་ཤོར་དུ་འཇུག་དགོས། ཟླ2པའི་ཟླ་དཀྱིལ་དང་ཟླ་སྨད་ཀྱི་དྲོད་ཚད་རིམ་བཞིན་ཇེ་མཐོར་འགྲོ་བས། རླུང་ཤུགས་ཆེ་ཏུ་གཏོང་དགོས་པར་མ་ཟད་རྩྭ་ཡོལ་ཡང་མེད་པར་བཟོ་དགོས། ཟླ3པའི་ཟླ་མཇུག་ཏུ་ཀེའུ་ཚལ་ཐེངས་གསུམ་པ་བསྡུས་རྗེས་འགྲིག་ཤོག་སྲབ་མོ་ཕྱིར་འཐེན་བྱས་ཆོག་ཅིང་ཕྱི་རོལ་དུ་འདེབས་འཛུགས་བྱེད་པར་བསྒྱུར་དགོས། སྒྲི་སྲབ་ཀྱིས་འདེབས་འཛུགས་བྱེད་པ་ནི་གཙོ་བོ་ཀེའུ་ཚལ་སྡོང་རྐང་གི་ཉ་ཁྲབ་སྡོང་པོ་དང་རྩ་ལག་ཁྲོད་དུ་གསོག་འཇོག་བྱས་པའི་ཆུ་ལ་བརྟེན་པ་ཡིན། སྤྱིལ་བུ་འགེབས་དུས་གལ་ཏེ་ཆུ་ལུད་ཀྱི་རྗེས་མ་ཆོད་ན་སྡོང་རྐང་སྐྱི་སྐྱོབས་ཞན་པ་ཡིན། སོག་ཤུལ་ཐེངས1~2བཟ་བསྡུ་བྱས་རྗེས། ལུད་འོས་འཚམ་ཞིག་འཇོག་དགོས་པ་དང་ཆུ་ཡང་འོས་འཚམ་ཞིག་གཏོང་དགོས། ཐེངས་རེར་གཅིན་རྒྱུ་སྨུའུ་རེར་སྟོང་ཁ10~15འམ་ཡིའུ་སོན་ཨན་སྟོང་ཁ་རེར་སྟོང་ཁ10རྒྱག་དགོས། ལུད་བཞག་ནས་ཆུ་བཏང་རྗེས་དུས་ཐོག་ཏུ་ཡུར་མ་ཡུར་དགོས་པར་མ་ཟད་རླུང་འོས་འཚམ་རྒྱག་ཏུ་བཙུག་ནས་འགྲིག་ཤོག་དྲོད་ཁང་ནང་གི་ལྷན་ཚད་ཆེ་དྲགས་པ་སྔོན་འགོག་བྱེད་དགོས། འགྲིག་ཤོག་ཕྱིར་འཐེན་བྱས་རྗེས་ཀྱི་དོ་དམ་བྱེད་སྟངས་ནི་མཐོངས་ཡངས་རྩྭ་འདེབས་བྱེད་པའི་ཀེའུ་ཚལ་གྱི་འདེབས་འཛུགས་དང་གཅིག་མཚུངས་ཡིན་ནོ། །

གཉིས། ས་མེད་འདེབས་འཛུགས་ལག་རྩལ།

དྲོད་ཁང་ཆེན་མོའི་ཀེའུ་ཚལ་ཧྲ་ཕེ་ཏེ་གོན་ནི་ལོ་འཁོར་ཧྲིལ་པོར་འདེབས་འཛུགས་ཐོན་སྐྱེད་མངོན་འགྱུར་བྱས་ན་ས་རྒྱུར་བརྟེན་པར་ཁ་བྲལ་བ་ཡིན། ཀེའུ་ཚལ་གྱི་རྩ་བ་ཐད་ཀར་བྱེ་མ་དང་ཐིགས་ཆུ་གཏོང་བའི་འཚོ་བཅུད་ཀྱི་གཤེར་ཁུའི་ནང་དུ་སྐྱེས་པ་དང་། ཀེའུ་ཚལ་ལ་མགོ་བའི་ཆུ་དང་ལུད། སོལ་རླངས། ཚ་བ་སོགས་ཀྱི་ཆ་རྐྱེན་འདང་ངེས་ཤིག་འཛོམས་ཐུབ། རྩ་ལག་གི་སྐྱི་འཚར་ཡང་མགྱོགས་པ་དང་། ལྕུགས་རིགས་ལྡིད་གྲུས་ཀྱི་འབག་བཙོག་དང་། དུག་ཤེད་ཆེ་བ། སྙིགས་ལུས་མང་བ་བཅས་ཀྱི་ཞིང་སྨན་བེད་སྤྱོད་

མ་བྱས་པས་ཐོན་ཚད་དང་སྤུས་ཀ་ཇེ་མཐོ་དང་ཇེ་ལེགས་སུ་བཏང་ཡོད།

(གཅིག) དྲོད་ཁང་ཆེན་མོར་ཏྲ་པེ་ཕ་ཤུར་འཛུགས་སྐྲུན་བྱེད་པ།

དྲོད་ཁང་ནང་དུ་ཏྲ་པེ་ཕ་ཤུར་བསྐྲུན་ནས་ཞེང་ལ་ལི་སྨི25~40དང་མཐོ་ཚད་ལི་སྨི20~25ཡིན་པའི་ཏྲ་པེ་ཕ་ཤུར་བཟོ་དགོས། ཕ་ཤུར་ཕྱི་ནང་དུ་ཨར་འདམ་གྱིས་ཕྱིས་ནས་ཆུ་སིམ་པར་སྔོན་འགོག་བྱེད་དགོས། གཞོང་སྣེ་གཉིས་ཀྱི་ཞབས་ལ་ཚངས་ཐིག་ལི་སྨི1~2དང་། རིང་ཚད་ལི་སྨི20ཡས་མས་ཀྱི་ལྤགས་རིགས་སྦུ་གུ་སྒྲིག་སྦྱོར་བྱེད་དགོས། སྦུ་གུ་དང་ས་རིམ་གྱི་བར་ཐག་གི་མཐོ་ཚད་ལི་སྨི0.5~0.8ཡིན། ཨར་འདམ་གྱི་ཕྱེད་ཀ(ཐལ་ཆེར་ལི་སྨི10)ཕྱིར་འབུད་པ་དང་། ཕ་ཤུར་ཕྱི་ཡི་ཕྱེད་ཀ(ཐལ་ཆེར་ལི་སྨི10)འབུད་དགོས། ཕ་ཤུར་ཕྱིའི་ལྤགས་རིགས་སྦུ་གུའི་ཕྱེད་ཀ་ནི་གཏིང་ཐུང་གཤེར་རྒྱུག(NFT)འཕོར་རྒྱུག་མ་ལག་གི་གཤེར་འདྲེན་སྦུ་གུ(ནང་འདྲེན་སྦུ་གུ་དང་ཕྱིར་གཏོང་སྦུ་གུ)སྦྲེལ་བར་སྟབས་བདེ་བཟོ་ཐུབ། ཕྱིར་འདྲེན་སྦུ་གུའི་ཁ་ཁེབས་པའི་ཚངས་ཐིག་ལ་ཏའོ་སྨི1~2ཡོད་པའི་ལྤགས་རིགས་དྲ་བ། བྱི་མ་འགག་པའམ་ཕྱིར་བཞུར་བར་སྔོན་འགོག་བྱེད་དགོས། ཏྲ་པེ་ཡིས་རྩ་བ་སྐྱེས་པར་སྐྱུལ་འདེད་བྱས་ཏེ། རྩ་ལག་ཆེན་པོ་ཞིག་གྲུབ་ནས་ས་བརྒྱུད་ནད་ཀྱི་གནོད་འཚེ་མཆེད་དཀའ། ཏྲ་པེ་ཕ་ཤུར་གྱི་སྣེ་གཉིས་སོ་སོར་མཐོ་ཚད་ལི་སྨི100དང་། ཚངས་ཐིག་ལི་སྨི2.5ཡོད་པའི་ལྤགས་རིགས་སྦུ་གུ་གཏན་འཁེལ་བྱེད་དགོས། ལྤགས་རིགས་སྦུ་གུ་གཉིས་ཀྱི་རྩེ་མོར་ལྤགས་སྐྲུད་ཅིག་གིས་སྦྲེལ་ན་ཆུ་གཏོར་འཚག་ཁུང་འགེལ་བར་ཕན་ནོ།།

(གཉིས) ཏྲ་པེ་རྨང་རྫས་ཁ་སྐོང་བྱེད་པ།

ཏྲ་པེའི་རྨང་རྫས་ཆུ་གཙང་མོའི་ཁྲོད་དུ་བཏོན་པའི་ཕྱེ་རྡུལ་བྱེ་མ་སོགས་བེད་སྤྱོད་བྱེད་དགོས་པ་དང་ཚངས་ཐིག་ནི་ཏའོ་སྨི1~2ཡིན། ཆུ་བཤལ་བཏང་ནས་འབུ་ཕྲ་མི་འཁྱེར་བར་བྱེད་དགོས་ཤིང་། ཏྲ་པེ་ཤུར་བུའི་ཁ་རྒྱོང་བ་དང་མཐོ་ཚད་ལི་སྨི5ལས་དམའ་དགོས།

(གསུམ) ཐིགས་ཆུ་གཏོང་བ་དང་གཏིང་ཐུང་གཤེར་རྒྱུག(NFT)འཕོར་རྒྱུག་མ་ལག

ཏྲ་པེ་ཕ་ཤུར་གྱི་ཞབས་སུNFTའཕོར་རྒྱུག་བྱེད་པ་དང་གོང་དུ་ཐིགས་ཆུ་གཏོང་

དགོས། འཚོ་བཅུད་རྫིང་བུར་ཤོང་ཚད་ཧྲེང2~5ཡོད་པའི་འཁྲིག་ཐྲོམ་གྱིས་ཚབ་བྱས་ཆོག མཐོ་ཚད་དང་རྭ་ཕེ་ལྷ་ཤུར་གྱི་འབབ་ཁྱད་ལི་སྨི100(འབབ་ཁྱད་མཐོ་བ། གནོན་ཤུགས་ཆེ་ན་འཚོ་བཅུད་གཤེར་ཁུ་འཕོར་རྒྱུག་དང་ཚོད་འཛིན་བྱེད་བདེ་བ་ཡིན།) NFT འཕོར་རྒྱུག་མ་ལག་གི་འཚོ་བཅུད་གཤེར་ཁུ་འདྲེན་གཏོང་སྦུ་གུ་དང་། ནང་འདྲེན་སྦུ་གུ་སོ་སོར་རྭ་ཕེ་གཞོང་སྣེ་ཡི་ལྟུགས་རིགས་སྦུ་གུས་སྦྲེལ་ཡོད། སྣེ་གཅིག་གིས་མཐོ་ཚད་ཀྱི་ཁྱད་པར་དང་དུས་བགོ་ཡོ་བྱད་སྒྲུད་དེ་དུས་ལྟར་འཚོ་བཅུད་གཤེར་ཁུ་ཕྱིར་གཏོང་བྱེད་དགོས། སྣེ་གཞན་ཞིག་ཏུ་དུས་ཚོད་ངེས་གཏན་ནང་དུ་རང་འགུལ་འཕོར་རྒྱུག་གཤེར་འཐེན་འཕྲུལ་ཆས་བཀོལ་ནས་རྭ་ཕེ་ཤུར་ཁ་ནས་འཚོ་བཅུད་ལྷག་མ་ཕྱིར་བཏོན་ཏེ་འཚོ་བཅུད་གཤེར་ཁུའི་རྫིང་བུར་སྐྱིལ་དགོས། རྭ་ཕེ་ཤུར་གོང་གི་ཐིགས་ཆུ་མ་ལག་དང་འཚོ་བཅུད་ཀྱི་རྫིང་བུ་འབྲེལ་མཐུད་བྱེད་དགོས། རྭ་ཕེ་ཀེའུ་ཕུང་རེའི(ཚོམ་སྒྲུང4)སྟེང་གི་འཁྲིག་སྐུད་སྟེང་དུ་ཆ་སྙོམས་ཀྱིས་ཐིགས་ཆུ་གཏོང་བའི་འཚག་ཁུང་བཞི་བཀལ་ཡོད་པས། ཕྱོགས་མི་འདྲ་བ་ནས་ཐིགས་ཆུ་གཏོང་བར་སྟབས་བདེ་བཟོ་ཐུབ། ཐིགས་ཆུ་གཏོང་བའི་མ་ལག་དང་NFTའཕོར་རྒྱུག་མ་ལག་སོ་སོར་འཚོ་བཅུད་མི་འདྲ་བའི་རྫིང་བུའི་ནང་དུ་སྦྲེལ་ན་ཐིགས་ཆུ་གཏོང་བའི་མ་ལག་འགག་པ་འགོག་པའི་ནུས་པའང་ཡོད།

(བཞི) འཚོ་བཅུད་གཤེར་ཁུ་སྦྱོར་བཟོ་དང་འཚོ་བཅུད་གཤེར་ཁུ་སྡེབ་སྦྱོར།

ཟི་རྩའི་ཞའོ་སོན་ཀལ[$Ca(NO_3)_2 \cdot 4H_2O$]དང་ཏའོ་ཁེ472/ཧྲེང་། ཞའོ་སོན་ཐྲ(KNO_3)དང202ཏའོ་ཁེ/ཧྲིན་ཡིན། ལིའུ་སོན་མེ($MgSO_4$)དང246ཏའོ་ཁེ/ཧྲེང་། ལིའུ་སོན་ཐྲ(K_2SO_4)དང174ཏའོ་ཁེ/ཧྲེང་། ལིན་སོན་ཨེར་ཆིང་ཐྲ(KH_2PO_4)དང100ཏའོ་ཁེ/ཧྲེང་། ཞའོ་སོན་ཨན(NH_4NO_3)དང80ཏའོ་ཁེ/ཧྲེང་། ECརིན་ཐང་ནི་ཏའོ་ཞི་མིན་ཙེ2.6~3.0ཡིན་པ་དང་། pHརིན་ཐང6.4~6.6ཡིན། ཚད་ཅུང་མ་རྒྱུ་བཞུ་ཁུ་སྡེབ་སྦྱོར་བྱེད་ཐབས་ནི་ཉིང་མེང་སྒྲུར་སྟོང་ཁེ100~150ཞུ་སྦྱོར་ཧྲིན250ཙན་དང60~80℃ཆུའི་ནང་དུ་བསྲེས་པ། རིམ་བཞིན་ཆི་རྩའི་ལིའུ་སོན་ཐའི($FeSO_4 \cdot 7H_2O$)དང་སྟོང་ཁེ100~150ཞུ་བ། བའོ་རྩའི་ལིའུ་སོན་ཐུང($CuSO_4 \cdot 5H_2O$)དང་སྟོང་ཁེ50~100 ལིག་རྩའི་

ལའོ་ཏྭ་མེ($MgCl_2 \cdot 6H_2O$)དང་སྟོང་ཁེ20~50 ཚི་ཏུའི་ཞའོ་སོན་ཞིན[$Zn(NO_3)_2 \cdot 7H_2O$] དང་སྟོང་ཁེ250~300 $B_2O_3 \cdot 3H_2O$དང་སྟོང་ཁེ50~100 དཀྲུག་པ་དང་ཞུ་སྦྱོར་བྱས་ཏེpHསྙོམ་སྒྲིག་ཚད6~7ཡིན། འཚོ་བཅུད་གཤེར་ཁུ་དང་ཚད་ཉུང་གཞི་རྒྱུ་བཞུ་ཁུ་ཚང་མས་ཉར་གསོག་གཤེར་ཁུ་ཧྲིན1000སྒྲིག་སྦྱོར་བྱེད་དགོས། དེའི་ནང་དུ་འཚོ་བཅུད་གཤེར་ཁུ་ནི་ལྡབ20ཡིན་པའི་གར་བཟོ་གཤེར་ཁུ་དང་། ཚད་ཉུང་གཞི་རྒྱུ་བཞུ་ཁུ་ནི་ལྡབ200ཡིན་པའི་གར་བཟོ་གཤེར་ཁུ་འདུ་དགོས། སྦྱོར་བཟོ་བྱེད་ཐབས་ནི། ཚད་འཇལ་སྣོད་སྤྱད་དེ་སོ་སོར་འཚོ་བཅུད་ཏའོ་ཧྲེ50དང་ཚད་ཉུང་གཞི་རྒྱུ་བཞུ་ཁུ་ཏའོ་ཧྲེང5བསྲེས་ཞུ་ལེན་བྱེད་དགོས། མཇུག་མཐར་ཧྲིན1བར་དུ་གཏན་འཁེལ་བྱས་ཏེ། PHསྙོམ་སྒྲིག་ཚད་ནི6~7ཡིན།

གསུམ། ཐྲ་ཐེ།

(གཅིག) ས་བོན་གདམ་གསེས།

སྟོང་ལག་རྒྱས་ཤུགས་ཆེ་བ་དང་ནད་འགོག་རང་བཞིན་བཟང་ལ། ལོ་མ་མཐུག་པའི་ཐོན་མཐོ་སྤུས་ལེགས་ཀྱི་ས་བོན་བདམས་ཚོག དཔེར་ན791དང་ཞོ་ཀེའུ6སོགས་ལྟ་བུ།

(གཉིས) སྐྱོ་འདེབས་སྨྱུག་གསོ།

ཁ་དོག་བཟང་ཞིང་འབྲུ་རྡོག་ཆེ་བའི་ས་བོན་གསར་པ་བདམས་ནས་འདེབས་འཛུགས་བྱེད་དགོས། མུའུ་རེའི་ཏ་ཡེ་ཁྲིང(ཕྱི་མ)ཁེ500~800འདེབས་འཛུགས་བྱེད་དགོས། ཞིང་སའི་དྲོད་ཚད5~10℃གཏན་འཇགས་ཡིན་དུས་སྐྱོ་འདེབས་བྱས་ཚོག ས་བོན་མ་བཏབ་སྔོན་དུ་ས་བོན་སྦངས་ནས་སྨྱུ་གུ་འབུས་པར་སྐྱུལ་བ་དང་ས་བོན་དཀར་པོ་ཆགས་རྗེས་སླར་ཡང་འདེབས་དགོས། སྐྱོ་འདེབས་བྱེད་དུས་ཆ་སྙོམས་ཡིན་དགོས་ཤིང་། དེའི་སྟེང་དུ་བཀབ་པའི་བྱེ་མའི་མཐུག་ཚད་ལི་སྨི1~1.5ཡིན་དགོས། སྐྱོ་འདེབས་བྱས་རྗེས་དུས་ཐོག་ཏུ་ཆུ་གཏོར་བ་དང་རླན་ཚད75%~90%རྒྱུན་འཁྱོངས་བྱེད་དགོས། དེ་ནས་འཁྲིག་ཤོག་བཀབ་ན་བཞའ་ཚན་ཇེ་ཆེར་འགྲོ་བ་དང་སྨྱུ་གུ་འབུས་རྗེས་འཁྲིག་ཤོག་བཤུས་པ་དང་། འདེབས་འཛུགས་བྱས་པའི་ལོ་དེར་ཡུར་མ་ཡུར་བ་དང་དོ་དམ་ལ་ཤུགས་སྟོན་བྱས་ནས་སྟོང་རྐང་གསོ་དགོས།

(གསུམ) ཀེའུ་སྨུག་སྒྲོས་འཇུགས་བྱེད་པ།

འདེབས་འཇུགས་མ་བྱས་པའི་སྔོན་དུ་ཧྲ་ཕེ་གཞོང་བུའི་ནང་དུ་སྨྱུ་གུ་རྒྱས་པར་བྱེད། དེ་ནས་ལོ་གཉིས་ཡན་ལ་སྐྱེས་པའི་སྟོང་རྐང་བདམས་ནས་བཀོས་ཏེ་རྩ་བ་ཕལ་བ་རྣམས་འབྲེག་པ། ལི་སྨི2~3བཞག་ནས་རྩ་བ་གསར་བ་འཚར་སྐྱེ་ཡོང་བར་སྐུལ་འདེད་བྱེད་དགོས། ལོ་མའི་ཆ་ཤས་ཤིག་བྲེགས་ནས་ལོ་མའི་ངོས་ཀྱི་རླན་ཚད་ཇེ་ཉུང་དུ་བཏང་ན་འཁུམ་འདུའི་རྩ་བ་འཇོག་དགོས་ཤིང་། འདེབས་འཇུགས་ཀྱི་བྱེད་ཐབས་སྤྱད་དེ་སྒྲོས་འཇུགས་བྱེད་དགོས། རྩ་སྒྲོས་རྒྱག་པའི་བར་ཐག་ལི་སྨི15~25དང་ཆོམ་བུའི་བར་ཐག་ལི་སྨི17~20དགོས། ཆོམ་བུ་རེར་ཕུང་པོ་བཞི་དང་། ཕུང་པོ་རེར་སྟོང་རྐང4~6ཡིན།

(བཞི) ཞིང་ཁའི་དོ་དམ།

1. ཐིའོ་ཀིན་ཕེ་ཧྲ།

ལོ་མ་གསར་བ་འབུས་རྗེས་ལོ་མའི་རིང་ཚད་ལ་ལི་སྨི25~28ཡོད་དུས་བཟ་བསྡུ་བྱས་ཆོག མེ་ཏོག་བཞད་ནས་ཡུ་རྐང་གསོ་བའི་ཀེའུ་ཟླ5པ་ནས་བཟུང་མི་འབྲེག་པ་དང་། ཟླ6~7པའི་བར་ཡུ་རྐང་འཐེན་ནས་མེ་ཏོག་བཞད་པ་ཡིན། ལོ་གཉིས་པ་ནས་བཟུང་ལོ་རེར་ཀེའུ་ཚལ་བཟ་བསྡུ་ཐེངས་དང་པོ་བྱས་རྗེས་ཕེ་ཧྲ་ཐེངས་གཅིག་བྱེད་དགོས། བྱེ་མའི་མཐུག་ཚད་ལི་སྨི1ཙམ་གྱིས་ཀེའུ་ཚལ་ལོ་རེ་བཞིན་གྱི་རྩ་བའི་གནད་དོན་ཐག་གཅོད་བྱེད་དགོས། ཕེ་ཧྲ་བྱས་པའི་ལོ5ནས་བཟུང་། དུས་སྐབས་འོས་འཚམ་ཞིག་བདམས་ནས་ཀེའུ་ཚལ་ཕུང་པོའི་རྩ་བ་བཀོག་སྟེ་རྩ་བ་རྙིང་བ་མེད་པར་བཟོ་དགོས། སྟོང་རྐང་དུ་བགོས་ནས་ནད་ལྡན་སྨྱུ་གུ་མེད་པར་བཟོས་ཏེ་ཡང་བསྐྱར་བྱེ་མ་བརྗེས་ནས་སྨྱུ་གུ་སྐྱེ་སྟོབས་ཅན་གསོ་སྐྱོང་བྱེད་དགོས།

2. ཐིགས་ཆུ་གཏོང་བ་དང་གཏིང་ཐུང་གཤེར་རྒྱུག(NFT)འཁོར་རྒྱུག

སྒྲོས་འཇུགས་བྱས་རྗེས་ཆུ་ཐེངས1ལ་གཏོང་བ་དང་། རྩ་བ་གསར་བ་བཏོན་རྗེས། ཡང་བསྐྱར་ཐིགས་ཆུ་གཏོང་བའི་ཐབས་ལམ་སྤྱད་དེ་འཚོ་བཅུད་གཤེར་ཁུ་ནི་སྤྱིར་བཏང་དུ་དུས་ཚོད24རེའི་ནང་དུ་དུས་ཚོད2~3གཏོང་བ་ཡིན། ཆུ་ཐིགས་པའི་མྱུར་ཚད་ནི་སྐར་མ30~60ཡིན། མྱུའུ་རེར་ཐེངས་རེར་ཆུ་གཏོང་ཚད་ཁེ240~720ཡིན་པ་དང་།

དགོང་མོར་འཚོ་བཅུད་གཤེར་ཁུ་ཐིགས་པ་གཏོང་མི་རུང་། ཕོ་མའི་མདོག་སེར་པོ་ཡིན་ན་ཐིགས་ཆུ་འཚོ་བཅུད་གཤེར་ཁུ་མང་གཏོང་དང་། ཕོ་མའི་མདོག་ལྗང་ནག་ཡིན་ན་འཚོ་བཅུད་གཤེར་ཁུ་ཉུང་གཏོང་བྱེད་དགོས། NFTའཕོར་རྒྱུག་ཆུ་ཚོད24རེར་འཕོར་སྐྱོད་ཆུ་ཚོད1རེ་བྱེད་པ་དང་མུའུ་རེར་ཆུ་ཚོད་རེར་ཐིགས་ཆུ་གཏོང་ཚད་ཏུན1~2ཡིན། ཆུ་ཐིགས་འདྲེན་པ་དངNFTའཕོར་སྐྱོད་ཆུ་ཚོད24~48མཚམས་འཇོག་དགོས། དྲོད་ཁང་ཆེན་མོའི་ནང་དུ་རླུང་རྒྱུག་ཐུབ་པར་བྱེད་དགོས། རྗེས་སུ་སྐམ་རློན་རེས་མོས་བྱས་ནས་དུས་ཚོད24~48འགོར་རྗེས་རྒྱུན་ལྡན་གྱི་འཚར་སྐྱེ་སླར་གསོ་བྱེད་དགོས། NFTའཕོར་རྒྱུག་མ་ལག་གིས་ཕན་ནུས་ལྡན་པའི་སྒོ་ནས་འཚོ་བཅུད་ཁ་གསབ་བྱེད་ཐུབ་ཅིང་དུས་ཐོག་ཏུ་འཚོ་བཅུད་གཤེར་ཁུ་ལྷག་མ་ཕྱིར་གཏོང་ཐུབ་པར་མ་ཟད། གཤེར་འདྲེན་དང་གཤེར་གཏོང་དུས་མཉམ་དུ་འདོན་ཐུབ་ཅིང་དབུགས་རྒྱུ་བར་ཕན་ནོ།།

3. དྲོད་ཁང་ནང་དུ་རླུང་རྒྱུག་ཏུ་བཅུག་ནས་དྲོད་ཚད་ཇེ་དམའ་རུ་གཏོང་བ།

དགུན་དཔྱིད་དུས་སུ་དྲོད་ཁང་ནང་གི་དྲོད་ཚད20~25℃ལ་སླེབས་སྐབས་རླུང་ཆུང་ངུ་རྒྱུག་ཏུ་འཇུག་དགོས། དྲོད་ཚད་ཇེ་མཐོར་སོང་བ་དང་བསྟུན་ནས་རིམ་བཞིན་རླུང་ཤུགས་ཇེ་ཆེར་གཏོང་དགོས་ཤིང་། རླུང་རྒྱུ་བའི་མྱུར་ཚད་དལ་དགོས། མཁའ་རླུང་གྲང་མོ་སྒོ་བུར་དུ་དྲོད་ཁང་ནང་ལ་འཛུལ་མི་རུང་། དྲོད་ཁང་གི་དྲོད་ཚད་ནི་ཉིན་མོར30℃ལས་མི་མཐོ་བ་དང་། མཚན་མོར8℃ལས་མི་དམའ་བ། ཉིན་མཚན་གྱི་དྲོད་ཚད་ཁྱད་པར་ཇེ་ཆུང་དུ་གཏོང་གང་ཐུབ་བྱེད་དགོས། རྩ་དོན་ལྟར་ན་མཐིལ་རླུང་མི་གཏོང་བ་དང་། དྲོད་ཁང་ཆེན་མོའི་ནང་གི་རླུང་ཁུང་ཁ་ཕྱེ་ན་དྲོད་ཚད་ཇེ་དམའ་རུ་འགྲོ་བར་ཕན་པ་ཡོད། བརླན་གཤེར་དང་གནོད་ལྡན་རླངས་པ་ཕྱིར་འབུད་ཀྱང་བྱེད་སླ། དབྱར་ཁ་དང་སྟོན་ཀའི་དྲོད་ཚད་ཧ་ཅང་མཐོ་བས་ཉིན་གང་བོར་དྲོད་ཁང་ཆེན་མོ་ཕྱེ་དགོས། རླུང་རྒྱུག་ཏུ་བཅུག་ནས་དྲོད་ཚད་ཇེ་དམའ་རུ་བཏང་ན་འབུ་འགོག་དྲ་བ་ཚང་མ་ཁེབས་པར་བྱེད་དགོས། དབྱར་དུས་དྲོད་ཚད30℃ལས་མཐོ་སྐབས་ཉི་འོད་འགོག་པའི་དྲ་བ་ནག་པོ་བཀབ་ནས་དྲོད་ཚད་ཇེ་དམའ་རུ་གཏོང་དགོས།

ཆ་ཤས་ལྔ་པ། ཀེའུ་ཚལ་གྱི་ནད་འབུའི་གནོད་སྐྱོན་འགོག་བཅོས་ལག་རྩལ།

གཅིག ནད་སྐྱོན།

(གཅིག) རིམས་ནད།

གཙོ་བོར25%རུའི་ཏུའུ་མའི་པའི་ཡིས600གཤེར་ཁུ་རྩ་བར་ལྷུག་པ་དང་། སྨན་སྦྱོད་ཚད་མུའུ་རེར་སྟོང་ཁེ1ཡིན། ད་རུང40%ཡེ་ལིན་ལུའི་པའི་ཡིས200གཤེར་ཁུའི་རྩ་བར་ལྷུག་པ་དང་། སྨན་སྦྱོད་ཚད་མུའུ་རེར་སྟོང་ཁེ2.5ཡིན། ཡང་ན75%པའི་ཙུན་ཆིན་པའི་ཡིས600གཤེར་ཁུའི་རྩ་བར་ལྷུག་པ་དང་སྨན་སྦྱོད་ཚད་མུའུ་རེར་སྟོང་ཁེ1ཡིན། ཉིན7~10རེའི་ནང་དུ་སྨན་ཐེངས་རེར་སྦྱོད་དགོས་པ་དང་། བསྟུད་མར་ཐེངས2~3ལ་འགོག་བཅོས་བྱེད་དགོས།

(གཉིས) ཐལ་རྣམ་ནད།

གཙོ་བོར50%སའོ་ཁེ་ལིང་བཞའ་ཚན་རང་བཞིན་གྱི་སྨན་ཕྱེ་པའི་ཡིས1000~1500གཤེར་ཁུ་བཀོལ་དགོས། 90%ཧའི་མའི་ལིང་པའི་ཡིས500གཤེར་ཁུ་དང་། ཡང་ན50%ཕུ་ཧའི་དབྱིན་པའི་ཡིས1000~1500གཤེར་ཁུ་བཀོལ་དགོས། ཐེངས་རེར་སྨན་གཤེར་སྟོང་ཁེ40~50སྦྱོད་དགོས། སྤྱིར་བཏང་དུ་ཉིན7~10མཚམས་སུ་ཐེངས་རེ་གཏོར་དགོས་པ་དང་། བསྟུད་མར་ཐེངས2~3གཏོར་དགོས།

(གསུམ) ཕྱེ་དཀར་ནད།

གཙོ་བོར4%ཉིན་ནན་མེ་སུའུ་མུའུ་རེར་ཧའོ་ཁེ50བཀོལ་བ་དང་། ཡང་ན25%སན་ཅའོ་ཐུང་མུའུ་རེར་ཁེ50~60དང་། 10%པིན་སྒི་ཙླ་ཧོན་ཚོལ་མུའུ་རེར་ཁེ35~50སོགས་རེས་མོས་ཀྱིས་སྦྱོད་དགོས། བསྟུད་མར་ཐེངས2~3གཏོར་དགོས་སོ། །

གཉིས། འབྲུ་སྨིན།

(གཅིག) འབྲུ་སྦྲང་།

འབྲུ་སྦྲང་ནི་སྨན་རྫས་ཀྱིས་འགོག་བཅོས་བྱེད་པ་དང་། འབྲུ་ཆེན་གྱི་སྦུ་རྒྱས་དུས་དང་འབྲུ་དར་མ་མང་ཆེ་བ་ས་ངོས་སུ་གོག་བསྒྲོད་ཀྱི་གོམས་གཤིས་བེད་སྤྱད་དེ་ཆུ་ཚོད་9~11སྐྱེང་དུ་ཞིན་ལིའུ་ལིན་སྦྲིས་མ་པའི་ཡིས800གཤེར་ཁུ་གཏོར་དགོས། ཡང་ན2.5%ཏའེ་ཧྲ་སི་སྦྲིས་མ་པའི་ཡིས4000རྩ་བའི་ཉེ་འཁྲམ་གྱི་ས་ངོས་སུ་གཏོར་བ། འབྲུ་ཕྲུག་ལ་གནོད་པའི་དུས་སུ་གནོད་འཚེ་ཐེབས་པའི་གནས་ཚུལ་ལ་གཞིགས་ནས། 50%ཞིན་ལིའུ་ལིན་སྦྲིས་མ་དང་ཡང་ན་ཏའེ་པའི་ཁྲུན80%བཞའ་ཚན་རང་བཞིན་གྱི་ཕྱེ་ཁུའི་པའི་ཡིས1000གཤེར་ཁུའི་རྩ་བར་ལྤུག་དགོས། སྨན་སྤྱོད་ཚད་མུའུ་རེར་སྐྱོང་ཁེ1~1.5ཡིན། རབ་ཡིན་ན་སྔོན་ལ་ཀའུ་རྩད་ཉེ་འཁྲམ་གྱི་ས་ངོས་འདྲེད་དགོས།

(གཉིས) ཀའུ་ཡུན་ཡེ་ཐྲ།

1. ས་ཞིང་ལ་གཙང་དག་བྱས་ནས་རྩྭ་ལྷམ་དོར་བ།

2. མ་བཏབ་པའི་སྔོན་དུ་ཟབ་རྨོ་དང་ས་སྐམ་པ།

3. འཁྱིག་ཤོག་བཏིངས་ནས་འདེབས་འཛུགས་བྱེད་པ་དང་། འབྲུས་སྣོ་ང་རྩ་བར་འཛོག་པར་སྔོན་འགོག་བྱེད་དགོས།

4. གློག་འོད་ནག་པོས་འབྲུ་བསླུ་གསོད་བྱེད་པ།

5. སྨན་རྒྱུ་གཙང་སེལ་དང་ལོ་མའི་ངོས་སུ་སྨུག་པ་གཏོར་བ། རྒྱུན་མཐོའི་སྨན་ལ90%ཤེལ་གཟུགས་ཏའེ་པད་ཁྲོན་པའི་ཡིས1000གཤེར་ཁུ་དང་། 80%ཏའེ་ཏའེ་ཡེ་སྦྲིས་མ་པའི་ཡིས1000གཤེར་ཁུ། ཡང་ན50%སྣ་ལ་ལིན་འོ་སྐྱུམ་པའི་ཡིས800གཤེར་ཁུ། 20%སའོ་མིའི་ཙུའུ་ཀྲི་སྦྲིས་མ་པའི་ཡིས2000གཤེར་ཁུ། 25%འབྲུ་གསོད་སྨན་ཆུ་པའི་ཡིས500གཤེར་ཁུ་གཏོར་བ་དང་། འབྲུ་ཕྲུག་གིས་གནོད་པ་ཚབས་ཆེ་དུས་ཀྱང་གོང་སྨྲས་ཀྱི་སྨན་རྣམས་རྩ་བར་བླུགས་ཆོག

ཚན་པ་དྲུག་པ། ཀེའུ་ཚལ་བཟའ་བསྐྱུ།

ལོ་དེ་གའི་ཀེའུ་ཚལ་ནི་ཕྱིར་བཏང་དུ་བཟའ་བསྐྱུ་མི་བྱེད་པ་དང་གཙོ་བོར་སྟོང་ཁང་གི་རྩ་བ་གསོ་བ་ཡིན། གལ་ཏེ་ས་བོན་འདེབས་སྔ་དྲགས་པ་དང་། ས་རྒྱུའི་གཤིན་ཚད་མཐོ་བ། སྟོང་ཁང་སྐྱེས་པ་བཟང་ན་སྟོན་ཚུགས་པའི་སྔ་རྗེས་སུ་ཐེངས1ཙམ་བཟའ་བསྐྱུ་བྱས་ཆོག ལྷང་སྨུག་སྤོས་འཛུགས་བྱེད་པའི་ལོ་དེར་ཕྱིར་ཡིན་ན་བཟའ་བསྐྱུ་མི་བྱེད་པ་ཡིན། ཀེའུ་ཚལ་ནི་སྣར་སྐྱེས་ཀྱི་ནུས་པ་ཆེ་བ་དང་། འཚར་སྐྱེའི་སྨྱུར་ཚད་མགྱོགས་པ། ལོ་གཅིག་ལ་ཐེངས་དུ་མར་བཟའ་བསྐྱུ་བྱས་ཆོག་མོད། འོན་ཀྱང་ཐོན་མཐོ་རྒྱུན་མཐུད་དང་སྔ་ཉམས་སྟོན་འགོག་བྱེད་ཆེད་བཟའ་བསྐྱུ་ཐེངས་གྲངས་ཚོད་འཛིན་ནན་པོར་བྱེད་དགོས། གཙོ་བོར་སྟོན་དཔྱིད་གཉིས་ལ་བཟའ་བསྐྱུ་བྱེད་པ་དང་ལོ་རེར་ཐེངས6ལ་བཟའ་བསྐྱུ་བྱས་ན་ལེགས། ཀེའུ་ཚལ་ཐེངས་རེར་བཟའ་བསྐྱུ་བྱེད་དུས་སོག་ཤུལ་མཐོ་ཚད་ལི་སྨི3འཇོག་དགོས། སོག་ཤུལ་མཐོ་དྲགས་ན་ཀེའུ་ཚལ་གྱི་ཐོན་ཚད་དང་སྤུས་ཚད་ལ་ཤུགས་རྐྱེན་ཆེན་པོ་ཐེབས་པ་དང་། སྐྱེ་འཚར་དང་ཐོན་ཚད་ལ་ཤུགས་རྐྱེན་ཐེབས་བཞིན་ཡོད། བཟའ་བསྐྱུའི་དུས་ཚོད་ཡག་ཤོས་ནི་གནམ་ངོ་དྭངས་པའི་ཞོགས་པ་ཡིན། སྐབས་དེར་ལོ་མའི་ངོས་ཀྱི་ཆུ་ད་དུང་རླངས་པར་གྱུར་མེད་པ་དང་ལོ་མ་མཉེན་པས། སྤུས་ཚད་ཤིན་ཏུ་ལེགས་པ་ཡིན། བཟའ་བསྐྱུ་བྱས་རྗེས་དུས་ཐོག་ཏུ་ས་གསོ་བྱེ་གནོན་དང་ཡུར་མ་ཡུར་བ་ན་སྨུ་མཐུད་དུ་ཐོན་སྐྱེད་ལེགས་པོ་ཡོང་བར་ཕན་པ་ཡོད།

ལེའུ་ལྔ་པ། ལྕུ་ཚལ་སྨྲུས་ལེགས་ཐོན་མཐོའི་འདེབས་འཛུགས།

ཚན་པ་དང་པོ། ལྕུ་ཚལ་གྱི་སྐྱེ་དངོས་རིག་པའི་ཁྱད་ཆོས།

ལྕུ་ཚལ་ནི་ལྕུ་ཚལ་ཚན་ཁོངས་ཀྱི་གཞུང་རྐ་མཉེན་པོའི་ལོ་མ་དང་ཁ་ཟས་སུ་ལོངས་སྤྱོད་བྱས་ཆོག་པའི་ལོ་གཅིག་གི་སྐྱེ་འཚར་རང་བཞིན་གྱི་སྐྱེ་དངོས་ཤིག་ཡིན། མིང་གཞན་ལ་ཆིན་ཞང་ལྕུ་དང་། རི་སྐྱེས་ཚེར་མའི་ལྕུ། འབྲས་ལྕུ་སོགས་ཟེར། ཐོན་ཁུངས་ནི་ཀྲུང་གོ་དང་རྒྱ་གར། ཨེ་ཤ་ཡ་ཤར་ལྷོ་སོགས་ཡིན། ཀྲུང་གོར་ལྕུ་ཚལ་ཚན་ཁོངས་ཀྱི་སྐྱེ་དངོས་རིགས13ཡོད། ལྕུ་ཚལ་ནང་དུ་ལ་སེར་རྒྱུ་དང་ཁྲག་ཅུལ་འགོག་རྫས། འཚོ་བཅུདCསོགས་ཀྱི་འདུས་ཚད་ཏ་ཅང་མཐོ། དེའི་སྡོང་རྐང་ཡོངས་རྫོགས་སྨན་རྫས་སུ་སྤྱད་ཆོག་པ་དང་། ཚ་བ་དང་དུག་སེལ་བ། དབུགས་སྔོན་མིག་གསལ། ཕོ་བ་གསོ་བ་སོགས་ཀྱི་བདེ་སྲུང་ཕན་ནུས་ལྡན། ལྕུ་ཚལ་གྱི་ཚ་བཟོད་རང་བཞིན་དང་མཐུན་འཕྲོད་རང་བཞིན་ཆེ་བ་དང་། དུས་བཏོགས་ཇོ་འདེབས་དང་ཁག་བཏོགས་ནས་བཟ་བསྡུ་བྱས་ཆོག ཟླ4བ་ནས་ཟླ10པའི་བར་མཁོ་འདོན་བྱེད་ཐུབ་ཅིང་། འདེབས་འཛུགས་རྒྱ་ཁྱོན་ཡང་ཅུང་ཆེ།

གཅིག སྐྱེ་དངོས་རིག་པའི་ཁྱད་ཆོས།

ལྕུ་ཚལ་གྱི་རྩ་བ་ཅུང་རྒྱས་སྟོབས་ཆེ་ཞིང་ཁྱབ་རྒྱ་ཆེ་བ་ཡིན། སྡོང་རྐང་གི་མཐོ་ཚད་ལི་སྨི80~150ཡིན་པ་དང་ཡལ་ག་ཡོད། ལོ་མ་ཕན་ཚུན་བསྡོལ་ནས་སྐྱེས་པ་དང་། སྡོང་དབྱིབས་སམ་འཇོང་དབྱིབས་ནས་ཁབ་དབྱིབས་སུ་གྱུར་པ་དང་འཇམ་ཞིང་གཉེར་མ་འཁྱུམ། རིང་ཚད་ལ་ལི་སྨི4~10ཡོད་པ་དང་། ཞེང་ལ་ལི་སྨི2~7ཡོད། ལྗང་མདོག་དང་ལྗང་

སེར། དམར་སྨུག་སོགས་མདོག་སྣ་ཚོགས་ཡོད། མེ་ཏོག་རྐྱང་གཤིས་སམ་མཚན་གཉིས་ཅན། སྐེ་མའི་དབྱིབས་ནི་མེ་ཏོག་གི་བང་རིམ་ཅན་ཡིན། མེ་ཏོག་ཆུང་བ་དང་མེ་ཏོག་གི་སྙི་མོའི་རྒྱུ་ཡིན་ཞིང་གསུམ་ཡོད། ཟེའུ་འབྲུ་ཕོ3དང་ཟེའུ་འབྲུ་མོ་རིགས་ཀྱི་ཟེ་མགོ2~3ཡོད་པ་དང་། འབྲས་བུ་སྒོར་མོའི་དབྱིབས་ཡིན་ཞིང་ཁ་ལེབ་གས་ཡོད། ས་བོན་ཟླུམ་དབྱིབས་དང་མདོག་སྨུག་པོ་ལ་འོད་མདངས་ལྡན་པ་ཡིན། འབྲུ་སྟོང་གི་ལྗིད་ཚད་ལ་ཁེ0.7ཡོད།

གཉིས། ཁོར་ཡུག་གི་ཆ་རྐྱེན་ཐད་ཀྱི་བླང་བྱ།

ལྷ་ཚལ་ནི་དྲོད་ཁུལ་གྱི་གནམ་གཤིས་ལ་འཕྲོད་ཅིང་ཚ་བ་བཟོད་ཐུབ་པའི་སྔོ་ཚལ་ཞིག་ཡིན། རྒྱུན་ལྡན་གྱི་འཕྲོད་འཚམ་དྲོད་ཚད་ནི23~27℃ཡིན། 20℃མན་ཡིན་ན་སྡོང་རྐང་སྐྱེ་འཚར་དལ་ཞིང་། 10℃མན་ཡིན་དུས་ས་བོན་འབུས་དཀའ་བ་དང་སྡོང་རྐང་གི་སྐྱེ་འཚར་རྩ་བའི་ཆ་ནས་མཚམས་འཇོག་པར་བྱེད། 30℃ལས་མཐོ་ན་ཐོན་ཚས་ཀྱི་ སྤུས་ཚད་ཞན་པ། ས་རྒྱུའི་བརྟན་གཤེར་ཆེ་བ་དང་ཞོད་སྨྱོན་མི་ཐེག་པས། མཁའ་རླུང་གི་རླན་ཚད་ལ་བླང་བྱ་ནན་མོ་མེད། ཉི་འོད་འཕྲོ་ཡུན་ཐུང་བའི་སྔོ་ཚལ་གྱི་རིགས་སུ་གཏོགས་པ་དང་། དྲོད་ཚད་མཐོ་ཞིང་ཉི་འོད་འཕྲོ་ཡུན་ཐུང་བའི་ཆ་རྐྱེན་འོག་ཏུ་ཡུ་རྐང་འཐེན་ནས་མེ་ཏོག་བཞད་སླ། དྲོད་ཚད་འོས་ཤིང་འཚམ་པ་དང་ཉི་འོད་རིང་རིང་བའི་དཔྱིད་དུས་སུ་འདེབས་འཛུགས་བྱས་ན་ཡུ་རྐང་འཐེན་ཡུན་འགྱི་བ་དང་། སྤུས་ཀ་འཇམ་ཞིང་ཐོན་ཚད་མཐོ་བའོ།།

ཚན་པ་གཉིས་པ། ལྷ་ཚལ་གྱི་དབྱེ་བ་དང་རིགས་གཙོ་བོ།

གཅིག དབྱེ་བ་གཙོ་བོ།

ལྷ་ཚལ་ལོ་འདབ་ཀྱི་ཁ་དོག་མི་འདྲ་བར་གཞིགས་ན་རིགས་གསུམ་དུ་དབྱེ་ཆོག་སྟེ་ལྷ་ཚལ་སྔོ་ལྗང་དང་། ལྷ་ཚལ་དམར་པོ། ལྷ་ཚལ་ཚོན་ཁྲ་བཅས་ཡིན།

(གཅིག) ལྷ་ཚལ་སྔོ་ལྗང་།

ལོ་མ་དང་ལོ་མའི་ཡུ་ཧྲང་ལྗང་མདོག་གམ་ཡང་ན་ལྗང་སེར་ཡིན། ཟླ་སྲུ་ལོངས་སྤྱོད་བྱེད་དུས་ལྷ་ཚལ་དམར་པོ་དང་ལྷ་ཚལ་ཚོན་ཁྲ་ལས་སྲ་མཁྲེགས་ཡིན། ཚ་བཟོད་ནུས་པ་ཅུང་ཆེ་བ་དང་། དཔྱིད་ཀ་དང་སྟོན་ཁ་འདེབས་འཛུགས་བྱེད་པར་འཚམ།

(གཉིས) ལྷ་ཚལ་དམར་པོ།

ལོ་མ་དང་ལོ་མའི་ཡུ་ཧྲང་གི་མདོག་དམར་སྨུག་ཡིན། ཟླ་སྲུ་ལོངས་སྤྱོད་བྱེད་དུས་ལྷ་ཚལ་སྔོ་ལྗང་དང་བསྡུར་ན་ཅུང་མཉེན་ལ། ཚ་བཟོད་ནུས་པ་འབྲིང་ཙམ་ཡིན། ལོ་སར་གྱི་རྗེས་སུ་འདེབས་འཛུགས་བྱེད་པར་འཚམ།

(གསུམ) ལྷ་ཚལ་ཚོན་ཁྲ།

ལོ་མའི་མཐའ་ངོགས་ལྗང་མདོག་དང་། ལོ་མའི་རྩ་འདབས་དམར་སྨུག་ཡིན། སྤྱུས་ཀ་ལྷ་ཚལ་སྔོ་ལྗང་དང་བསྡུར་ན་ཅུང་མཉེན་ལ་སྨིན་སྔ། གྲང་བཟོད་ནུས་པ་ཅུང་ཆེ་བས་དཔྱིད་མགོར་འདེབས་འཛུགས་བྱེད་པར་འཚམ།

གཉིས། རྒྱུན་མཐོང་གི་རིགས།

(གཅིག) སྦྲེ་མ་ལེབ་ཅན་གྱི་ལྷ་ཚལ།

གྲུང་གོ་ཞིང་ལས་ཚན་རིག་ཁང་སྔོ་ཚལ་དང་མེ་ཏོག་ཞིབ་འཇུག་སུའོ་ཡིས་གསོ་སྐྱོང་བྱས། ལོ་མ་རྣམས་སྙིང་དབྱིབས་སུ་གྲུབ། ལོ་མའི་མདོག་དམར་ལྗང་གཉིས་བསྲེས་ནས་སྦྲེ་མ་ལེབ་དང་འདྲ། ལོ་མའི་རིང་ཚད་ལ་ལི་སྨི10དང་། ཞེང་ཚད་ལ་ལི་སྨི8ཡོད། ལོ་མའི་ཡུ་བ་ལ་ལི་སྨི4~5བཅས་ཡོད། སྔ་སྨིན་དང་བར་སྨིན་གྱི་རིགས་སུ་གཏོགས་པ་དང་། སྟོང་ཧྲང་གིས་ཡུ་ཧྲང་འདོན་པ་དང་། ཚ་བ་དང་ཐན་པ་བཟོད་ཐུབ་པ་བཅས་ཡིན། མུའུ་རེའི་ཐོན་ཚད་སྟོང་ཁེ1000~2000ཡིན།

(གཉིས) ལྷུང་ཆེན་ལོ་མའི་ལྷ་ཚལ་ཚོན་ཁྲ་ཅན།

གྲུང་གོ་ཞིང་ལས་ཚན་རིག་ཁང་སྔོ་ཚལ་དང་མེ་ཏོག་ཞིབ་འཇུག་སུའོ་ཡིས་གསོ་སྐྱོང་བྱས། ལོ་མ་རྣམས་ལྷུང་མའི་ལོ་མའི་དབྱིབས་དང་ལོ་མའི་དཀྱིལ་སྙིང་མདོག་དམར་

དང་ལོ་མའི་མཐའ་ལྡང་མདོག་ཡིན། ལོ་མའི་རིང་ཚད་ལ་ལི་སྨི15དང་། ཞེང་ཚད་ལ་ལི་སྨི9ཡོད། ལོ་མའི་ཡུ་བར་ལི་སྨི4ཡོད་པ་དང་ཟུར་སྐྱེས་སྤུ་གུ་ཅུང་མང་། བར་སྨིན་གྱི་རིགས་སུ་གཏོགས། སྡོང་རྐང་གིས་ཡུ་རྐང་འཛིན་ཐུབ་པ་དང་ཚ་བ་ཐེག་པ། རྙིད་ནད་འགོག་པ་བཅས་ཀྱི་ཁྱད་ཆོས་ལྡན།

(གསུམ) འབྲས་སྟོན་ལྷ་ཚལ།

རྒྱང་ཏའི་ས་གནས་ཀྱི་ལྷ་ཚལ་རིགས་ཤིག་ཡིན། སྡོང་རྐང་མཐོ་ཞིང་སྐྱེ་འཚར་སྟོབས་ཆེ་ལ། ཡལ་ག་ཅུང་མང་། ལོ་འདབ་སྒོར་དབྱིབས་སམ་ཡང་ན་སྒོར་དབྱིབས་ཆེན་པོ་ཡིན། རིང་ཚད་ལི་སྨི9དང་། ཞེང་ལ་ལི་སྨི8ཡོད་པ་དང་ལོ་མ་ཐོག་མའི་སྣེ་མོ་སྒོར་དབྱིབས་དང་ལྡང་མདོག་ཡིན། ལོ་མའི་ངོས་སུ་གཉེར་མ་ཕྲ་ཞིང་། ཡལ་ག་མང་བ་དང་། གཞོགས་སུ་སྐྱེས་པའི་སྟོབས་ཤུགས་ཆེ་བས་ཁག་བགོས་ནས་ཐེངས་མང་ལ་བཏྲ་བསྡུ་བྱས་ཆོག ལོ་མ་ཅུང་མཐུག་པ་དང་། སྲུས་ཀ་འཇམ་ཞིང་ལེགས་པ། ཚ་བ་བཟོད་ཐུབ་པ་བཅས་ཀྱི་ཁྱད་ཆོས་ལྡན། བར་སྨིན་གྱི་རིགས་སུ་གཏོགས་པ་དང་། སྐྱེ་ཡུན་ཉིན50ཡས་མས་ཡིན། མུའུ་རེའི་ཐོན་ཚད་སྟོང་ཁེ1500~2000ཡིན།

(བཞི) ལྷ་ཚལ་དཀར་པོ།

རྒྱང་ཏའི་ས་གནས་ཀྱི་ལྷ་ཚལ་རིགས་ཤིག་ཡིན། ལོ་མ་སྒོང་དབྱིབས་སུ་གྱུབ་པ་དང་། རིང་ཚད་ལ་ལི་སྨི8དང་ཞེང་ལ་ལི་སྨི7ཡོད། ལོ་མ་ཐོག་མའི་སྣེ་མོ་སྒོར་དབྱིབས་ཡིན། ལོ་མའི་ངོས་སུ་གཉེར་མ་ཡོད། ལོ་མ་དང་ལོ་མའི་ཡུ་བ་ལྡང་མདོག་ཡིན། སྨིན་ཡུན་ཅུང་འཕྱི་བའི་རིགས་སུ་གཏོགས། ཚ་བཟོད་ནུས་པ་ཆེ།

(ལྔ) ཤུའུ་ཞི་འབྲས་སྟོན་ལྷ་ཚལ་ཨང1པ།

སྡོང་རྐང་གི་མཐོ་ཚད་ལ་ལི་སྨི20~25ཡོད་པ་དང་ལོ་མར་སྒོང་དབྱིབས་ཆེ་བ། རིང་ཚད་ལ་ལི་སྨི8དང་ཞེང་ལ་ལི་སྨི7ཡོད་པ་དང་། ལོ་མའི་མདོག་ལྡང་སྐྱ་ཡིན། གཞུང་རྩ་དང་ལོ་མ་མཉེན་ཞིང་ཚོ་སྣ་ཚུང་ལ་བྲོ་བ་བཟང་། དྲོད་ཚད་མཐོན་པོ་བཟོད་ཐུབ་པ་དང་ནད་འགོག་ནུས་པ་ཆེ།

(དྲུག) ཧྭ་ཧོང་ཕོད་ལུ་ཚལ།

ཁྲུང་ཆིན་ས་གནས་ཀྱི་ལུ་ཚལ་རིགས་ཤིག་ཡིན། ལོ་མ་སྔོང་དཔྱིབས་སུ་གྲུབ་ཅིང་། རིང་ཚད་ལ་ལི་སྨི9~15དང་། ཞེང་ལ་ལི་སྨི4~6ཡོད། ལོ་མའི་ངོས་སུ་གཉེར་མ་ཕྲ་མོ་ཡོད། མདོག་སྐྱ་ཚོས་དམར་པོ་ཡིན་ཞིང་ལོ་མའི་རྒྱབ་དང་ལོ་མའི་ཡུ་བ་དམར་སྨུག་ཡིན། སྤྲ་སྨིན་གྱི་རིགས་སུ་གཏོགས་སོ།།

(བདུན) ལུ་ཚལ་དམར་པོ།

ཀོང་ཀྲོའུ་ས་གནས་ཀྱི་ལུ་ཚལ་རིགས་ཤིག་ཡིན། ལོ་མ་སྔོང་དཔྱིབས་སུ་གྲུབ་པ་དང་། རིང་ཚད་ལི་སྨི15དང་། ཞེང་ལ་ལི་སྨི7ཡོད་པ་དང་། ལོ་མ་ཐོག་མའི་སྡེ་མོ་སྒོར་དབྱིབས་ཡིན། ལོ་མའི་ངོས་ལ་གཉེར་མ་ཕྲན་བུ་ཡོད། ལོ་མ་དང་ལོ་མའི་ཡུ་བ་མདོག་དམར་པོ་ཡིན། འཕྱི་སྨིན་གྱི་རིགས་སུ་གཏོགས། ཚ་བཟོད་ནུས་པ་ཆུང་ཆེ།

(བརྒྱད) ཡན་དབྱང་ཧོང་ལུ་ཚལ་དམར་པོ།

ཧུའུ་པེ་ཞུའུ་ཧན་ས་གནས་ཀྱི་ལུ་ཚལ་རིགས་ཤིག་ཡིན། སྡོང་རྐང་སྐྱེ་ཚད་འཕྲིང་ཙམ་ཡིན་པ་དང་། མཆེད་ཚད་ལི་སྨི25ཡིན། སྡོང་རྐང་གི་མདོག་དམར་ལྗང་དང་ཚི་སྣ་ཉུང་བ། མཉེན་ཞིང་ཁུ་བ་མང་བ། ལོ་མ་ཟླུམ་དབྱིབས་དང་། སྨད་ཕྱེད་དམར་པོ། སྟོད་ཕྱེད་ལྗང་ཁུ། ལོ་མའི་ངོས་ནས་གཉེར་མ་ཡོད་ཅིང་ཚངས་ཐིག་ལ་ལི་སྨི4.5ཡོད་པ་དང་། ལོ་མའི་ཡུ་བ་དམར་སྐྱ་ཡིན། སྐྱེ་ཡུན་ཉིན40ཡས་མས་ཡིན། ཚ་བ་བཟོད་ཐུབ་པ་དང་། འདེབས་ཡུན་རིང་བ། ཚོང་ཟོག་རང་བཞིན་བཟང་བ། རྙིད་དཀའ་བ། སྲུས་ཀ་ལེགས་པ་སོགས་ཀྱི་ཁྱད་ཆོས་ལྡན།

(དགུ) ཙན་ཡེ་ཧོང་འབྲས་ཀྱི་ལུ་ཚལ།

མིང་གཞན་ལ་རྫོ་འདབ་འབྲས་ཀྱི་ལུ་ཚལ་ཡང་ཟེར། ཧྲང་ཧའི་ས་གནས་ཀྱི་ལུ་ཚལ་རིགས་ཤིག་ཡིན། ལོ་མ་སྔོང་དབྱིབས་སུ་གྲུབ་པ་དང་། རིང་ཚད་ལ་ལི་སྨི12དང་ཞེང་ཚད་ལ་ལི་སྨི5ཡོད། ལོ་མ་ཐོག་མའི་སྡེ་མོ་སྒོར་དབྱིབས་ཡིན། ལོ་མའི་ངོས་སུ་གཉེར་མ་ཕྲན་བུ་ཡོད་ལ་མཐའ་ངོས་ལྗང་མདོག་ཡིན། ལོ་མའི་རྩ་བ་དམར་སྨུག་དང་ལོ་མའི་ཡུ་

བ་དམར་པོའི་ནང་དུ་ལྷང་ཁུ་འདྲེས་པ། སྔ་སྨིན་གྱི་རིགས་སུ་གཏོགས་པ་དང་ཚ་བཟོད་ནུས་པ་འབྲིང་བའོ།།

གཞན་ཡང་། ལྷ་ཚལ་སྔོ་ལྤང་གི་རིགས་ལ་ད་དུང་ཅང་སུའུ་ནན་ཅིན་གྱི་ཆིའུ་སྤུ་ལོ། ཁྲེ་ཅང་ཏང་ཀྲོའུ་ཡི་ཅན་ཡེ་ཆིང་དང་། ཧུའུ་པེའི་ཡོན་ཡེ་ཆིང་། སི་ཁྲོན་དང་ཐྰུ་ཅན་གྱི་ལྷ་ཚལ་སྔོ་ལྤང་སོགས་ཡོད། ལྷ་ཚལ་དམར་པོའི་རིགས་ལ་ཁྲེ་ཅང་ཏང་ཀྲོའུ་ཡི་དམར་ལེབ་ལོ་མ་དང་། ཅང་ཞི་ནན་ཁྲང་གི་དབྱར་ཧོང་ལྷ་ཚལ་སོགས་ཡོད། ལྷ་ཚལ་ཚོན་ཁྲ་ཅན་གྱི་རིགས་ལ་ཀོང་ཀྲོའུ་ཡི་བར་འདབ་དམར་པོ་དང་། ཧྲང་ཧའེ་དང་ཏང་ཀྲོའུ་ཡི་ཡེ་ཏན་ཀྲོ་དང་། སི་ཁྲོན་གྱི་ཕྱེ་མ་ལེབ་དང་ཧུའུ་ནན་གྱི་ཡེ་ཏན་ཀྲོ་སོགས་ཡོད།

ཚན་པ་གསུམ་པ། ལྷ་ཚལ་འདེབས་འཛུགས་ཀྱི་དུས་ཚིགས་གཙོ་བོ།

ལྷ་ཚལ་ནི་དཔྱིད་ཀ་ནས་སྟོན་ཁའི་བར་དུ་འདེབས་འཛུགས་བྱས་ཆོག དཔྱིད་འདེབས་ཡུ་རྐང་གི་མེ་ཏོག་བཞད་ཡུན་ཐུང་འགྱུ། རྒྱུ་སྤུས་ལེགས་ཤིང་འཇམ་མཉེན་ལྡན། དབྱར་སྟོན་ལ་ཡུ་རྐང་འཐེན་ནས་མེ་ཏོག་བཞད་སླ་བ་དང་རྒྱུ་སྤུས་ཐུང་ཞན་པ་ཡིན། སྤྱིར་བཏང་དུ་བཤད་ན། དྲོད་ཚད15℃ཡན་གཏན་འཇགས་ཡིན་ན་ཀློ་འདེབས་བྱས་ཆོག མཐོངས་ཡངས་ཀློ་འདེབས་བྱེད་པ་ཡིན་ན་ཟླ3~10དུས་བསྐོས་ཀྱིས་བཏབ་ཆོག་པ་དང་དུས་བསྐོས་ཀྱིས་བཟ་བསྡུ་བྱས་ཆོག སྲིག་བཀོད་སྐྱུད་དེ་ལྷ་ཚལ་འདེབས་འཛུགས་བྱེད་པར་གཙོ་བོ་ཐབས་ལམ་གསུམ་ཡོད།

གཅིག དཔྱིད་མགོའི་སྲིག་བཀོད་འདེབས་འཛུགས་བྱེད་པ།

དྲོད་ཁང་ཆེན་མོ་དང་སྤྱིལ་བུ་སྐྱུད་ནས་སྔ་སྨིན་འདེབས་འཛུགས་བྱེད་པ་དང་། མཚོ་སྔོན་ས་ཁུལ་གྱི་ཉི་འོད་དྲོད་ཁང་ནི་ཟླ3པར་ཀློ་འདེབས་བྱེད་པ་དང་ཟླ4པའི་ཟླ་དཀྱིལ་དུ་ཚོང་རར་འདོན་སྤྲོད་བྱས་ཆོག

གཉིས། དགུན་བཀལ་སྒྲིག་བཀོད་འདེབས་འཛུགས་བྱེད་པ།

ཉི་འོད་དྲོད་ཁང་ནི་ཟླ11པའི་ཟླ་དཀྱིལ་དང་ཟླ་སྨད་དུ་འདེབས་འཛུགས་བྱེད་པ་དང་ལོ་སར་གྱི་སྔ་རྗེས་སུ་ཚོང་རར་བཙོན་ཆོག དགུན་བཀལ་དྲོད་ཁང་ཆེན་མོའི་འདེབས་འཛུགས་ནི་ཟླ11པའི་ཟླ་དཀྱིལ་ནས་ཟླ12པའི་བར་འདེབས་འཛུགས་བྱས་ཆོག ཟླ11པའི་ཟླ་མཇུག་ཏུ་ཕྱོ་འདེབས་བྱས་ན་ཡག་ཤོས་ཡིན་པ་དང་བཟ་བསྡུ་བྱེད་དུས་ནི་ཕྱི་ལོའི་ལོ་སར་གྱི་སྐབས་ཐོག་ཡིན།

གསུམ། དབྱར་དུས་སྒྲིག་བཀོད་འདེབས་འཛུགས་བྱེད་པ།

ཟླ6པའི་ཟླ་དཀྱིལ་ནས་ཟླ7པའི་ཟླ་དཀྱིལ་དུ་དུས་བགོས་ཀྱིས་ཕྱོ་འདེབས་བྱས་ན་འཚར་སྐྱེ་མགྱོགས་པ་དང་། སྔ་མོ་ནས་བཟ་བསྡུ་བྱས་ཆོག ཟླ8~9པའི་བར་ཚོང་རར་སྤོ་ཚལ་དཀོན་དུས་མཁོ་འདོན་བྱེད་ཐུབ།

ཚན་པ་བཞི་པ། ལྤུ་ཚལ་སྤུས་ལེགས་དང་ཐོན་མཐོའི་འདེབས་འཛུགས་ལག་རྩལ།

ལྤུ་ཚལ་མང་ཆེ་བ་མཐོངས་ཡངས་ཕྱོ་འདེབས་བྱས་ཀྱང་ཆོག ས་བོན་ཆུང་བས་སྤྱིར་བཏང་དུ་གཏོར་འདེབས་བྱེད་པ་དང་མུའུ་རེར་ཕྱོ་འདེབས་བྱེད་ཚད་སྟོང་ཁྲི0.75~1བཀོལ་དགོས། ས་བོན་འདེབས་སྐབས་སློམས་འདེབས་བྱེད་པ་དང་། ས་བོན་གྱི་ནང་དུ་བྱེ་མ་ཞིབ་མོ་ཚད་རན་པ་ཞིག་བསྲེས་ནས་འདེབས་དགོས། རྐང་པས་རྫོག་པས་མནན་ཏེ་ས་ལུད་རིམ་པ་ཞིག་འགེབས་དགོས། དཔྱིད་མགོ་དང་དགུན་བཀལ་འདེབས་འཛུགས་བྱེད་སྐབས་འགྱིག་ཤོག་བཀབ་ནས་སའི་དྲོད་ཚད་ཇེ་མཐོར་གཏོང་དགོས།

ཕྱོ་འདེབས་མ་བྱས་པའི་སྔོན་དུ། མུའུ་རེའི་སྟེང་དུ་སྤུས་ལེགས་རུལ་སྦྱིན་གྱི་ཁྱིམ་ལུད་སྟོང་ཁྲི3000ཡན་དང་། གའོ་ལིན་སོན་ཀལ་སྟོང་ཁྲི100འམ་ལིན་སོན་ཨེར་ཨན་སྟོང་ཁྲི15~20རྒྱག་དགོས། ཆ་སློམས་ཀྱིས་ས་ངོས་སུ་གཏོར་བ་དང་དེ་ནས་ཤལ་བ་སློག་པ།

ཁོད་སློམས་ནས་རྣང་མ་བཟོ་བ་དང་། རྣང་མའི་ཞེང་ལ་སྨི1.2ཡོད་དགོས།

གཅིག དཔྱིད་མགོའི་སྲིག་བཀོད་འདེབས་འཛུགས་འགག་རྩའི་ལག་རྩལ།

ལྷུ་ཚལ་གྱི་དཔྱིད་མགོའི་དྲོད་སྲུང་བྱེད་ཐབས་ནི་གལ་འགངས་ཤིན་ཏུ་ཆེ་བ་ཞིག་ཡིན། ཚོ་འདེབས་བྱེད་དུས་དྲོད་ཁང་ནང་གི་དྲོད་ཚད20~25℃རྒྱུན་འཁྱོངས་བྱེད་དགོས། དྲོད་ཁང་ཆེན་པོའི་ནང་དུ་སྤྱིལ་བུ་ཆུང་ངུ་བཟོ་དགོས་པ་དང་། ལྷག་པར་དུ་གྲང་ངར་ཆེ་དུས་སྤྱིལ་བུ་ཆུང་བའི་སྟེང་དུ་འགྲིག་ཤོག་སྲབ་མོ་དང་རྩྭ་ཡོལ་སོགས་དྲོད་སྲུང་རྒྱུ་ཆ་རིམ་པ་ཞིག་འགེབས་དགོས། གཏིང་ཆུ་འདང་ངེས་ཤིག་བཏང་བའི་གནས་ཚུལ་འོག་ཏུ། སྨྱུ་གུ་མ་ཐོན་སྔོན་དུ་ཆུ་མི་གཏོང་བ་དང་། སྨྱུ་གུ་འབུས་རྗེས་གནམ་གཤིས་ཡག་པོའི་ཉིན་མོར་ལུད་དང་ཟུང་འབྲེལ་བྱས་ནས་ཆུ་གཏོང་དགོས། གལ་ཏེ་དྲོད་ཚད་དམའ་བའི་གནམ་གཤིས་དང་འཕྲད་དུས་ཆུ་གཏོང་མི་ཆོག སྨྱུ་གུ་འབུས་རྗེས་དུས་ཐོག་ཏུ་འགྲིག་ཤོག་འདོན་པ་དང་རླུང་རྒྱུག་ཏུ་འཇུག་དགོས། རླུང་རྒྱུ་ཐབས་ནི་ཕྱིར་བཏང་དུ་སྔོན་ལ་ཆུང་ཞིང་རྗེས་སུ་ཆེ་བ་དང་། ཐོག་མར་དྲོད་ཁང་གི་སྒོ་གཉིས་ཕྱེ་དགོས། ནང་ཁང་སྒོ་བརྒྱབ་པ་དང་། ཕྱིས་སུ་འགྲིག་ཤོག་ཆུང་ཆུང་དང་དྲོད་ཁང་གི་སྒོ་གཉིས་ཀྱི་སྒོ་རྒྱག་པ་ཡིན། ལྷུ་ཚལ་གྲང་འཁྱག་ཏུ་མི་འགྲོ་བའི་གནས་ཚུལ་འོག་ཏུ་ཉི་འོད་འཕྲོ་རུ་འཇུག་དགོས། དྲོད་ཚད20~25℃གཏན་འཇགས་ཡིན་པའི་སྐབས་སུ་དྲོད་ཁང་ཆུང་ངུ་ཕྱེ་བ་དང་ཆབས་ཅིག་དྲོད་ཁང་ཆེ་མོའི་སྒོ་གཉིས་ཕྱེ་དགོས། རླུང་རྒྱུ་བའི་དུས་ཚོད་ནི་གནམ་ངོ་དྭངས་པའི་ཉིན་གུང་ཡིན་དགོས་ཤིང་ཐེངས་རེར་ཆུ་ཚོད་གཉིས་ཡས་མས་ཡིན། བཅུ་ཐེངས་རེར་ཆུ་གཏོང་ཐེངས་རེ་དང་ལུད་འཇོག་ཐེངས་རེ་བྱེད་དགོས།

གཉིས། དགུན་བཀལ་སྲིག་བཀོད་འདེབས་འཛུགས་འགག་རྩའི་ལག་རྩལ།

དགུན་ཁར་ས་བོན་བཏབ་ན་སྨྱུ་གུ་འབུས་ཡུན་དལ་བ་དང་ཕྱིར་བཏང་དུ་ཉིན7~10སྨྱུ་གུ་འབུས་ཐུབ། གཏིང་ཆུ་འདང་ངེས་ཤིག་བཏང་བའི་རྨང་གཞིའི་སྟེང་དུ་ལྡང་སྨྱུག་མ་ཐོན་སྔོན་དུ་ཕྱིར་བཏང་ཆུ་མི་གཏོང་བ་དང་སྨྱུ་གུ་འབུས་རྗེས་དུས་ཐོག་ཏུ་འགྲིག་ཤོག་གི་ཁ་ཕྱེ་དགོས། སྤྱིལ་བུ་ཆུང་ངུ་དང་དྲོད་ཁང་ཆེན་མོའི་ཁ་བཏུམས་རྗེས་ཆུ་རྒྱུན

འཕྲོངས་བྱས་ནས་སྨུ་གུ་མཉམ་སྐྱེ་ཡོང་བར་སྐྱུལ་འདེད་བྱེད་དགོས། རྗེས་སུ་དྲོད་ཚད་དང་སྨུ་གུའི་གནས་ཚུལ(རྣང་ངོས་ཀྱི་དྲོད་ཚད30℃ལས་བརྒལ་བ)ལ་བལྟོས་ནས་རླུང་རྒྱུ་བར་མཉམ་འཛོག་བྱེད་དགོས། ལོ་མ་ངོ་མ2~3འབྱུང་དུས་ལུད་ཐེངས་དང་པོ་འཛོག་དགོས། ཉིན12~15ལུད་ཐེངས་གཉིས་པ་འཛོག་དགོས། སྤྱིར་བཏང་དུ་སྨུའུ་རེར་ཏན་ཡིན་འདྲིས་སྦྱོར་ལུད་རྫས་སྟོང་ཁ10འཛོག་དགོས། རྗེས་སུ་འབྲས་བུ་བསྡུ་ཐེངས་རེར་ལུད་ཐེངས་རེར་འཛོག་པ་དང་། སྨུར་ཕན་ཏན་ལུད་འཛོག་རྒྱུ་གཙོ་བོར་འཛིན་དགོས། སྤྱིར་བཏང་དུ་ལུད་བཞག་རྗེས་ཆུ་གཏོར་ནས་ལུད་རྫས་ཞུ་རུ་འཇུག་དགོས། རླུང་རྒྱུ་བ་དང་དབུགས་བརྗེ་བར་དོ་སྣང་བྱས་ཏེ་གཅིན་རྒྱུ་བསྒྱུར་བའི་གོ་རིམ་ཁྲོད་དུ་སྨུ་གུ་བསྲིགས་པར་སྟོན་འགོག་བྱེད་དགོས། གློག་སྐུད་ཀྱིས་དྲོད་ཚད་ཇི་མཐོར་གཏོང་བ་དང་ཆུ་རླངས་འགྱུར་ཚད་ཇི་ཆེར་གཏོང་དགོས། ཆུའི་དོ་དམ་ལ་ཤུགས་སྟོན་རྒྱག་དགོས་ཤིང་། སྤྱིར་བཏང་དུ་ཉིན7རེར་ཆུ་གཏོར་དགོས། གལ་ཏེ་རྩ་ལྷུམ་ཡོད་ན་དུས་ཐོག་ཏུ་འབལ་དགོས།

གསུམ། དབྱར་བརྒལ་སྲིག་བཀོད་འདེབས་འཛུགས་བྱེད་པའི་འགག་རྩའི་ལག་རྩལ།

རྒྱུན་དུ་ཞིང་ཁའི་བརྟན་གཤེར་རྒྱུན་འཕྲོངས་བྱས་པས་ཚོག དབྱར་ཁར་ལྷ་ཚལ་བཏབ་ནས་ཉིན3~6ཙམ་གྱིས་སྨུ་གུ་འབུས་པ་དང་། སྨུ་གུ་འབུས་རྗེས་དུས་ཐོག་ཏུ་ཡུར་མ་ཡུར་བ་དང་ཆུ་ལུད་དོ་དམ་ལ་ཤུགས་སྟོན་བརྒྱབ་ནས་ས་རྒྱུའི་བརྟན་གཤེར་རྒྱུན་འཕྲོངས་བྱེད་དགོས། དབྱར་གཞུང་གི་དྲོད་ཚད་མཐོ་བའི་དུས་སུ། ད་དུང་ཉི་འོད་སྒྲིབ་བྱེད་དྲ་བ་བཀབ་ནས་དྲོད་ཚད་ཇི་དམའ་དང་རླན་སྲུང་བྱས་ཏེ། ཉིན་མོར་འཕྱེད་པ་དང་ནུབ་མོ་འགེབས་པར་རྒྱུན་འཕྲོངས་བྱས་ནས་ལྷ་ཚལ་སྐྱེ་འཚར་ལ་ཕན་པའི་དྲོད་ཚད་རན་པའི་ཁོར་ཡུག་ཅིག་བསྐྲུན་ནས་ཐོན་ཚད་ཇི་མཐོར་གཏོང་བ་དང་སྤུས་ཚད་ཇི་ལེགས་སུ་གཏོང་དགོས། ལུད་འཛོག་ཐབས་ནི་དགུན་ཁར་འདེབས་འཛུགས་བྱེད་པ་དང་གཅིག་མཚུངས་ཡིན། རྨང་ལུད་འདང་ངེས་ཡིན་ན། འཚར་སྐྱེའི་སྐབས་སུ་ལུད་འཛོག་མི་རུང་།

ཆ་ཤས་ལྔ་པ། ལྷ་ཚལ་གྱི་ནད་འབུའི་གནོད་འཚེ་འགོག་བཅོས་ལག་རྩལ།

གཅིག ནད་སྐྱོན།

(གཅིག) བཙའ་དཀར་ནད།

ལྷ་ཚལ་གྱི་ནད་གཙོ་བོ་ནི་བཙའ་དཀར་ནད་ཡིན། ཞིང་ཁའི་དོ་དམ་ལ་ཤུགས་སྣོན་བྱེད་པ་དང་། འོས་འཚམ་སྐོམ་ཐུང་འཛུགས་བྱེད་དགོས་ཤིང་ཞིང་ས་གཙང་དག་ལེགས་པར་སྐྱབ་པ་དང་། ལུགས་མཐུན་སྐོམ་ལུད་འཛོག་དགོས། སྨོ་འདེབས་མ་བྱས་སྔོན25%ལི་ཧྲུའོ་སྨིར་བཞར་ཚན་རང་བཞིན་གྱི་སྨན་ཕྱེ་པའི་ཡིས500དང་ཡང་ན64%དུག་གསོད་མཚུར་བཞར་ཚན་རང་བཞིན་གྱི་སྨན་ཕྱེ་པའི་ཡིས500བསྲེས་ནས་སྨོ་འདེབས་བྱེད་པ་ཡིན། ནད་བྱུང་བའི་ཐོག་མའི་དུས་སུ58%ལི་ཧྲུའོ་སྨིའར་ལྣན་ཧི་ཚ་བཞར་ཚན་རང་བཞིན་གྱི་སྨན་ཕྱེ་གཤེར་ཁུ་པའི་ཡིས500~800གཏོར་བ་དང་། ཡང་ན50%ཙླ་ཧྲོང་ཐུན་བཞར་ཚན་རང་བཞིན་གྱི་སྨན་ཕྱེ་གཤེར་ཁུ་པའི་ཡིས600~700གཏོར་དགོས། ཡང་ན64%དུག་སེལ་མཚུར་བཞར་ཚན་རང་བཞིན་གྱི་སྨན་ཕྱེ་པའི་ཡིས500གཏོར་བ་དང་། ཡང་ན60%ཙླ་ཧྲོང་ལེའི་ཐུན་གྱི་བཞར་ཚན་རང་བཞིན་གྱི་སྨན་ཕྱེ་པའི་ཡིས500~600གཏོར་དགོས། ཉིན5~7ཐེངས1གཏོར་བ་དང་། བསྟུད་མར་ཐེངས3ལ་གཏོར་དགོས།

(གཉིས) ནད་དུག་གི་ནད།

དུག་ལྡན་འབྲུར་འབུ་སྔོན་འགོག་བྱ་རྒྱུར་དོ་སྣང་བྱེད་དགོས་ཤིང་ནད་བྱུང་རྗེས་གནས་ཚུལ་ལ་གཞིགས་ནས་ཀའོ་ལྣན་སོན་ཙླ་པའི་ཡིས600~1000གཤེར་ཁུ་གཏོར་དགོས། ཡང་ན5%དུག་སེལ་སྨན་ཚུ་པའི་ཡིས200~300གཤེར་ཁུ་གཏོར་དགོས། ཉིན5~7ཐེངས1ལ་གཏོར་བ་དང་། བསྟུད་མར་ཐེངས3ལ་གཏོར་དགོས།

(གསུམ) ས་ནད།

ཀྲི་པའོ་སའོ་དང་ཧྲི་པའོ་སོགས་གཏོར་དགོས་ཤིང་། ཉིན7~10ཐེངས་གཅིག་གཏོར་

ནས་བསྐུད་མར་ཐེངས2~3གཏོར་དགོས། བཅ་བསྒུ་མ་བྱས་པའི་སྔོན་གྱི་ཉིན7སྐབས་སུ་སྨན་སྦྱོད་མཚམས་འཇོག་དགོས།

(བཞི) ལྷང་སྨུག་འགྲིལ་ནད།

རྫོ་འདེབས་མ་བྱས་པའི་སྔོན་དུ་ས་གཞིན་ལ་དུག་སེལ་བྱེད་དགོས། སྨྱུ་གུ་འབུས་རྗེས25%ཐྱ་ཧྲོང་ལིང་གི་བཞར་ཚན་རང་བཞིན་གྱི་སྨན་ཕྱེ་པའི་ཡིས1000གཤེར་ཁུ་དང་གཱའོ་ལྷན་སོན་ཐྱ་པའི་ཡིས600~1000གཤེར་ཁུ་གཏོར་དགོས། ཉིན5~7ཐེངས1གཏོར་བ་དང་བསྐུད་མར་ཐེངས3ལ་སྔོན་འགོག་བྱེད་དགོས།

གཉིས། འབྲུ་སྐྱོན།

འབུ་སྐྱོན་ལ་གནོད་འབུ་དང་། སྐྱི་དངོས་གནོད་འབུ། འབུ་ཁྲ་སོགས་རྒྱུན་དུ་མཐོང་བའི་ནད་རིགས་འགའ་ཡོད།

(གཅིག) གནོད་འབུ།

དེའི་ནང་དུ་ཟ་རྒྱུ་མང་བའི་མན་འབུ་དང་གྲུའུ་ཧྲ་ལོ་མའི་མན་འབུ་འདུས་ཡོད།

1. ཡུར་མ་ཡུར་ནས་གཙང་སེལ་བྱས་ཏེ་གནོད་འབུའི་འབྱུང་ཁུངས་ཇེ་ཉུང་དུ་གཏོང་བ།

2. ཚ་ལུད་དོ་དམ་ལ་ཤུགས་སྣོན་བྱས་ནས་སྡོང་ཕང་གི་ནད་འགོག་གཤིས་ནུས་ཇེ་མཐོར་གཏོང་དགོས།

3. གནོད་འབུའི་ནད་བྱུང་ཆེ་དུས་ཐོག་ཏུ་གདམ་གསེས་སྨོས་སྨན་ཟས་གཏོར་དགོས། གནོད་འབུ་འབྱུང་ཚད5%ཡན་ཡིན་ན་ཕྱིར་བཏང་དུ་ཡོངས་རྫོགས་ལ་སྨན་གཏོར་དགོས་ཤིང་། 1.8%ཨ་ཕེ་ཅུན་སུའུ་ཁྲིས་མ་པའི་ཡིས2000~3000གཤེར་ཁུ་དང་། ཡང་ན10%རྒྱ་རྒྱང་ལིའུ་དབྱང་མེ་སུའུ་ཁྲིས་མ་པའི་ཡིས1000གཤེར་ཁུ་སོགས་གཏོར་ནས་འགོག་བཅོས་བྱེད་དགོས།

(གཉིས) སྐྱི་དངོས་གནོད་འབུ།

50%ཁང་ཡ་ཕེ་བཞར་ཚན་རང་བཞིན་གྱི་ཕྱེ་རྫས་པའི་ཡིས2000~3000གཤེར་ཁུ་

བཀོལ་ཆོག ཡང་ན2.5%ཀོང་ཟླུ་སྦྲིས་མ་པའི་ཡིས4000གཤེར་ཁུ། ཡང་ན་མའི་རྟ་ཕུའི་པའི་ཡིས6000དང་། ཡང་ན་ཕིར་ཁྲོན་ལིན་ནམ་ཕེད་ཡ་ཕོ་སྨན་ཆུ་གཏོར་ནས་འགོག་བཅོས་བྱེད་དགོས།

(གསུམ) འབུ་ཁྲའི་ནད།

ཟླ8~11པའི་ཟིལ་བའི་རྗེས་སུ་འབུ་ཕྲུག་འགུལ་སྐྱོད་བྱེད་མགོ་བརྩམས་པའམ་ཡང་ན་འབུ་ཕྲུག་མང་ཆེ་བ་འབུ་ལམ་ལས་ཕྱིར་འབུད་དུས། 75%བཞར་ཚན་རང་བཞིན་གྱི་ཐའི་ཁུ་སྨན་ཕྱེ་གཤེར་ཁུ་པའི་ཡིས5000~7000གཏོར་བ་དང་། ཨའི་ཟླུ་ཧིང་དང་ལུའུ་ཧེ་ཟླུ་པའི་ཡིས1500~2000གཤེར་ཁུ་སོགས་གཏོར་དགོས།

ཚན་པ་དྲུག་པ། ལྷ་ཚལ་བཟ་བསྐྱ།

ལྷ་ཚལ་ནི་ཐེངས་གཅིག་ལ་རྩོ་འདེབས་དང་ཁག་བགོས་ནས་བཟ་བསྐྱ་བྱེད་པའི་ལོ་མའི་ཚོད་མ་ཞིག་ཡིན། ཐེངས་དང་པོར་བཟ་བསྐྱ་བྱེད་དུས་མང་བསྐྱའམ་མྱུ་གུ་མཐུག་སེལ་ཟུང་འབྲེལ་བྱེད་པ་ཡིན། སྤྱིར་བཏང་དུ་ས་བོན་བཏབ་རྗེས་ལྡང་མྱུག་གི་མཐོ་ཚད་ལི་སྨི15~20ཡིན་པ་དང་། ལོ་མ5~6ཡོད་དུས་ལྡང་མྱུག་མཐུག་སེལ་བྱས་ནས་ལྡང་མྱུག་འཐུ་བ་དང་། བཟ་བསྐྱ་བྱེད་སྐབས་ཆེ་ཉར་ཆུང་འཛོག་དང་མྱུ་གུ་སློམས་པོར་འཛོག་པའི་རྩ་དོན་རྒྱུན་འཁྱོངས་བྱས་ནས་དུས་མཐུག་གི་ཐོན་ཚད་ཇེ་མཐོར་གཏོང་དགོས། སྡོང་རྐང་གི་མཐོ་ཚད་ལི་སྨི25ཡིན་པའི་སྐབས་སུ་རྩ་བ་ནས་ལི་སྨི10ཡས་མས་བཞག་རྗེས། གོང་གི་ལོ་མ་མཉེན་པོ་རྣམས་བྲེགས་ནས་ཚོང་རར་མཁོ་འདོན་བྱས་ཆོག རྗེས་སུ་ལྷ་ཚལ་གྱི་སྐྱེ་ཚུལ་ལ་གཞིགས་ནས་ཉིན20ཡས་མས་སུ་ཡལ་ག་མཉེན་པོ་རྣམས་ཐེངས་རེར་འབྲེག་དགོས།

ལེའུ་དྲུག་པ། འཁན་ཚལ་སྤྲུས་ལེགས་ཐོན་མཐོའི་འདེབས་འཛུགས།

ཚན་པ་དང་པོ། འཁན་ཚལ་གྱི་སྐྱེ་དངོས་རིག་པའི་ཁྱད་ཆོས།

འཁན་ཚལ་ནི་ལུག་མིག་མེ་ཏོག་གི་ཁོངས་སུ་གཏོགས་པའི་ལོ་གཅིག་གམ་ལོ་གཉིས་ལ་སྐྱེས་པའི་སྐྱེ་དངོས་ཤིག་ཡིན། ལོ་མ་གསར་བ་ཁ་ཟས་སུ་སྤྱོད་པ་ཡིན། མིང་གཞན་ལ་ཕུན་ཀའོ་དང་དཕྱིད་ཀའི་ལུག་མིག–ཀའོ་ཅི་ཀན་ཨེར་ཟེར། འཁན་ཚལ་ནི་སྔོར་དཀྱིལ་རྒྱ་མཚོ་ནས་ཐོན་པ་དང་ཀྲུང་གོར་ལོ1000ལྷག་ཙམ་གྱི་འདེབས་འཛུགས་ལོ་རྒྱུས་ལྡན། དེའི་རྩ་བ་དང་སྡོང་རྐང་། ལོ་མ། མེ་ཏོག་བཅས་སྨན་རྫས་སུ་སྤྱད་ཆོག ཁྲག་དང་སྙིང་། སྤྲོ་བ། ལུད་པ་གཙང་སེལ་བཅས་ལ་ཕན་ནུས་ལྡན་ཞིང་། འཁན་ཚལ་ལ་དམིགས་བསལ་གྱི་དྲི་ཞིམ་འཕྲུལ་བ་དང་། སྨྱུ་གུ་དང་ལོ་མ་སླི་མོ་ནི་རྗོས་མ་དང་གྲང་ཚལ་དང་ཁུ་དྭངས་སུ་བཟོས་ནས་བཟའ་བ་ཡིན། ཡ་རོབ་གླིང་གིས་འཁན་ཚལ་ནི་མེ་ཏོག་སྡིངས་ཆའི་མེ་ཏོག་ཏུ་སྤྱོད་བཞིན་ཡོད།

གཅིག སྐྱེ་དངོས་རིག་པའི་ཁྱད་ཆོས།

འཁན་ཚལ་ནི་དྲང་རྩའི་མ་ལག་ཡིན་པ་དང་། སྡོང་རྐང་གི་མཐོ་ཚད་ལི་སྨི20~30ཡོད། གཞུང་རྩ་དྲང་མོར་ལངས་ཤིང་འཛམ་ལ་སྤུ་མེད་པ། ཕྱིར་བཏང་དུ་ཡལ་ག་ནི་སྡོང་རྐང་གི་དཀྱིལ་གཞུང་དང་གོང་རིམ་ནས་འབྱེད་པ་ཡིན། ལོ་མ་ཕན་ཚུན་བསྣོལ་ནས་སྐྱེས་ཡོད། མགོའི་དབྱིབས་ཀྱི་མེ་ཏོག་གི་བང་རིམ་མི་འདྲ་ཞིང་། ཡང་ན་གཞུང་

ཏའི་ཡལ་ག་ཉུང་ཤས་ཀྱི་རྩེ་རུ་གདུགས་ཁང་གི་མེ་ཏོག་གི་བང་རིམ་མངོན་གསལ་གྲུབ་མེད། མཐའ་རུ་ལྟེ་དབྱིབས་ཀྱི་ཟེའུ་འབྲུ་མོ་ཞིག་ཡོད་པ་དང་དཀྱིལ་གྱི་མེ་ཏོག་ནི་མཚན་གཉིས་དབྱིབས་ཀྱི་མེ་ཏོག་ཡིན། སྤྱིའི་ཟེའུ་འབྲུའི་དབྱིབས་ནི་ཧ་ལྟེབས་ཀྱི་གཟུགས་སུ་གྲུབ་ཅིང་རིམ་པ4ཡོད། ལྟེ་དབྱིབས་མེ་ཏོག་ནི་འཛོང་དབྱིབས་སམ་ཐིག་དབྱིབས་ཡིན། འཁན་ཚལ་གྱི་ས་བོན་ནི་ཁམ་མདོག་གི་ཤིང་ཏོག་སྐམ་པོ་ཡིན་ཞིང་། ཟུར་ཡོད་པ་དང་འབྲུ་སྟོང་གི་ལྗིད་ཚད་ཁེ1.8~2ཡིན།

གཉིས། ཁོར་ཡུག་གི་ཆ་རྐྱེན་ཐད་ཀྱི་བླང་བྱ།

འཁན་ཚལ་ནི་གྲང་བསིལ་གྱི་ཁོར་ཡུག་ལ་འཚམ་པ་དང་གྲང་དར་བཟོད་ཐུབ་པ། འཕྱོད་པའི་རང་བཞིན་ཆེ་བ་ཞིག་ཡིན། དྲོད་ཚད10~30℃ཁོར་ཡུག་ནང་དུ་སྐྱེས་ཐུབ་པ་དང་དྲོད་ཚད17~20℃འཚམ་ཤོས་ཡིན། དྲོད་ཚད10℃ལ་སླེབ་དུས་ས་བོན་གྱི་མྱུ་གུ་འབུས་ཐུབ། མྱུ་གུ་འབུས་དུས་དྲོད་ཚད15~20℃འཚམ་ཤོས་ཡིན་ཞིང་། དྲོད་ཚད་ཅུང་མཐོ་བ་དང་ཉི་འོད་ཐོག་ཡུན་ཐུང་བའི་ཆ་རྐྱེན་འོག་ཡུ་ཀང་འཐེན་ནས་མེ་ཏོག་བཞད་པ་དང་། ས་རྒྱུར་བླང་བྱ་ནན་པོ་མེད་ཀྱང་བཞའ་ཚན་ཆེ་བའི་བྱེ་ས་དངpHརིན་ཐང5.5~6.8ཅན་ནི་འཚམ་ཤོས་ཡིན།

ཚན་པ་གཉིས་པ། འཁན་ཚལ་གྱི་དབྱེ་བ་དང་རིགས་གཙོ་བོ།

གཅིག དབྱེ་བ་གཙོ་བོ།

འཁན་ཚལ་ནི་ལོ་མའི་ཆེ་ཆུང་ལ་གཞིགས་ནས་འཁན་ཚལ་ལོ་ཆེན་དང་འཁན་ཚལ་ལོ་ཆུང་རིགས་གཉིས་སུ་དབྱེ་ཡོད། འཁན་ཚལ་ལོ་ཆེན་གྱི་མིང་གཞན་ལ་ལོ་ལེབ་འཁན་ཚལ་ལམ་ལོ་ཟླུམ་འཁན་ཚལ་ཟེར། ལོ་མ་ཆེ་ཞིང་མཐུག་པ། སྐྱེ་འཚར་དལ་བ་དང་སྐྱེ་ཡུན་རིང་བ། སྨིན་ཡུན་འཕྱི་བ། ཚ་བ་བཟོད་ཐུབ་ཀྱང་གྲང་དར་བཟོད་མི་ཐུབ་པ། ཐོན་ཚད་མཐོ་བ། སྦྲུས་ཀ་ལེགས་པ་བཅས་ཀྱི་ཁྱད་ཆོས་ལྡན་ཞིང་། རང་རྒྱལ་ལྷོ་ཕྱོགས་སུ་འདེབས་

འཛུགས་བྱེད་པར་འཚམ་པ་ཡིན། འཁན་ཚལ་ལོ་ཆུང་གི་མིང་གཞན་ལ་མེ་ཏོག་ལོ་མ་ཅན་གྱི་འཁན་ཚལ་ལམ་ལོ་སྲ་འཁན་ཚལ་ཟེར། ལོ་འདབ་འཁོབ་ཆུང་ཞིང་རིང་བ། སྐྱེ་འཚར་མགྱོགས་པ། སྣ་སྣེ་ཀྱི་རིགས་སུ་གཏོགས་པ་དང་གྲང་བཟོད་ནུས་པ་ཆེ། དྲི་མ་ཆེ་ཞིང་གཞིས་རྒྱུ་མཁྲིགས་པ། གཞིས་རྒྱུ་འཁན་ཚལ་ལོ་ཆེན་དང་བསྡུར་ན་སྦུས་ཀ་ཅུང་ཞན་པ་ཡིན། ཐོན་ཚད་ཅུང་དམའ་ཞིང་རང་རྒྱལ་བྱང་ཕྱོགས་སུ་འདེབས་འཛུགས་བྱེད་པར་འཚམ་པ་ཡིན།

གཉིས། རྒྱུན་མཐོང་གི་རིགས།

(གཅིག) མེ་ཏོག་ལོ་མ་ཅན་གྱི་འཁན་ཚལ།

ཧྲན་ཞི་ས་གནས་ཀྱི་འཁན་ཚལ་རིགས་ཤིག་ཡིན། ལོ་མ་ཁོད་ཆུང་ཞིང་རིང་བ། སྒྲོ་དབྱིབས་ཟབ་པ། ལོ་མའི་མདོག་ལྗང་སྐྱ། ལོ་མའི་ཤ་རྒྱུ་ཅུང་སྲབ་ལ་ཡལ་ག་ཅུང་མང་ཞིང་དྲི་ཞིམ་འཕྱུལ་བ། སྦུས་ཀ་ལེགས་པ། སྐྱེ་ཡུན་ཐུང་ཞིང་གྲང་བཟོད་ཐུབ་པ། ཐོན་ཚད་ཅུང་མཐོ་བ་བཅས་ཀྱི་ཁྱད་ཆོས་ལྡན། ཉི་འོད་དྲོད་ཁང་དང་དྲོད་ཁང་ཆེ་མོའི་ནང་དུ་འདེབས་འཛུགས་བྱེད་པར་འཚམ་པ་ཡིན།

(གཉིས) ཧྲང་ཧའི་ལོ་ཟླུམ་འཁན་ཚལ།

ཧྲང་ཧའི་ས་གནས་ཀྱི་འཁན་ཚལ་རིགས་ཤིག་ཡིན། ལོ་མ་ཆེན་པོའི་རིགས་སུ་གཏོགས། ལོ་མ་ཁ་ཟས་སུ་ལོངས་སྤྱོད་བྱེད་ཅིང་། ཡལ་གའི་རྒྱས་སྟོབས་ཆེ་བ་དང་ཐོན་ཚད་མཐོ་ཡང་གྲང་ངར་བཟོད་ཐུབ་ཚད་ནི་ལོ་མ་ཆུང་བའི་རིགས་ལས་ཞན་ནོ། །

(གསུམ) ལོ་ལེབ་འཁན་ཚལ།

ཐའི་ཝན་ནང་ཡིག་ཀུང་སིས་ནང་འདྲེན་བྱས་པ་དང་། ཕྱེད་ཀེར་ལངས་པ་དང་ཡལ་གའི་རྒྱས་སྟོབས་འཕྲིང་བ། སྟོང་ཕང་གི་མཐོ་ཚད་ལི་སྨི21དང་། མཆེད་ཚད་ལི་སྨི28ཡིན། སྟོང་ཕང་ཐུང་ཞིང་སྦོམ་པ་དང་ཡལ་ག་མང་བ། ལོ་མ་ཆེ་ལ་རྒྱགས་ཤིང་མཐུག་པ། གཉེར་མ་མང་བ། མདོག་ལྗང་སྐྱ། པུ་ཆོལ་གྱི་སྤུ་ཡོད་ལ། གྲང་འཁྱག་འཛོད་པ། དྲོད་ཚད་མཐོན་པོ་མི་བཟོད་པ། ཐན་པ་དང་འོད་སྐྱོན་ཐེག་ཐུབ་པ་དང་ནད་འབུའི་གནོད་པ

ཉུང་བ་བཅས་ཀྱི་ཁྱད་ཆོས་ལྡན། ཉེ་འོད་རྡོད་ཁང་དང་རྡོད་ཁང་ཆེ་མོའི་ནང་དུ་འདེབས་འཛུགས་བྱེད་པར་འཚམ་པ་ཡིན།

(བཞི) གདོང་ཅི་གན་ལཁན་ཚལ།

པེ་ཅིན་གྱི་ཞིང་ཁྲིམ་གྱི་ལཁན་ཚལ་རིགས་ཤིག་ཡིན། ལོ་མ་ཟློས་ཆོག་པའི་ལོ་མ་ཆུང་བའི་རིགས་སུ་གཏོགས། གཞུང་རྐ་ཉུང་ཕྲ་བ་དང་། གཞུང་རྐ་གཙོ་བོ་སྐྱེ་སྟོབས་ཆེ་བ། ཡར་ལངས་པ། ལོ་མ་ཁོད་ཆུང་། སྒོང་དབྱིབས་དང་འཇོང་དབྱིབས་རིང་པོའི་གཟུགས་སུ་གྲུབ་པ། ལོ་མའི་མཐའ་ནི་སྒྲོ་དབྱིབས་གས་སྲུབས་ཟབ་མོ་ཅན་ཡིན་པ་དང་། ལོ་མའི་ངོས་སུ་མངོན་གསལ་མིན་པའི་སྤུ་འཇམ་པོ་ཡོད། གྲང་ངར་བཟོད་པའི་ནུས་པ་ཉུང་ཆེ་བ་དང་ཐོན་ཚད་ཉུང་མཐོ།

(ལྔ) ཞང་ཧུ་ཧོ་ལཁན་ཚལ།

འཇར་པན་ནས་ནང་འདྲེན་བྱས་ཤིང་ལོ་མ་འཁྲིང་རིམ་གྱི་རིགས་སུ་གཏོགས། ལོ་མ་ཉུང་ཆེ་བ་དང་། ལོ་མའི་མདོག་ལྗང་ཁུར་འོད་མདངས་ལྡན། སྡོང་རྐང་ཁོག་སྟོང་ཉུང་ཞིང་སླི་མོ་ཡིན། སྡོང་རྐང་དྲང་མོར་ལངས་པ། ཚིགས་བར་ཐུང་བ། ཡལ་ག་འབྱེད་པའི་ནུས་པ་ཆེ་བ། ཐོན་ཚད་མཐོ་བ་དང་སད་སྐྱོན་བཟོད་ཐུབ།

(དྲུག) ཅིན་ཧྲང་ཞི་ཁའོ་སྒུ་ལཁན་ཚལ།

འཇར་པན་ནས་ནང་འདྲེན་བྱས་ཤིང་ལོ་མ་ཆེ་བའི་རིགས་སུ་གཏོགས། རྩ་བའི་གཏིང་ཐུང་ཞིང་རྩ་བ་མང་། སྡོང་རྐང་གི་མཐོ་ཚད་ལི་སྨི20~30ཡོད་པ་དང་། ལོ་མའི་མདོག་ལྗང་ནག་ཡིན། ལོ་འདབ་ཆེ་ཞིང་མཐུག་པ། ལོ་འདབ་ལེབ་དབྱིབས་སུ་ཆགས་པ། ལོ་འདབ་ཀྱི་མཐའ་ལ་བཀྲོས་རིས་ཉུང་བ། ཚི་སྣ་ཉུང་ཞིང་དྲི་ཞིམ་འཐུལ་བ། སྤུས་ཀ་ལེགས་པ། འཚར་སྐྱེའི་མྱུར་ཚད་མགྱོགས་པ་དང་ཡུ་རྐང་འཐེན་ཡུན་འཕྱི་བ་བཅས་ཀྱི་ཁྱད་ཆོས་ལྡན། ལོ་འཁོར་ཧྲིལ་པོར་འདེབས་འཛུགས་བྱས་ཆོག

ཚན་པ་གསུམ་པ། འཁན་ཚལ་འདེབས་འཛུགས་ཀྱི་དུས་ཚིགས་གཙོ་བོ།

འཁན་ཚལ་ནི་གྲང་བསིལ་གྱི་ཁོར་ཡུག་ལ་འཚམ་པའི་ལོ་མའི་སྔོ་ཚལ་ཡིན་ཞིང་། དྲོད་ཚད་མཐོན་པོ་བཟོད་མི་ཐུབ། སྤྱིར་བཏང་དུ་དཔྱིད་ཀ་དང་སྟོན་ཁའི་དུས་ཚིགས་གཉིས་ལ་འདེབས་འཛུགས་བྱེད། དགུན་བརྒྱལ་འདེབས་འཛུགས་ཀྱི་དུས་ཚོད་ནི་ཟླ10པའི་ཟླ་སྨད་ནས་ཟླ11པའི་ཟླ་དཀྱིལ་དང་ཟླ་སྨད་བར་ཡིན་ཞིང་། ཕྱི་ལོའི་དཔྱིད་ཀར་བཙ་བསྡུ་བྱེད་པ་ཡིན། དཔྱིད་འདེབས་ནི་ཟླ2པའི་ཟླ་སྨད་ནས་ཟླ4པའི་ཟླ་སྟོད་བར་ཡིན། དཔྱིད་མགོའི་སོག་ཤུལ་འདེབས་འཛུགས་ནི་འཁྱིག་ཤོག་དྲོད་ཁང་དང་དྲོད་ཁང་ཆེན་མོའམ་ཡང་ན་ཉི་འོད་དྲོད་ཁང་ནང་དུ་འདེབས་འཛུགས་བྱེད་དགོས། དཔྱིད་དུས་འདེབས་འཛུགས་དུས་ཡུན་ནི་ཟླ3~4ཡིན། སྟོན་དུས་འདེབས་འཛུགས་དུས་ཡུན་ནི་ཟླ8~9ཡིན། དགུན་དུས་འདེབས་འཛུགས་དུས་ཡུན་ནི་སྤྱིར་བཏང་དུ་ཟླ12པའི་ཟླ་དཀྱིལ་ཡིན་ཞིང་ཕྱི་ལོའི་དཔྱིད་ཀར་བཙ་བསྡུ་བྱེད།

ཚན་པ་བཞི་པ། འཁན་ཚལ་སྨུས་ལེགས་ཐོན་མཐོའི་འདེབས་འཛུགས་ལག་རྩལ།

སྔོ་འདེབས་བྱེད་སྐབས་སོན་སྐམ་ཐད་ཀར་སྔོ་འདེབས་བྱས་ཆོག་ལ་མྱུ་གུ་འབུས་རྗེས་སྔོ་འདེབས་ཀྱང་བྱས་ཆོག མྱུ་གུ་འབུས་པར་སྐུལ་འདེད་བྱས་ན་སྔ་མོ་ནས་མྱུ་གུ་འབུས་པ་དང་མྱུ་གུ་འབུས་ཚད་ཆ་མཉམ་ཡོང་བར་ཕན་པ་ཡོད། མ་བཏབ་སྔོན་དུ་ས་བོན་སྦངས་ནས་མྱུ་གུ་སྐྱེ་རུ་འཇུག་དགོས། ས་བོན་དྲོད་ཚད25~30℃ཡིན་པའི་ཆུ་དྲོན་མོའི་ནང་དུ་བཞག་ནས་ཆུ་ཚོད24སྦང་དགོས། ཕྱིར་བཏོན་རྗེས་བསིལ་སྐམ་བྱས་ཏེ་དྲོད་ཚད15~20℃ཁོར་ཡུག་ནང་དུ་མྱུ་གུ་སྐྱེ་འདེད་བྱེད་དགོས། ཉིན་རེར་ཆུ་གཙང་མས་

ཐེངས་གཅིག་བགྲུ་དགོས། ས་བོན་མང་ཆེ་བར་དཀར་མདོག་ཆགས་དུས་སྐྱོ་འདེབས་བྱས་ཆོག སོན་སྐམ་ཐད་ཀར་སྐྱོ་འདེབས་བྱེད་དུས་སྤྱིར་བཏང་དུ་མུའུ་རེར་འདེབས་ཚད་སྤོར་ཁེ4~7ཡིན་ན་ལེགས། སྐྱོ་འདེབས་བྱེད་སྐབས་ངེས་པར་དུ་ས་སྐམ་པོ་དང་མཉམ་དུ་བསྲེས་ནས་ས་བོན་སློམས་འདེབས་བྱེད་དགོས། བཏབ་རྗེས་ས་འགེབས་པ་དང་ས་བོན་སས་བཀབ་པའི་མཐུག་ཚད་ལི་སྨི1ལས་མི་བརྒལ་བ་དང་། དཔྱིད་མགོ་དང་དགུན་ཁར་སྐྱོ་འདེབས་བྱེད་སྐབས་ཛང་ངོས་སུ་འཁྱིག་ཤོག་སྲབ་མོ་བཀབ་ནས་དྲོད་སྲུང་དང་རླན་སྲུང་བྱེད་དགོས། སྨྱུ་གུ་འབུས་རྗེས་དུས་ཐོག་ཏུ་ཛང་ངོས་ཀྱི་སྐྱི་སྲབ་མེད་པར་བཟོ་དགོས། དབྱར་དུས་དང་སྟོན་ཁར་ཉི་འོད་སྒྲིབ་བྱེད་ཀྱི་དྲ་བ་དང་རྩྭ་ཡོལ་སྤྱད་ན་དྲོད་ཚད་ཇེ་དམའ་རུ་གཏོང་ཐུབ།

འདེབས་འཛུགས་མ་བྱས་པའི་སྔོན་དུ་མུའུ་རེར་ཞིང་ལུད་སྤོར་ཁེ3000~5000འཇོག་དགོས། ཏན་དང་ལིན། ཅྰ་བཅས་རྒྱུ་གསུམ་མཉམ་འདུས་ལུད་རྫས་སྤོར་ཁེ30ཆ་སློམས་ཀྱིས་ས་ངོས་སུ་གཏོར་བ་དང་། གཏིང་རིང་བསློགས་རྗེས་ས་རྒྱུ་དང་ལུད་རྫས་བསྲེས་ནས་སློམས་པར་བྱེད་དགོས། ཤལ་བརྒྱབ་ནས་ས་ཞིང་སྣར་སློམས་བྱེད་པ་དང་ཛང་ཞེང་ལ་སྨི1~1.5ཡོད་དགོས།

གཅིག དཔྱིད་མགོའི་སྒྲིག་བཀོད་འདེབས་འཛུགས་འགག་རྩའི་ལག་རྩལ།

དཔྱིད་ཀྱི་དྲོད་ཁང་ཆེན་མོའི་འདེབས་འཛུགས་ནི་ཟླ2པའི་ཟླ་དཀྱིལ་དུ་འདེབས་འཛུགས་བྱས་ཆོག སྐྱོ་འདེབས་བྱས་རྗེས་དྲོད་སྲུང་རླན་སྲུང་ལ་དོ་སྣང་བྱས་ཏེ་སྤྱིལ་བུའི་ནང་གི་དྲོད་ཚད་ཇེ་མཐོར་བཏང་ན་སྨྱུ་གུ་འབུས་ནས་གསོན་པར་ཕན་པ་ཡོད། སྨྱུ་གུ་འབུས་རྗེས་དུས་ཐོག་ཏུ་སྨྱུ་གུ་མཐུག་སེལ་བྱས་ནས་བཟང་བ་སོར་འཇོག་དང་ཞན་པ་ལེགས་སེལ་བྱེད་དགོས། སྡོང་ཏང་གི་བར་ཐག་ལི་སྨི2ཡས་མས་སུ་སྲུང་འཛིན་བྱས་ཏེ་ལྗང་སྨྱུག་ཞུང་དྲགས་པའམ་ཚགས་དམ་དྲགས་པའི་སྣང་ཚུལ་འབྱུང་བར་སྔོན་འགོག་བྱེད་དགོས། ཞིང་ཁའི་སྨྱུ་གུའི་ཚགས་དམ་ཚད་ཆ་མཉམ་བྱུང་ན། སྨྱུ་གུ་སྐྱེ་སྟོབས་རྒྱས་པར་ཕན་པ་ཡོད། འཕན་ཚལ་ནི་དྲོད་ཚད་མཐོན་པོའི་ཁོར་ཡུག་ལ་མི་འཕྲོད་ཅིང་། སྤྱིར་བཏང་དུ

ཐྲོད་ཚད15~20℃ཆ་རྐྱེན་འོག་གི་སྟོང་ཁང་གི་སྐྱེ་འཚར་བཟང་བ་དང་། སྤྲིལ་བུའི་ནང་གི་ཐྲོད་ཚད25℃ཡན་ལ་སླེབས་ཚེ། རླུང་རྒྱུ་བ་དང་དབུགས་བརྗེ་བར་མཉམ་འཛོག་བྱེད་པ་དང་། ཐྲོད་དང་རླན་ཚད་སྙོམ་སྒྲིག་བྱེད་དགོས། ཟླ2པའི་ཟླ་སྨད་དུ་སྨྱུ་གུའི་མཐོ་ཚད་ལི་སྨི10ཡས་མས་ཡིན་དུས་ལུད་འཛོག་དགོས། ལུད་འཛོག་དུས་ཕན་ནུས་ལྡན་པའི་ཏན་ལུད་གཙོ་བོར་འཛིན་དགོས། མུའུ་རེར46%གཅིན་རྒྱུ་སྟོང་ཁེ15དང་ཟུང་འབྲེལ་སྙོམས་གཏོར་ནས་ཆུ་གཏོང་དགོས། དེས་སྟོང་ཁང་གིས་ཆུ་ལུད་སྤུད་ལེན་བྱེད་པར་ཕན་པ་ཡིན། སྐྱེ་འཚར་དུས་སྐབས་སུ་རྩྭ་ལྷུམ་གྱི་གནོད་པ་སྔོན་འགོག་བྱེད་ཆེད། ས་བོན་བཏབ་རྗེས། མུའུ་རེར་ཏྲ་ཚའོ་ཏན་ཏའོ་རྫིང150ནང་དུ་ཆུ་སྟོང་ཁེ40བླུགས་ནས་རྩྭ་ལྷུམ་མེད་པར་བཟོ་དགོས།

གཉིས། དབྱར་བཀལ་སྒྲིག་བཀོད་འདེབས་འཛུགས་འགག་རྩའི་ལག་རྩལ།

དབྱར་དུས་ཀྱི་ཐྲོད་ཚད་མཐོན་པོ་དང་ཆར་ཆུ་ནི་ལཔན་ཚལ་དབྱར་བཀལ་འདེབས་འཛུགས་ལ་ཕམ་ཁ་བྱུང་བའི་རྒྱུ་རྐྱེན་གཙོ་བོ་ཡིན། དེར་བརྟེན། ཐྲོད་ཚད་མཐོ་བ་འགོག་པ་དང་ཆར་ཆུ་འབེལ་པོ་ནི་ལཔན་ཚལ་དབྱར་བཀལ་འདེབས་འཛུགས་ལེགས་འགྲུབ་བྱུང་བའི་འགག་རྩའི་ལག་རྩལ་གྱི་བྱེད་ཐབས་ཤིག་ཡིན། ཉི་འོད་སྒྲིབ་པ་དང་ཆར་འགོག་སྤྲིལ་བུ་ནི་ཚ་ཚད་དང་ཆར་ཆུ་ཐག་གཅོད་བྱེད་པའི་སྟབས་བདེའི་སྒྲིག་བཀོད་ཡིན། དུས་མཚུངས་སུ་སེར་བ་འགོག་པའི་ནུས་པའང་ཡོད། ཐྲོད་ཁང་སྟེང་དུ་ཉི་འོད་སྒྲིབ་པའི་དྲ་བ་དང་སྐྱི་སྲུབ་འགེབས་དུས་ཆར་མ་བབས་གོང་རོལ་ལ་དུས་ཐོག་ཏུ་སྤྲིལ་བུའི་སྟེང་དུ་བཀབ་སྟེ་ཆར་རྗེས་སྐྱི་སྲུབ་ཕྱིར་འཐེན་དགོས། ཆར་ཆུ་རྣང་མ་ཏུ་འབབ་པ་གཏན་འགོག་བྱེད་དགོས་ཤིང་། རྩ་སྙོས་བརྒྱབ་རྗེས་ཉི་འགོག་དྲ་བ་ནི་ཉིན་རེའི་ཐྲོད་ཚད་མཐོ་བའི་དུས་སུ་བཀབ་པས་ཆོག ཉིན་གུང་ཆུ་བཏང་ནས་ཐྲོད་ཚད་ཇེ་དམའ་ཏུ་གཏོང་མི་ཏུང་སྟེ་དེ་མིན་ཉིད་ནད་འབྱུང་སྲིད། སྨྱུ་གུར་ལོ་མ2སྐྱེས་པའི་སྐབས་སུ་དུས་ཐོག་ཏུ་ཡུར་མ་ཡུར་བ་དང་། སྟོང་ཁང་གི་བར་ཐག་ལི་སྨི2~3ཡིན། སྨྱུ་གུ་འབུས་པའི་སྔོན་ལ་ས་རྒྱུའི་བརླན་གཤེར་སྲུང་འཛིན་བྱེད་དགོས། ལྡང་སྨྱུག་འབུས་པར་ཕན་ཕྱིར། སྨྱུ་གུ་འབུས་ནས་ལྡང་སྨྱུག་ཐོན་པའི་བར་དུ་ཆུ་གཏོང་དུས"ཐེངས་མང་ཉུང་གཏོང"གི་རྩ་དོན་ལྟར་སྨྱུ་གུར་ནད་ཀྱི་གནོད་འཚེ

ཕོག་པར་སྔོན་འགོག་བྱེད་དགོས། དབྱར་དུས་དྲོད་ཚད་མཐོ་བས་ས་རྒྱུའི་ཆུ་ནི་ཤྲིངས་པར་འགྱུར་ཚད་ཆེ་ཞིང་། ལྷང་སྨུག་མཐུག་སེལ་བྱས་རྗེས་ཆུ་གཏོར་གྲངས་དང་ཆུ་གཏོར་ཚད་རིམ་བཞིན་ཇེ་མང་དུ་གཏོང་དགོས་མོད། འོན་ཀྱང་རྣང་མའི་ནང་དུ་ཆུ་ཡུན་རིང་ལ་གསོག་མི་རུང་། ལྷང་སྨུག་གི་མཐོ་ཚད་ལི་སྨི10ཡོད་པའི་དུས་སུ་ཆུ་གཏོང་བ་དང་བསྟུན་ནས་ཏན་ལུད་འཇོག་དགོས། དཔེར་ན་གཅིན་རྒྱུ་སྨྱུའུ་རེར་སྟོང་ཁི20ཡིན། བཟ་བསྟུ་མ་བྱས་སྔོན་གྱི་ཉིན1~2ནང་དུ་ཆུ་ཐེངས་གཅིག་ལ་བཏང་ཆོག

གསུམ། སྟོན་དུས་སྲིག་བཀོད་འདེབས་འཛུགས་འགག་རྩའི་ལག་རྩལ།

སྟོན་དུས་འདེབས་འཛུགས་དུས་མགོའི་དོ་དམ་བྱེད་ཐབས་ནི་དབྱར་བཀལ་འདེབས་འཛུགས་དང་གཅིག་མཚུངས་ཡིན། སྟོན་ཁར་ཞབན་ཚལ་བཏབ་ན་དགུན་ཚུགས་པའི་སྟ་གཞུག་ཏུ་སྦྱིལ་བུ་འགེབས་དགོས་པ་དང་། སྦྱིལ་བུ་བཀབ་རྗེས་ཆུ་ཚོད་འཛིན་འོས་འཚམ་བྱེད་དགོས། གནམ་གཤིས་ཀྱི་གནས་ཚུལ་ལ་བལྟས་ནས་དུས་ཐོག་ཏུ་རླུང་རྒྱག་པ་དང་། དྲོད་ཚད་དམའ་ཕབ། ཤྲན་པ་སེལ་བ་བཅས་བྱས་ཏེ་ལོ་མ་རུལ་བར་སྔོན་འགོག་བྱེད་དགོས།

བཞི། དགུན་བཀལ་སྲིག་བཀོད་འདེབས་འཛུགས་འགག་རྩའི་ལག་རྩལ།

མཚོ་བོད་མཐོ་སྒང་ས་ཁུལ་དུ་དགུན་དུས་གྲང་ངར་གྱི་གནོད་འཚེ་དུས་རྒྱུན་དུ་འབྱུང་བཞིན་ཡོད་པས། ཞབན་ཚལ་འདེབས་འཛུགས་བྱེད་དུས་འཁྱགས་སྐྱོན་འབྱུང་སླ་བ་དང་། འཁྱགས་སྐྱོན་ཇི་ལྟར་སྔོན་འགོག་བྱ་རྒྱུ་ནི་དགུན་དུས་ཞབན་ཚལ་འདེབས་འཛུགས་བྱེད་པའི་གནད་འགག་ཏུ་གྱུར་ཡོད། དྲོད་ཁང་ཆེན་མོ་མང་པོ་སྤྱད་དེ་ཐོན་སྐྱེད་བྱེད་དགོས། དྲོད་ཁང་ཆེན་མོའི་འདེབས་འཛུགས་ནི་སྤྱིར་ན་ཟླ12པའི་ཟླ་དཀྱིལ་དུ་འདེབས་འཛུགས་བྱེད་ཀྱི་ཡོད་པ་དང་ཚོང་རར་འདོན་སྐབས་ལོ་སར་གྱི་སྟ་གཞུག་ཡིན་ན་དཔལ་འབྱོར་ཕན་འབྲས་ཆེ་ཙམ་ཐོན་བཞིན་ཡོད། ཚོ་འདེབས་བྱས་རྗེས་རྣང་ངོས་ཀྱི་བརྣན་གཤེར་རྒྱུན་འཁྱོངས་བྱས་ན་སྨྱུ་གུ་འབུས་པར་ཕན་པ་ཡིན། ལྷང་སྨུག་ལ་རླུང་རྒྱུག་ཐུབ་པ་དང་ཉི་འོད་འཐོ་ཐུབ་པར་བྱས་ནས་ལྷང་སྨུག་བདེ་ཐང་དང་སྐྱེ་འཚར་ཡོང་བར་སྐུལ་འདེད་གཏོང་

དགོས། སད་བརྒྱབ་པའི་གནམ་གཤིས་ལ་འཕྲད་ཚེ། ཕྱི་དྲོ་དུས་ཐོག་ཏུ་འཁྱིག་ཤོག་གིས་དྲོད་སྲུང་གྲང་འགོག་བྱེད་དགོས། དགུན་དུས་བསྟུད་མར་གནམ་ངོ་འཐིབས་པའི་གནམ་གཤིས་དང་འཕྲད་ཚེ་དྲོད་ཁང་ཆེ་མོའི་སྐྱི་སྲབ་འབྱེད་མི་དགོས་པར་དྲོད་གསོག་དྲོད་སྲུང་དང་འཁྱག་འགོག་ཐུབ་པར་བྱེད་དགོས། སྡོང་རྐང་ལ་ལོ་མ་ངོ་མ1~2ཡོད་པའི་ཚེ་མྱུ་གུའི་བར་ཐག་ལི་སྨི4རྒྱུན་འཁྱོངས་བྱས་ན་ལེགས། ལྡང་མྱུག་གི་མཐོ་ཚད་ལ་ལི་སྨི3ཡོད་པའི་དུས་སུ་ཆུ་གཏོར་བ་དང་། སྐྱི་འཚར་དུས་སུ་ཆུ་ཐེངས2~3ལ་གཏོང་དགོས། སྡོང་རྐང་གི་མཐོ་ཚད་ལི་སྨི9~12ཡོད་དུས་ཐེངས་དང་པོའི་ལུད་འཛོག་དགོས། ཆུ་དང་མཉམ་དུ་མྱུའུ་རེར་སའོ་ཞའོ་ཏན་ལུད་སྟོང་ཁེ10~15བླུགས་ཏེ་ལུད་ཐེངས་གཉིས་པ་འཛོག་དགོས།

ཚན་པ་ལྔ་པ། འཁན་ཚལ་གྱི་ནད་འབུའི་གནོད་སྐྱོན་འགོག་བཅོས་ལག་རྩལ།

འཁན་ཚལ་ལ་ནད་འབུའི་གནོད་པ་འགོག་པའི་གཤིས་ནུས་ངེས་ཅན་ཞིག་ཡོད་པ་དང་། རྒྱུན་ལྡན་གྱི་གནས་ཚུལ་འོག་ནད་འབུའི་གནོད་པ་ཅུང་ཉུང་། གཙོ་བོར་ཞིང་ལས་ཀྱི་བྱེད་ཐབས་དང་སྨན་རྫས་སྦྱུད་དེ་འགོག་བཅོས་བྱེད་དགོས་ཏེ་ཞིང་ལས་འགོག་བཅོས་བྱེད་དུས་ནད་འགོག་སོན་རིགས་འདེམ་པ་དང་ཡང་ན་ནད་འགོག་སོན་རིགས་འདེབས་འཛུགས་བྱེད་དགོས། ས་བོན་འདྲེན་སྐབས་སོན་རིགས་ལ་གཞིགས་ནས་ནད་འགོག་རང་བཞིན་ལ་དོ་སྣང་ཆེན་པོ་བྱེད་དགོས། འདེབས་འཛུགས་དོ་དམ་ལ་ཤུགས་སྣོན་བྱས་ཏེ་མཐུག་འདེབས་ལུགས་མཐུན་དང་། ཆུ་འདྲེན་ལུགས་མཐུན་བྱེད་པའི་རྨང་གཞིའི་སྟེང་དུ། ཞིང་ནང་གི་རླན་ཚད་ཇེ་དམའ་རུ་གཏོང་བ་དང་། འདེབས་འཛུགས་དོ་དམ་ལ་ཤུགས་བསྣན་ནས་སྔ་མོ་ནས་ནད་སྟོང་མེད་པར་བཟོ་དགོས།

གཅིག སད་སྐྱོན་ནད།

སད་སྐྱོན་ནད་ནི་མྱུ་གུའི་དུས་དང་སྡོང་རྐང་གྲུབ་པའི་དུས་སུ་འབྱུང་བ་ཡིན། དེས་ལོ་མ་སེར་པོ་དང་སྐམ་པོར་གྱུར་ནས་ཐོན་ཚད་ཇེ་ཉུང་དུ་འགྲོ་བར་བྱེད། སྨན་རྫས་ཀྱི་

འགོག་བཅོས་ནི་སྨྱུ་གུའི་དུས་ནས་བཟུང་ནད་ཀྱི་འཕེལ་རྒྱས་ལ་ལྟ་ཞིབ་ཚད་ལེན་བྱེད་པ་དང་། ནད་བྱུང་བའི་དུས་མགོར་འོས་འཚམ་སློས་སྨན་གཏོར་དགོས་ཤིང་། 58%ཐཱ་རྫོང་ལིང་སྣན་ཞིན་བཞའ་ཚན་རང་བཞིན་གྱི་སྨན་ཕྱེ་པའི་ཡེས500~800གཤེར་ཁུ་བདམས་ཆོག་ལ། ཡང་ན64%དུག་སེལ་མཆུར་གྱི་གཤེར་ཁུ་པའི་ཡེས600སོགས་བཀོལ་ཆོག སྨན་གཏོར་སྐབས་གང་ཐུབ་ཀྱིས་དུ་སྨུག་སྨན་བཀོལ་དགོས། ཉིན10ཡས་མས་སུ་ཐེངས་གཅིག་ལ་གཏོར་དགོས་པ་དང་། བསྟུད་མར་ཐེངས2~3གཏོར་དགོས་སོ།།

གཉིས། ས་ནད།

འཁན་ཚལ་ལ་ས་ནད་བྱུང་ན་ལོ་མའི་སྟེང་དུ་མདོག་སེར་པོའི་ཁྲ་ཐིག་འབྱུང་བ་དང་། དེ་ཇེ་མང་དུ་སོང་རྗེས་སྐོར་དབྱིབས་དང་ཡང་ན་ངེས་གཏན་མེད་པའི་ཁམ་མདོག་གི་ནད་ཐིག་ཏུ་འགྱུར། ལོ་མའི་མཐའ་རུ་བྱུང་བའི་ནད་ནི་སྐོར་དབྱིབས་ལ་ཉེ་བ་ཡིན། གཞུང་རྟའི་སྟེང་གི་ནད་ནི་འཛོང་དབྱིབས་དང་། ཁམ་ནག་ནས་ནག་པོར་འགྱུར་བ་ཡིན། ནད་ཐིག་དུ་མ་ཕན་ཚུན་འབྲེལ་མཐུད་བྱེད་ཐུབ་ཅིང་། སྤྱིར་བཏང་དུ25%ཐན་ཐེ་ལིང་གི་བཞའ་ཚན་རང་བཞིན་གྱི་སྨན་ཕྱེ་པའི་ཡེས600གཤེར་ཁུ་སྦྱད་ཆོག ཡང་ན50%ཐན་ཁེ་བཞའ་ཚན་རང་བཞིན་གྱི་སྨན་ཕྱེ་པའི་ཡེས1000གཤེར་ཁུ་སོགས་སྦྱོད་དགོས། ཉིན10བར་ནས་ཐེངས་གཅིག་ལ་གཏོར་ནས་འགོག་བཅོས་བྱེད་དགོས། བསྟུད་མར་ཐེངས2~3གཏོར་དགོས།

གསུམ། ཁྲ་ཐིག་གི་ནད།

འཁན་ཚལ་ལ་ཁྲ་ཐིག་གི་ནད་འགོས་ན། ལོ་འདབ་སྟེང་དུ་སྐོར་དབྱིབས་སམ་ཡང་ན་སྐོར་དབྱིབས་ལ་ཉེ་བའི་ནད་ཐིག་འབྱུང་བ་དང་། ལོ་འདབ་མཐའ་འགྲམ་དུ་སྐྱེས་པའི་ནད་ཐིག་ནི་ཟླུམ་ཕྱེད་དང་ངེས་མེད་ཀྱི་དབྱིབས་ཡིན། ནད་ཁྲ་ཡི་ཚངས་ཐིག་ལ་ཏའོ་སྐི2~4ཡོད་པ་དང་། དཀྱིལ་དབུས་ཁམ་ནག་ཡིན། ལོ་མའི་མཐའ་ཡང་ཁམ་ནག་ཡིན་པ་དང་རླན་ཆེ་བའི་དུས་སུ་ནད་ཐིག་ནག་པོ་འབྱུང་བ་ཡིན། ནད་ཐིག་གཉིས་སམ་ཡང་ན་མང་པོ་ཞིག་ཕན་ཚུན་མཉམ་བསྲེས་བྱས་ཡོད། སྡོང་རྐང་གི་ཁྲ་ནད་འཛོང་དབྱིབས་ཡིན། ཁ་དོག་དང་ལོ་མའི་ནད་ཀྱི་ཐིག་ལེ་འདྲ་མཚུངས་ཡིན་ལ། ཚབས་ཆེ་བའི་སྐབས་

སུ་ལོ་མ་རྙིད་པར་འགྱུར། འདེབས་འཛུགས་དོ་དམ་ལ་ཤུགས་སྣོན་བྱས་ནས་ལྗང་སྨྱུག་སྐྱེ་སྟོབས་ལྡན་པ་གསོ་སྐྱོང་བྱེད་པ་དང་། ནད་འགོག་ནུས་པ་ཇེ་ཆེར་གཏོང་དགོས། ལུགས་མཐུན་གྱིས་ཞིང་ཆུ་གཏོང་བ་དང་། ཞིང་ཁའི་རླན་ཚད་ཇེ་དམའ་རུ་གཏོང་བ་སོགས་ཞིང་ལས་ལག་རྩལ་གྱི་བྱེད་ཐབས་ཀྱིས་འཁན་ཚལ་གྱི་ཁྲ་ཐིག་གི་ནད་འབྱུང་བ་དང་གནོད་པ་འབྱུང་བར་སྔོན་འགོག་བྱེད་དགོས། ནད་བྱུང་བའི་ཐོག་མའི་དུས་སུ70%ཏའེ་སེན་སྨན་ཞེན་བཞའ་ཚན་རང་བཞིན་གྱི་སྨན་ཕྱེ་པའི་ཡིས600གཤེར་ཁུ་བཀོལ་དགོས། ཡང་ན75%པའི་ཙུན་ཆེན་བཞའ་ཚན་རང་བཞིན་གྱི་སྨན་ཕྱེ་པའི་ཡིས500~800གཤེར་ཁུ་ཡིན། ཉིན10བར་ནས་ཐེངས་གཅིག་ལ་གཏོར་བ་དང་། བསྟུད་མར་ཐེངས2~3གཏོར་དགོས།

ཚན་པ་དྲུག་པ། འཁན་ཚལ་བཟ་བསྡུ།

 སྤྱིར་བཏང་དུ་རྗོ་འདེབས་བྱས་རྗེས་ཀྱི་ཉིན40~60འགོར་བ་དང་། འཁན་ཚལ་གྱི་ལྗང་སྨྱུག་གི་མཐོ་ཚད་ལི་སྨི20~25ཡིན་དུས་བཟ་བསྡུ་བྱས་ན་ལེགས། བཟ་བསྡུ་བྱེད་ཡུན་ཐུ་དྲགས་ན་སྡོང་རྐང་སྙི་མོ་ཡིན་ཡང་སྐྱེ་ཚད་མི་འདང་བ་དང་ཐོན་ཚད་ཀྱང་དམའ་བ་ཡིན། བཟ་བསྡུ་བྱེད་པའི་དུས་ཡུན་འཕྱི་དྲགས་ན། སྨྱུ་གུ་སྐྱེ་འཚར་བྱུང་ནས་ལི་སྨི30ལས་མཐོ་བའི་སྐབས་སུ་སྨད་ཀྱི་གཞུང་རྩ་རྐས་ན་ཁོག་སྟོང་དང་། ཞབས་ཀྱི་ལོ་མ་སེར་པོར་འགྱུར་ཞིང་། རྒྱུ་ཕྲུས་ཇེ་དམའ་རུ་སོང་ནས་ཚོང་ཟོག་རང་བཞིན་དང་གཟུགས་དབྱིབས་ཇེ་ཞན་དུ་འགྱུར་བ་ཡིན། སྤྱིར་བཏང་དུ་སྡོང་རྐང་ཆེ་བ་བདམས་ནས་དུས་བགོས་དང་ཁག་བགོས་ནས་སྤུད་དགོས། གལ་ཏེ་ཐེངས་མང་པོར་འབྲས་བུ་ཐོབ་འདོད་ན་གཞུང་རྩ་གཙོ་བོའི་རྩ་བ་ལ་ལོ་མ་གཉིས་བཞག་ནས་གྲིས་གཞུང་སྡོང་འབྲེག་དགོས། བཟ་བསྡུ་ཐེངས་རེར་བྱས་རྗེས་ཆུ་དང་ལུད་བཞག་ནས། ཡལ་ག་བསྐྱར་དུ་སྐྱེས་པར་སྐུལ་འདེད་བྱེད་པ་དང་། སྨྱུ་གུ་འབུས་ནས་ནར་སོན་རྗེས་ལོ་མ1~2བཞག་ནས་མེ་ཏོག་བཞད་རག་བར་དུ་སྤུད་དགོས། སྤྱིར་བཏང་གི་ཐོན་ཚད་སྟོང་ཁེ1500~2000ཡིན།

ལེའུ་བདུན་པ། ཨ་སུའི་སྨན་ལེགས་ཐོན་མཐོའི་འདེབས་འཛུགས།

ཚན་པ་དང་པོ། ཨ་སུའི་སྐྱེ་དངོས་རིག་པའི་ཁྱད་ཆོས།

ཨ་སུ་ནི་གདུགས་དབྱིབས་ཚན་གྱི་ཨ་སུ་ཁོངས་ཀྱི་ལོ་གཅིག་གམ་ལོ་གཉིས་ལ་སྐྱེས་པའི་སྐྱེ་དངོས་ཤིག་ཡིན། མིང་གཞན་ལ་ཧུའུ་ཡན་དང་ཤང་ཚལ་སོགས་ཟེར། དེ་ནི་ས་དབུས་རྒྱ་མཚོའི་འགྲམ་རྒྱུད་དུ་བྱུང་བ་དང་ཧན་རྒྱལ་རབས་ནས་ཀྱང་གོར་ནང་འདྲེན་བྱས་པ་ཞིག་ཡིན། ཨ་སུའི་བཟའ་བྱ་ནི་ལོ་མ་གསར་བ་ཡིན། དེའི་སྡོང་ཕང་ཡོངས་ལ་དམིགས་བསལ་གྱི་དྲི་ཞིམ་འཐུལ་བ་དང་། སྔོ་ཚལ་ཡིན་ལ་སྨན་རྫས་སུ་བཀོལ་སྤྱོད་བྱས་ཀྱང་ཆོག

གཅིག སྐྱེ་དངོས་རིག་པའི་ཁྱད་ཆོས།

ཨ་སུའི་རྩ་བ་ཙུང་སྦོམ་ཞིང་དཀར་ལ་སྡོང་ཕང་གི་མཐོ་ཚད་ལི་སྨི20~60ཡིན་པ་དང་། ལོ་མ་ཁབ་དབྱིབས་ཡིན། རྩ་བ་བྱུང་རྗེས་ལོ་མ་སྐྱེས་ཤིང་། རིང་ཚད་ལ་ལི་སྨི5~40ཡོད། སྒྲོ་དབྱིབས་དང་པོ་ནས་གསུམ་པའི་བར་གས་ཤིང་། སྒྲོ་ལེབ་ཀྱི་གྲངས་ཀ་ནི་ཚ1~11ཡིན། སྔོང་དབྱིབས་སྔོར་མོ་གས་སྲུབས་ཆེ། མེ་ཏོག་གི་གཞུང་རྟའི་སྟེང་གི་ལོ་མ་ནི་སྒྲོ་དབྱིབས་ཀྱི་གས་སྲུབས་སུ་འགྱུར་བ་དང་། མེ་ཏོག་བང་རིམ་ནི་གདུགས་དབྱིབས་ཡིན། གདུགས་དབྱིབས་ཀྱི་མེ་ཏོག་རེ་རེའི་བང་རིམ་ལ་མེ་ཏོག3~9ཡོད་པ་དང་མེ་ཏོག་དཀར་པོ་ཡིན། མེ་ཏོག་གི་འདབ་མ་དང་ཟེའུ་འབྲུ་ཐོ5རེ་ཡོད། དཔྱང་འབྲས་ཟླུམ་དབྱིབས་གཉིས་དང་། འབྲས་བུའི་ངོས་ལ་གྲུ་ཟུར་ཡོད། དེའི་ནང་དུ་ས་བོན2ཡོད་པ་དང་།

འབྲུ་སྙོང་གི་ལྗིད་ཚད་ཁེ2~3ཡོད། ཀ་ཤུའི་ས་བོན་གྱི་ཆེ་ཆུང་ལྟར་རིགས་གཉིས་སུ་དབྱེ་ཡོད་དེ་རྗོག་པོ་ཆེ་བའི་འབྲས་བུའི་ཚངས་ཐིག་ལ་ཧའོ་སྨི7~8ཡོད་པ་དང་རྗོག་པོ་ཆུང་བའི་འབྲས་བུའི་ཚངས་ཐིག་ལ་ཧའོ་སྨི3ཡས་མས་ལས་མེད། རང་རྒྱལ་གྱིས་འདེབས་འཛུགས་བྱེད་པ་ནི་འབྲུ་རྗོག་ཆུང་བའི་རིགས་ལ་གཏོགས་པ་ཡིན།

གཉིས། ཁོར་ཡུག་གི་ཆ་རྐྱེན་ཐད་ཀྱི་བླང་བྱ།

ཀ་ཤུ་ནི་གྲང་འཁྱག་ལ་དགའ་ཞིང་གྲང་བཟོད་ནུས་པ་ཅུང་ཆེ་བ་དང་། –20~1℃ དྲོད་ཚད་དམའ་མོ་ཡིན་ཡང་སྐྱེ་འཚར་བྱུང་ཐུབ། ཚ་བ་བཟོད་མི་ཐུབ། འཚར་སྐྱེའི་འཚམས་འཕྲོད་དྲོད་ཚད་ནི17~20℃ཡིན། དྲོད་ཚད20℃ལས་བརྒལ་ན་སྐྱེ་འཚར་དལ་བ་དང་། 30℃ཡན་ཆད་ཡིན་དུས་སྐྱེ་འཚར་མཚམས་འཇོག་པ་ཡིན། ས་རྒྱུའི་བླང་བྱར་ནན་པོ་མེད་ཀྱང་། ཆུ་སྲུང་རང་བཞིན་ཆེ་བ་དང་སྐྱེ་ལྡན་རྫས་འདུས་ཚད་མཐོ་བའི་ས་རྒྱུའི་ཁྲོད་དུ་སྐྱེ་འཚར་ཡག་པོ་འབྱུང་ཐུབ། ཀ་ཤུ་ནི་ཉི་འོད་ཕོག་ཡུན་རིང་བའི་སྔོ་ཚལ་སྐྱེ་དངོས་ཀྱི་ཁོངས་སུ་གཏོགས་པ་དང་། ཆུ་ཚོད12རིང་གི་ཉི་འོད་ཕོག་ཡུན་གྱིས་སྐྱེ་འཚར་ལ་སྐུལ་འདེད་གཏོང་ཐུབ། མཐུན་འཕྲོད་རང་བཞིན་ཆེ་བ་ཡིན། རང་རྒྱལ་གྱི་ས་ཆ་སོ་སོའི་སྐྱེ་འཚར་དུས་ཚིགས་ནང་དུ་འདེབས་འཛུགས་བྱས་ཆོག འོན་ཀྱང་ཉི་འོད་ཕོག་ཚད་ཅུང་ཐུང་བ་དང་དྲོད་ཚད་ཅུང་དམའ་བའི་སྟོན་དུས་འདེབས་འཛུགས་ཀྱི་ཐོན་ཚད་མཐོ་ལ་སྤུས་ཀ་ལེགས། ཀྲུང་གོའི་ལྷོ་ཕྱོགས་སུ་སྙོང་ཁང་གྲུབ་ནས་མཐོངས་ཡངས་དགུན་བརྒལ་འདེབས་འཛུགས་བྱས་ཆོག རང་རྒྱལ་བྱང་ཕྱོགས་ཀྱི་སྲུང་སྐྱོབ་ས་ཁུལ་དུ་དགུན་བརྒལ་འདེབས་འཛུགས་བྱས་ཆོག་ལ། དགུན་ཁར་ཉར་ཚགས་བྱས་ཀྱང་ཆོག

ཚན་པ་གཉིས་པ། ཀ་ཤུའི་རིགས་གཙོ་བོ།

གཅིག ཀ་ཤུའི་མེ་ཏོག་དཀར་པོ།

ཧྲང་ཧའེ་གྲོང་ཁྱེར་གྱི་ས་གནས་ཀ་ཤུའི་རིགས་ཤིག་ཡིན། མིང་གཞན་ལ་ལོ་མ་སྔོན་

པོ་ཞུ་སུ་ཟེར། སྔོང་རྐང་དྲང་མོར་ལངས་ཤིང་མཐོ་ཚད་ལི་སྨི25~30དང་། མཆེད་ཚད་ལི་སྨི38ཡིན། ལོ་མའི་ཡུ་བར་ལི་སྨི18ཡོད་པ་དང་། ལྗང་མདོག་གམ་ལྗང་སྐྱ་ཡིན། ལོ་མ་ཆུང་བའི་སྒོར་དབྱིབས་ཀྱི་ལོ་མའི་ཡུ་བར་ལི་སྨི0.5ཡོད། ལོ་མ་བྱ་སྒྲོའི་དབྱིབས་དང་ལྗང་ནག་ཡིན། མེ་ཏོག་ཆུང་ཞིང་དཀར་པོ་ཡིན། དྲི་ཞིམ་འཐུལ། སྲུས་ཀ་ལེགས་པ། སྨིན་ཡུན་འཕྱི་བའི་རིགས་སུ་གཏོགས། སྐྱེ་ཡུན་ཉིན60~85ཡིན། སྐྱེ་འཚར་མགྱོགས་པ། ཡུ་རྐང་འཐེན་པ་འཕྱི་བ། གྲང་བཟོད་ཐུབ་པ། ལུད་རྫས་བཟོད་ཐུབ་པ། ནད་དང་འབུའི་གནོད་པ་ཉུང་བ། འོན་ཀྱང་ཐོན་ཚད་ཅུང་དམའ་མོ་ཡིན། ལོ་རྒྱལ་པོར་རྒྱ་འདེབས་བྱས་ཆོག་ཅིང་། ཟླ11པ་ནས་ཕྱི་ལོའི་ཟླ3པའི་བར་ནི་ས་གནས་འདིའི་འདེབས་འཛུགས་ཀྱི་དུས་སྐབས་ཡག་ཤོས་སུ་བརྩི་བཞིན་ཡོད།

གཉིས། ཞུ་སུའི་མེ་ཏོག་སྨུག་པོ།

ལོ་འདབ་ཆུང་བའི་རིགས་སུ་གཏོགས། སྔོང་རྐང་ཐུང་ཞིང་སར་འབྱར་ནས་སྐྱེས་པ། སྔོང་རྐང་གི་མཐོ་ཚད་ལི་སྨི7དང་། མཆེད་ཚད་ལི་སྨི14ཡིན། ལོ་མ་སྒྲོ་དབྱིབས་ཅན་དུ་གྲུབ་ཅིང་འཇམ་ལ། ལོ་མའི་མཐའ་ངོས་སོག་ལེའི་སོ་ཆུང་བཀོས་ཤུལ་མེད་པ་དང་། སྨུག་སྐྱ་ཡིན། ལོ་མ་ཕྲ་ཞིང་རིང་ལ། དམར་སྨུག་ཡིན། མེ་ཏོག་ཆུང་ཞིང་དམར་སྨུག་ཅན། དྲི་ཞིམ་འཐུལ་བ། སྲུས་ཀ་ལེགས་པ། སྔ་སྨིན་གྱི་རིགས་སུ་གཏོགས་པ་དང་། གྲང་བཟོད་ཐུབ་པ། ཐན་འགོག་ནུས་པ་ཆེ་བ། ནད་དང་འབུའི་གནོད་པ་ཉུང་བའོ། །

གསུམ། པེ་ཅིན་གྱི་ཞུ་སུ།

པེ་ཅིན་ས་གནས་ཀྱི་ཞུ་སུའི་རིགས་ཤིག་ཡིན། སྔོང་རྐང་གི་མཐོ་ཚད་ལ་ལི་སྨི30ཡོད་པ་དང་ལོ་མ་ནི་སྒྲོ་དབྱིབས་སམ་སྒོང་དབྱིབས་སུ་གྲུབ། ལོ་མའི་མཐའ་ངོས་སོག་ལེ་ཁའི་དབྱིབས་དང་། ད་དུང་གས་རིས་ཆ1~2དང་རིང་ཚད་ལ་ལི་སྨི2.5དང་། ཞེང་ལ་ལི་སྨི2དང་ལོ་མ་ལྗང་ཁུ་ཡིན། དྲོད་ཚད་དམའ་བའི་དུས་ཚིགས་ནང་དུ་ལྗང་མདོག་སྨུག་པོར་འགྱུར་བ་ཡིན། ལོ་མའི་ཡུ་བ་ཕྲ་ཞིང་རིང་ལ་མདོག་ལྗང་སྐྱ་ཡིན། ཡུ་བའི་རྩ་བ་དཀར་པོ་ཡིན། སྒྱུ་གུ་གསར་བ་ཁ་ཟས་སུ་སྤྱོད་ཆོག་པ་དང་། ལོ་མ་སྲབ་ཅིང་སྙི་མོ་ཡིན་པ། དྲི་ཞིམ་འཐུལ་

བ། བྲོ་རྫས་སམ་ཡང་ན་བཙོས་ཟས་ཡིན། གྲང་བཟོད་ནུས་པ་ཆེ་བ། རྩ་བ་ནི་ཀླུང་འགོག་མ་བྱས་པའི་སྔོན་དུ་འགེབས་ཡོལ་བཀབ་ན་དགུན་བཀལ་བྱེད་ཐུབ་ཅིང་ཐན་པ་ཐེག་ཐུབ། དཔྱིད་དུས་སྨུའུ་རེའི་ཐོན་ཚད་སྟོང་ཁེ1000~1500ཡིན། སྟོན་དུས་སྨུའུ་རེའི་ཐོན་ཚད་སྟོང་ཁེ1500~2500ཡིན། ཀླུང་འགོག་སོག་ཤུལ་དང་དགུན་བཀལ་འདེབས་འཛུགས་སྨུའུ་རེའི་ཐོན་ཚད་སྟོང་ཁེ1500ཡིན།

བཞི། ཐེ་ལན་གྱི་ཅུ་སུ།

ཐེ་ལན་ནས་ནང་འདྲེན་བྱས། སྡོང་རྐང་གི་མཐོ་ཚད་ལི་སྨི20~27དང་། མཆེད་ཚད་ལི་སྨི15~20ཡིན། ལོ་མ་ལྗང་མདོག་དང་ལོ་མའི་མཐའ་མཚམས་སྐོར་དབྱིབས་ཅན་ཡིན། ལོ་མའི་ཡུ་བ་ལྗང་མདོག་ཡིན་ལ། སྡོང་རྐང་གཅིག་གི་ལྗིད་ཚད་ཁེ15~20ཡིན་པ་དང་། ཚ་སྣ་ཅུང་ཞིང་དྲི་ཞིམ་འཐུལ། རྒྱུ་སྲུས་ཧ་ཅང་ལེགས་པ་དང་ནད་འབུའི་གནོད་པ་འགོག་པའི་ནུས་པ་ཆེ་བ། དྲོད་ཚད་མཐོ་བའི་དུས་ཚིགས་ནང་དུ་འདེབས་འཛུགས་བྱེད་པར་འཚམ་པ་དང་། སྟོན་དཔྱིད་ཀྱི་དུས་ཚིགས་སུ་དྲོད་ཚད18℃ཡན་དུ་འདེབས་འཛུགས་བྱས་ན་ཡུ་རྐང་འཐེན་དཀའ།

ལྔ། དབྱི་ཐ་ཡིའི་དུས་བཞིའི་ཡུ་རྐང་ཐོན་པའི་ཅུ་སུ།

སྡོང་རྐང་གི་མཐོ་ཚད་ལ་ལི་སྨི20~30ཡོད་པ་དང་། སྡོང་དབྱིབས་མཛེས་ཤིང་། ལོ་མ་སྔོ་མདོག ལོ་མའི་ཡུ་བ་དཀར་པོ། ལོ་མ་སྐོར་དབྱིབས་དང་མཐའ་མཚམས་སུ་གས་སྲུབས་ཡོད་པ། ཚ་བ་བཟོད་ཐུབ། གྲང་འགོག་ཐུབ་པ། ཡུ་རྐང་འཐེན་པར་བཟོད་ཐུབ་པ། དྲི་ཞིམ་ཆེ་བ། ཚ་སྣ་ཅུང་བ། སྲུས་ཀ་ལེགས་པ། ལོ་འཁོར་རྒྱལ་པོར་འདེབས་འཛུགས་བྱེད་པར་འཚམ་པ་ཡིན།

དྲུག ཧྲན་ཧྲུང་གི་ལོ་འདབ་ཆེ་བའི་ཅུ་སུ།

ཧྲན་ཧྲུང་ས་གནས་ཀྱི་ཅུ་སུ་རིགས་ཤིག་ཡིན། སྡོང་རྐང་གི་མཐོ་ཚད་ལི་སྨི45ཡོད། ལོ་མ་ཆེ་བ་དང་། ལོ་མའི་མདོག་ལྗང་ནག་ཡིན། སྡོང་རྐང་རེ་ལ་ལོ་མ8~10ཡོད། ལོ་མའི་ཡུ་བའི་རིང་ཚད་ལ་ལི་སྨི12~13དང་། སྨུག་སྐྱའི་མདོག་ཡིན། སྡོང་རྐང་གཅིག་གི་ལྗིད་

ཚད་ལ་ཁེ20~25ཡོད། ཐོ་བ་ཞིམ་པ། ཚི་སྣ་ཉུང་བ། ཕྱུས་ཀ་ལེགས་པ། གྲང་བཟོད་ཐུབ་པ། ཚ་བཟོད་རང་བཞིན་ཞན་ཞིང་སྐྱེ་ཡུན་ཉིན50~60ཡིན། དཔྱིད་དུས་མུའུ་རེའི་ཐོན་ཚད་སྟོང་ཁེ650~1000ཡིན་པ་དང་། སྟོན་དུས་མུའུ་རེའི་ཐོན་ཚད་སྟོང་ཁེ1300~2000ཡིན།

བདུན། དུས་བཞིའི་དྲི་ཞིམ་ཅུ་སྔོ།

སྔོང་ཀང་གི་མཐོ་ཚད་ལི་སྨི26~28དང་། མཆེད་ཚད་ལི་སྨི15~20ཡིན། རྩ་བ་ཐུང་སྦོམ་པ་དང་སྔོང་ཀང་ཐུང་བ། ཀ་ཟླུམ་གྱི་དབྱིབས་ཡིན། ལོ་མའི་མདོག་ལྗང་ཁུ་དང་། ལོ་མའི་ཡུ་བ་ལྗང་དཀར་ཡིན། ལོ་མའི་མཐའ་ནི་གས་སྲུབས་ཅན་དང་ལོ་མ་ཁབ་ཀྱི་དབྱིབས་ཡིན། ལོ་མ་མང་དུ་སྐྱེ་ཞིང་སྔོང་ཀང་གཅིག་གི་ལྗིད་ཚད་ཁེ10~16ཡིན། དྲི་ཞིམ་འཐུལ་བ། ཚི་སྣ་ཤིན་ཏུ་ཉུང་། ཚོང་ཟོག་ཏ་ཅང་ལེགས། ཚ་འགོག་དང་གྲང་འགོག་རང་བཞིན་ཆུང་ཆེ་བ་དང་། ལོ་འཁོར་ཧྲིལ་པོར་འདེབས་འཛུགས་བྱས་ཆོག

ཆ་ཤས་གསུམ་པ། ཅུ་སྔོའི་འདེབས་འཛུགས་ཀྱི་དུས་ཚིགས་གཙོ་བོ།

ཅུ་སྔོ་ནི་དཔྱིད་ཀ་དང་སྟོན་ཁ། དགུན་ཁ་དང་དབྱར་ཁར་འདེབས་འཛུགས་བྱས་ཆོག་ལ། སྤྱིར་བཏང་དུ་སྐྱེ་ཡུན་ཉིན60~70ཡིན། དགུན་བརྒྱལ་འདེབས་འཛུགས་ནི་དགུན་དུས་རྩ་བའི་སྐྱེ་མཚམས་བཞག་ཡོད་པས། བཟ་བསྡུ་བྱེད་ཡུན་ཕྱིར་འགྱངས་བྱས་རྗེས། སྐྱེ་འཚར་དུས་ཡུན་ཟླ5~7ཡིན།

གཅིག དཔྱིད་དུས་འདེབས་འཛུགས།

དཔྱིད་དུས་ཟླ3~4འདེབས་འཛུགས་བྱེད་པ་དང་། དཔྱིད་འདེབས་སྔ་དྲགས་ན་མི་བཟང་། ཐོག་མའི་དུས་སུ་ཡུ་ཀང་མི་འཐེན་པའི་ཆེད་དུ། རྡོད་ཁང་ཆེན་མོའི་འདེབས་འཛུགས་ནི་ཟླ2~3སྔོན་དུ་འདེབས་འཛུགས་བྱས་ཆོག ཟླ5~6བཟ་བསྡུ་བྱེད་དགོས།

གཉིས། དབྱར་དུས་འདེབས་འཛུགས།

ཟླ6པའི་ཟླ་སྟོད་དུ་འདེབས་འཛུགས་བྱས་ནས་ཟླ7པའི་ཟླ་སྨད་ནས་ཟླ8པའི་བར་

བཟ་བསྒྲུ་བྱེད་པ་ཡིན།

གསུམ། སྟོན་དུས་འདེབས་འཛུགས།

ཟླ7~8སྟོ་འདེབས་བྱེད་པ་དང་། ཟླ9པའི་ཟླ་སྨད་ནས་བཟུང་དགུན་ཚུགས་བར་དུ་བཟ་བསྒྲུ་བྱེད་དགོས།

བཞི། དགུན་བཀལ་འདེབས་འཛུགས།

དྲོད་ཁང་ཆེན་མོ་ནང་དུ་ཟླ10ནས་ཟླ11པའི་ཟླ་སྟོད་དུ་འདེབས་འཛུགས་བྱེད་པ་དང་། ཕྱི་ལོའི་ཟླ2~4དུས་བགོས་ཀྱིས་བཟ་བསྒྲུ་བྱེད་དགོས།

ཆོན་པ་བཞི་པ། ཞུ་སུའི་སྐྲུས་ལེགས་ཐོན་མཐོའི་འདེབས་འཛུགས་ལག་རྩལ།

གཅིག རྒྱུན་མཐོང་གི་འདེབས་འཛུགས་ལག་རྩལ།

(གཅིག) ས་ཁོད་སྒོམས་ནས་རྣང་མ་བཟོ་བ།

བསིལ་གྲིབ་ཡོད་པ་དང་ས་རྒྱུ་སོབ་སོབ་ཡིན་པ། ས་རྒྱུ་གཤིན་པོ་ཡིན་པ། སྐྱེ་ལྡན་རྒྱུ་འདུས་ཚད་ཕུན་སུམ་ཚོགས་པའི་བྱེ་ས་འདེམ་དགོས། ཟབ་རྨོ་བྱས་རྗེས་རྣང་མ་སྐམ་དུ་འཛུག་དགོས། ས་སློག་པའི་གཏིང་ཚད་སྤྱིར་བཏང་དུ་ལི་སྨི25~30དང་། ས་བསློགས་ནས་ཞིང་ཁྱིམ་ལུད་སྟོང་ཁེ5000ཡས་མས་འཇོག་དགོས། ཞིང་ལ་སྨི1~1.5རྣང་མ་བཟོས་ཏེ་ཁོད་སྒོམས་པོས་ཤལ་རྒྱག་དགོས།

(གཉིས) སྨྱུ་གུ་སྐྱེ་ཚ་འཛུག་པ་དང་སྟོ་འདེབས་བྱེད་པ།

ཞུ་སུའི་སྨྱུ་གུ་འབྱུས་པ་དལ་ཞིང་ཐོག་མའི་སྐྱེ་འཚར་དུས་ཡུན་ཡང་དལ་བ་དང་། ས་བོན་སྦྲངས་ནས་སྨྱུ་གུ་འབྱུས་རྗེས་སྟོ་འདེབས་བྱས་ན་སྨྱུ་གུ་ལེགས་པར་འབྱུས་ཐུབ། ཐོག་མར་ས་བོན་འཕྱུར་རྗེས། ཆུ་དྲོངས་མས་ཆུ་ཚོད12~24སྦྲངས་ནས་སེང་རས་ཀྱིས་བཏུམས་ཏེ་སྣམ་ནང་དུ་བཙུག་སྟེ་ཆྭན་སྲུང་བྱེད་དགོས། དྲོད་ཚད20~22℃ཀྱི་ཁོར་ཡུག་ནང་

དུ་བཞག་སྟེ་སྨྱུ་གུ་འབུས་སུ་འཇུག་པའམ་ཡང་ན་ཁྲོན་པའི་ནང་དུ་དཔྱངས་ནས་སྨྱུ་གུ་འབུས་སུ་འཇུག་དགོས། ཐོག་མར་ཧྲའོ་ཁེ50/ཧྲིན་ཁྲི་མེ་སུའུ་ཡི་ས་བོན་སྦྲངས་ནས་དུས་ཚོད4འགོར་རྗེས་ཐག་གཅོད་བྱེད་དགོས། དེ་ནས་སྨྱུ་གུ་འབུས་པར་སྐྱུལ་འདེད་བྱས་ན་པན་འབྲས་ཆེས་བཟང་བ་ཡིན། སྨྱུ་གུ་འབུས་པའི་དུས་སུ་ཆུ་ཚོད24རེའི་ནང་ཐེངས་གཅིག་ལ་སྐྱུལ་དགོས་ཤིང་། དུས་མཚུངས་སུ་ཆུ་གཙང་མས་བཀྲུ་བ་དང་། ཅུང་ཙམ་སྐམ་རྗེས་མུ་མཐུད་དུ་སྨྱུ་གུ་སྐྱེ་རུ་འཇུག་དགོས། ཉིན4~6ནང་དུ་སྨྱུ་གུ་འབུས་རྗེས། ཤལ་བརྒྱབ་སྙོམས་བདེའི་རྣང་ངོས་སུ་གཏིང་ཆུ་འདང་ངེས་གཏོང་བ་དང་། ཆུའི་ནང་དུ་སིམ་རྗེས་རྣང་ངོས་སུ་ས་སྲབ་མོ་ཞིག་གཏོར་དགོས། དེ་ནས་ཆ་སྙོམས་ཀྱིས་འདེབས་པའམ་ཡང་ན་རོལ་འདེབས་བྱེད་དགོས། ས་འགེབས་ཚད་ལི་སྨི1ཡས་མས་དང་། སུའུ་རེར་སྟོང་ཁེ5ཡས་མས་འདེབས་དགོས། བཏབ་རྗེས་རྣང་ངོས་སུ་ཉི་འགོག་དྲ་བ་ནག་པོ་བཀབ་ནས་གནས་སྐབས་སུ་ཆུ་གཏོང་མི་རུང་། སྨྱུ་གུ་འབུས་རྗེས་ད་གཟོད་ཆུ་གཏོང་དགོས།

(གསུམ) ཞིང་ཁའི་དོ་དམ།

ས་བོན་བཏབ་རྗེས་ས་རྒྱུའི་བརླན་གཤེར་རྒྱུན་འཁྱོངས་བྱེད་དགོས་མོད། འོན་ཀྱང་བརླན་གཤེར་ཆེ་མི་རུང་། ས་ངོས་སྲ་མཁྲེགས་སུ་མ་གྱུར་ན་སྨྱུ་གུ་འབུས་དུས་ད་གཟོད་གྲ་འགྲིག་པོ་དང་སྐྱེ་སྟོབས་རྒྱས་ཐུབ། སྨྱུ་གུའི་མཐོ་ཚད་ལ་ལི་སྨི2ཡས་མས་ཡོད་དུས་སའོ་ཞའོ་ཨན་ལུད་འཇོག་དགོས། ལྗང་སྨྱུག་གི་མཐོ་ཚད་ལི་སྨི3~4ཡིན་པའི་སྐབས་སུ་དུས་ཐོག་ཏུ་ཡུར་མ་ཡུར་བ་དང་ལྗང་སྨྱུག་མཐུག་སེལ་བྱས་ནས་ཆུ་མང་པོ་གཏོང་མི་རུང་། དེ་ལྟར་མ་བྱས་ན་རླུང་རྒྱུག་ཚད་དང་འོད་འཕྲོ་ཚད་མི་བཟང་བ་དང་། རླན་ཚད་ཆེ་དྲགས་པས་རྩ་བའི་རུལ་ནད་འབྱུང་སྲིད། སྨྱུ་གུ་མཐོ་ཚད་ལ་ལི་སྨི10ཙམ་ཡོད་པ་དང་འཚར་སྐྱེའི་དུས་སུ་སླེབས་རྗེས་ཆུ་གཏོང་ཚད་ཇེ་མང་དུ་གཏོང་བ་དང་རྒྱུན་དུ་ས་རྒྱུའི་བརླན་གཤེར་རྒྱུན་འཁྱོངས་བྱེད་དགོས། ཆུ་གཏོང་བ་དང་ཟུང་འབྲེལ་སྒོས་སའོ་ཞའོ་ཏན་ལུད་ཐེངས1~2བརྒྱབ་ན་ལྗང་སྨྱུག་སྐྱེ་བར་སྐྱུལ་འདེད་བྱེད་དགོས།

གཉིས། དབྱར་སྟོན་དུས་ཀྱི་སྲིག་བཀོད་འདེབས་འཛུགས་འགག་རྩའི་ལག་རྩལ།

དབྱར་དུས་ཀྱི་ཨ་སུའི་སྐྱེ་ཡུན་ཉིན40ཡས་མས་ཡིན་པ་དང་། དབྱར་དུས་ཁྲོད་ཁང་ཆེན་མོར་འདེབས་འཛུགས་བྱེད་པའི་ཁྲོད་ཚད་དོ་དམ་ནི་འགག་རྩ་ཡིན། ཚྭ་རྒྱུག་པར་ཤུགས་སྟོན་བྱེད་དགོས་པ་དང་ཁྲོད་ཁང་གི་ཁྲོད་ཚད་ཉིན་མོར15~20℃ཚོད་འཛིན་བྱེད་དགོས། ཆེས་མཐོ་བའི་ཁྲོད་ཚད28℃ལས་བརྒལ་མི་ཆོག་པ་དང་། ཁྲོད་ཚད་མཐོ་དྲགས་ན་ཁྲོད་ཚད་ཇེ་དམའ་རུ་གཏོང་བའི་བྱེད་ཐབས་སྤྱད་དེ་ཁྲོད་ཁང་ཆེན་མོའི་ནང་དུ་ཉི་འོད་འགོག་པའི་དྲ་རྒྱ་ནག་པོ་སྤྱད་དེ་འདེབས་འཛུགས་བྱེད་དགོས། སྤྱིལ་བུའི་སྟེང་ཕྱོགས་དང་རྩེ་མོར་རླུ་ཡོལ་འགེབས་པ་དང་། སྤྱིལ་བུའི་མཐའ་འཁོར་གྱི་དཀྱིལ་དང་སྨད་ཕྱོགས་སུ་འོད་འཕྲོ་ཞིང་ཚྭ་རྒྱུ་བར་མཉམ་འཛོག་བྱེད་དགོས། དྲ་རྒྱ་འགེབས་པའི་དུས་ཚོད་ནི་གནམ་ངོ་དྲངས་པའི་དུས་སུ་སྔ་དྲོའི་ཆུ་ཚོད9ནས་ཕྱི་དྲོའི་ཆུ་ཚོད4བར་ཡིན་པ་དང་། དུས་ཚོད་གཞན་པར་མི་འགེབས་པ་ཡིན། ཞིང་ཁར་རླན་ཚད་ངེས་ཅན་ཞིག་རྒྱུན་འཁྱོངས་བྱེད་པ་ནི་དབྱར་དུས་ཀྱི་ཐོན་འབབ་མཐོ་བ་དང་སྤུས་ལེགས་ཐོན་ཚད་ཀྱི་འགག་རྩ་ཡིན། གནམ་གཤིས་ཚ་བ་ཆེ་བ་དང་ཐན་པ་ཆེ་བའི་དུས་སུ་ཆུ་མང་པོ་གཏོང་དགོས། ཐོག་མཐའ་བར་གསུམ་དུ་ས་རྒྱུའི་བཞའ་ཚན་སྲུང་འཛིན་བྱས་ཏེ་ཆུ་དགོན་པའི་དབང་གིས་སྐྱེ་འཚར་མི་ལེགས་པའམ་ཡང་ན་འཆི་བ་སྔོན་འགོག་བྱེད་དགོས། ཆུ་བཏང་ནས་ཉིན10~15འགོར་རྗེས་ལུད་ཐིངས་རེར་གཏོར་དགོས། མུའུ་རེར་གཅིན་རྒྱ་སྟོང་ཁེ6ཡས་མས་གཏོར་བ་དང་ཡང་ན་ལོ་མའི་ངོས་སུ་སྐྱེ་ལྡན་གཤེར་ཁུ་གཏོར་ན། གཞུང་རྡ་དང་ལོ་འདབ་སྒོ་ལྡང་ཅན་དུ་འགྱུར་བར་ཕན་ཐོགས་ཡོད།

གསུམ། དགུན་བཀལ་སྲིག་བཀོད་འདེབས་འཛུགས་འགག་རྩའི་ལག་རྩལ།

ཨ་སུའི་དགུན་བཀལ་འདེབས་འཛུགས་ནི་ཟླ་ལེང་དུ་རྩ་སོག་དྲི་ཞིམ་ཚལ་ཟེར། རང་རྒྱལ་ལྷོ་ཕྱོགས་སུ་གྲང་ངར་འགོག་པའི་སྲིག་ཆས་སྟོན་མི་དགོས་པར་མཐོངས་ཡངས་རྫོ་འདེབས་བྱས་ནས་དགུན་བཀལ་བྱས་ཆོག གྲང་ངར་ཆེ་བའི་ས་ཁུལ་དུ་དགུན་ཁ་སླེབ་དུས་ཚྭ་འགོག་དང་ས་ངོས་ཁེབས་པར་བྱེད་དགོས་ཤིང་། བདེ་འཇགས་ངང་དགུན་

དུས་བརྒྱལ་བ་དང་ཐོན་འབབ་སྟ་མོ་ནས་བཟ་བསྡུ་བྱེད་ཐུབ། འབྲུགས་མ་བསྡམས་པའི་སྔོན་དུ་ཆུ་གཏོང་བ་དང་ཟྭུང་འབྲེལ་བྱས་ཏེ་ཞིང་པའི་སྐྱེ་ལྡན་གཤེར་ལུད་ཐེངས1~2རྒྱག་དགོས། ཕྱི་རོལ་དུ་རླུང་འགོག་ཡོལ་བ་མ་བཀབ་པར་དགུན་བརྒྱལ་བྱེད་ན། ཆུ་འབྲུག་བཏང་རྗེས་ནང་ངོས་སུ་ཤྩི་བ་དང་རྩ་སྐམ་པོ། འཁྲིག་ཤོག་སྤྲབ་མོ་སོགས་ཀྱིས་གྲང་འགོག་དགུན་བརྒྱལ་བྱེད་ཀྱི་ཡོད་མོད། འོན་ཀྱང་མཐུག་ཚད་བརྒྱལ་མི་ཉུང་། ཕྱི་ལོའི་དཔྱིད་ཀར་དྲོད་སླེབས་རྗེས་དུས་ཐོག་ཏུ་བཀབ་དངོས་གཙང་སེལ་བྱེད་དགོས་པ་དང་། སྔོ་ལོག་བྱས་རྗེས་ཆུ་གཏོང་བ་དང་ལུད་རྒྱག་པ་སོགས་ཀྱི་ཞིང་ཁར་དོ་དམ་བྱེད་མགོ་བཙམས་དགོས།

ཚན་པ་ལྔ་པ། ཨུ་སུའི་ནད་འབུའི་གནོད་པ་འགོག་བཅོས་ལག་རྩལ།

གཅིག ནད་སྐྱོན།

ཨུ་སུའི་ནད་གཙོ་བོ་ལ་ལྤངས་སྐམ་ནད་དང་ནད་དུག་ནད། ཕྱི་དཀར་ནད། འབུ་སྦྲའི་ཉིང་ནད་སོགས་ཡོད། འབུ་གནོད་གཙོ་བོ་ནི་འབྲུར་འབུ་ཡིན།

(གཅིག) ལྤངས་སྐམ་ནད།

སྨྱུ་གུ་གསོ་སའི་ནང་དུ་ནད་ལྡན་སྨྱུ་གུ་ཉུང་ཤས་ཡོད་དུས་སྨྱུར་དུ་ནད་ལྡན་སྨྱུ་གུ་མེད་པར་བཟོ་དགོས། གལ་ཏེ་སྨྱུ་གུ་གསོ་ས་བརླན་གཤེར་ཆེ་ན་ས་ཐལ་དང་རྩ་ཐལ་ཉུང་ཙམ་གཏོར་ནས་རླན་ཚད་ཇེ་དམའ་རུ་གཏོང་དགོས། སྨྱུ་གུ་གསོ་ས་སྐམ་པོ་ཡིན་ན། གནམ་ངོ་དྭངས་པའི་ཕྱི་དྲོའི་དུས་སུ30%སྤུའོ་ཟུན་ཏེ་བཞར་ཚན་རང་བཞིན་གྱི་སྨན་ཕྱེ་པའི་ཡིས700གཤེར་ཁུ་དང་། ཡང་ན35%ལེ་ཁོ་ཅིན་བཞར་ཚན་རང་བཞིན་གྱི་སྨན་ཕྱེ་པའི་ཡིས800གཤེར་ཁུ། ཡང་ན75%པའི་ཟུན་ཆིན་བཞར་ཚན་རང་བཞིན་གྱི་སྨན་ཕྱེ་པའི་ཡིས600གཤེར་ཁུ། ཡང་ན70%ཏའི་སེན་སླན་ཞིན་བཞར་ཚན་རང་བཞིན་གྱི་སྨན་ཕྱེ་པའི་ཡིས500གཤེར་ཁུ་གཏོར་ནས་སྨན་བཅོས་བྱེད་དགོས་ཤིང་། བསྟུད་མར་ཐེངས2~3གཏོར་དགོས།

(གཉིས) ནད་དུག་གི་ནད།

20%ནད་དུག་པའི་ཁུ་བཞའ་ཚན་རང་བཞིན་གྱི་སྨན་སྦྱེ་པའི་ཡིས1200གཤེར་ཁུ་གཏོར་བ་དང་། ཡང་ན20%ནད་དུགAབཞའ་ཚན་རང་བཞིན་གྱི་སྨན་སྦྱེ་པའི་ཡིས800གཤེར་ཁུའམ་ཡང་ན1.5%ཀྱི་ཕིན་ལིན་རའོ་ཅི་པའི་ཡིས500གཤེར་ཁུ་གཏོར་དགོས། ཉིན7འགོར་རྗེས་ཐེངས1རེར་གཏོར་དགོས་ཤིང་། བསྟུད་མར་ཐེངས2~3གཏོར་དགོས། བཙ་བསྒྱུ་མ་བྱས་སྔོན་གྱི་ཉིན7གྱི་སྔོན་ལ་སྨན་གཏོར་མཚམས་འཇོག་དགོས།

(གསུམ) སྦྱེ་དཀར་ནད།

ནད་བྱུང་བའི་ཐོག་མའི་དུས་སུ། 30%རྫུལ་ཅན་ཙོལ་བཞའ་ཚན་རང་བཞིན་གྱི་སྦྱེ་རྗས་པའི་ཡིས1500~2000གཤེར་ཁུ་དང་། 50%མུ་ཟི་སེར་པོའི་གཡིང་སྨན་པའི་ཡིས200~300གཤེར་ཁུ། 2%ཕྲུའུ་དབྱི་སྲིན་རྒྱུ་ཆུ་རྗས་སམ2%རྒྱིས་ཧིན་ཉིང་ཀམ་རིགས་ཀྱི་སྲིན་འགོག་སྨན་པའི་ཡིས150གཤེར་ཁུ། 25%ཕུན་ཏན་ཙོལ་ སྦྲིས་མ་པའི་ཡིས3000གཤེར་ཁུ་སོགས་གཏོར་ནས་འགོག་བཅོས་བྱེད་དགོས། ཉིན7~10འགོར་རྗེས་ཐེངས་གཅིག་གཏོར་དགོས་ཤིང་། བསྟུད་མར་ཐེངས2~3གཏོར་དགོས།

(བཞི) འབུ་ཤྲའི་ཉིང་ནད།

ནད་བྱུང་བའི་ཐོག་མའི་དུས་སུ། 65%ཙ་མེ་ལིང་བཞའ་ཚན་རང་བཞིན་གྱི་སྨན་སྦྱེ་པའི་ཡིས600གཤེར་ཁུ་དང་། 50%ཧྲུའོ་མེ་ལིང་གི་བཞའ་ཚན་རང་བཞིན་གྱི་སྨན་སྦྱེ་པའི་ཡིས700གཤེར་ཁུ་སྦྱུད་ཚོག ཡང་ན40%ཅིན་ཧི་ཙུན་བཞའ་ཚན་རང་བཞིན་གྱི་སྨན་སྦྱེ་པའི་ཡིས1200གཤེར་ཁུ་སོགས་གཏོར་ནས་འགོག་བཅོས་བྱེད་དགོས། ཉིན7~10ཐེངས་གཅིག་ལ་གཏོར་བ་དང་བསྟུད་མར་ཐེངས2~3གཏོར་དགོས།

གཉིས། འབྲུ་སྐྱོན།

འབུ་སྐྱོན་གཙོ་བོ་ནི་འབྱར་འབུ་ཡིན། 10%ཕི་ཁྲུང་ལིན་བཞའ་ཚན་སྨན་སྦྱེ་པའི་ཡིས1500བཀོལ་སྦྱོད་བྱས་ཆོག ཡང་ན50%ཁང་ཡ་ཕེ་བཞའ་ཚན་རང་བཞིན་གྱི་སྦྱེ་རྗས་པའི་ཡིས2000~3000གཤེར་ཁུ། 2.5%ཞུའུ་ཆིན་ཙུས་ཀྲི་སྦྲིས་མ་པའི་ཡིས2000~3000གཤེར་

ཁྱུ་སོགས་གཏོར་ནས་འགོག་བཅོས་བྱེད་དགོས། ཉིན7འགོར་རྗེས་ཐེངས་གཅིག་ལ་གཏོར་དགོས་པ་དང་བསྟུད་མར་ཐེངས2~3གཏོར་དགོས།

ཚན་པ་དྲུག་པ། ཞ་སྲུའི་བཟ་བསྡུ།

ཞ་སྲུ་བཟ་བསྡུ་བྱེད་པའི་དུས་ཚོད་ལ་གཏན་ཁེལ་ནན་མོ་མེད་ཅིང་། ཐོད་ཚད་ཀྱི་མཐོ་དམའ་དང་ལྗང་སྨུག་གི་ཆེ་ཆུང་། ཚོང་རའི་གནས་ཚུལ་བཅས་ལ་གཞིགས་ནས་བཟ་བསྡུ་བྱས་པའི་དུས་ཚོད་གཏན་འཁེལ་བྱེད་བཞིན་ཡོད། སྡོང་ཕང་གི་མཐོ་ཚད་ལི་སྨི15~20ལ་སླེབས་ཆེ་བཟ་བསྡུ་བྱེད་ཆོག བཟ་བསྡུ་བྱེད་པའི་དུས་མགོར་སྨུ་གུ་ཕྲ་དུས་སེལ་འབལ་བྱས་ཆོག དུས་མཐུག་ཏུ་རྡོ་ངར་ཅན་གྱི་རལ་གྲིས་ཆ་སྙོམས་ཀྱིས་འབྲེག་དགོས། བཟ་བསྡུ་བྱས་རྗེས་དུས་ཐོག་ཏུ་ལུད་འཛོག་པ་དང་ཆུ་ཐེངས་གཅིག་བཏང་ནས་སྨུ་གུ་ཕྲ་མོའི་སྐྱེ་འཚར་ལ་སྐུལ་འདེད་གཏོང་དགོས།

ལེའུ་བརྒྱད་པ། ལུའོ་ཁྲུའི་ཡི་སྲུས་ལེགས་ཐོན་མཐོའི་འདེབས་འཛུགས།

ཚན་པ་དང་པོ། ལུའོ་ཁྲུའི་ཡི་སྐྱེ་དངོས་རིག་པའི་ཁྱད་ཆོས།

ལུའོ་ཁྲུའི་ནི་ལོ་སྔོར་པད་ཁའི་རིགས་ཀྱི་ལོ་གཅིག་ལ་སྐྱེས་ཤིང་འཁྲིལ་བའི་སྐྱེ་དངོས་ཞིག་ཡིན། མིང་གཞན་ལ་མོག་རོ་ཚལ་དང་སྦྲ་ཤིང་ཚལ། བག་འཇམ་ལོ་མ། དམར་རྩི། ཧོའུ་ཧྲུ་ཚལ་སོགས་ཟེར། ཀྲུང་གོ་དང་རྒྱ་གར་ནས་ཐོན་པ་ཡིན། ལུའོ་ཁྲུའི་ཡི་ལྡང་མྱུག་དང་གཞུང་རྟ་གསར་བ། ལོ་མ་གསར་བ་སོགས་ཟོས་ཆོག་པ་དང་། སྡོང་ཁང་ཡོངས་རྫོགས་ད་དུང་སྨན་རྫས་སུ་བེད་སྤྱོད་བྱས་ཆོག ལུའོ་ཁྲུའི་ཡི་འཚོ་བཅུད་ཕུན་སུམ་ཚོགས་པར་མ་ཟད། ཤུད་རྒྱུ་དང་བཤང་བ། ཚ་བ་འཇོམས་པ་སོགས་ཀྱི་ཕན་ནུས་ལྡན་ལ། རྒྱུན་དུ་ཟོས་ན་མཆིན་པར་ཕན་པ་དང་། ཚ་བ་དང་ཁྲག་འགག་པ། བཤང་བ་འགག་པ་སོགས་སྔོན་འགོག་བྱེད་ཐུབ་པས། ལུས་ཁམས་བདེ་སྲུང་གི་ཟོ་ཚལ་ཞིག་ཡིན། རང་རྒྱལ་ནས་འབྲི་ཆུའི་འབབ་རྒྱུད་ཀྱི་ལྷོ་ཕྱོགས་སུ་འདེབས་འཛུགས་བྱས་པ་ཙུང་མང་། ཉེ་བའི་ལོ་ཤས་རིང་དམིགས་བསལ་ཚལ་ཡིན་པའི་དོན་ནས་རང་རྒྱལ་བྱང་ཕྱོགས་སུ་དྲངས་ཏེ་རྒྱལ་ཡོངས་སུ་ཡོངས་ཁྱབ་ཏུ་འདེབས་འཛུགས་བྱས་ཡོད།

གཅིག སྐྱེ་དངོས་རིག་པའི་ཁྱད་ཆོས།

ལུའོ་ཁྲུའི་སྡོང་ཁང་སྐྱེ་སྟོབས་ཆེ་བ་དང་། རྩ་ལག་དར་རྒྱས་ཆེ་བ། རྩ་བ་གསལ་པོ་མིན་པ། རྩ་བ་མང་ཞིང་ཚགས་དམ་པ་སོགས་ཀྱི་ཁྱད་ཆོས་ལྡན། གཞུང་རྟ་ནི་ཤ

རྫས་གཞུང་རྟ་ཡིན་ལ། རིང་ཚད་སྨི2~2.5དང་། འཕྲེད་གཞུང་སྒོམ་ཚད་ལི་སྨི0.6~1ཡིན་ལ། ཚིགས་བར་ཚགས་དམ་ཞིང་ཐུང་བ་དང་། ཆ་སྙོམས་ཀྱི་རིང་ཚད་ལ་ལི་སྨི6~7ཡོད། ངོས་འཇམ་ཞིང་སྤུ་མེད། ཁ་དོག་ནི་སྨུག་སྐྱ་དང་། དམར་སྨུག་གམ་ལྗང་མདོག་ཡིན། ཕྱི་ངོས་འཇམ་ལ་ཁྲ་བ་མང་། ཡལ་ག་རྒྱས་པའི་ནུས་པ་ཆེ་བས་རང་འགུལ་གྱིས་འཁྲུད་པ་དང་། རྒྱུན་མི་ཆད་པར་ཡལ་ག་སྐྱེ་མོ་འཐུ་བ་དང་། བརྟན་གཤེར་ཆེ་བའི་ས་ངོས་སུ་རྩ་བ་མི་བརྟན་པ་འབྱུང་སླ་བས་བར་བཙུག་སྐྱེ་འཕེལ་འབྱུང་ཐུབ་པ་ཡིན། ལོ་མ་ནི་ལོ་མ་རྐྱང་བ་ཕན་ཚུན་བསྣོལ་ནས་སྐྱེས་པ་དང་། སྒོར་དབྱིབས་དང་ཡང་ན་སྒོང་དབྱིབས་རིང་བ་ཡིན། མདུན་སྣེ་རྣུལ་བའམ་ཙུང་ཞོམ་པ། རྩ་བ་སྙིང་གི་དབྱིབས་སམ་ཡང་ན་སྙིང་དབྱིབས་ལ་ཉེ་བ། རྟིང་གི་ལོ་མ་མེད་པ་དང་། དབྱིབས་ནི་སོག་རོ་དང་འདྲ་ལ་ཤ་རྒྱུད་འཇམ་པ་ཡིན། མེ་ཏོག་གི་བང་རིམ་ནི་སྐྱེ་མའི་དབྱིབས་སུ་གྲུབ་པ་དང་། མཆན་འོག་ནས་སྐྱེས་པ། མཚན་གཉིས་མེ་ཏོག་དང་། ཁ་མདོག་དཀར་པོའམ་དམར་སྨུག་ཡིན། འབྲས་བུ་ནི་ཁྲུ་ལྡན་ཤིང་འབྲས་དང་སྒོར་དབྱིབས་སམ་སྒོང་གཟུགས་ཡིན། ཐོག་མའི་དུས་སུ་ལྗང་ཁུ་དང་སྨིན་རྗེས་དམར་སྨུག་ཡིན། ནང་དུ་ཟླུམ་དབྱིབས་ས་བོན1ཡོད། སོན་ཤུན་སྨུག་པོ་ཡིན་པ་དང་འབྲུ་རྫོག་སྟོང་གི་ལྗིད་ཚད་ཁེ25~35ཡིན། མེ་ཏོག་བཞད་ནས་ས་བོན་སྨིན་རག་བར་སྲིད་བཏང་དུ་ཉིན45~50དགོས།

གཉིས། ཁོར་ཡུག་གི་ཆ་རྐྱེན་ཐད་ཀྱི་བླང་བྱ།

(གཅིག) དྲོད་ཚད།

ལུའོ་ཁུའེ་ནི་དྲོ་འཇམ་གྱི་གནམ་གཤིས་ལ་དགའ་ཞིང་། དྲོད་ཚད་མཐོན་པོ་དང་རླན་ཚད་མཐོན་པོ་བཟོད་ཐུབ། ས་བོན་གྱི་མྱུ་གུ་འབུས་པའི་འཕྲོད་འཚམ་དྲོད་ཚད་ནི20℃ཡས་མས་ཡིན། སྡོང་རྐང་སྐྱེ་འཚར་གྱི་འཕྲོད་འཚམ་དྲོད་ཚད་ནི25~30℃ཡིན། དྲོད་ཚད20℃ལས་དམའ་བའི་དུས་སུ་སྐྱེ་འཚར་དལ་བ་དང་། དྲོད་ཚད15℃མན་ཡིན་དུས་སྐྱེ་འཚར་མི་ལེགས་པ་ཡིན། 35℃ཡས་མས་ཀྱི་དྲོད་ཚད་འོག་ཏུ། གལ་ཏེ་ས་རྒྱུར་བརླན་གཤེར་ལྡན་ན་རྒྱུན་བཞིན་སྐྱེ་ཐུབ། དེ་བས་ལུའོ་ཁུའེ་ནི་དྲོད་ཚད་མཐོ་ཞིང་

ཆར་ཆུ་མང་བའི་དུས་ཚིགས་སུ་སྐྱེས་པ་བཟང་། ལུའོ་ཁྲུའི་ཡིས་གྲང་ངར་མི་བཟོད་ཅིང་། སད་རྒྱུག་པ་དང་འཕྲད་ན་སྐམ་འགྲོ། དགུན་དཔྱིད་ཀྱི་དུས་ཚིགས་སུ་དྲོད་ཁང་ཆེན་མོའི་ནང་དུ་རྩྭ་འདེབས་བྱས་ན་རིམ་པ་མང་པོས་འགེབས་དགོས་པ་དང་། སྐབས་འགར་ཐ་ན་དྲོད་ཚད་ཇེ་མཐོར་གཏོང་དགོས།

(གཉིས) འོད་འཕྲོ།

ལུའོ་ཁྲུའི་ནི་ཉི་འོད་འཕྲོ་ཡུན་ཐུང་བའི་རིགས་སུ་གཏོགས། ཉི་འོད་ཕོག་ཡུན་ནི་རིང་བ་ནས་ཇེ་ཐུང་དུ་འགྱུར་བར་མ་ཟད། ཉི་འོད་ཕོག་ཡུན་ཅུང་ཐུང་བའི་ཆ་རྐྱེན་འོག་ཏུ་མེ་ཏོག་བཞད་སླ་བ་དང་། དེའི་ལོ་མའི་འཚར་སྐྱེ་ནི་ཉི་འོད་ཀྱི་རིང་ཐུང་ལ་དམིགས་བསལ་གྱི་བླང་བྱ་མེད། ཉི་འོད་ཕོག་ཚད་འདང་ངེས་ཡོད་ཚེ་ཉི་འོད་འཕྲོ་ཡུན་ཐུང་བའམ་ཡང་ན་ཉི་འོད་འཕྲོ་ཡུན་རིང་བ་གང་ཡིན་ཡང་། ལོ་མ་ཚང་མ་སྐྱེ་འཚར་ལེགས་པོ་ཡོང་ཐུབ།

(གསུམ) ས་རྒྱུ།

ལུའོ་ཁྲུའི་སྐྱེ་འཚར་གྱིས་ས་རྒྱུའི་ཆ་རྐྱེན་ལ་བླང་བྱ་ནན་པོ་བཏོན་མེད་ཀྱང་ས་རྒྱུ་སོབ་སོབ་ཡིན་པས་ཆོག འོས་འཚམ་གྱི་ས་རྒྱུའི་pHཚད་ནི4.7~7ཡིན་པ་དང་སྐྱུར་ཅུང་བཟོད་ཐུབ་པའི་སྔོ་ཚལ་གྱི་རིགས་སུ་གཏོགས། ལུའོ་ཁྲུའི་ཡི་ལོ་མའི་རླངས་པར་འགྱུར་ཚད་ཆེ་བས། སྐྱེ་འཚར་ལ་བརླན་གཤེར་ཆེ་བའི་ཁོར་ཡུག་དགོས་མོད། འོན་ཀྱང་རླན་ཚད་མཐོ་བའམ་ཆུ་འཁྱིལ་བའི་གནས་ཚུལ་འོག་ཏུ་ལུའོ་ཁྲུའི་ཡི་སྐྱེ་འཚར་མི་ལེགས་པས། ཆུ་འབུད་བདེ་བ་དང་ཆུ་གཏོང་བདེ་བའི་ཁོར་ཡུག་ཅིག་སྒྲུབ་དགོས། གཞན་ཡང་དྲོད་ཁང་ཆེན་མོའི་ནང་དུ་ལུའོ་ཁྲུའི་རྩྭ་འདེབས་བྱས་ན་གཙོ་བོར་དགུན་དཔྱིད་གཉིས་ཀྱི་སྐབས་ཡིན་དགོས་ཤིང་། དྲོད་འཕར་མགྱོགས་པ་དང་དྲོད་སྲུང་རང་བཞིན་བཟང་བའི་ས་རྒྱུ་འདེམ་དགོས། སྐྱེ་ལྡན་རྫས་བཅུད་ཕུན་སུམ་ཚོགས་པའི་བྱེ་ས་ནི་ཆེས་འཚམ་པ་ཡིན། ལུའོ་ཁྲུའི་སྐྱེ་བའི་དུས་སུ་བཅུད་ལེན་པའི་འཚོ་བཅུད་ནི་ཏན་མང་ཤོས་ཡིན་ལ། ཏན་ལུད་འདང་ངེས་ཤིག་མགོ་སྐྱོང་བྱེད་པ་ནི་ཐོན་ཚད་མཐོ་བའི་རྨང་གཞི་ཡིན།

ཆ༌ན༌པ༌གཉིས༌པ། ལུའོ༌ཁུའི༌ཡི༌རིགས༌གཙོ༌བོ།

ཀྱང་གོའི་འདེབས་འཛུགས་བྱེད་པའི་ལུའོ་ཁུའི་ནི་མེ་ཏོག་དམར་པོའི་ལུའོ་ཁུའི་དང་། མེ་ཏོག་དཀར་པོའི་ལུའོ་ཁུའི། ལོ་མ་ཆེ་བའི་ལུའོ་ཁུའི་བཅས་རིགས་གསུམ་ཡོད།

གཅིག མེ་ཏོག་དམར་པོའི་ལུའོ་ཁུའི།

སྡོང་རྐང་སྨུག་སྐྱའམ་ལྗང་མདོག་དང་མེ་ཏོག་དམར་སྨུག་ཡིན། ལོ་མའི་ཞེང་ཚད་ཏ་ལམ་འདྲ་མཚུངས་ཡིན། གཞོགས་ཀྱི་ཡལ་གའི་རྩ་བའི་ལོ་མ་འགའ་ཙུང་རིང་བ་དང་། ལོ་མའི་རྩ་བ་སྙིང་དབྱིབས་ཡིན། རིགས་གཙོ་བོ་ནི་གོང་ཀྲོའུ་ཡི་སྡོང་དམར་སྨྲ་ཚལ་དང་། ཐྱུ་ཅན་ཀུའུ་ཐན་གྱི་མོག་རོ་ཚལ། ཅང་སུའུ་ཡི་ལོ་སྨུག་ཤིང་འབྲས། ཧྥན་ཞིའི་མོག་རོ་ཚོད་མ། འཛར་པན་གྱི་མེ་ཏོག་སྨུག་པོའི་ལུའོ་ཁུའི་སོགས་ཡོད།

གཉིས། མེ་ཏོག་དཀར་པོའི་ལུའོ་ཁུའི།

སྡོང་རྐང་ལྗང་སྐྱ་དང་ལོ་མ་ལྗང་མདོག་ཡིན། ལོ་མ་སྒོར་མོ་ནས་སྒོར་མོ་རིང་བ་ཡིན། མཐའ་ངོས་ རླབས་དབྱིབས་ཡིན། ལོ་མ་ཙུང་ཆུང་བ་དང་། ཆ་སྙོམས་རིང་ཚད་ལ་ལི་སྨི2.5~3དང་ཞེང་ཚད་ལ་ལི་སྨི1.5~2ཡོད། མེ་ཏོག་དམར་སྨུག་དང་མེ་ཏོག་ཡལ་ག་རིང་བ་ཡིན། མེ་ཏོག་གི་བང་རིམ་ལ་མེ་ཏོག་སྐྱེ་བའི་གྲངས་འབོར་ཉུང་། གཙོ་བོར་གོང་ཀྲོའུ་ཡི་སྡོ་ཁེམ་སྨྲ་ཚལ་དང་། སི་ཁྲོན་གྱི་ཆོས་ཁུའི་ལོ་མ། ယུན་ནན་གྱི་མཉེན་ཁུའི་ལོ་མ། ཧུའུ་ནན་ཁྲང་ཧྲའི་ཕྲ་འདབ་མོག་རོ་ཚལ། ཧུའུ་པེ་ཡི་ལི་ཁྲོན་ལུའོ་ཁུའི་སོགས་ཡོད།

གསུམ། ལོ་མ་ཆེ་བའི་ལུའོ་ཁུའི།

ལོ་མ་ནི་མེ་ཏོག་དམར་པོའི་ལུའོ་ཁུའི་དང་མེ་ཏོག་དཀར་པོའི་ལུའོ་ཁུའི་དང་བསྡུར་ན་མངོན་གསལ་གྱི་ཆེ་ཞིང་རྒྱུགས་པས་ལོ་མ་ཆེ་བའི་ལུའོ་ཁུའི་ཟེར། སྡོང་རྐང་གསར་བ་ལྗང་ཁུ་ཡིན་ལ། སྡོང་རྐན་གྱི་ཆ་ཤས་སམ་ཡང་ན་ཚང་མ་དམར་སྨུག་གམ་སྨུག་པོ་ཡིན། ལོ་མའི་མདོག་ལྗང་ནག་ཡིན། ལོ་མ་སྙིང་གི་དབྱིབས་དང་རྩེ་མོ་རྣོ་བ་སྟེ་མངོན་གསལ་གྱི་གོང་

བུ་ཡོད་པ་དང་། ལོ་མའི་ཞེང་ཆེ་བ་དང་ལོ་མའི་ཆ་སྙོམས་ཀྱི་རིང་ཚད་ལ་ལི་སྨི10~15དང་། ཞེང་ཚད་ལ་ལི་སྨི1.5~2ཡོད། མེ་ཏོག་བང་རིམ་ནི་སྐྱེ་མའི་དབྱིབས་ཡིན་ལ་མེ་ཏོག་གི་ཡལ་གར་ལི་སྨི8~14ཡོད། མཚོན་བྱེད་རང་བཞིན་གྱི་རིགས་ལ་ཀུའེ་དབྱང་གི་ལོ་མ་ཆེ་བའི་ལུའོ་ཁྲུའེ་དང་ཙང་ཁོའུ་ཡི་ལོ་མ་ཆེ་བའི་ལུའོ་ཁྲུའེ་སོགས་ཡོད།

ཚན་པ་གསུམ་པ། ལུའོ་ཁྲུའེ་འདེབས་འཛུགས་ཀྱི་དུས་ཚིགས་གཙོ་བོ།

གཅིག དཔྱིད་དུས་སྨྲིག་བཀོད་འདེབས་འཛུགས།

ཟླ12པ་ནས་ཕྱི་ལོའི་ཟླ2པའི་ཟླ་དཀྱིལ་དུ་སྨོ་འདེབས་བྱེད་དགོས། སྨོ་འདེབས་བྱས་རྗེས་ཀྱི་ཉིན40ནས་ཟླ4པའི་བར་བཟང་བསྒྱུ་བྱེད་པ་དང་། ཐོད་སྲུང་འདེབས་འཛུགས་བྱེད་དགོས།

གཉིས། དཔྱིད་དབྱར་གྱི་སྨྲིག་བཀོད་འདེབས་འཛུགས།

ཟླ3~4སྨོ་འདེབས་བྱས་ཏེ་ཟླ4པའི་ཟླ་མཇུག་ནས་ཟླ6པའི་བར་བཟང་བསྒྱུ་བྱེད་དགོས། སྐྱེ་འཚར་དུས་ཡུན་རྩིས་པོར་ཁྲབ་པ་དང་སྨྲིག་བཀོད་ཀྱི་དུས་མགོར་ཐོད་སྲུང་དང་དུས་མཇུག་ཏུ་ཆར་གཡོལ་འདེབས་འཛུགས་བྱེད་དགོས།

གསུམ། དབྱར་སྟོན་གྱི་སྨྲིག་བཀོད་འདེབས་འཛུགས།

ཟླ6པ་ནས་ཟླ8པའི་བར་སྨོ་འདེབས་བྱེད་པ་དང་། སྨོ་འདེབས་བྱས་རྗེས་ཀྱི་ཉིན35ནས་ཟླ10པའི་བར་བཟང་བསྒྱུ་བྱེད་ཅིང་། ཆར་གཡོལ་འདེབས་འཛུགས་བྱེད་དགོས།

བཞི། དགུན་དུས་སྨྲིག་བཀོད་འདེབས་འཛུགས།

ཟླ9པའི་ཟླ་སྨད་ནས་ཟླ10པའི་ཟླ་དཀྱིལ་དུ་སྨོ་འདེབས་བྱེད་དགོས། ཟླ10པ་ནས་ཕྱི་ལོའི་ཟླ2པའི་བར་བཟང་བསྒྱུ་བྱེད་པ་དང་། ཟླ10པར་ཐོད་སྲུང་འདེབས་འཛུགས་བྱེད་དགོས།

ཆ་ན་པ་བཞི་པ། ཤུའོ་ཁུའེ་ཨི་སྨུས་ལེགས་ཐོན་མཐོའི་འདེབས་འཛུགས་ལག་རྩལ།

གཅིག ས་ཞིང་ལེགས་སྒྲིག་བྱས་ནས་རྣང་མ་བཟོ་བ།

འདེབས་འཛུགས་རྗོ་ཞིང་བསྐོགས་ནས་ཐོང་གཞོལ་གྱི་མཐིལ་གཏོར་དགོས་ཤིང་། མུའུ་རེར་ཞིང་ཁྲིམ་ལུད་སྟོང་ཁ5000དང་ལིན་སོན་ཨེར་ཨན་སྟོང་ཁ20བསྲེས་རྗེས་གཏོར་དགོས་པ་དང་། ཚལ་ཞིང་རྙིང་བའི་སྟེང་དུ་ས་གཞིན་ལ་སྐྱོག་ཤལ་རྒྱག་པའི་སྔོན་དུ་ས་རྒྱུའི་འབུ་སྲ་གསོད་བྱེད་ཀྱི་སྨན་རྫས་ས་ཞིབ་མོའི་ནང་དུ་བསྲེས་ནས་ས་ངོས་སུ་གཏོར་དགོས། དེའི་འཕྲོར་ཡང་བསྐྱང་ས་བསྐོགས་ནས་ས་རྒྱུའི་ནང་གི་ནད་འབུ་སྲ་མོ་གསོད་དགོས། ཞིབ་རྗོ་ཞིབ་འདེབས་བྱེད་དགོས་ཤིང་། སྤྱིར་བཏང་གི་རྣང་ངོས་ཀྱི་ཞེང་ཚད་ལ་སྨི1.2~1.5ཡོད་པ་དང་རིང་ཚད་ནི་ས་ཞིང་ལ་གཞིགས་ནས་གཏན་འཁེལ་བྱེད་དགོས།

གཉིས། སྨུ་གུ་སྐྱེ་རུ་འཇུག་པ་དང་རྗོ་འདེབས་བྱེད་པ།

ཆུ་དྲོན་མོའི་ནང་དུ་ས་བོན་སྦང་བ་དང་། ས་བོན་དྲོད་ཚད55℃ཆུ་དྲོན་མོའི་ནང་དུ་བླུགས་ཏེ་དཀྲུག་དགོས་ཤིང་། ཆུའི་དྲོད་ཚད25℃ཡས་མས་སུ་མར་བབས་རྗེས་དཀྲུག་མཚམས་འཇོག་དགོས་པ་དང་། ས་བོན་ཆུ་ཚོད24ལ་སྦངས་རྗེས་ཆུ་གཙང་མས་ཐེངས2ལ་བཀྲུ་བ་དང་། སྲིང་རས་ཀྱིས་ས་བོན་བཏུམས་ནས་དྲོད་ཚད25~30℃ཁོར་ཡུག་འོག་ཏུ་སྨྱུ་གུ་སྐྱེ་རུ་འཇུག་དགོས། ཉིན་རེར་ཆུ་གཙང་མས་ཐེངས1བཀྲུ་བ་དང་། ས་བོན་ཕྱེད་ཀའི་ཁ་མདོག་སེར་མ་ཐག་རྗོ་འདེབས་བྱས་ཆོག

རྗོ་འདེབས་བྱེད་ཐབས་ལ་ཐད་ཀར་རྗོ་འདེབས་དང་སྨྱུག་གསོ་སྤོས་འཛུགས་གཉིས་སུ་དབྱེ་ཡོད།

1. ཐད་ཀར་རྗོ་འདེབས་བྱེད་ཐབས།

དགུན་དུས་དྲོད་ཁང་ངམ་དཔྱིད་མགོར་དྲོད་ཁང་ཆེན་མོའི་ནང་དུ་འདེབས་འཛུགས

བྱེད་དུས། སྦྱིལ་བུའི་ནང་གི་དྲོད་ཚད15~30℃གཏན་འཇགས་ཡིན་དགོས། ལྡང་སྨྱུག་དུས་སྐབས་ཀྱི་གཞུང་རྩ་བཟ་བསྒྱུ་བྱེད་པ་སྟེ་དཔེར་ན་ལོ་མ་ཆེ་བའི་ལུའོ་ཁྲུའི་ལྤ་བུ་ཡིན། ཡོད་ཚད་གཏོར་འདེབས་བྱེད་པ་དང་སྦྱིར་བཏང་དུ་སྨྱུ་རེར་ས་བོན་སྟོང་ཁ5བཀོལ་དགོས།

2. སྨྱུག་གསོ་སྦྱོས་འཇུགས་བྱེད་ཐབས།

དགུན་དུས་དྲོད་ཁང་ངམ་དཔྱིད་མགོར་དྲོད་ཁང་ནང་དུ་འདེབས་འཇུགས་བྱེད་བཞིན་ཡོད་པ་དང་། དཔྱང་ཐག་འདེབས་འཇུགས་བྱེད་པའི་སོན་རིགས་དཔེར་ན་ལོ་འདབ་དམར་པོའི་ལུའོ་ཁྲུའི་དང་ལོ་འདབ་སྔོན་པོའི་ལུའོ་ཁྲུའི་སོགས་སྨྱུག་གསོ་སྦྱོས་འཇུགས་བྱེད་ཐབས་སྤྱད་ཆོག དྲོད་ཁང་དང་དྲོད་ཁང་ཆུང་ངུའི་ནང་དུ་སྨྱུ་གུ་གསོ་དགོས་ཤིང་། སྨྱུག་གསོ་སྦྱོས་འཇུགས་བྱེད་པར་སྤྱིར་བཏང་དུ་སྨྱུ་རེར་ས་བོན་འདེབས་ཚད་སྟོང་ཁ3ཡིན།

གསུམ། རྩ་སྤོས་རྒྱག་པ།

སྔོ་འདེབས་བྱས་རྗེས་ཀྱི་ཉིན25~30ནང་དུ། སྨྱུ་གུ་སྐྱེས་ནས་ལོ་མ་ངོ་མ4~5བྱུང་དུས་རྩ་སྤོས་རྒྱག་དགོས། ལྡང་སྨྱུག་སྣེ་མོའི་སྟོང་ཐང་བསྒྱུ་བའི་སྟོང་ཐང་གི་བར་ཐག་ནི་ལི་སྨི(15~20)×(20~25)ཡིན། ལོ་མ་གསར་བ་བསྒྱུ་བའི་སྟོང་ཐང་གི་བར་ཐག་ནི་ལི་སྨི30×(50~60)ཡིན།

བཞི། ཞིང་ཁའི་དོ་དམ།

སྨྱུ་གུ་འབྱུས་རྗེས་དྲོད་ཚད་ཚོད་འཛིན་འོས་འཚམ་བྱེད་དགོས་ཤིང་། དྲོད་ཚད་མཐོ་དྲགས་མི་རུང་། ཐད་ཀར་སྔོ་འདེབས་བྱེད་པ་ཡིན་ན་དུས་ཐོག་ཏུ་སྨྱུ་གུ་མཐུག་སེལ་དང་སྨྱུ་གུ་ཇེ་བརྟན་དུ་བཏང་ནས་སྨྱུ་གུ་ངན་པ་རྣམས་སེལ་དགོས། ལྷག་པར་དུ་དབྱར་དུས་རྩྭ་ལྷུམ་སྐྱེ་སླ་བས་རྩྭ་ལྷུམ་འབྱུང་བར་སྔོན་འགོག་བྱེད་དགོས། ས་སོབ་སོབ་དང་བཞའ་ཚན་སྲུང་བ། རྩྭ་ལྷུམ་གཙང་སེལ་བཅས་བྱེད་དགོས་པར་མ་ཟད། སྟོང་ཐང་གི་རྩ་བར་ས་འོས་འཚམ་ཞིག་བཏབ་ན་བརྟན་བརླིང་དང་འཚར་ལོངས་འབྱུང་བར་ཕན་པ་ཡོད། ལུའོ་ཁྲུའི་ནི་སྨྱུར་སྐྱེས་སྔོ་ཚལ་ཡིན་པས་ལུད་མང་པོ་འཇོག་དགོས་ཤིང་ཏན་ལུད་གཙོ་བོར་འཛོག་པ་དང་། ཟླུགས་རྒྱུའི་འཚོ་བཅུད་ལ་ཚོར་བ་སྐྱེན་པོ་ཡོད་པ་དང་ཟླུགས་ཆད་དུས་སྣེང་

འདབ་སེར་པོར་འགྱུར་སྲི། དེའི་ཕྱིར་སྐྱེ་ལྡན་ལུད་རྫས་འདང་ངེས་ཤིག་རྒྱག་དགོས་པ་ལས་གཞན། ཐད་ཀར་རྗོ་འདེབས་ཀྱི་སྨྱུ་གུའི་རིགས་ལ་ལོ་མ་ངོ་མ3~4དང་སྦྱོར་འཇོག་ས་བྱས་པའི་ལྷང་སྨུག་གསོན་རྗེས། དུས་ཐོག་ཏུ་ཆུ་དང་ལུད་ཅུང་ཙ་གཏོར་ན་བདེ་ཐང་ངང་འཚར་ལོངས་ཡོང་བར་སྐུལ་འདེད་གཏོང་ཐུབ།

1. དྲོད་ཚད་དོ་དམ།

ལུའོ་ཁུའི་ནི་དྲོ་ཞིང་བརླན་གཤེར་ཆེ་བའི་གནམ་གཤིས་ལ་དགའ། འོན་ཀྱང་གྲང་ངར་མི་བཟོད་པ་ཡིན། སད་ཆུང་ལ་འཕྲད་ནའང་འཁྱགས་ཤི་ཐེབས་སྲིད་ལ། དྲོད་ཚད་མཐོ་ཞིང་ཆར་ཆུ་མང་བའི་དུས་སུ་སྐྱེ་འཚར་ལེགས་པོར་འབྱུང་ཐུབ། དེར་བརྟེན་སྤྱིལ་བུའི་ནང་དུ་དཔྱིད་ཀ་སྔ་སྨུར་བྱས་ནས་འདེབས་འཇོག་བྱེད་སྐབས། ས་བོན་བཏབ་པ་ནས་ལྷང་སྨུག་ཐོན་པའི་བར་སྤྱིར་བཏང་དུ་རླུང་རྒྱུ་མི་དགོས་པ་དང་། ལྷང་སྨུག་མ་ཐོན་སྔོན་གྱི་དྲོད་ཁང་གི་དྲོད་ཚད20~28℃རྒྱུན་འཁྱོངས་བྱས་ན་ལྷང་སྨུག་ཐོན་རྒྱུར་ཕན་པ་ཡོད། ལྷང་སྨུག་སྐྱེས་རྗེས་དྲོད་ཁང་གི་དྲོད་ཚད20℃ཡས་མས་སུ་ཚོད་འཛིན་འོས་འཚམ་བྱས་ཏེ་ལྷང་སྨུག་སྐྱེ་འཚར་མི་ཡོང་བར་བྱེད་དགོས། དྲོད་ཚད30℃ལས་བརྒལ་ན་རླུང་རྒྱག་ཏུ་འཇུག་པ་དང་། མཚན་མོའི་དྲོད་ཚད15℃ལས་དམའ་མི་རུང་། སྔོན་ཀར་རྗེས་སྨུར་འདེབས་འཇོག་བྱེད་དུས་དྲོད་ཚད15℃ལས་དམའ་བའི་སྐབས་སུ་སྤྱིལ་བུའི་ཁ་བཀབ་ནས་དྲོད་ཚད་ཇི་མཐོར་གཏོང་དགོས། དཔྱིད་ཀ་སྔ་སྨུར་རམ་སྔོན་མཇུག་ཏུ་འདེབས་འཇོག་བྱེད་པ་གང་ཡིན་རུང་། ལུའོ་ཁུའི་ཡི་སྐྱེ་འཚར་དང་བཟ་བསྲུ་བྱེད་པའི་དུས་རིམ་དུ་དྲོད་ཚད30℃ཡས་མས་སུ་ཚོད་འཛིན་བྱེད་དགོས། དྲོད་ཚད20℃ལས་དམའ་མི་རུང་ལ35℃ལས་མཐོའང་མི་རུང་། དགུན་དུས་དང་དཔྱིད་མགོར་དྲོད་ཚད་དམའ་བའི་དུས་མཚམས་སུ། སྤྱིལ་བུའམ་དྲོད་ཁང་གི་དྲོད་སྲུང་དང་དྲོད་འཕར་ལ་དོ་སྣང་བྱས་ཏེ་ལུའོ་ཁུའི་ཡི་ལོ་འདབ་རྒྱས་པར་ཁག་ཐེག་བྱེད་དགོས་ཤིང་། ཚོང་རར་སྔ་སྨུར་གྱིས་མགོ་སྦྱོད་བྱེད་དགོས་པར་མ་ཟད། ཐོན་ཚད་དང་ཐོན་རྫས་ཀྱི་སྤུས་ཀའང་ཇེ་ལེགས་སུ་གཏོང་དགོས། ཕྱི་རོལ་གྱི་དྲོད་ཚད25℃ཡན་ལ་སླེབས་པ་དང་། མཚན་མོའི་དྲོད་ཚད་དམའ་ཤོས15℃ལ་སླེབས་

སྐབས། ཉྫུང་རྒྱུག་ཚད་ཇེ་ཆུང་ནས་ཇེ་ཆེར་གཏོང་བ་དང་། མཇུག་མཐར་འོད་སྣང་ཁེབས་དངོས་དང་སྦྱོས་འཁྱིག་སྲབ་སྐྱི་སོགས་ཕྱིར་འཐེན་བྱས་ནས། འོད་ཚད་མཐོ་རུ་མི་འགྲོ་བར་འོས་འཚམ་གྱི་ཐྲང་བྱ་དང་མཐུན་པར་བྱེད་དགོས།

2. ཆུ་ལུད་དོ་དམ།

སྡོང་ཁང་ལ་ལོ་མ3སྐྱེས་རྗེས་འཚར་སྐྱེའང་ཇེ་མགྱོགས་སུ་འགྲོ་བ་དང་། སྐབས་དེར་རྒྱུན་དུ་ཆུ་གཏོང་དགོས་པ་དང་རྣང་ངོས་རློན་པ་བྱེད་དགོས། དགུན་འཁྱག་གི་དུས་ཚིགས་སུ་རྣང་ངོས་སྐམ་བརླན་ཟུང་འབྲེལ་རྒྱུན་འཁྱོངས་བྱེད་དགོས། ཆུ་གཏོང་ཚད་མང་དྲགས་ན་ས་འོད་ཇེ་དམའ་རུ་འགྲོ་བ་དང་སྡོང་ཁང་གི་སྐྱེ་འཚར་ལའང་ཤུགས་རྐྱེན་ཐེབས་སྲིད་པ་ཡིན། བཟ་བསྒྱུ་བྱེད་པའི་དུས་ལ་སླེབས་ཚེ་ཆུ་གཏོང་ཐེངས་རེར་ཆུ་དང་མཉམ་དུ་གཅིན་རྒྱུ་མུའུ་རེར་སྡོང་ཁེ10གཏོར་དགོས། ལུད་རྒྱག་པའི་རྩ་དོན་ནི་དང་ཐོག་ཙུང་བ་དང་དེ་འཕྲོར་ཙུང་མང་བ། རྗེས་མར་མང་དགོས་པ་བཅས་ཡིན། བཟ་བསྒྱུ་ཐེངས་རེར་བྱས་པའི་རྗེས་སུ་ལུད་ཐེངས་རེར་འཇོག་དགོས། མུའུ་རེར་ཞིང་ལུད་སྲབ་མོ་སྡོང་ཁེ1000ཡས་མས་འཇོག་དགོས་པ་དང་། ཡང་ན་གཅིན་རྒྱུ་སྡོང་ཁེ5ནང་དུ0.3%ཞུ་ཁུ་བཟོས་ནས་འཇོག་པའམ་ཡང་ན་རྒྱག་དགོས། སྐྱེ་འཚར་གྱི་དུས་སྨྲ་མར་ལོ་མའི་སྟེང་དུ་མུ་ཟི་སྐྱུར་ལྕུགས་འབྲིང་ཞུ་ཁུ0.2%~0.5%ཐེངས2~3གཏོར་དགོས། ཡང་ན་སྙིང་འདབ་སེར་པོར་འགྱུར་བའི་དུས་སུ། མྱུར་དུ་ཡིའུ་སོན་ཡ་ཐའི་ཞུ་ཁུ་གཏོར་དགོས།

3. སྡོང་ཁང་ལེགས་སྒྲིག

(1) བཟའ་བྱའི་ཡལ་ག་མཉེན་མོ། སྡོང་ཁང་གི་རིང་ཚད་ལི་སྨི30ཡོད་པའི་སྐབས་སུ། ལོ་མ3~4བཞག་ནས་མགོའི་ཡལ་ག་བསྒྱུ་བ་དང་། མྱུ་གུ་སྐྱེ་སྟོབས་ཅན་གཉིས་བདམས་ནས་གཞན་པ་རྣམས་མེད་པར་བཟོ་དགོས། ཡལ་ག་ཐེངས་གཉིས་པ་བསྒྱུས་རྗེས། ཡང་བསྐྱར་མྱུ་གུ་སྐྱེ་སྟོབས་ཅན2~4འཇོག་དགོས། འཚར་སྐྱེ་དུས་སུ་སྟོབས་དང་ལྡན་པའི་མྱུ་གུ5~8བདམས་ནས་སྐྱེས་སུ་འཇུག་དགོས། དུས་དཀྱིལ་ལམ་དུས་མཇུག་ཏུ་མེ་ཏོག་གི་ཟེའུ་འབྲུ་མེད་པར་བཟོ་དགོས། བཟ་བསྒྱུ་བྱས་པའི་རྗེས་སུ་སྡོང་ཁང་གི་སྐྱེ་ཚུལ་རིམ་བཞིན་

ཇེ་ཞན་དུ་འགྲོ་བ་དང་། སྐྱེ་སྟོབས་རྒྱས་པའི་སྒོ་ཀུ1~2བཞག་ནས་ཡལ་ག་རྒྱས་སུ་བཅུག་ཚོག འདི་ལྟར་བྱས་ན་ལོ་མ་རྒྱགས་པར་མ་ཟད། སྦྲུས་ཀ་ལེགས་པ་དང་ཐོན་འབབ་མང་བ། ཐོན་ཚད་མཐོ་བ་བཅས་ཡིན།

(2) བཟའ་བྱའི་ལོ་མ་གསར་བ། སྟོང་ཁང་རིང་ཚད་ལ་ལི་སྨི30ཡོད་དུས། སྤྱིར་བཏང་དུ་དྲང་ཚུགས་ཀྱི་དཔྱང་འཁྲིལ་ཡིན་ན་བཟང་། དེའི་ཡལ་ག་བཅོས་ཐབས་ཅུང་མང་ཞིང་། བདམས་འཛུག་བྱས་པའི་ཁང་འཛིན་འཁྲིལ་ཁང་ལས་གཞན་སྤྱིར་བཏང་དུ་རྩ་བ་བཞག་པའི་སྐྱེ་སྟོབས་ཆེ་བའི་གཞོགས་སྦྱུག་དེ་ཁང་འཛིན་སྟོང་ཁང་དུ་གྱུར་ཡོད། ཁང་འཛིན་གྱི་ཡལ་ག་སྤྱིར་བཏང་དུ་ལོགས་ཀྱི་སྒོ་ཀུའི་སོར་གནས་མི་བྱེད་ཅིང་། ཁང་འཛིན་གྱི་འཁྲིལ་ཁང་དང་སྨྲོམ་གྱི་རྩེ་མོར་ཐོན་དུས་རྩེ་མོ་བཏོག་དགོས། དེ་ནས་སྟོང་ཁང་གི་རྩ་བ་ནས་སྐྱེ་སྟོབས་ལྡན་པའི་གཞོགས་སྦྱུག་ཅིག་བདམས་ཏེ་སྟོང་ཁང་གི་ཚབ་རིམ་དུ་བྱེད་དགོས། དེ་སྔའི་ཁང་འཛིན་འཁྲིལ་ཁང་ཐོག་གི་ལོ་མ་བཏོག་རྗེས་ཁང་འཛིན་གསར་བའི་འཁྲིལ་སར་སྦྱར་ནས་སྨྲོམ་འདྲ་དགོས་པ་ཡིན། བཟ་བསྡུ་བྱས་རྗེས་སྟོང་ཁང་སྐྱེ་འཚར་གྱི་དྲག་ཞན་ལ་གཞིགས་ནས་ཁང་འཛིན་གྱི་ཡལ་ག་ཇེ་ཉུང་དུ་གཏོང་བའི་དུས་མཚུངས་སུ། སྔ་མོ་ནས་སྟོང་ཁང་གི་ཟེའུ་འབྲུ་མེད་པར་བཟོ་དགོས།

ཚན་པ་ལྔ་པ། ཀུའོ་ཁུའི་ཡི་ནད་འབུའི་གནོད་སྐྱོན་འགོག་བཅོས་ལག་རྩལ།

གཅིག ནད་སྐྱོན།

ནད་གཞི་གཙོ་བོ་ནི་སྦྲུལ་མིག་ནད་དང་། ཐལ་རྣམ་ནད། མེ་ཏོག་ལོ་མའི་ནད་དུག་བཅས་ཡིན།

(གཅིག) སྦྲུལ་མིག་ནད།

འདི་ལ་དམར་ཐིག་ནད་ཀྱང་ཟེར། འོས་འཚམ་གྱི་མཐུག་འདེབས་བྱེད་དགོས། ཚུ་

གཏོང་ཚད་ལས་བརྒལ་བ་དང་ཏན་ལུད་འཛོག་ཚད་མང་དྲགས་མི་རུང་། 75%པའི་ཅིན་ཆིན་བཞའ་ཚན་རང་བཞིན་གྱི་ཕྱེ་རྡུལ་པའི་ཡིས1000གཤེར་ཁུ་དང70%ཙ་ཅི་ཐོ་པུའུ་ཅིན་བཞའ་ཚན་རང་བཞིན་གྱི་ཕྱེ་རྡུལ་པའི་ཡིས800~1000ཞུ་ཁུ་མཉམ་བསྲེས་གཤེར་ཁུ་གཏོར་དགོས། 50%སའོ་ཁེ་ལིང་བཞའ་ཚན་རང་བཞིན་གྱི་སྨན་ཕྱེ་པའི་ཡིས1500~2000གཤེར་ཁུ་གཏོར་ཆོག ཉིན7~10ཐེངས་གཅིག་ལ་གཏོར་བ་དང་བསྟུད་མར་ཐེངས2~3གཏོར་དགོས།

(གཉིས) ཐལ་རྣམ་ནད།

དུས་ཐོག་ཏུ་རླུང་རྒྱུ་ཚད་ཇེ་མཐོར་བཏང་ན་ནད་འདི་འབྱུང་བར་སྔོན་འགོག་བྱེད་ཐུབ། སྤུང་སྐྱོབ་ས་ཁུལ་ནས20%སུའུ་ཁེ་ལིང་དུ་བས་བདུག་པའམ་ཡང་ན70%ཐྲ་ཅི་ལིའུ་ཅིན་ལིང་སྨན་ཕྱེ་པའི་ཡིས1500~2000གཤེར་ཁུ་གཏོར་དགོས། ཉིན7རེའི་ནང་ཐེངས་གཅིག་གཏོར་ནས་བསྟུད་མར་ཐེངས2~3གཏོར་དགོས།

(གསུམ) མེ་ཏོག་ལོ་མའི་ནད་དུག་ནད།

10%ནད་དུག་པའི་ཁུ་བཞའ་ཚན་རང་བཞིན་གྱི་ཐྱིས་མ་པའི་ཡིས1500གཏོར་བ་དང་། ཡང་ན20%ནད་དུགAབཞའ་ཚན་རང་བཞིན་གྱི་ཕྱེ་རྡུལ་པའི་ཡིས500གཤེར་ཁུ་སོགས་དུག་འགོག་སྨན་རྡུལ་གཏོར་བ་དང་། ལིན་སོན་ཨེར་ཆིང་ཐྲ་སྔོན་པ། ཉིན7འགོར་རྗེས་ཐེངས་གཅིག་ལ་གཏོར་བ་དང་བསྟུད་མར་ཐེངས2~3གཏོར་དགོས།

གཉིས། འབྲུ་སྐྱོན།

(གཅིག) འབྱར་འབུ།

ལུའོ་ཁུའི་ཡི་འབྱར་འབུ་ནི་ཆོག་ཐིག་བྱུང་བའི་དུས་རིམ་དུ་གཞོག་པ་ཐོགས་ནས་འཕུར་མི་ཐུབ་པའི་སྔོན་ལ་དུས་ཐོག་ཏུ་སྨན་གཏོར་དགོས། སྨན་སྦྱོད་དུས50%ཁང་ཡ་ལྤེ་པའི་ཡིས2000~3000གཤེར་ཁུ་བདམས་ཆོག 10%ཕི་ཁྲུང་ལིན་བཞའ་ཚན་རང་བཞིན་གྱི་ཕྱེ་ཁུ་པའི་ཡིས1000~2000གཤེར་ཁུ། ཡང་ན2.5%ཡུས་ཐུན་ཐོན་ཐྱིས་མ་པའི་ཡིས500གཤེར་ཁུ་ཡང་ན10%ཕིལ་ཙུས་ཞིན་ཐྱིས་མ་པའི་ཡིས1200~2400གཤེར་ཁུ། ཡང་ན15%ལེ་ཕོར་

ཕྲིས་མ་པའི་ཡིས2000~3000གཤེར་ཁུ། 70%ཞུའུ་མ་ཕྲིས་མ་པའི་ཡིས2500~4000གཤེར་ཁུ་གཏོར་དགོས།

(གཉིས) ཞའོ་ཏེ་ལོ་རུའུ།

འདི་ལ་ས་འབུ་དང་རྩ་བ་གཏུབ་པའི་འབུ་སོགས་ཀྱང་ཟེར། ལོ3སྟོན་དུ་སྨན་གཏོར་ནས་འགོག་བཅོས་བྱེད་དགོས། སྨན་སྦྱོད་དུས2.5%ཞུའུ་ཆིན་ཙུས་ཀྲིའམ20%ཙུའུ་མ་ཕྲིས་མ་པའི་ཡིས3000གཤེར་ཁུ་བདམས་ནས་བསད་ཚོག་ལ། ཡང་ན21%མའི་རྦ་པེ་པའི་ཡིས8000གཤེར་ཁུ་དང་ཡང་ན50%ཞིན་ལིའུ་ལིན་པའི་ཡིས800གཤེར་ཁུའམ། 20%ཙུའུ་ཀྲི་ཕྲིས་མ་པའི་ཡིས2500~3000གཤེར་ཁུ། 90%ཅིན་ཐའི་ཏའི་པད་ཁྲིན་པའི་ཡིས1000གཤེར་ཁུ། ཡང་ན80%ཏའི་ཏའི་ཕེ་ཕྲིས་མ་པའི་ཡིས1500གཤེར་ཁུ་གཏོར་དགོས།

(གསུམ) ཆི་ཚའོ།

སྨན་རྫས་ཀྱིས་སྔོན་འགོག་བྱེད་དུས་ཐོག་མར་ས་དུག་བཀོལ་དགོས། མུའུ་རེར90%ཅིན་ཐའི་ཏའི་པད་ཁྲིན་ཁེ100~150སྦྱོད་པ་དང་། ཡང་ན50%ཞིན་ལིའུ་ལིན་ཕྲིས་མ་ཁེ100དང་ས་ཞིབ་སྟོང་ཁེ15~20བསྲེས་ནས་དུག་རྒྱུ་བཟོ་དགོས། རྨོ་འདེབས་དང་རྩ་སྐྱོས་གཏན་འཁེལ་བྱེད་སྐབས། ས་བོན་འདེབས་སའི་ཡུར་བུ་དང་རྣང་མའི་ནང་དུ་གཏོར་བ་དང་དེའི་སྟེང་དུ་ས་ཞིབ་མོ་འགེབས་དགོས་ཤིང་། དེ་ནས་ས་བོན་འདེབས་པའམ་རྩ་སྐྱོས་རྒྱག་དགོས། དེ་ནས་སྨན་ཁུ་རྩ་བར་ལྡུག་དགོས་ཤིང་། 75%ཞིན་ལིའུ་ལིན་པའི་ཡིས1000གཤེར་ཁུ་སྦྱུད་ཚོག ཡང་ན90%ཅིན་ཐའི་ཏའི་པད་ཁྲིན800གཤེར་ཁུ་དང་། ཡང་ན25%ཞི་ཕེ་དབྱིན་བཞའ་ཚན་རང་བཞིན་གྱི་སྨན་ཐེ་པའི་ཡིས800གཤེར་ཁུ་བཀོལ་ནས་རྩ་བར་ལྡུག་དགོས། གསུམ་པ་ནི་སྨན་ཆུ་དང་སྨན་ཐེ་གཏོར་དགོས། འབུ་དར་མ་གཅིག་བརྟུས་ས་གནས་སུ་དུས་ཐོག་ཏུ50%ཞིན་ལིའུ་ལིན་ཕྲིས་མ་པའི་ཡིས1000གཤེར་ཁུ་དང་། ཡང་ན30%པད་ཏའི་ཁྲིན་ཕྲིས་མ་པའི་ཡིས500གཤེར་ཁུ་གཏོར་དགོས།

ཚན་པ་དྲུག་པ། ཕུའོ་ཁྲུའི་ཡི་བཙ་བསྐྱ།

མྱུ་གུ་འབུས་རྗེས་ཀྱི་ཉིན20~25འགོར་ཏེ་ལྡང་མྱུག་སྐྱེས་ནས་ལོ་མ4~5སྐྱེ་སྐབས་རིམ་བཞིན་བཙ་བསྐྱ་བྱས་ཚོག ལྡང་མྱུག་བཙ་བསྐྱ་བྱེད་དུས་མྱུ་གུ་སྡུག་པོའི་ས་ནས་ཁག་བགོས་ཏེ་བཙ་བསྐྱ་བྱེད་དགོས་ཤིང་རྩ་བ་ནས་འབལ་དགོས། ཡལ་ག་སྙི་མོ་བསྐྱ་སྐབས། ཡལ་ག་སྙི་མོ་ལི་སྨི10~15ལ་སྐྱེ་སྐབས་བཙ་བསྐྱ་བྱས་ཚོག མགོའི་ཡལ་ག་བསྐྱུས་རྗེས་ཉིན7~10ནང་ཡལ་ག་མཉེན་པོ་ཐེངས་རེར་བསྐྱ་དགོས། ལོ་མ་བཙ་བསྐྱ་བྱེད་སྐབས་དུས་མགོའི་ཉིན15~20ནང་ཐེངས་རེ་བསྐྱ་དགོས། དུས་དཀྱིལ་དུ་ཉིན10~15ནང་དུ་ཐེངས་རེར་བསྐྱ་བ་དང་། དུས་མཇུག་ཏུ་ཉིན7~10ནང་ཐེངས་རེར་བསྐྱ་དགོས་ཤིང་། ཐེངས་རེར་ལོ་མ་ལེབ་མོ1~3བཙ་བསྐྱ་བྱེད་དགོས།

ལེའུ་དགུ་པ། གོ་སྙོད་སྨྲས་ལེགས་ཐོན་མཐོའི་འདེབས་འཛུགས།

ཆ་ན་པ་དང་པོ། གོ་སྙོད་ཀྱི་སྐྱེ་དངོས་རིག་པའི་ཁྱད་ཆོས།

གོ་སྙོད་ནི་གདུགས་དབྱིབས་གོ་སྙོད་ཚན་ཁག་གི་གོ་སྙོད་རིགས་ཀྱི་ལོ་མང་སྐྱེ་བའི་སྐྱེ་དངོས་ཤིག་ཡིན། རྒྱུན་དུ་ལོ་གཅིག་གམ་ཡང་ན་ལོ་གཉིས་སྐྱེ་བའི་སྤོ་ཚལ་འདེབས་འཛུགས་བྱེད་བཞིན་ཡོད། མིང་གཞན་ལ་གོ་སྙོད་ཆུང་བ་དང་ཞང་སི་ཚོད་མ། ཀླུམ་སྒྲིལ་གོ་སྙོད་ཞིམ་པོ། གོ་སྙོད་གསར་བ། གོ་སྙོད་མངར་མོ་སོགས་ཟེར་ཞིང་། དང་ཐོག་སྐོར་དཀྱིལ་རྒྱ་མཚོའི་འགྲམ་རྒྱུད་དང་ཨེ་ཤ་ཡ་ནུབ་མ་ནས་ཐོན་པ་ཡིན། འདིའི་འབྲས་བུ་ནི་དྲི་ཞིམ་ཐུས་དང་ལོ་མ་གསར་བ་བཟའ་བྱར་ལོངས་སྤྱོད་བྱེད་པ་དང་། ལོ་མ་དང་ས་བོན། གོ་སྙོད་རྩ་བ་བཅས་ལ་དམིགས་བསལ་གྱི་དྲི་ཞིམ་ཡོད། གྲུབ་ཆ་གཙོ་བོ་ནི་ཟར་མའི་འབྲུ་དང་གོ་སྙོད་ཐོན་ཡིན། དེའི་གཞུང་རྟ་གསར་བའི་ལོ་མར་ལ་སེར་གྱི་རྒྱུ་དང་འཚོ་བཅུད་Cདང་ཀལ་སོགས་འཚོ་བཅུད་དངོས་ཐུས་མང་པོ་ཡོད། གཙོ་བོར་ཟས་ཀྱི་ནང་སྣིང་དང་བྲོ་ཐུས། གྲང་ཚལ་སྔ་འཛོམས་ཀྱི་མཛེས་ཆ་ཏུ་སྤྱོད་པ་དང་། གོ་སྙོད་ཀྱི་ཡལ་གས་ད་དུང་ཟས་རྗེན་པར་བཟའ་བ་དང་། བཙོས་མ། བསྔལ་བཟོ་བྱས་ཚོག ས་བོན་ལ་དྲི་ཞིམ་འཕྲུལ་བ་ཡིན། དྲི་ཞིམ་གྱི་བྲོ་ཐུས་དང་སྨན་ཐུས་སུ་བསྟེན་ཚོག་ལ། མཆིན་པ་དང་མཁལ་མ། ཕོ་བ་དྲོ་བ། གྲང་བ་སེལ་བ་སོགས་ཀྱི་ནུས་པ་ལྡན།

གཅིག སྐྱེ་དངོས་རིག་པའི་ཁྱད་ཆོས།

གོ་སྙོད་ཀྱི་རྩ་བ་རྒྱས་མེད་པ་དང་སྡོང་རྐང་གི་མཐོ་ཚད་ལ་ལི་སྨི20~40ཡིན། གཞུང་རྣ་དྲང་མོར་ལངས་པ། ཡལ་ག་ཡོད་པ། འཇམ་པོའི་སྤུ་མེད་པ། སྤྲ་ཚིལ་གྱི་ཕྱེ་ཡོད། ལོ་མ་པན་ཚུན་བསྡོལ་ནས་སྐྱེས་པ། ལྗང་མདོག་ཟབ་པ། ལོ་མའི་རིང་ཚད་ལ་ལི་སྨི25~30དང་ཞེང་ལ་ལི་སྨི4~5ཡོད། ལོ་མའི་ཡུ་བ་ཐུང་རིང་བ། ཟླུམ་གཟུགས་ཀྱི་དབྱིབས་སུ་གྲུབ་པ། མེ་ཏོག་སེར་པོ་དང་མེ་ཏོག་གི་བང་རིམ་གདུགས་དབྱིབས་སུ་གྲུབ་པ། འབྲས་བུ་ནི་འབྲས་བུ་གཡུར་དུ་ཟ་བ་དང་། འབྲས་བུའི་གྲུ་ཁ་ཟོ་བ། དེའི་ནང་དུ་ས་བོན2ཡོད་པ་དང་། མདོག་སྨུ་པོ་ཡིན། འབྲུ་སྟོང་གི་ལྗིད་ཚད་ཁེ1.2~2.6ཡོད།

གཉིས། བོད་ལུག་གི་ཆ་རྐྱེན་ཐད་ཀྱི་ བླང་བྱ།

གོ་སྙོད་ནི་དྲོད་འཇམ་གྱི་གནམ་གཤིས་ལ་དགའ་ཞིང་། ས་བོན་གྱི་མྱུ་གུ་འབུས་པའི་འཕྲོད་འཚམ་གྱི་དྲོད་ཚད20~25℃དང་། སྐྱེ་འཚར་དུས་སྐབས་ཀྱི་འཕྲོད་འཚམ་དྲོད་ཚད་ནི10~25℃ཡིན། ཉིན་མོར25℃ལས་མཐོ་མི་རུང་། མཚན་མོར10℃ལས་དམའ་མི་རུང་། མཐོ་དྲགས་པའམ་དམའ་དྲགས་ན་དེའི་སྐྱེ་འཚར་དང་རྒྱུ་སྤུས་ལ་ཤུགས་རྐྱེན་ཐེབས་སྲིད། གོ་སྙོད་ནི་སྐྱེ་འཚར་བྱུང་བའི་གོ་རིམ་ཧྲིལ་པོའི་ཁྲོད་དུ་ཆུའི་བླང་བྱ་ནན་མོ་ཡིན་ཞིང་། ལྷག་པར་དུ་མྱུ་གུའི་དུས་སྐབས་དང་ལོ་མའི་ཤུབས་ཆེར་སྤོས་པའི་དུས་སྐབས་སུ། མཁའ་དབུགས་ནི་ལྷོས་བཅས་ཀྱི་རླན་ཚད་དང་བརླན་གཤེར་ཆེ་བའི་ས་རྒྱུ་ཡིན་དགོས་པའི་བླང་བྱ་བཏོན་ཡོད་པ་དང་ཐན་སྐམ་དུ་གཏོང་མི་རུང་། གོ་སྙོད་སྐྱེས་པའི་བརྒྱུད་རིམ་ཧྲིལ་པོར་ཉི་འོད་འདང་ངེས་ཤིག་དགོས་ཤིང་། གོ་སྙོད་ཀྱིས་ས་རྒྱུ་ལ་བླང་བྱ་ནན་མོ་བཏོན་མེད་པས་pHཚད5.4~7.0ཡིན་དུས་རྒྱུན་ལྡན་ལྟར་སྐྱེས་ཐུབ། འདེབས་འཛུགས་ཐད་ནས་ཐོན་ཟླས་ཀྱི་སྤུས་ཚད་དང་ཐོན་ཚད་འགན་ལེན་བྱེད་ཆེད། ལུད་དང་ཆུ་སྲུང་ནུས་ལྡན་པའི་ས་རྒྱུ་གཤིན་པོ་བདམས་ནས་འདེབས་འཛུགས་བྱེད་དགོས།

ཚན་པ་གཉིས་པ། གོ་སྙོད་ཀྱི་དབྱེ་བ་དང་རིགས་གཙོ་བོ།

གཅིག དབྱེ་བ་གཙོ་བོ།

(གཅིག) དྲི་ཞིམ་གོ་སྙོད་ཆེན་པོ།

ཧྲུན་ཞི་དང་ནང་སོག་སོགས་ཀྱི་ས་ཁུལ་དུ་ཁྱབ་རྒྱ་ཅུང་ཆེ། སྡོང་རྐང་གི་མཐོ་ཚད་ལ་ལི་སྨི30~45དང་། སྡོང་རྐང་ཧྲིལ་པོར་ལོ་མ5~6ཡོད། ལོ་མའི་ཡུ་བ་རིང་ལ་བར་ཐག་ཆེ། ལོ་མ་ལ་སྒྲོ་དབྱིབས་ཀྱི་གས་སྲུབས་ཟབ་མོ་གསུམ་ཡོད་ཅིང་སེར་ཀ་གས་པ་དང་མདོག་ལྗང་ཁུ་ཡིན། ལོ་མའི་ངོས་འཇམ་ལ་སྤུ་མེད་པ་དང་པྲ་ཚོལ་ཕྱེ་རྫས་ཡོད་ཅིང་སྡོང་རྐང་འཕྲོད་འཚམ་རང་བཞིན་ཆེ་བ་དང་འཚར་སྐྱེ་ཅུང་མགྱོགས་ལ་དཔྱིད་ཀར་འདེབས་འཛུགས་བྱས་ན་ཡུ་རྐང་འཐེན་སླ་བ་དང་ནད་ཀྱི་གནོད་པ་ཉུང་བའོ།།

(གཉིས) དྲི་ཞིམ་གོ་སྙོད་ཆུང་བ།

ཐེན་ཅིན་དང་པེ་ཅིན། ལུའོ་ཉིན་སོགས་རང་རྒྱལ་གྱི་བྱང་ཕྱོགས་ས་ཁུལ་དུ་ཁྱབ་རྒྱ་ཆེ་བ་དང་། སྡོང་རྐང་ཅུང་ཐུང་ཞིང་མཐོ་ཚད་ལི་སྨི20~30ཡོད། སྡོང་རྐང་ཡོངས་ལ་ལོ་མ7~9ཡོད་ལ། ལོ་མའི་ཡུ་བ་ཐུང་བ་དང་བར་ཐག་ཐུང་བ། ལོ་མ་ནི་སྒྲོ་དབྱིབས་ཀྱི་གས་སྲུབས་སྦྲ་མོ་གསུམ་ཡིན། ཁ་ལེབ་དོག་ཅིང་མདོག་ལྗང་ནག་ཡིན། ལོ་མ་འཇམ་ཞིང་སྤུ་མེད་པ་དང་པྲ་ཚོལ་དཀར་པོའི་ཕྱེ་རྫས་ཡོད། སྡོང་རྐང་གི་སྐྱེ་འཚར་ཅུང་དལ་བ་དང་ཡུ་རྐང་འཐེན་ཡུན་འཕྱི་བ། སྦྲོ་བ་གར་པོ་ཡིན་ནོ།།

(གསུམ) དྲི་ཞིམ་ཟླུམ་སྨུག་གོ་སྙོད།

དབྱི་ཐ་ལིའི་གོ་སྙོད་ཀྱང་ཟེར། དབྱི་ཐ་ལི་དང་ཧོ་ལན་སོགས་རྒྱལ་ཁབ་ནས་ནང་འདྲེན་བྱས། སྙི་ཞིང་མཉེན་པའི་ཟླུམ་སྨུག་གི་གཞུང་རྐ་དང་ལོ་མ་གསར་བ་བཟའ་བྱ་ཡིན་པ་དང་། སྤྱིར་བཏང་དུ་སྡོང་རྐང་གི་མཐོ་ཚད་ལི་སྨི70~80ཡིན། སྡོང་རྐང་གི་རྩ་བའི་ཤུབས་ལ་འབུར་ཞིང་རྒྱགས་ཚད་ཆེ་བས་ཟླུམ་གོར་དབྱིབས་ཀྱི་སྡོང་རྐང་ལེབ་མོ་ཆགས་

པ་ཡིན། སྔོང་རྐང་ཡོངས་ལ་ལོ་མ7~9དང་། སྨུག་རྐང་ཐུང་སྐྱུམ་ཡིན་པ་དང་ཉྭམ་སྨུག་ཐུང་སྐྱུམ་གཞུང་རྟའི་སྟེང་དུ་ཡོད། རྐང་ཉྭམ་གྱི་ལྡིད་ཚད་ཁེ300~500ཡིན། ཡུ་རྐང་འཐེན་ཡུན་འཕྱི། ཐོན་ཚད་མཐོ་ཞིང་གྲང་ངར་བཟོད་ཐུབ་པ། སྲུས་ཀ་འཛམ་མཉེན། ཆོ་སྣ་ཐུང་བ། དྲི་ཞིམ་པ་བཅས་ཀྱི་ཁྱད་ཆོས་ལྡན། སྐྱེས་ཡུན་ཉིན75~120ཡིན། དཔྱིད་ཀའམ་སྟོན་ཀ་ཚང་མ་ཕྱི་རོལ་མཐོངས་ཡངས་སུ་ཐོན་སྐྱེད་བྱེད་ཐུབ།

གཉིས། རྒྱུན་མཐོང་གི་རིགས།

(གཅིག) གོ་སྙོད་ཆེན་པོའི་རིགས།

ཧོ་པེའི་གོ་སྙོད་ལེབ་མོ། ནང་སོག་གི་ཧོ་ཐུའོ་གོ་སྙོད་ཆེན་པོ་དང་། ཤྲུའུ་ལན་ཧའོ་ཐེའི་གོ་སྙོད་ཆེན་པོ། ཀན་སུའུ་ཞིང་ཆེན་གྱི་མའེ་ཆིན་གོ་སྙོད་ཆེན་པོ་སོགས་ཡོད།

(གཉིས) གོ་སྙོད་ཆུང་བའི་རིགས།

ཧོ་པེའི་གོ་སྙོད་ཆུང་བ་དང་། ཧྲན་ཞིའི་ཁྲང་ཀྲིའི་གོ་སྙོད། ཧྲན་ཏུང་གི་ཧྲང་ཧོ་གོ་སྙོད། ཧུའུ་པེའི་ཤྲུའུ་ཧན་གོ་སྙོད་ཆུང་བ། ཡུན་ནན་གྱི་ཁྲུན་མིང་གོ་སྙོད་སོགས་ཡོད།

(གསུམ) ཉྭམ་སྨུག་གོ་སྙོད་ཀྱི་རིགས།

དབྱི་ཐ་ལིའི་ཉྭམ་སྨུག་གོ་སྙོད་སོགས་ཡོད།

ཚན་པ་གསུམ་པ། གོ་སྙོད་འདེབས་འཛུགས་ཀྱི་དུས་ཚིགས་གཙོ་བོ།

གཅིག ཛྲོད་ཁང་གི་དཔྱིད་འདེབས་སོག་ཐུལ།

ཕྲོ་འདེབས་དུས་ཡུན་ཟླ11པའི་ཟླ་སྟོད་ནས་ཟླ12པའི་ཟླ་སྟོད་བར་ཡིན། རྩ་སྒྲོས་རྒྱག་ཡུན་ནི་ཟླ12པའི་ཟླ་སྟོད་ནས་ཕྱི་ལོའི་ཟླ1པོའི་ཟླ་སྟོད་བར་ཡིན། བཏཟ་བསྡུའི་དུས་ཡུན་ནི་ཟླ2པའི་ཟླ་སྟོད་ནས་ཟླ3པའི་ཟླ་སྟོད་བར་ཡིན།

གཉིས། འཁྲིག་རོག་ཛྲོད་ཁང་ཆེན་མོའི་“འཁྲིག་རོག་དང་རྒྱ་ཡོལ་བྲང་འབྲེལ”གྱི་དཔྱིད་མགོའི་སོག་ཐུལ།

ཚོ་འདེབས་དུས་ཡུན་ནི་ཟླ1པོའི་ཟླ་སྟོད་དང་། ཙ་སྔོས་རྒྱག་པའི་དུས་ཡུན་ནི་ཟླ2པའི་ཟླ་དཀྱིལ་ཡིན། བཟ་བསྡུའི་དུས་ཡུན་ནི་ཟླ4པའི་ཟླ་སྟོད་ཡིན།

གསུམ། འབྲིག་རོག་རྫོང་ཁང་ཆེན་མོའི་སྟོན་སྔར་སོག་ཟུལ།

ཚོ་འདེབས་དུས་ཡུན་ནི་ཟླ8པའི་ཟླ་སྟོད་ཡིན། ཙ་སྔོས་གཏན་འཁེལ་བྱེད་པའི་དུས་ཡུན་ནི་ཟླ9པའི་ཟླ་སྟོད་ཡིན། བཟ་བསྡུའི་དུས་ཡུན་ནི་ཟླ11པའི་ཟླ་སྟོད་ཡིན།

བཞི། ཧི་འོད་རྫོང་ཁང་གི་དགུན་བརྐལ་སོག་ཟུལ།

ཚོ་འདེབས་དུས་ཡུན་ཟླ9པའི་ཟླ་སྟོད་ཡིན། ཙ་སྔོས་རྒྱག་ཡུན་ཟླ10པའི་ཟླ་སྟོད་ཡིན། བཟ་བསྡུའི་དུས་ཡུན་ནི་ཟླ12པའི་ཟླ་སྨད་ནས་ཕྱི་ལོའི་ཟླ1པོའི་ཟླ་སྟོད་བར་ཡིན།

ཚན་པ་བཞི་པ། གོ་སྙོད་སྲུས་ལེགས་འབོན་མཐོའི་འདེབས་འཛུགས་ལག་རྩལ།

གཅིག ས་ཞིང་ལེགས་སྒྲིག་བྱས་ནས་རྣང་མ་བཟོ་བ།

ཚོ་འདེབས་མ་བྱས་པའི་སྔོན་དུ་མུའུ་རེའི་འདེབས་འཛུགས་ས་ཆར་སྲུས་ལེགས་རུལ་སློན་ཞིང་ཁྱིམ་ལུད་རྫས་སྟོང་ཁེ3000ཡན་དང་། གའོ་ལིན་སོན་ཀལ་སྟོང་ཁེ100འམ་ལིན་སོན་ཨེར་ཨན་སྟོང་ཁེ15~20རྒྱག་དགོས། ཚ་སྣོམས་ཀྱིས་ས་ངོས་སུ་གཏོར་བ་དང་དེ་ནས་ས་སློག་ཤལ་བ་དང་ཁོད་སྙོམས་ནས་རྣང་མ་བཟོ་དགོས། འདེབས་འཛུགས་རྣང་ངོས་ཀྱི་ཞེང་ལ་སྨི1.2ཡོད་དགོས།

གཉིས། སྨུ་གུ་སྐྱེ་རུ་འཇུག་པ་དང་ཚོ་འདེབས་བྱེད་པ།

ས་བོན་མ་བཏབ་སྔོན་དུ་ས་བོན་འཕུར་ན་མྱུ་གུ་འབུས་པར་ཕན་པ་ཡོད། ཚོ་འདེབས་བྱེད་སྐབས་སོན་སྐམ་ཐད་ཀར་ཚོ་འདེབས་དང་ས་བོན་སྦངས་ནས་འདེབས་པ་དང་ཡང་ན་མྱུ་གུ་འབུས་རྗེས་འདེབས་པ་ཡིན། རྫོད་ཁང་ནང་དུ་དཔྱིད་དུས་སུ་འདེབས་འཛུགས་བྱེད་དུས་ཕྱིར་བཏང་དུ་སོན་སྐམ་ཐད་ཀར་ཚོ་འདེབས་དང་ཡང་ན་ས་བོན་སྦང

འདེབས་བྱེད་པ་དང་། དཔེར་ན་རྫོ་འདེབས་དུས་ཚོད་འཕྱི་དྲགས་ན་སྨུ་གུ་སྐྱེ་རྒྱུར་སྐྱུལ་འདེད་བྱེད་ཆེད་སྨུ་གུ་འབུས་རྗེས་རྫོ་འདེབས་བྱེད་པ་ཡིན། ས་བོན་སྦྲངས་ནས་རྫོ་འདེབས་ཞེས་པ་ནི་ས་བོན་ཐོག་མར18~20℃ཆུ་དྭངས་མོས་ཆུ་ཚོད24ལ་སྦྲང་དགོས། དེའི་འཕྲོར་ཙུང་བསྐམས་རྗེས་རྫོ་འདེབས་བྱེད་པ་ཡིན། སྨུ་གུ་འབུས་ནས་རྫོ་འདེབས་བྱེད་སྐབས་སྦྲངས་ཟིན་པའི་ས་བོན་དྲོད་ཚད20~22ཧྲོར་ཡུག་ཆ་རྐྱེན་འོག་ཏུ་བཞག་ནས་སྨུ་གུ་སྐྱེ་རུ་འཇུག་པ་དང་། ཉིན་རེར་ཆུ་གཙང་མས་ཐེངས་གཅིག་ལ་བཀྲུ་དགོས། ས་བོན་ཕྱི་ངོས་ཀྱི་འབྲུར་ཁུ་བཀྲུས་ནས་ཉིན6ཡས་མས་འགོར་ནས་སྨུ་གུ་འབུས་རྗེས་རྫོ་འདེབས་བྱེད་དགོས།

གསུམ། ཙ་སྤྱོས་རྒྱག་པ།

ཀླུམ་སྨུག་གོ་སྙོད་ཀྱི་ལྗང་སྨུག་མཐོ་ཚད་ལི་སྨི10~15ཡིན། ལོ་མ་ངོ་མ་ལེབ་མོ3~4དང་སྨུ་གུའི་ལོ་ཚད་ཉིན30ཡས་མས་འགོར་རྗེས་ཙ་སྤྱོས་རྒྱག་དགོས། ཙ་སྤྱོས་རྒྱག་དུས་ཀྱི་སྡོང་ཕང་ཕྲེང་བའི་བར་ཐག་ལི་སྨི30~40ཡིན། སྡོང་ཕང་གི་བར་ཐག་ལི་སྨི20~30ཡིན། སྤྱིལ་བུའི་ནང་འདེབས་འཛུགས་བྱེད་དུས་བར་ཐག་ཙུང་ཆེ་དགོས་ཤིང་། ཙ་སྤྱོས་རྒྱག་པའི་གཏིང་ཚད་ལི་སྨི2~2.5ཡིན་པ་དང་སྙིང་གི་ལོ་མ་ས་འོག་ཏུ་མ་སྦས་ན་ལེགས།

བཞི། ཞིང་ཁའི་དོ་དམ།

གོ་སྙོད་ཆེ་ཆུང་གང་ཡིན་ཡང་རྫོ་འདེབས་བྱས་རྗེས་རྣང་ངོས་ཀྱི་ས་རྒྱུའི་བརྟན་གཤེར་རྒྱུན་འཕྱོངས་བྱེད་དགོས་པ་དང་། དྲོད་ཚད་མཐོ་བའི་དུས་ཚིགས་སུ་ལྗང་སྨུག་གསོ་སྐབས་སུ་ཉི་འོད་སྒྲིབ་བྱེད་སྒྱུད་དེ་དྲོད་ཚད་ཇེ་དམའ་རུ་གཏོང་བ་དང་ཆར་གཡོལ་བྱེད་དགོས། དཔྱིད་མགོར་འདེབས་འཛུགས་བྱེད་པ་ཡིན་ན་རྫོ་འདེབས་བྱས་རྗེས་སྤྱིལ་བུའི་ནང་གི་འཁྱིག་ཤོག་ལི་སྨི30~40མཚམས་སུ་སྤྱོས་འཁྱིག་སྲབ་སྐྱི་རིམ་པ་ཞིག་དཔྱང་དགོས་ཤིང་། དྲོད་ཁང་ནང་གི་དྲོད་ཚད2~3℃འཕར་ཐུབ། རྫོ་འདེབས་བྱས་རྗེས་སྨུ་གུ་མ་འབུས་སྔོན་དུ་དྲོད་ཁང་གི་དྲོད་སྲུང་གྲང་འགོག་བྱེད་དགོས། ལོ་མ་ངོ་མའི་སྨུ་གུ་འབུས་རྗེས་ལྗང་སྨུག་གི་བར་ཐག་ལི་སྨི3ཡས་མས་ཡོད་དགོས་ཤིང་། ཆབས་ཅིག་ཏུ་རྩྭ་ལྷུམ་དུས་ཐོག་ཏུ་གཙང་སེལ་བྱེད་དགོས། སྨུ་གུའི་དུས་སུ་འཚར་སྐྱེ་དལ་བ་དང་། ལྷག་པར་དུ་ལོ་མ་དང་

པོ་ནས་གཉིས་པ་མ་མཆེད་སྔོན་དུ་ཆུ་མང་པོ་གཏོང་མི་རུང་། ཁ་ལུད་ཀྱང་མི་དགོས། སྨྱུ་གུའི་མཐོ་ཚད་ལི་སྨི7~8ཡིན་དུས་འཚར་སྐྱེའི་མྱུར་ཚད་ཇེ་མགྱོགས་སུ་འགྲོ་བ་དང་། དུས་སྐབས་འདིར་ཆུ་གཏོང་བ་དང་མཉམ་དུ་ཨུའུ་རེར་གཅིན་རྒྱུ་སྟོང་ཁེ10གཏོར་དགོས་པར་མ་ཟད་རླུང་རྒྱུ་བའི་མགོ་རྩོམ་དགོས། ཕྱིར་བཏང་དུ་སྔ་དྲོ་དྲོད་ཚད22℃ལས་བརྒལ་ཆེ་དུས་ཐོག་ཏུ་རླུང་རྒྱུ་དགོས་པ་དང་། ཕྱི་དྲོར་དྲོད་ཚད20℃ལས་དམའ་བའི་སྐབས་སུ་རླུང་སྒོ་རྒྱག་དགོས། འཚར་སྐྱེ་དུས་དཀྱིལ་དུ་ཞུགས་པའི་ཕྱིལ་བུའི་ནང་གི་དྲོད་ཚད8~9℃ལ་སླེབས་ཆེ་རླུང་རྒྱུ་རུ་འཇུག་པ་དང་། ཕྱི་དྲོའི་དྲོད་ཚད20℃ལ་སླེབ་སྐབས་རླུང་སྒོ་རྒྱག་དགོས། སྐྱེ་འཚར་དུས་མཇུག་ཏུ་ཕྱི་རོལ་གྱི་དྲོད་ཚད་དམའ་ཤོས5℃ལས་བརྒལ་ཆེ་ཉིན་མཚན་མེད་པར་རླུང་རྒྱུ་དགོས། ཉིན་མོའི་རླུང་ཁ་ཆེ་བ་དང་མཚན་མོའི་རླུང་ཁ་ཆུང་དགོས། ཉིན་མོའི་ཆེས་མཐོ་བའི་དྲོད་ཚད24℃ལས་བརྒལ་མི་རུང་ཞིང་། དེ་མིན་གོ་སྙོད་ཀྱི་སྔོང་ཁང་སྐམ་པོར་འགྱུར་སྲི། ལྗང་སྨྱུག་གི་མཐོ་ཚད་ལི་སྨི10~12ཡིན་པའི་སྐབས་སུ་ཆུ་གཏོང་བ་དང་མཉམ་དུ་ལུད་ཐེངས་གཉིས་པ་འཇོག་དགོས། གཅིན་རྒྱུའི་སྤྱོད་ཚད་ནི་ཐེངས་དང་པོ་དང་གཅིག་མཚུངས་ཡིན་དགོས། གོ་སྙོད་ཟླུམ་སྦྲིལ་ལ་རྩ་སྤོས་བརྒྱབ་རྗེས་ཡང་བསྐྱར་ཆུ་ཐེངས་གཅིག་ལ་གཏོང་དགོས། ཉིན5~7འགོར་རྗེས་སླར་ཡང་ཆུ་ཐེངས་གཅིག་གཏོང་དགོས། དབྱར་ཁ་དང་སྟོན་ཁར་ཐེངས་གཉིས་ལ་ཆུ་བཏང་ན་ད་གཟོད་སྨྱུ་གུའི་སྐྱེ་འཚར་སླར་གསོ་གཏོང་ཐུབ། ལོ་མ་གསར་བ་སྐྱེས་རྗེས་ཡུར་མ་ཡུར་དགོས། དེ་ནས་ཉིན7ཡས་མས་སུ་སྨྱུ་གུའི་སྐྱེ་འཚར་ལ་སྐྱུལ་འདེད་བྱེད་དགོས། ལོ་འདབ་རྒྱགས་ཆེ་བའི་དུས་སུ་ཞིང་རྔོ་བ་དང་ས་སོབ་སོབ་བཟོ་དགོས། སྔོང་ཁང་ལ་རྣང་ཁ་སྦྱར་རྗེས་ས་ཞིང་རྔོ་མི་དགོས། ཞིང་ཁའི་ས་རྒྱུ་བརྟན་གཤེར་རྒྱུན་འཁྱོངས་བྱེད་དགོས་ཤིང་། ལྷག་པར་དུ་ལོ་མའི་ཡུ་ཁང་ཆེ་བའི་སྐབས་སུ་ཐེངས་གཉིས་པའི་ལུད་འཇོག་པ་དང་ཨུའུ་རེར་ལུད་རྫས་སྟོང་ཁེ30རྒྱག་དགོས། ཟླུམ་སྨྱུག་མགྱོགས་མྱུར་ངང་སྦོས་པའི་དུས་སུ་ཐེངས་གསུམ་པའི་ལུད་རྒྱག་པ་དང་། ཨུའུ་རེར་བསྲེས་ལུད་སྟོང་ཁེ30དང་། ཡིའུ་སོན་ཙ་སྟོང་ཁེ10གཏོར་དགོས།

ཆ་ཤས་ལྔ་པ། གོ་སྙོད་ཀྱི་ནད་འབུའི་གནོད་པ་འགོག་བཅོས་ལག་རྩལ།

གཅིག ནད་སྐྱོན།

གོ་སྙོད་འདེབས་འཛུགས་ཏེ་ལྷག་པར་དུ་ཁྲིག་བཀོད་འདེབས་འཛུགས་བྱེད་པའི་དུས་སུ་ནད་ཀྱི་གནོད་པ་ཅུང་ཚབས་ཆེ་སྟེ། འབྱུང་སླ་བའི་ནད་ཀྱི་གནོད་པ་གཙོ་བོ་ནི་སྨྱུ་གུའི་དུས་ཀྱི་སློ་བུར་འགྲེལ་ནད་དང་། འབུ་ཕྲའི་ཉིང་ནད། ཐལ་རྣམ་ནད། རྩ་རུལ་ནད། ཕྱེ་དཀར་ནད་སོགས་ཡིན། འབུ་སྐྱོན་གཙོ་བོ་ནི་འབྲུར་འབུ་དང་གོ་སྙོད་ཕྱེ་ལེབ་སོགས་ཡིན།

(གཅིག) སློ་བུར་འགྲེལ་ནད།

70%ཡེ་ལི་མན་ཞིན་བཞའ་ཚན་རང་བཞིན་གྱི་སྨན་ཕྱེ་པའི་ཡིས500གཤེར་ཁུ་གཏོར་དགོས་ཡང་ན64%ཨུག་རྫོང་ལིན་བཞའ་ཚན་རང་བཞིན་གྱི་སྨན་ཕྱེ་པའི་ཡིས500གཤེར་ཁུ། ཡང་ན72%ཆིན་སྣན་ཏི་བཞའ་ཚན་རང་བཞིན་གྱི་སྨན་ཕྱེ་པའི་ཡིས800གཤེར་ཁུ་གཏོར་དགོས། ཉིན7~10ནང་ཐེངས་གཅིག་ལ་གཏོར་ནས་བསྟུད་མར་ཐེངས2~3གཏོར་དགོས།

(གཉིས) འབུ་ཕྲའི་ཉིང་ནད།

དགུན་དུས་ཐོན་སྐྱེད་ཁྲིད་ཀྱི་རྒྱུན་མཐོང་གི་ནད་སྐྱོན་ཞིག་ཡིན། 40%ཅིན་རྡེ་ཅུན་པའི་ཡིས1200གཤེར་ཁུ་སྦྱད་ཆོག ཡང་ན45%སེད་ཅུན་ལིན་གཡེང་འཕྱོ་སྨན་རྫས་པའི་ཡིས800གཤེར་ཁུ། ཡང་ན40%མི་ཙུ་ཨན་གཡེང་འཕྱོ་སྨན་རྫས་པའི་ཡིས800~1000གཤེར་ཁུ། ཡང་ན65%ལིའུ་ཅིན་མེ་ཕེ་བཞའ་ཚན་རང་བཞིན་གྱི་སྨན་ཕྱེ་པའི་ཡིས1000གཤེར་ཁུ་སོགས་གཏོར་དགོས། སྡོང་རྐང་གཙོ་བོའི་སྟེང་དུ་གཏོར་བ་དང་། སྲུང་སྐྱོབ་ས་ཁུལ་དུ་འདེབས་འཛུགས་བྱས་ན་ཕྱེ་རྡུལ་གྱི་སྨན་བཀོལ་ཆོག

(གསུམ) ཐལ་རྣམ་ནད།

ནད་འདི་ཐྲུམ་སྨྱུག་གོ་སྙོད་སྐྱེས་པའི་དུས་མཇུག་ཏུ་ཐོད་ཁང་གི་རླན་ཚད་ཆེ་

བའི་སྐབས་སུ་འབྱུང་སྲི། ནད་བྱུང་བའི་ཐོག་མའི་དུས་སུ། 50%ཡེ་ཞི་ཙུན་ཏི་ལེ་བཞང་ཚན་རང་བཞིན་གྱི་སྦྱི་སྨན་པའི་ཡིས500གཤེར་ཁུ་དང་། ཡང་ན50%རྫུ་མེ་ལེ་བཞང་ཚན་རང་བཞིན་གྱི་སྦྱི་རྫས་པའི་ཡིས1500གཤེར་ཁུ་གཏོར་ཆོག ཡང་ན45%སེད་ཙུན་ལིན་པའི་ཡིས800གཤེར་ཁུ། ཡང་ན50%ཏྲེ་ཙུན་ལིན་བཞང་ཚན་རང་བཞིན་གྱི་སྨན་སྦྱི་པའི་ཡིས500གཤེར་ཁུ། ཡང་ན50%ཏོ་མེ་ལྷེ་བཞང་ཚན་རང་བཞིན་གྱི་སྨན་སྦྱི་པའི་ཡིས700གཤེར་ཁུས་འགོག་བཅོས་བྱེད་པ་དང་། གནམ་ངོ་འཕྱིབས་པའི་ཉིན་མོར་སྦྱི་རྡུལ་སྨན་རྫས་སམ་དུ་སྨུག་སྨན་རྫས་སྦྱིད་ནས་འགོག་བཅོས་བྱེད་དགོས། དཔེར་ན་རྫུ་མེ་ལེ་དུ་སྨུག་སྨན་རྫས་ མུའུ་རེར་ཁེ300གཏོར་དགོས།

(བཞི) རྩ་ཏུལ་ནད།

ནད་བྱུང་བའི་དུས་མགོར50%ཏུའོ་ཙུན་ལིན་བཞང་ཚན་རང་བཞིན་གྱི་སྨན་སྦྱི་པའི་ཡིས500གཤེར་ཁུ་བཀོལ་བ་དང་། ཡང་ན15%ཧྲོང་ཞའོ་ལིན་སྨན་ཆུ་པའི་ཡིས1500གཤེར་ཁུ། ཡང་ན25%པིན་ཧོན་ཙུའོ་འོ་སྨུམ་པའི་ཡིས3000གཤེར་ཁུ། ཡང་ན45%སེད་ཙུན་ལིན་པའི་ཡིས1000གཤེར་ཁུ། ཡང་ན30%ས་སྲིན་གྱི་ཆུ་སེལ་སྨན་རྫས་པའི་ཡིས600གཤེར་ཁུ། ཡང་ན65%ཏའོ་གའོ་ཏྲིན་བཞང་ཚན་རང་བཞིན་གྱི་སྨན་སྦྱི་པའི་ཡིས1000གཤེར་ཁུ་སྟོང་ཁང་གི་རྩ་བ་ལྷུག་པ་དང་སྟོང་ཁང་རེར་སྨན་ཁུ་ཁེ250ལྷུག་དགོས།

(ལྔ) སྦྱི་དཀར་ནད།

2%མེ་ཏྲིན་ཧི་གམ་རིགས་ཀྱི་ཁང་ཅིན་སའོ་འམ་ལྷུའུ་དབྱི་ཅིན་སའོ་པའི་ཡིས200~300གཤེར་ཁུ་གཏོར་ཆོག ཡང་ན40%རྫུལ་སེལ་ཅོལ་སྦྲིས་མ་པའི་ཡིས8000གཤེར་ཁུ། ཡང་ན10%པིན་མེ་ཙ་ཧོན་ཅོལ་ཆུ་ཁ་ཐོར་སྨན་པའི་ཡིས1000གཤེར་ཁུ། ཡང་ན30%རྫུལ་ཅིན་ཅོལ་བཞང་ཚན་རང་བཞིན་གྱི་སྨན་སྦྱི་པའི་ཡིས4000གཤེར་ཁུ། ཡང་ན15%ཧྲིན་ཞིའུ་ཉིན་བཞང་ཚན་རང་བཞིན་གྱི་སྨན་སྦྱི་པའི་ཡིས1000~1500གཤེར་ཁུ། སྲུང་སྐྱོབ་ས་ཁུལ་དུ་འདེབས་འཛུགས་བྱེད་དུས་ཀྱང5%པེ་ཙུན་ཆིན་ཧྲིན་ཁྲུན་དང5%ཁྲུན་ལེ་དབྱང་ལའོ་ཐུང་གི་ཀྱི་སྦྱི་རྡུལ་གཏོར་ཆོག སྤྱོད་ཚད་མུའུ་རེར་ཁེ1000ཡིན།

(དྲུག) ནད་དུག་ནད།

2.5%ནུས་མཐོ་ལའོ་རྫུལ་ཆེན་ཏུ་ཀྱི་ཕྱིས་མ་པའི་ཡིས3000~4000གཞིར་ཁུ་སྦྱིད་ཆོག ཡང་ན20%ཕི་ཁྲུང་ལིན་རྒྱུའི་ཞུ་ཁུ་པའི་ཡིས3000གཞིར་ཁུ་དང་། 1%ཁྲུའུ་ཚན་སུའུ་ཞུ་ཁུ་པའི་ཡིས8000~10000གཞིར་ཁུ། ཡང་ན0.5%ལུའུ་བུལ་ཁྲུན་ཞུ་ཁུ་པའི་ཡིས800~1000གཞིར་ཁུ། ཡང་ན0.65%ཀོ་སྐྱོད་སའོ་སྨན་ཆུ་པའི་ཡིས400~500གཞིར་ཁུ་གཏོར་ནས་འགོག་བཅོས་བྱེད་དགོས།

གཉིས། འབུ་སྐྱོན།

(གཅིག) འབྱུར་འབུ།

འགོག་བཅོས་བྱེད་དུས་སེར་ལེབ་ཀྱིས་བསྐྱུ་གསོད་དང་ཕི་ཁྲུང་ལིན་སོགས་འབུ་གསོད་སྨན་ཟུང་འབྲེལ་བྱེད་ཐབས་སྤྱོད་ན་ལེགས། པང་ལེབ་སེར་པོ་སྤྱོད་དེ་མུའུ་རེར་ལེབ་མོ25དང་། 2.5%ནུས་མཐོ་ལའོ་རྫུལ་ཆེན་ཏུ་ཀྱིའི་ཕྱིས་མ་པའི་ཡིས3000~4000གཞིར་ཁུ་དང་། ཡང་ན20%ཕི་ཁྲུང་ལིན་ཆུ་ཞུ་སྨན་རྫས་པའི་ཡིས3000གཞིར་ཁུ་སྦྱིད་ཀྱང་ཆོག 1%ཁྲུའུ་ཚན་སུའུ་ཞུ་ཁུ་པའི་ཡིས8000~10000གཞིར་ཁུ། ཡང་ན0.5%ལུའུ་བུལ་ཁྲུན་ཞུ་ཁུ་པའི་ཡིས800~1000གཞིར་ཁུ་དང་། ཡང་ན0.65%ཀོ་སྐྱོད་སའོ་སྨན་ཆུ་པའི་ཡིས400~500གཞིར་ཁུ་གཏོར་ནས་འགོག་བཅོས་བྱེད་དགོས།

(གཉིས) ཀོ་སྐྱོད་ཕྱི་ལེབ་ལེབ་མོ།

90%ཏའི་པེ་ཁྲིན་ཅེ་ཅིན་པའི་ཡིས1000དང50%ཏའི་ཏའི་ཝེ་ཕྱིས་མ་པའི་ཡིས1000~1200གཞིར་ཁུ་བཀོལ་ཆོག ཡང་ན2.5%ཏའི་ཧྲ་སི་ཕྱིས་མ། 20%ཆེན་མའོ་ཏུ་ཀྱིའི་ཕྱིས་མ། 10%ཕིལ་ཆེན་ཏུ་ཀྱིའི་ཕྱིས་མ་པའི་ཡིས2000~3000གཞིར་ཁུ་སོགས་གཏོར་དགོས།

ཚན་པ་དྲུག་པ། གོ་སྙོད་ཀྱི་བཟའ་བཅུ།

གོ་སྙོད་ཀྱི་མཐོ་ཚད་ལི་སྨི15~20ཡིན་པའི་སྐབས་སུ་ཚོང་རའི་དགོས་མགོ་ལྟར་དུས་ཐོག་ཏུ་ཚོང་རར་འདོན་དགོས། ཞྭམ་སྨུག་གོ་སྙོད་སྡོང་པོ་བཙུགས་ནས་ཉིན40འགོར་རྗེས་ཞྭམ་སྨུག་སྒོས་ཆེ་བ་དང་སྐྱི་མཚམས་ཆད་པ་དང་ཕྱི་རོལ་གྱི་ཁྲབ་ལེབ་དཀར་པོ་དང་སེར་པོ་ཡིན་དུས། དུས་ཐོག་ཏུ་བཟའ་བཅུ་བྱེད་དགོས། ལོ་ཏོག་བཅུ་སྐབས་སྡོང་རྐང་རྫིལ་པོར་འབལ་དགོས། སྙིང་གི་ལོ་མ་ཕྲ་མོ་ནི་ལོ་མ་སྙིང་བ་དང་མཉམ་དུ་གཏུབ་པ་དང་། སྙིང་གི་ལོ་མའི་ཡུ་བ་ལི་སྨི10ཡས་མས་དང་འོག་གི་ཞྭམ་སྨུག་མ་གཏོགས་འཇོག་མི་རུང་། སྒྲད་དུ་ཐུང་འབྲུམ་གྱི་སྨུག་སྡོང་གཙོད་འབྲིག་བྱས་རྗེས་ཐུམ་སྒྲིལ་ནས་ཚོང་རར་འདོན་དགོས།